高职高专“十二五”规划教材

液压气动技术与实践

主　编　胡运林　蒋祖信
参　编　孙红卫　尹伯庚　苟在彦
　　　　刘德彬　杨志文　杨莉华
主　审　华建慧

北　京
冶金工业出版社
2014

内容提要

全书内容可分为三部分：一是液压技术基础部分，主要讲解液压流体力学基础，各种液压元件的结构、工作原理、特点及应用，液压基本回路等；二是液压技术应用部分，在对典型液压系统进行分析后，主要讲解液压系统的故障诊断与排除方法，液压系统的设计、安装、调试和维护等；三是气压技术部分，主要讲解气压元件，气动基本回路，气动控制系统设计、应用与分析等。

本书可作为高职高专机械类和近机类专业的教学用书，也可供工程技术人员参考。

图书在版编目(CIP)数据

液压气动技术与实践/胡运林，蒋祖信主编．—北京：冶金工业出版社，2013.3(2014.3 重印)
高职高专“十二五”规划教材
ISBN 978-7-5024-6137-9

Ⅰ.①液…　Ⅱ.①胡…　②蒋…　Ⅲ.①液压传动—高等职业教育—教材　②气压传动—高等职业教育—教材　Ⅳ.①TH137 ②TH138

中国版本图书馆 CIP 数据核字(2013)第 019467 号

出 版 人　谭学余
地　　址　北京北河沿大街嵩祝院北巷 39 号，邮编 100009
电　　话　(010)64027926　电子信箱　yjcbs@cnmip.com.cn
责任编辑　陈慰萍　美术编辑　李　新　版式设计　葛新霞
责任校对　王贺兰　责任印制　牛晓波
ISBN 978-7-5024-6137-9
冶金工业出版社出版发行；各地新华书店经销；北京印刷一厂印刷
2013 年 3 月第 1 版，2014 年 3 月第 2 次印刷
787mm×1092mm　1/16；19.25 印张；464 千字；294 页
39.00 元

冶金工业出版社投稿电话：(010)64027932　投稿信箱：tougao@cnmip.com.cn
冶金工业出版社发行部　电话：(010)64044283　传真：(010)64027893
冶金书店　地址：北京东四西大街 46 号(100010)　电话：(010)65289081(兼传真)
(本书如有印装质量问题，本社发行部负责退换)

前 言

液压传动与气压传动是机械专业的一门核心课程。20 世纪 70 年代以来，液压传动与气压传动控制技术在机床、冶金、矿山、汽车、农机、轻纺、船舶、国防、宇航等方面的应用越来越广泛。当前就业市场对机、电、液技术复合型人才的需求不断增大。为适应市场对人才的要求，编者结合高职高专基于工学结合的教学模式的改革需要，通过企业调研，重新序化整合教学内容，编写了本书。本书编者均有多年的教学经验，并且一些企业一线液压专家和工程技术人员为本书编写提供了大力帮助。

本书在编写过程中，力求突出以下特点：

(1) 在内容的选取上，以性能最好、应用最广的液压元件为主进行基础知识的讲解。

(2) 在内容的安排上，依照循序渐进的教学原则和由浅入深的认知规律组织学习内容。项目 1 为液压传动基础，着重介绍液压传动的基本知识和基本理论以及液压传动的工作原理和特性；项目 2 ~ 4 主要介绍液压泵、液压马达、液压缸和液压控制阀等液压元件的工作原理、参数计算、结构特点和应用；项目 5 介绍各种液压辅助元件的结构特点、功用及选用原则；项目 6 ~ 9 着重介绍各类液压回路和系统的工作原理及特点、液压系统的设计原则和设计方法；项目 10 和项目 11 着重介绍液压系统故障诊断与排除以及液压系统的安装、调试与维护方面的知识；项目 12 介绍气压传动系统基础及应用方面的知识。由于气动系统与液压系统具有较多相同点，因此全书主要以液压传动技术作为侧重点组织编写内容。

(3) 在内容的处理上，贯彻学训结合的“学、做”一体化原则，既注重学生对基础知识的学习，又要注重对学生实际工作能力的培养。因此全书将学与训进行合理的整合，以达到“学中做”、“做中学”的教、学、做一体化教学模式要求。根据每一学习项目的需要，全书合理安排与所学内容相应的训练项目（如实验、设计、故障分析等）和练习题，以便学生将所学知识用于实践，进而加深理解。

本书由胡运林、蒋祖信主编，孙红卫、尹伯庚、苟在彦、刘德彬、杨志文、杨莉华参编。其中胡运林编写了项目 1、项目 7、项目 8；蒋祖信编写了项目2、项目3；苟在彦编写了项目4、项目5；刘德彬编写了项目6；尹伯庚编写了项目9；杨莉华编写了项目10；孙红卫编写了项目11；杨志文编写了项目12。本书由华建慧担任主审。

本书的编写工作得到了攀钢液压、气压技术专家曾义和唐家扬等的指导和帮助，本书参阅了相关资料，在此谨致谢意。

由于编者的水平所限，书中不足之处在所难免，恳请专家、同仁和广大读者批评指正。

编　者

2012年10月

目　录

项目1　液压传动系统基础

【项目任务】 了解液压系统的工作原理、组成及基本特性；了解液压介质的类型并掌握液压介质的选用及污染控制原则；掌握流体力学基础知识。

【教师引领】

（1）液压传动系统由哪几部分组成，各有何作用？

（2）液压介质的物理特性有哪些？

（3）怎样选择液压介质？怎样控制液压介质的污染？

（4）帕斯卡定理、连续性方程、伯努利方程定律的基本内容是什么？

（5）通流截面积的变化对压力有何影响？

【兴趣提问】 电气系统能否取代液压传动系统？

知识点1.1　液压传动系统的工作原理、组成及基本特性

液压传动是流体传动中液体传动的一种传动方式。所谓液体传动，是指以液体为工作介质进行能量转换、传递和控制的传动形式。液体传动根据其能量转换形式的不同，可分为液压传动和液力传动。

液压传动是基于工程流体力学中的“帕斯卡”原理，主要依靠容积变化的压力能来传递能量或动力。因而，液压传动又称为容积式液体传动或静力式液体传动。

液力传动则是基于工程流体力学中的“动量矩”原理，主要依靠液体的动能来传递动力。因而，液力传动又称为动力式液体传动。

1.1.1　液压传动系统的工作原理

液压传动是指以液体为工作介质，借助液体的压力能进行能量传递和控制的一种传动形式。利用各种元件可组成不同功能的基本控制回路，若干基本控制回路再经过有机组合，就可以成为具有一定控制机能的液压传动系统。

液压传动的工作原理可用图1－1所示的液压千斤顶的工作原理来说明。

图1－1（a）中的大液压缸6和活塞7为执行元件，小液压缸3和活塞2为动力元件，活塞与缸保持非常良好的配合。活塞能在缸内自如滑动，配合面之间又能实现可靠的密封。单向阀4、5保证油液在管路中单向流动，截止阀9控制所在管路的通断状态。

千斤顶工作原理如下：截止阀9关闭，上提杠杆1时，活塞2就被带动向上移动。活塞下端密封腔容积增大，造成腔内压力下降，形成局部负压（真空）。此时单向阀5将所在管路阻断，油箱10中的油液在大气压力作用下推开单向阀4沿吸油管进入小液压缸下腔，吸油过程完成。接着下压杠杆1，活塞2向下移动，下端密封腔容积减小，造成腔内

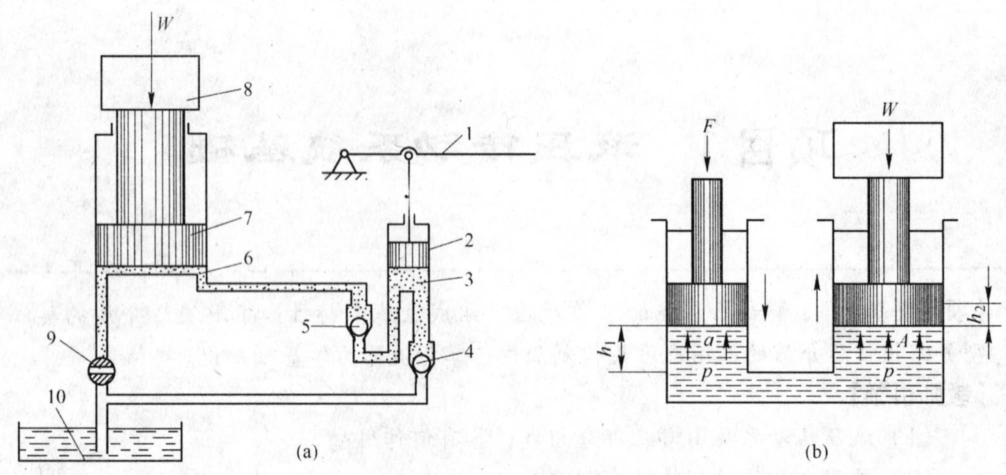

图1-1　液压千斤顶工作原理

1—杠杆；2，7—活塞；3—小液压缸；4，5—单向阀；6—大液压缸；8—重物；9—截止阀；10—油箱

压力升高。此时单向阀4将吸油管路阻断，单向阀5则被正向推开，小液压缸下腔的压力油经连通管路挤入大液压缸6的下腔，迫使活塞7向上移动，从而推动重物8上行。如此反复提压杠杆1，就能将油液不断压入大液压缸6的下腔，迫使活塞7不断向上移动，从而使重物逐渐升起，达到起重的目的。

由此可见，液压传动是通过密闭容器的容积变化，依靠流动液体的压力能来进行能量的转换、传递和控制的。为了便于问题的分析，将液压千斤顶简化为连通器，如图1-1（b）所示，并假设：

——忽略活塞质量力和活塞与液压缸间的摩擦力，不考虑液体流动时的阻力损失；

——液压缸密封良好，没有泄漏；

——液体是不可压缩的。

（1）动力学分析。由图1-1可见，在大活塞上有外负载力 W，如果在小活塞上作用一个主动力 F 而使连通器处于平衡时，则有：

$$p = \frac{W}{A}$$

根据帕斯卡定理，可得：

$$p = \frac{W}{A} = \frac{F}{a} \tag{1-1}$$

或

$$W = \frac{A}{a}F$$

式中　p——连通器内的液体压力，Pa；

A——大活塞作用面积，m^2；

a——小活塞作用面积，m^2。

由上述分析不难看出，在液压传动系统中，力（或力矩）的传递是靠液体压力来实现的，这是液压传动的第一个工作特性。同时，液压传动系统本身又是一个力的放大系统，这就是一个小小的千斤顶为什么能顶起几吨重物体的实质。在液压传动系统中，系统压力决定于外界负载，这是液压系统一个最重要的概念。

（2）运动学分析。由图 1－1 还可看出，当小活塞在主动力 F 作用下向下运动一段距离 h_1 时，小液压缸排出油液的体积应为 $V = ah_1$。若小液压缸排出的油液全部进入大液压缸中，推动大活塞向上运动，其上升距离为 h_2，于是有：

$$V = ah_1 = Ah_2 \tag{1-2}$$

设两活塞的移动时间为 t，可得：

$$Q = \frac{V}{t} = av_1 = Av_2$$

或

$$v_2 = \frac{a}{A}v_1$$

式中　Q——流量，即单位时间内流过某截面的液体体积量，m^3/s；

v_1——小活塞的下降速度，m/s；

v_2——大活塞的上升速度，m/s。

由此可以看出，在液压传动系统中，速度（或转速）的传递是按液体的“容积变化相等”原则来进行的，这是液压传动的第二个工作特性。同时还可看出，液压传动系统的输出速度决定于液压缸的流量，这是液压传动的另一个重要概念。并且，只要连续调节进入液压缸的流量就可以连续改变液压系统的输出速度，这就是液压传动系统可以实现无级调速的实质。

（3）液压功率。根据前面的动力学分析和运动学分析，液压千斤顶大活塞的输出功率 P_2 为：

$$P_2 = W \cdot v_2 = p \cdot A \cdot \frac{Q}{A} = pQ \tag{1-3}$$

在液压传动系统中，系统压力 $p(N/mm^2)$ 和流量 $Q(m^3/s)$ 的乘积为功率 P(N·m/s 或 W)，该功率被称为液压功率，它表示液压系统做功的能力。

1.1.2　液压传动系统的组成及工程表示

图 1－2（a）为一简化的液压传动系统，其工作原理如下。

液压泵 3 由电动机驱动旋转，从油箱 1 经过滤油器 2 吸油。当换向阀 5 的阀芯处于图示位置时，压力油经节流阀 4、换向阀 5 和管道 9 进入液压缸 7 的左腔，推动活塞向右运动。液压缸右腔的油液经管道 6、换向阀 5 和管道 10 流回油箱。改变换向阀 5 阀芯的位置使之处于左端时，液压缸活塞将反向运动。改变流量节流阀 4 的开口大小，可以改变进入液压缸的流量，从而控制液压缸活塞的运动速度。液压泵排出的多余油液经溢流阀 11 和管道 12 流回油箱。液压缸的工作压力取决于负载。液压泵的最大工作压力由溢流阀 11 调定，其调定值应为液压缸的最大工作压力及系统中油液经阀和管道的压力损失之总和。因此，系统的工作压力不会超过溢流阀的调定值。溢流阀对系统还起着过载保护作用。

由上述例子可以看出液压传动系统除了工作介质（液压油）外，主要由四大部分组成：

（1）动力元件——液压泵。它将机械能转换成压力能，向系统提供压力油。

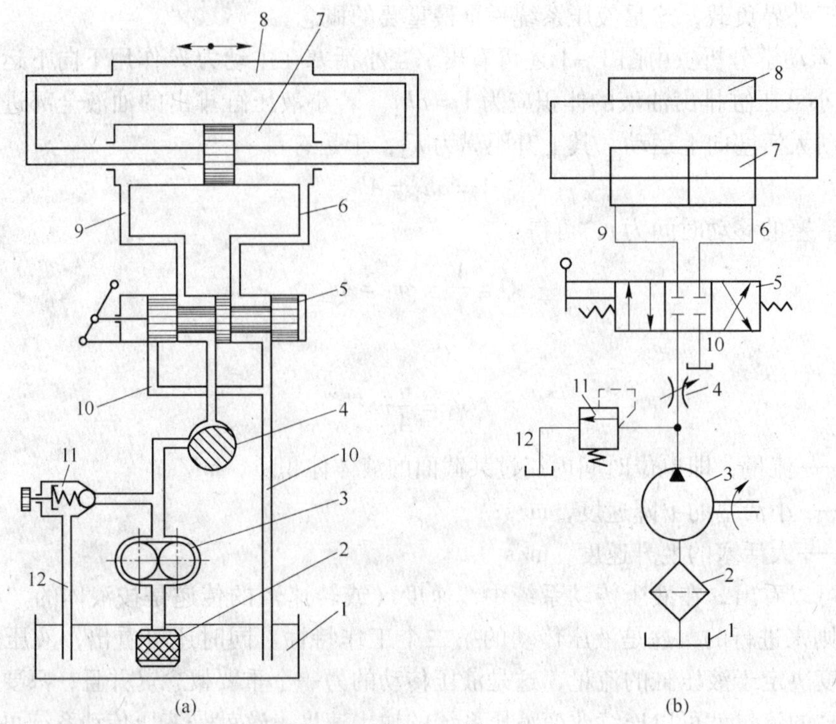

图1－2　液压传动系统工作原理

1—油箱；2—滤油器；3—液压泵；4—节流阀；5—换向阀；
6，9，10，12—管道；7—液压缸；8—工作台；11—溢流阀

（2）执行元件——液压缸或液压马达。它将压力能转换成机械能，推动负载做功。

（3）控制元件——液压阀（流量、压力、方向控制阀等）。它们对系统中油液的压力、流量和流向进行控制和调节。

（4）辅助元件——系统中除上述三部分以外的其他元件，如油箱、管路、滤油器、蓄能器、管接头、压力表等。由这些元件把各部分连接起来，以支持系统的正常工作。

图1－2（a）所示液压系统中，各元件以结构符号表示，所构成的系统原理图直观性强，容易理解，但图形复杂，绘制困难。工程实际中均采用元件的标准职能符号绘制液压系统原理图。职能符号仅表示元件的功能，不表示元件的具体结构及参数。图1－2（b）为采用标准职能符号绘制的液压系统工作原理图，简称液压系统图。

1.1.3　液压传动系统的优缺点

1.1.3.1　液压传动系统的主要优点

（1）能够方便地实现无级调速，调速范围大。

（2）与机械传动和电气传动相比，在相同功率情况下，液压传动系统的体积较小，重量轻，承载能力大。

（3）工作平稳，换向冲击小，便于实现频繁换向。

（4）便于实现过载保护，而且工作油液能使传动零件实现自润滑，因此使用寿命

较长。

（5）操纵简单，便于实现自动化，特别是和电气控制联合使用时，易于实现复杂的自动工作循环。

（6）液压元件实现了系列化、标准化和通用化，易于设计、制造和推广应用。

1.1.3.2 液压传动系统的主要缺点

（1）液压传动中不可避免地会出现泄漏，并且液体也不是绝对不可压缩，故无法保证严格的传动比。

（2）液压传动有较大的能量损失（泄漏损失、摩擦损失等），故传动效率不高，不宜作远距离传输。

（3）液压传动对油温的变化比较敏感，不宜在很高或很低的温度下工作。

（4）液压传动出现故障时不易找出原因。

知识点1.2 液压介质

在液压传动系统中，液压介质担负着转换、传递、控制能量的重要作用。同时，液压介质对系统中液压元件的相对运动表面具有润滑作用，能减小摩擦磨损，延长元件的使用寿命。此外，液压介质具有防锈、冷却、清洗和密封等功用。在能量传递过程中，液压介质的运动规律和介质本身的物理特性有关。因此，我们首先介绍液压介质的主要物理性质。

1.2.1 液压介质的物理特性

1.2.1.1 密度和重力密度

（1）密度。对于均质液体，单位体积内液体的质量称为该液体的密度，以ρ表示。

$$\rho = \frac{m}{V} \tag{1-4}$$

式中 m——液体质量，kg；

V——液体体积，m^3。

各种常见液压介质的密度见表1-1。

表1-1 介质密度 kg/m³

介质种类	矿物型液压油	水包油乳化液	油包水乳化液	水乙二醇液压液	磷酸酯液压液
ρ	850~960	990~1000	910~960	1030~1080	1120~1200

液体密度的法定计量单位为kg/m^3。液体密度随温度变化而变化，但因其变化极其微小，因而在液压传动系统中，通常把液体密度看成常数。

（2）重力密度。对于均质液体，单位体积内液体的重量称为该液体的重力密度，以γ表示。

$$\gamma = \frac{W}{V} \tag{1-5}$$

式中 W——液体重量，N。

液体重力密度的单位为 N/m^3。

由于 $W = gM$，所以液体重力密度和密度间具有如下关系：

$$\gamma = g\rho$$

1.2.1.2　黏性

液体在外力作用下在圆形管道内流动时，由于液体和管壁间的附着力、液体分子间的内聚力的作用，会产生阻碍液体分子相对运动的内摩擦力，其速度分布如图1－3所示。液体在其质点间做相对运动时产生阻力的性质称为液体的黏性。液体只有在流动时才会显现黏性，静止液体是不显示黏性的。液体黏性只能延缓、阻碍液体内部的相对运动，但却不能消除这种运动。流动液体黏性的大小，可用黏度表示。

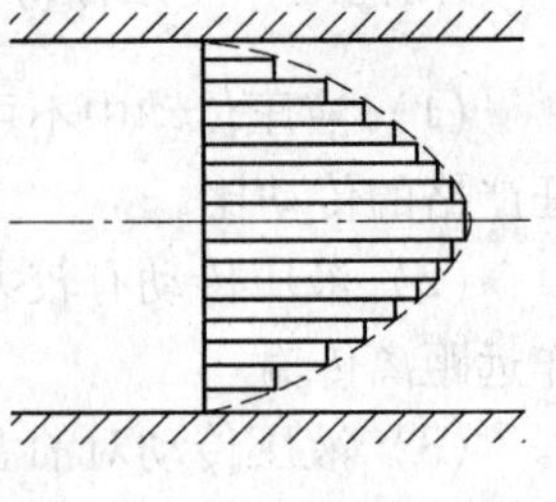

图1－3　圆管中速度分布

A　黏度种类

黏度是衡量流动液体黏性大小的物理量。我国常用的黏度种类有动力黏度、运动黏度和恩氏黏度。

（1）动力黏度。牛顿对流动液体内摩擦力的试验研究证明，两层液体间的内摩擦力 F 的大小与液体层间的接触面积 A 成正比，与速度梯度 dv/dy 成正比，且与液体性质有关，可表示为：

$$F = \mu A \frac{dv}{dy}$$

式中　μ——黏性液体的动力黏度（或称黏性动力系数），Pa·s；

A——液体层间的接触面积，m^2；

dv/dy——速度梯度，1/s。

上式可变换成：

$$\mu = \frac{\tau}{dv/dy} \tag{1-6}$$

$$\tau = \frac{F}{A}$$

式中　τ——切应力，即液体层间单位面积上的内摩擦力，Pa。

式（1－6）称为牛顿黏性定律，它对牛顿液体和非牛顿液体都是适用的。所谓牛顿液体是指速度梯度变化时，μ 值不变的液体；凡速度梯度变化时，μ 值发生变化的液体称为非牛顿液体。由式（1－6）可以看出，流动液体的动力黏度具有明确的物理意义，它表示液体在单位速度梯度下流动时，单位面积上产生的内摩擦力。

（2）运动黏度。液体动力黏度与其同温度下密度的比值，称为液体的运动黏度，以 ν 表示。

$$\nu = \frac{\mu}{\rho} \tag{1-7}$$

运动黏度 ν 的法定计量单位为 m^2/s。它没有什么物理意义，只因在液压系统的理论分析和计算中经常遇到动力黏度 μ 和密度 ρ 的比值，所以才定义了运动黏度。之所以称为运动黏度，是因为在其量纲［L^2/T］中，只含有长度 L 和时间 T 两个基本量。

通常，我国矿物油均以其在40℃时以 mm^2/s 为单位的运动黏度的平均值来定义牌号的。例如 L－HM46，表示 N46 号抗磨液压油，在 40℃ 时，其运动黏度的平均值为 $46mm^2/s$（黏度范围为 $41.4 \sim 50.6mm^2/s$）。

（3）恩氏黏度。恩氏黏度是指被测液体在某一测定温度下，依靠自重从恩氏黏度计的 $\phi 2.8mm$ 测定管中流出 $200cm^3$ 所需时间 t_1 与 20℃ 时同体积蒸馏水流出时间 t_2 的比值，用符号°E 表示。

$$°E = \frac{t_1}{t_2} \quad (1-8)$$

式中 t_2——黏度计的水值，标准恩氏黏度计的水值应等于 51±1s。

恩氏黏度与运动黏度的换算关系为：

$$\nu = \left(7.31°E - \frac{6.31}{°E}\right) \times 10^{-6}$$

B 黏－温特性

液压介质黏度对温度变化十分敏感。通常，介质黏度随着温度的升高而降低。液压介质黏度随温度变化而变化的程度称为液压介质的黏－温特性。不同种类的液压介质，其黏－温特性也不同。

对于矿油型液压油，当温度在 30～150℃ 范围内，且其 40℃ 时的运动黏度小于 $135mm^2/s$ 时，可用经验公式（1－8）来计算任意温度时的黏度值。

$$\nu = \nu_{40}\left(\frac{40}{\theta}\right)^n \quad (1-9)$$

式中 ν_{40}——40℃时液压油的运动黏度，mm^2/s；

θ——介质温度，℃；

n——指数，其值见表1－2。

表1－2 指数 *n* 值

$\nu_{40}/mm^2 \cdot s^{-1}$	3.4	9.3	14	18	33	48	63	76	89	105
n	1.39	1.59	1.72	1.79	1.99	2.13	2.24	2.32	2.42	2.49
$\nu_{40}/mm^2 \cdot s^{-1}$	119	135	207	288	368	447	535	771	1025	
n	2.52	2.56	2.76	2.86	2.96	3.06	3.10	3.17	3.32	

当液压油 40℃ 时的运动黏度大于 $135mm^2/s$ 时，式（1－9）仍然适用，只是温度适用范围为 40～110℃。

水包油型乳化液的黏度也随温度升高而减小，它可用经验公式（1－10）来计算。

$$\nu = Ae^{-\alpha\theta} \quad (1-10)$$

式中 A——系数，和乳化液种类有关；

α——温度系数，1/℃；

θ——温度，℃。

各种液压介质的黏－温图如图1－4所示。

C 黏－压特性

当系统压力升高时，液压介质分子间的距离缩小，分子引力增加，因而介质黏度随压

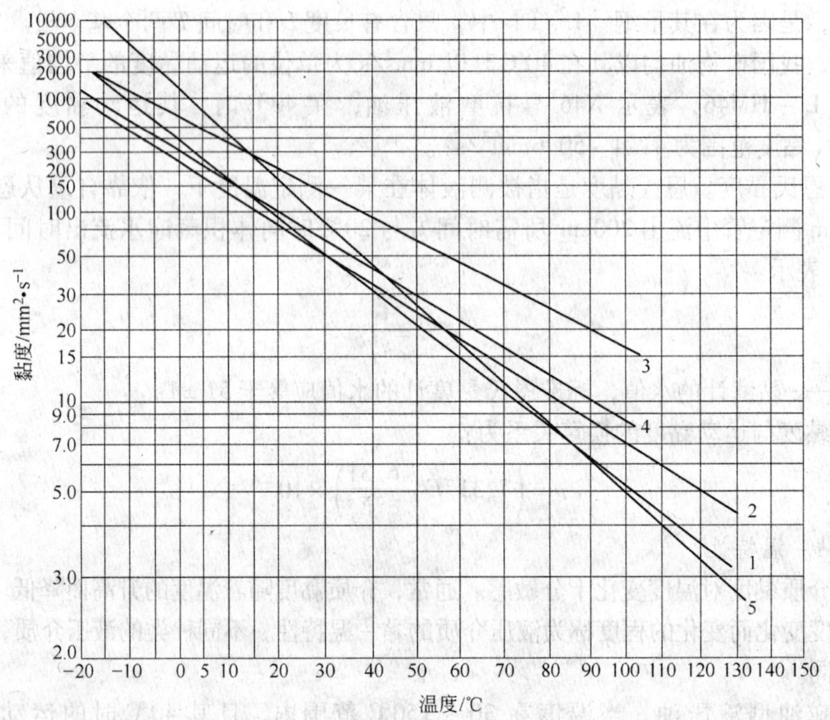

图1-4　液压介质黏-温图

1—普通液压油；2—高黏度指数液压油；3—油包水乳化液；4—水-乙二醇液压液；5—磷酸酯液压液

力增大。对于矿油型液压油，黏度与系统压力的关系为：

$$\nu_p = \nu_0 e^{bp} \tag{1-11}$$

式中　ν_p——压力为 p 时液压油的运动黏度，mm^2/s；

ν_0——一个大气压（$\approx 1.013\times10^5$Pa）时液压油的运动黏度，mm^2/s；

b——黏-压系数，m^2/N，矿油型液压油的 b 值为$(2\sim3)\times10^{-8}m^2/N$；

p——系统压力，Pa。

在工程中，当压力在0~50MPa范围内时，可以认为运动黏度 ν 与系统压力 p 呈线性关系，即：

$$\nu_p = \nu_0(1+3\times10^{-8}p) \tag{1-12}$$

当系统压力小于5MPa时，由压力变化引起的黏度变化很小，因而可以认为黏度为常量。研究表明，各种液压介质的黏度均随压力升高而增大，但不同种类的液压介质，黏度的增加幅度不同。

D　调和油配比与黏度的计算

在工程实践中，为了得到所要求的黏度，经常采用两种不同黏度的液压油按一定比例混合成调和油。调和油的配比可选用下列经验公式进行计算：

$$a = 62 + 35.5\lg\frac{°E - °E_2}{°E_1 - °E_2} \tag{1-13}$$

$$a = 101 + 82.5\lg\frac{°E - °E_2}{°E_1 - °E_2} \tag{1-14}$$

式中　a——参加混合的黏度值大（$°E_1$）的液压油所占的百分数，%；

$°E$——所要求的调和油的恩氏黏度；

$°E_1,°E_2$——参加混合的两种液压油的恩氏黏度，且$°E_1>°E_2$。

以上两个公式的选择条件为：

当$\frac{°E-°E_2}{°E_1-°E_2}\leqslant 0.15$时，应选用式（1-13）；

当$\frac{°E-°E_2}{°E_1-°E_2}>0.15$时，应选用式（1-14）。

调和油的黏度$°E$可用式（1-15）计算：

$$°E=\frac{a°E_1+b°E_2-C(°E_1-°E_2)}{100} \tag{1-15}$$

式中　b——参加混合的黏度值小（$°E_2$）的液压油所占的百分数，$b=100-a$,%；

C——系数，当选用式（1-13）计算时，其值为$C=a-1.7746\times10^{0.0282a}$，当选用式（1-14）计算时，其值为$C=a-6.0048\times10^{0.0121a}$，$C$值可由表1-3查出。

表1-3　系数C

a/%	10	20	30	40	50	60	70	80	90
b/%	90	80	70	60	50	40	30	20	10
C	6.7	13.1	17.9	22.1	25.5	27.9	28.2	25	17

【例1-1】　某厂从国外引进的真空电弧炉，其液压系统用油在40℃时的黏度为6.13恩氏度，现准备用国产液压油替换，L-HM46抗磨液压油40℃时的黏度为6.37恩氏度，L-HM32抗磨液压油40℃时的黏度为4.16恩氏度，试求调和油的配比。

解：由题知，$°E=6.13$、$°E_1=6.37$、$°E_2=4.16$，因此有：

$$\frac{°E-°E_2}{°E_1-°E_2}=\frac{6.13-4.16}{6.37-4.16}=0.89>0.15$$

故配比a为：

$$a=101+82.5\lg\frac{6.13-4.16}{6.37-4.16}=96.9$$

因此，用97%的L-HM46液压油和3%的L-HM32液压油混合后即可代用原国外液压油。

1.2.2　液压介质的分类与代号

液压传动与控制技术的应用与发展，对液压介质提出了更高的要求，促进了液压介质的发展。用于液压传动的工作介质种类很多，其分类方法也各有不同。目前国内常用的分类方法为综合法。这种分类方法，将液压介质分为两大类，即矿油型液压油和抗燃型液压液，见表1-4。

各种液压介质的名称及代号见表1-5。

表1－4　液压介质分类

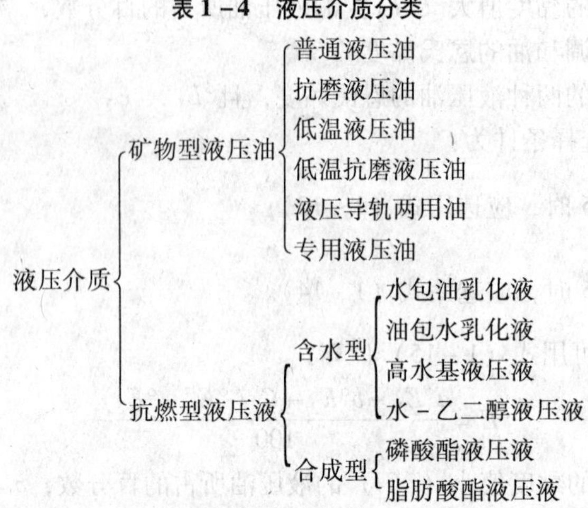

表1－5　液压介质代号

介质种类	普通液压油	抗磨液压油	低温液压油	低温抗磨液压油	液压导轨两用油	水包油乳化液	油包水乳化液	水－乙二醇液压液	磷酸酯液压液
国标代号	HL	HM	HR	HV	HG	HFAE	HFB	HFC	HFDR

1.2.3　液压介质的选用

1.2.3.1　液压系统对工作介质的要求

液压介质是液压系统实现能量转换、传递、控制和应用的工作介质。在工作过程中，液压介质不仅要改变本身的形状，承受压力、温度、剪切等作用，而且还要担负润滑、冷却、防腐、防锈等保护作用。因此，液压系统对液压介质有一定的要求。

（1）液压介质要有适宜的黏度和良好的黏－温特性。一般液压系统所用液压介质的最佳黏度范围应为18～76mm^2/s。在工作温度变化范围内，液压介质黏度变化要小，其黏度指数应在90以上。这样，才能保证在较低温度下具有良好的流动性，压力损失不至于过大；而在较高温度下，又有足够的黏度，以免产生过多的泄漏，并且保证具有良好的润滑性能。

（2）润滑性能要好，具有较高的油膜强度。液压介质的润滑性能，是指液压介质减少零件磨损的能力。在液压系统中，液压介质在运动零件的摩擦表面上能形成润滑油膜，避免金属表面直接接触，从而降低摩擦系数，减少磨损。润滑性能主要反映了液压介质的油膜强度。所谓油膜强度，是指薄膜润滑的牢固性，即在一定负载下，金属表面上的润滑油膜不会破裂。通常，油膜强度和介质黏度、化学组成、添加剂含量、对金属的附着能力等有关。

（3）液压介质的稳定性要好。液压介质在较高温度下，应具有抵抗氧化的能力，即有良好的抗氧化性。并且液压油和水混合、乳化后，要有较强的油水分离能力，即抗乳化性要好。同时，液压介质及其添加剂受热和水的作用后，不易分解变质，即应有良好的抗水解性和热稳定性。此外，在剪切作用下，液压介质能保持黏度稳定，有较好的抗剪切性。

（4）具有良好的消泡性和防锈性。液压介质的消泡性，是指液压介质混入空气或受到搅动后所形成的气泡能迅速消失，避免增加液压介质的可压缩性、产生振动和噪声或恶化介质的润滑性能。同时，液压介质应能延缓或防止金属元件生锈，以免降低液压元件的使用寿命。

（5）对材料有一定的适应性。液压介质对系统中直接使用的各种金属、橡胶、塑料、涂料等不应有破坏作用；反之，这些材料也不应损坏液压介质的性能。尤其是使用抗燃型液压液的系统，更应该注意这一点。

1.2.3.2　矿油型液压油的选择

如果液压设备周围没有明火或高温热源存在时，那么液压系统的工作介质可以选用矿油型液压油。选择矿油型液压油时，可按以下顺序进行。

（1）油品种类的选择。

1）液压系统的最高工作压力。液压系统的最高使用压力小于 8MPa 时，可选用普通液压油；当系统工作压力大于 8MPa 或系统压力波动较大时，可选用抗磨液压油。

2）液压系统的最低使用温度。当液压系统的最低使用温度在 0℃ 以上时，可选用普通液压油；若系统最低使用温度在 -30℃ 以上时，则应选用低温液压油；如果系统最低使用温度低于 -30℃ 时，必须使用航空液压油。

3）液压介质的兼用性。当要求液压介质兼作机械设备的润滑剂时，对于一般系统可选用机械油；而对于精密系统，须选用汽轮机油。如果要求液压介质兼作负载齿轮的润滑剂时，必须选用液压 - 齿轮两用油。

矿油型液压油的选择，可参照图 1 - 5 进行。

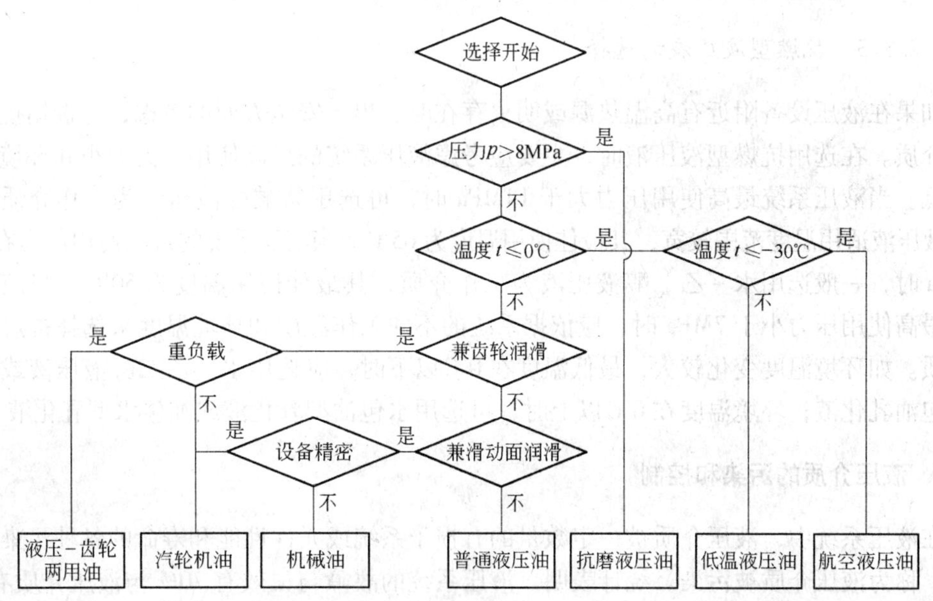

图 1 - 5　液压油品种的选择顺序

（2）液压油黏度的选择。选择液压油黏度时，应遵循以下原则：

1）根据液压系统中动力元件所要求的最佳黏度范围来选择介质黏度。不同类型的液压泵，在不同工作条件下，对液压介质有不同的黏度要求。选择介质黏度时，可参照表1-6进行。

表1-6 各类泵的最佳黏度范围 mm^2/s

液压泵类型 \ 环境温度/℃		5~40	40~80
齿轮泵		26~66	101~158
叶片泵	工作压力 $p \leq 7MPa$	26~46	40~74
	工作压力 $p > 7MPa$	50~66	57~95
柱塞泵	轴向	40~74	66~177
	径向	26~108	61~294
螺杆泵		30~46	40~83

2）根据液压系统的环境温度选择介质黏度。矿油型液压油的黏度随温度升高而减小。通常，当环境温度高时，主要应考虑泄漏损失，介质黏度宜选得大一些；而在环境温度较低时，则应选择黏度小一些的液压油。

3）根据液压系统的工作压力的高低选择介质黏度。矿油型液压油的黏度随系统压力的升高而增大。通常，系统压力较高时，主要应考虑系统压力对泄漏的影响，应选择黏度较大的液压油；在系统压力较低时，则应选用黏度较小的液压油。

4）根据液压系统执行元件的运动速度大小选择介质黏度。通常，当液压系统执行元件的运动速度较大时，系统所需流量较多，为了减少压力损失，应选用黏度较小的液压油；反之，则应选用黏度较大的液压油。

1.2.3.3 抗燃型液压液的选择

如果在液压设备附近有高温热源或明火存在时，出于安全方面的考虑，应选用抗燃型液压介质。在选用抗燃型液压液时，主要应考虑液压系统的最高使用压力大小和环境温度的高低。当液压系统最高使用压力大于14MPa时，可选用磷酸酯液压液为工作介质。磷酸酯液压液适用温度范围较宽，其最佳使用温度为65℃。当液压系统的最高使用压力在7~14MPa时，一般选用水-乙二醇液压液为工作介质，其最佳使用温度为50℃。当液压系统的最高使用压力小于7MPa时，应依据系统的不同工作温度和环境温度来选择抗燃型液压介质。如环境温度变化较大，最低温度在0℃以下时，应选用水-乙二醇液压液或防冻型水包油乳化液；环境温度在0℃以上时，可选用水包油型乳化液或油包水型乳化液。

1.2.4 液压介质的污染和控制

在液压系统中，液压介质被一定数量的有损于系统或元件性能和寿命的各种污染物所沾污，称为液压介质被污染。统计表明，液压系统的故障与失效有70%与液压介质有关，其中约有90%是由于液压介质中的污染物造成的。因此，液压介质的污染及其控制问题是十分重要的，已开始为人们所重视。

1.2.4.1　液压介质污染的原因和危害

A　液压介质污染的原因

液压介质被污染的原因主要有以下几个方面：

（1）潜在性污染。液压装置中的零部件，在加工、装配、试验、储存等过程中，不可避免地使有害杂质，如残留的铸造型砂、金属切屑、毛刺，残存的研磨粉、铁锈、焊药渣，各种纤维、涂料碎片，清洗后存留的清洗残液、异种油等，造成液压介质的污染，这种污染被称为潜在性污染。

（2）侵入性污染。液压设备在装配、注油、运行、修理或运输等过程中，由外界侵入到系统中的污染杂质，如灰尘、砂粒、水分、异种油、密封件碎片、涂料片等，造成液压介质的污染，这种污染称为侵入性污染。

（3）再生性污染。液压系统在工作过程中，因相对运动副的摩擦磨损、液压油的氧化变质等原因产生污染物，造成了液压介质的污染，这种污染被称为再生性污染。

B　液压介质污染的危害

液压介质中的污染物，从物理状态上可分为固体污染物、液体污染物和气体污染物。

液压介质中的固体污染物会划伤元件表面，加速元件的磨损，缩短元件的使用寿命。同时，固体污染物会堵塞元件中的小孔或节流缝隙，造成阀特性的变化，使系统性能降低或动作失灵。

侵入到液压介质中的水分与液压油中的酸性物质将加速元件的锈蚀。此外，水分将使液压油乳化，降低了油膜强度，使液压介质润滑性能变坏。

气体混入到液压介质中，使液压介质的可压缩性急剧增大，液压设备将产生爬行、振动和噪声，造成系统控制性能的改变。同时，空气中的氧气，在水分和有色金属作用下，将加速液压油的氧化，生成胶质状的油泥。油泥危害极大，它会堵塞阀口，造成阀特性的改变甚至动作失灵。

1.2.4.2　液压介质污染的测定

A　污染等级代号

由于液压介质中的固体污染物危害最大，因而目前所制定的污染等级标准都是针对固体污染物的。我国对液压介质污染等级建立了国家标准。

国家标准规定的固体颗粒污染等级代号由用斜线隔开的两个标号组成，其中第一个标号表示 1mL 工作介质中大于 5μm 的颗粒数，第二个标号则表示 1mL 工作介质中大于 15μm 的颗粒数，如 19/15、16/13 等。国标中污染等级代号见表 1－7。

表 1－7　污染等级代号

1mL 中颗粒数		标　号	1mL 中颗粒数		标　号
>	≤		>	≤	
80000	160000	24	10000	20000	21
40000	80000	23	5000	10000	20
20000	40000	22	2500	5000	19

续表1-7

1mL中颗粒数		标　号	1mL中颗粒数		标　号
>	≤		>	≤	
1300	2500	18	1.3	2.5	8
640	1300	17	0.64	1.3	7
320	640	16	0.32	0.64	6
160	320	15	0.16	0.32	5
80	160	14	0.08	0.16	4
40	80	13	0.04	0.08	3
20	40	12	0.02	0.04	2
10	20	11	0.01	0.02	1
5	10	10	0.005	0.01	0
2.5	5	9	0.0025	0.005	0.9

B　液压介质污染物的检测

测定液压介质中固体污染物的方法很多，大体上可分为目测法、计量法和计数法三大类。

目测法是靠人的眼睛直接观测液压介质的污染程度。由于人的眼睛只能观测到大于40μm的固体污染物，所以这种方法仅能对液压介质的污染程度进行粗略的定性分析。通常，目测法只能从油品颜色的深浅变化或混浊程度来加以判断。因此，这种方法要求操作者具有相当丰富的实践经验。这种方法只能用于对液压介质污染程度的初步检查上，有时对要求不高的非重要系统的液压介质进行污染检查时，也可使用。

计量法中使用最多的是测重法。测重法是使一定量的油样通过平均孔径为0.45μm的滤膜，过滤前后滤膜的重量差即为油样中固体污染物的重量，该值与液样体积的比值则为液样的污染度。这种测定方法比较简单、实用，国内应用较普遍，但其测定精度较低。

颗粒计数法有显微镜比较法、扫描法和光电计数法多种。目前，国内应用较多的为显微镜比较法。这种方法是使100mL被测液压介质通过平均孔径为0.8μm的网式滤膜，然后在显微镜下与带有不同污染度等级的标准样板比较，以确定出液样的污染度等级。这种测定方法简单，方便，测定时间短，造价低，可用于实验室或现场测试，但不能进行定量分析。

1.2.4.3　液压介质污染的控制

为了保证液压元件和系统的工作可靠性，保持其控制性能的稳定性和持久性，同时也为了保证液压元件和系统具有规定的使用寿命，对液压介质的污染必须加以控制。液压系统的污染控制主要是尽量减少系统的潜在性污染，减少或杜绝侵入性污染，尽量降低系统的再生污染。同时，应尽可能地将污染物从系统中清除出去，使液压介质中的侵入性污染物和再生性污染物的数量与滤除掉的污染物数量大体相等。这样，液压介质中的污染物基本上可以达到动平衡，并使其维持在低于元件或系统所能忍受的水平上。由此不难看出，液压介质污染的控制方法，不外乎是合理地清洗元件和系统，重视系统的过滤，定期地净化油液。

清洗是减少或清除潜在性污染物的重要手段，它应该贯穿于零件加工、装配，系统组装、调试和维修等各个阶段。零件清洗应根据零件的结构尺寸、污染物类型等选择合理的清洗工艺和清洗剂。系统清洗应根据系统的复杂程度、系统对清洁度要求的高低选择适宜的清洗工艺、清洗介质和清洗参数。

过滤是减少或清除液压系统中再生性污染物和侵入性污染物的主要方法。它对维持液压系统应有的清洁度等级、延长元件系统的使用寿命、减小系统的故障率具有十分重要的意义。液压系统的过滤是通过设置滤油器来实现的。滤油器对混入液压介质中的固体污染物应具有最大的截获能力，而对系统液流应具有最小的阻力，即具有最强的过滤能力。通常，以过滤精度、滤清率、滤油器压降、纳垢容量和结构可靠性等指标来评定滤油器的过滤能力。

（1）过滤精度。过滤精度是以过滤材料所能阻留的最小杂质颗粒的公称直径 d 来表示的，以 μm 计。依此，滤油器可分为粗（$d>50\mu m$）、普通（$d=5\sim50\mu m$）、精（$d=1\sim5\mu m$）和特精（$d\leqslant1\mu m$）四种。工业用不同液压系统对滤油器过滤精度的要求见表 1－8。

表 1－8　液压系统的过滤要求

<table>
<tr><th colspan="2">系统种类</th><th>过滤精度/μm</th><th colspan="2">系统种类</th><th>过滤精度/μm</th></tr>
<tr><td colspan="2">低压（$p\leqslant2.5$MPa）工业用液压系统</td><td>100～150</td><td colspan="2">机床进给系统</td><td>10</td></tr>
<tr><td colspan="2">7MPa 工业用液压系统</td><td>50</td><td colspan="2">14～20MPa 重型液压系统</td><td>10</td></tr>
<tr><td colspan="2">10MPa 工业用液压系统</td><td>25</td><td rowspan="3">21MPa</td><td>带电液伺服阀</td><td>2.5～5</td></tr>
<tr><td rowspan="2">10MPa 工业用液压系统</td><td>往复运动</td><td>15</td><td rowspan="2">带精密电液伺服阀</td><td rowspan="2">2.5</td></tr>
<tr><td>速度控制装置</td><td>10～15</td></tr>
</table>

（2）滤清率。滤清率是指当滤油器压降达到规定值的 80% 时，滤油器入口和出口处单位容积（mL）试样中大于 10μm 颗粒数的比值 β_{10}，即：

$$\beta_{10}=\frac{N_u}{N_d} \tag{1-16}$$

式中　N_u——滤油器入口处每毫升介质中大于 10μm 的固体污染物数量；

N_d——滤油器出口处每毫升介质中大于 10μm 的固体污染物数量。

β_{10} 值的大小，直接反映了滤油器对污染物的截获能力。通常，工业用液压系统的 β_{10} 值可取为 50～150，特别重要的液压系统取大值，一般系统取小值。

（3）滤油器压降。滤油器压降由滤油器壳体产生的压降、滤芯组件在流过清洁液体时产生的压降和过滤污染物引起的压降组成。通常，以极限压降作为滤油器的寿命期，对吸油管路上的滤油器，其极限压降不超过 14kPa；回油管路上的滤油器，其极限压降不超过 0.35MPa。

（4）结构的可靠性。结构的可靠性是指滤芯在制造上不应有缺陷，要有足够的强度，以承受系统工作压力、冲击和疲劳作用，同时又能承受安装上的轴向力等。

（5）纳垢容量。纳垢容量是指滤芯截获污染物的允许值。滤油器的纳垢容量大，其使用寿命则长。

知识点1.3　流体力学基础

工程流体力学是研究流体平衡和运动规律的一门基础科学。液压传动系统用液体作为介质来传递能量，因而液压介质的平衡和运动应符合工程流体力学中给出的帕斯卡定理、连续性方程、伯努利方程等。

1.3.1　液体静力学

液压传动是以液体作为工作介质进行能量传递的，因此要研究液体处于相对平衡状态下的力学规律及其实际应用。所谓相对平衡是指液体内部各质点间没有相对运动，至于液体本身完全可以和容器一起如同刚体一样做各种运动。因此，液体在相对平衡状态下不呈现黏性，不存在切应力，只有法向的压应力，即静压力。本节主要讨论液体的平衡规律和压强分布规律以及液体对物体壁面的作用力。

1.3.1.1　液体静压力及其特性

作用在液体上的力有两种类型：一种是质量力，另一种是表面力。

质量力作用在液体所有质点上，它的大小与质量成正比。属于质量力的有重力、惯性力等。单位质量液体受到的质量力称为单位质量力，它在数值上等于重力加速度。

表面力作用于所研究液体的表面上，如法向力、切向力。表面力可以是其他物体（如活塞、大气层）作用在液体上的力，也可以是一部分液体作用在另一部分液体上的力。对于液体整体来说，其他物体作用在液体上的力属于外力，而液体间作用力属于内力。由于理想液体质点间的内聚力很小，液体不能抵抗拉力或切向力，即使是微小的拉力或切向力都会使液体发生流动。因为静止液体不存在质点间的相对运动，也就不存在拉力或切向力，所以静止液体只能承受压力。

静压力是指静止液体单位面积上所受的法向力，用 p 表示。

若在面积 A 上均匀作用着法向作用力 F，则压力 p 可表示为：

$$p = \frac{F}{A} \tag{1-17}$$

如果已知某点附近 ΔA 面积上作用有 ΔF 的法向力，则该点的压力可定义为：

$$p = \lim_{\Delta A \to 0} \frac{\Delta F}{\Delta A} \tag{1-18}$$

静压力具有下述两个重要特征：

（1）液体静压力垂直于作用面，其方向与该面的内法线方向一致。

（2）静止液体中，任何一点所受到的各方向的静压力都相等。

1.3.1.2　液体静力学方程

静止液体内部受力情况可用图1-6来说明。设容器中装满液体，在任意一点 A 处取一微小面积 $\mathrm{d}A$。该点距液面深度为 h，距坐标原点高度为 Z，容器液平面距坐标原点为 Z_0。为了求得任意一点 A 的压力，可取 $\mathrm{d}A \cdot h$ 这个液柱为分离体（见图1-6b）。根据静压力的特性，作用于这个液柱上的力在各方向都呈平衡，现求各作用力在 Z 方向的平衡方

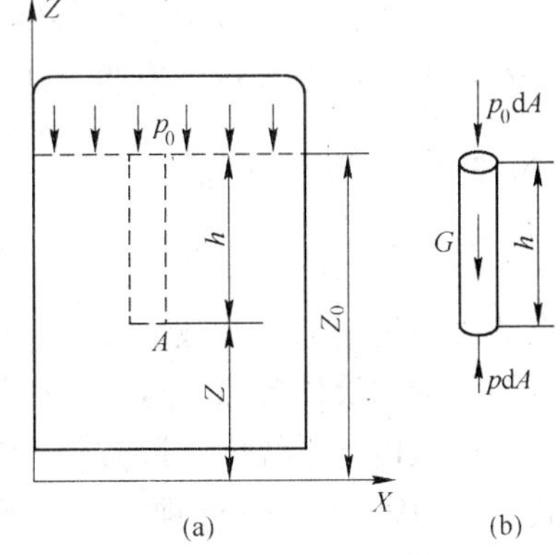

图 1－6　静压力的分布规律

程。微小液柱顶面上的作用力为 $p_0\mathrm{d}A$（方向向下），液柱本身的重力为 G（方向向下），液柱底面对液柱的作用力为 $p\mathrm{d}A$（方向向上），则平衡方程为：

$$p\mathrm{d}A = p_0\mathrm{d}A + \rho g h\mathrm{d}A \tag{1-19}$$

式中　$\rho g h\mathrm{d}A$——圆柱体的重力 G。

简化后得：

$$p = p_0 + \rho g h \tag{1-20}$$

式（1－20）即为液体静压力基本方程。由方程可以看出：

（1）静止液体中任一点的压力均由两部分组成，即液面上的表面压力 p_0 和液体自重引起的对该点的压力 $\rho g h$。当液面上只受大气压 p_a 作用时，距液体表面深度为 h 的任一点的压力为：

$$p = p_a + \rho g h \tag{1-21}$$

（2）静止液体内的压力随液体距液面的深度变化呈线性规律分布。

（3）在同一深度上各点的压力相等，压力相等的所有点组成的面为等压面，很显然，在重力作用下静止液体的等压面为一个平面。

1.3.1.3　压力的表示方法及单位

液压系统中的压力就是指压强。液体压力通常有绝对压力、相对压力（表压力）、真空度三种表示方法。

（1）绝对压力。以绝对真空为基准进行度量而得到的压力称为绝对压力。

（2）相对压力。以大气压为基准进行度量而得到的压力称为相对压力。压力表表示的压力实际就是相对压力，因此相对压力也称表压力。

绝对压力与相对压力间的关系可用图 1－7 表示。由图可以看出：

相对压力＝绝对压力－大气压

（3）真空度。当系统压力低于大气压时，系统的相对压力为负值，称这时的系统有了真空。比大气压低的那部分压力数值称做真空度。由图 1－7 可以看出：

真空度＝－相对压力＝大气压－绝对压力

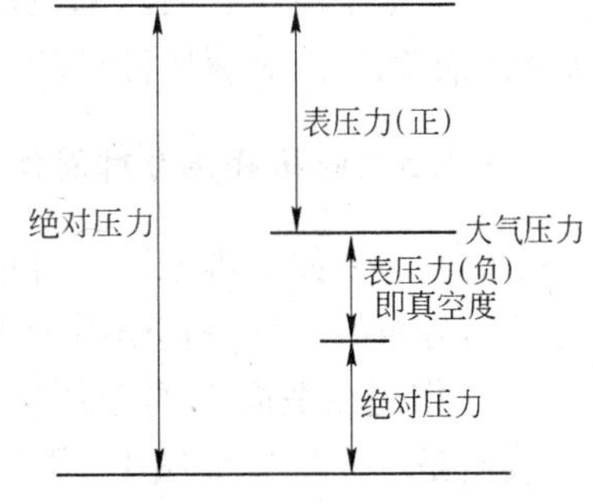

图 1－7　绝对压力与表压力的关系

在国际单位制（SI）中，压力的单位是 Pa（帕斯卡，简称为帕，$1\mathrm{Pa} = 1\mathrm{N/m^2}$）。在液压技术中，一般认为这个单位太小，为了方便起见，常用 MPa（兆帕）来表示。

$$1\mathrm{MPa} = 10^6\mathrm{Pa}$$

国际上惯用的压力单位还有 bar（巴），我国过去在工程上还常采用 $\mathrm{kgf/cm^2}$、工程大气压（at）、水柱高、汞柱高等单位来表示压力的单位。它们之间的换算关系如下：

$$1\mathrm{bar} = 10^5\mathrm{Pa} = 0.1\mathrm{MPa};\ 1\mathrm{at} = 1\mathrm{kgf/cm^2} = 9.8\times10^4\mathrm{Pa};$$

1mH$_2$O（米水柱）$=9.8\times10^3$Pa；1mmHg（毫米汞柱）$=1.33\times10^2$Pa

在本书中，没有特殊说明，压力单位一律采用法定计量单位Pa或MPa。

1.3.1.4 帕斯卡原理

密封容器内的静止液体，当边界上的压力p_0发生变化时，如增加Δp，则容器内任意一点的压力将增加同一数值Δp。也就是说，在密封容器内施加于静止液体任一点的压力将以等值传到液体各点。这就是帕斯卡原理或静压传递原理。

在液压传动系统中，通常外力产生的压力要比液体自重所产生的压力大得多。因此可把式（1－19）中的ρgh项略去，而认为静止液体内部各点的压力处处相等。

根据帕斯卡原理和静压力的特性，液压传动不仅可以进行力的传递，而且还能将力放大和改变力的方向。图1－8所示是应用帕斯卡原理推导压力与负载关系的实例。图中垂直液压缸（负载缸）的截面积为A_1，水平液压缸截面积为A_2，两个活塞上的外作用力分别为F_1、F_2，则两缸内压力分别为$p_1=F_1/A_1$、$p_2=F_2/A_2$。由于两缸充满液体且互相连接，根据帕斯卡原理有$p_1=p_2$。因此有：

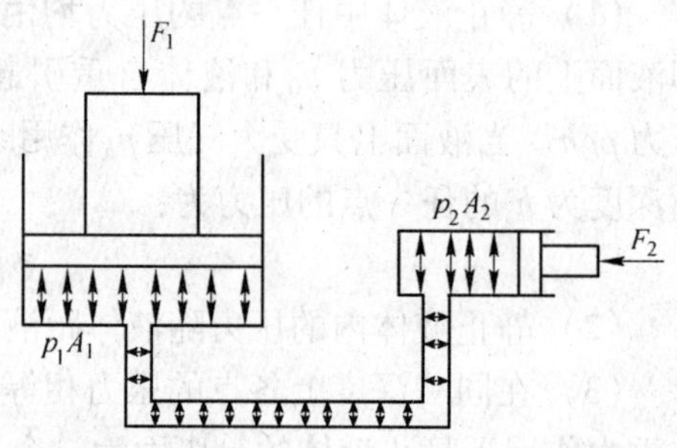

图1－8 静压传递原理应用实例

$$F_2=\frac{A_2}{A_1}F_1 \tag{1-22}$$

式（1－22）表明，只要A_1/A_2足够大，用很小的力F_1就可产生很大的力F_2。液压千斤顶和水压机就是按此原理制成的。

如果垂直液压缸的活塞上没有负载，即$F_1=0$，则当略去活塞重量及其他阻力时，不论怎样推动水平液压缸的活塞也不能在液体中形成压力。这说明液压系统中的压力是由外界负载决定的，这是液压传动的一个基本概念。

1.3.1.5 液压静压力对固体壁面的作用力

由前所述，如不考虑油液自重产生的那部分压力，压力是均匀分布的，且垂直作用于承压面上。

（1）作用在平面上的静压力。当液体静压力作用的固体表面是一平面，如图1－9所示的液压缸活塞的承压面，平面上各点的静压力不仅大小相等，方向也相同。很明显，静压力在平面上的总作用力等于液体的静压力p与承压面积A的乘积。即

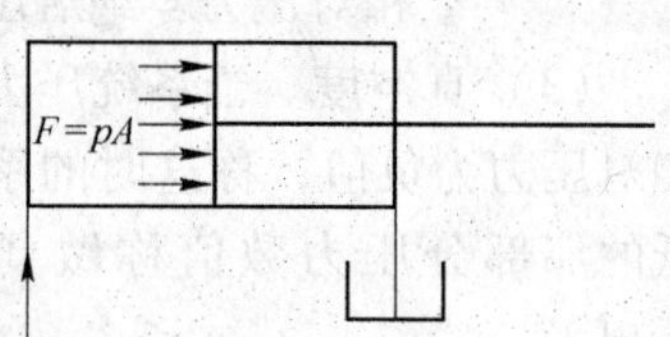

图1－9 作用在平面壁上的力

$$F=pA \tag{1-23}$$

方向为承压面的法线方向。

（2）作用在曲面上的静压力。当液体静压力作用的固体表面是一曲面，如图1－10（a）所示锥阀芯表面，作用在曲面上各点液体的静压力虽然大小相等，但方向并不相同，为曲面各点的内法线方向。可以证明，静压力作用在曲面某一方向，如x方向上的总作用力F_x等

于压力 p 与曲面在该方向投影面积 A_x 的乘积。

$$F_x = pA_x = p\frac{\pi d^2}{4} \tag{1-24}$$

以上结论对于任何曲面都是适用的。也就是说，只要压力相等，曲面在该方向的投影面积相等，则静压力在曲面该方向上的总作用力就相等，与曲面的形状无关。如图 1-10 所示，虽然球阀芯与锥阀芯的形状不同，但只要它们的压力相等，轴向投影面积相等，其静压的轴向总作用力就相等。

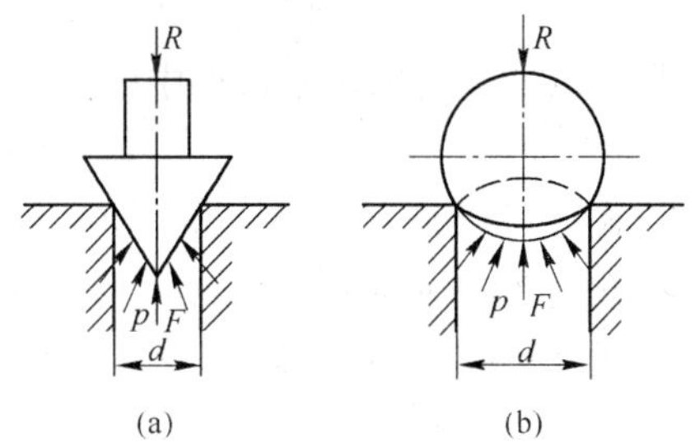

图 1-10　作用在曲面壁上的力

1.3.2　液体动力学

在液压传动系统中，液压油总在不断流动，因此要研究液体在外力作用下的运动规律及作用在流体上的力及这些力和流体运动特性之间的关系。对液压流体力学我们只关心和研究平均作用力和运动之间的关系。本节主要讨论三个基本方程式即液流的连续性方程、伯努利方程和动量方程。

1.3.2.1　基本概念

（1）理想液体与实际液体。实际液体是有黏性的，而且有一定的压缩性。研究液体流动规律必须考虑液体这些性质的影响。但在考虑液体的这些性质后，往往会使问题变得很复杂。因此在开始分析问题时，可以先假设液体是没有黏性和压缩性的，这样做可以给研究问题带来很大的方便，也突出了主要问题。然后再考虑黏性和压缩性的影响，并用实验验证等方法对理想化的结论进行补充和修正。一般将既没有黏性又没有压缩性的假想液体称为理想液体，而将既有黏性又有压缩性的液体称为实际液体。

（2）稳定流动和非稳定流动。液体流动时，若通过空间某一点处的压力、速度和密度均不随时间变化，就称液体做稳定流动（或称定常流动）。反之，若压力、速度或密度中有一个量是随时间变化的，则称液体做非稳定流动（或称时变流动）。

1.3.2.2　连续性方程——流动液体的质量守恒定律

质量守恒是自然界的客观规律，不可压缩液体的流动过程也遵守质量守恒定律。液体在管道内流动时，如果是稳定流动，则在单位时间内通过各个断面的液体质量相等，亦即通过各个断面的流量相等。

实践告诉我们，液体在管道内流动时，如果是稳定流动，则通过各个断面的液体质量是相等的。如图 1-11 所示的管道中，1—1 处的断面面积为 A_1，流动速度为 v_1，液体密度为 ρ_1；在 2—2 处的断面面积为 A_2，流动速度为 v_2，液体密度为 ρ_2。根据质量守恒定律，有：

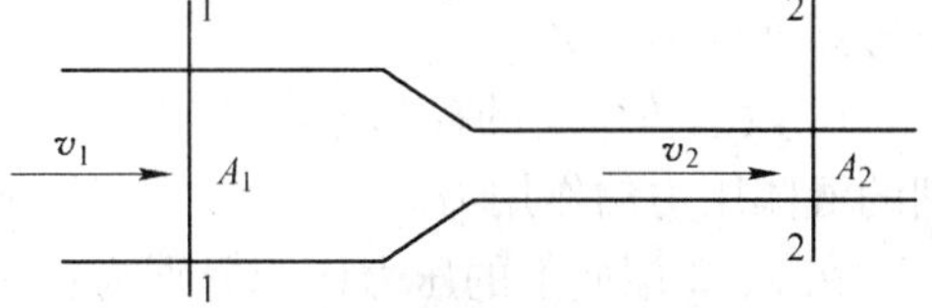

图 1-11　连续方程

$$\rho_1 v_1 A_1 = \rho_2 v_2 A_2 \tag{1-25}$$

由于假设液体为理想液体，无压缩性，故液体的密度 ρ 为常数，即 $\rho_1=\rho_2$，且通流截面是任取的，所以对于管道中的任意截面，有：

$$A_1v_1=A_2v_2=Q=\text{常数} \tag{1-26}$$

式（1-26）就是流动液体的连续性方程。它说明理想液体在管道中做稳定流动时，任意截面处的液体流量均相等。

式（1-26）还可以改写成如下形式：

$$\frac{v_1}{v_2}=\frac{A_2}{A_1} \tag{1-27}$$

式（1-27）表明，理想液体在管道中做稳定流动时，各截面处液体的流速与其通流截面积成反比。当流量一定时，管道细处流速大，管道粗处流速小。

1.3.2.3　伯努利方程

流动液体的伯努利方程是研究液体运动时的能量转换关系的。液体在流动过程中，其能量转换遵循能量守恒定律。

图1-12所示为理想液体流动管流的一部分，管道各处的截面积大小和高低位置都不相同。设管道里的液流做恒定流动。取12段液体作控制体积进行分析。这时在1、2截面上必须加上控制体积外液体对其的作用力 F_1、F_2。假定在极短的时间 dt 内，控制体积中的液体从12位置移动到1′2′位置。由于移动距离很小，所以在1到1′、2到2′这两小段范围内，断面面积、压力、流速和高度都可以近似认为是不变的。

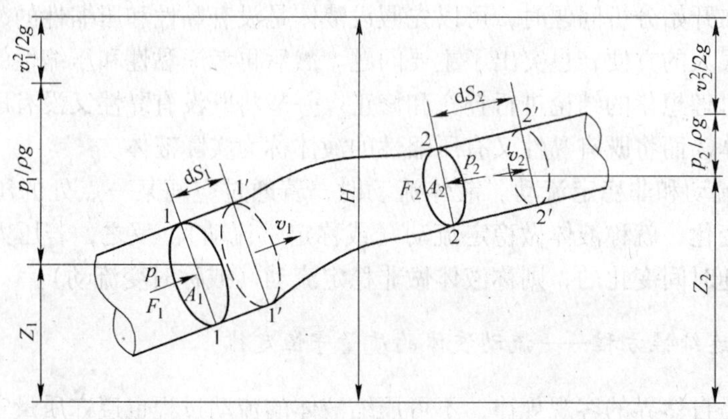

图1-12　伯努利方程

设11′、22′的断面面积分别为 A_1、A_2，压力分别为 p_1、p_2，平均流速分别为 v_1、v_2，位置高度分别为 Z_1、Z_2。

12段液体所受的控制体积外液体对其的作用力 F_1 和 F_2，就是1、2两个端面上所受到的液体压力的作用力。

在1、2端面上的压力作用分别为：

$$F_1=p_1A_1$$
$$F_2=p_2A_2$$

由于 F_1（推动力）和 F_2（阻力）方向相反，所以由 F_1 和 F_2 作用所做的功为：

$$W=F_1v_1\mathrm{d}t-F_2v_2\mathrm{d}t=p_1A_1v_1\mathrm{d}t-p_2A_2v_2\mathrm{d}t$$

由液体的连续性原理有：

$$A_1v_1 = A_2v_2$$

或

$$A_1v_1\mathrm{d}t = A_2v_2\mathrm{d}t = \Delta V$$

故得外力作用对控制体积液体所做的功为：

$$W = (p_1 - p_2)\Delta V$$

式中　ΔV——11′、22′液体的体积，m^3。

由于是恒定流动，因此当液体从 12 位置流动到 1′2′位置时，1′2 段液体的压力、速度与密度等参数都不会发生变化，能量也不会发生变化。控制体积中有能量变化的仅是 11′段液体与 22′段液体，它们的流速发生了变化，也就是说它们的动能有了变化。

11′段、22′段液体的动能 E_1、E_2分别为：

$$E_1 = \frac{1}{2}m_1v_1^2$$

$$E_2 = \frac{1}{2}m_2v_2^2$$

式中　m_1，m_2——11′、22′段液体质量，且 $m_1 = m_2 = m$，kg。

因此动能变化为：

$$E_2 - E_1 = \frac{1}{2}mv_2^2 - \frac{1}{2}mv_1^2$$

液体位置高度的变化，也引起液体势能的改变，即

$$E_3 = mg(Z_2 - Z_1)$$

由以上计算，根据能量守恒定律，外力对控制体所做的功等于控制体机械能的增量，故有：

$$(p_1 - p_2)\Delta V = \left(\frac{1}{2}mv_2^2 - \frac{1}{2}mv_1^2\right) + mg(Z_2 - Z_1)$$

或

$$p_1\Delta V + \frac{1}{2}mv_1^2 + mgZ_1 = p_2\Delta V + \frac{1}{2}mv_2^2 + mgZ_2$$

两边除以 mg，可得单位质量液体的能量守恒方程式：

$$\frac{p_1}{\rho g} + \frac{v_1^2}{2g} + Z_1 = \frac{p_2}{\rho g} + \frac{v_2^2}{2g} + Z_2 = 常数 \tag{1-28}$$

对于任意截面：

$$\frac{p}{\rho g} + \frac{v^2}{2g} + Z = 常数 \tag{1-29}$$

式（1-28）与式（1-29）就是理想液体的伯努利方程。它表明当理想液体在管内做稳定流动时，任意截面处的理想液体均具有三种形式的能量，即压力能、动能、势能。而且这三种能量可以相互转换，但总和不变，这就是理想液体的伯努利方程的物理意义。因而，伯努利方程就是能量守恒定律在液体力学中的表达式。

上面已经说过，Z 代表了管道某截面中心处液体质点距离基准面的垂直高度，其量纲为 L，通常称为“位置水头”。

$\frac{p}{\rho g}$的量纲为：

$$\left[\frac{p}{\rho g}\right]=\frac{F/L^2}{F/L^3}=L$$

这又是一个高度，它表示了测压管中液面距离该截面中心的高度，称为“压力水头”。

$\frac{v^2}{2g}$的量纲为：

$$\left[\frac{v^2}{2g}\right]=\frac{(L/T)^2}{L/T^2}=L$$

显然，这还是一个高度，它表示液体以速度 v 向上喷射的高度，称为“速度水头”。

三项水头之和$\left(\frac{p}{\rho g}+\frac{v^2}{2g}+Z\right)$称为总水头。它说明理想液体做稳定流动时，管道各处的总水头是相等的，即总水头是一条与基准平面平行的直线，这就是液体伯努利方程的几何意义。

上述伯努利方程仅适用于理想液体在管道中做稳定流动，并且质量力只有重力的条件。实际上，所有液体都具有黏性，液体流动过程中都因克服摩擦而产生能量损失，因而单位重力液体所具有的总能量，沿着流动方向要逐渐减小。所以对实际液体来说，其伯努利方程应为：

$$\frac{p_1}{\rho g}+\frac{a_1 v_1^2}{2g}+Z_1=\frac{p_2}{\rho g}+\frac{a_2 v_2^2}{2g}+Z_2+h_W \quad (1-30)$$

式中　a_1，a_2——两截面处动能修正系数，当液体在管道内呈紊流流动时，$a=1$，如果为层流流动时，$a=2$；

h_W——单位重力液体的平均能量损失。

其他符号意义同前。应注意，式（1－30）中各项，代表两截面上各点比能的平均值。

【例 1－2】　图 1－13 所示为一输油管道，油液密度为 $\rho=0.9\times10^3\text{kg/m}^3$，已知：$Z=15\text{m}$，点 1 处压力为 $p_1=4.5\times10^5\text{Pa}$，点 2 处压力为 $p_2=4\times10^5\text{Pa}$，求油液的流动方向。

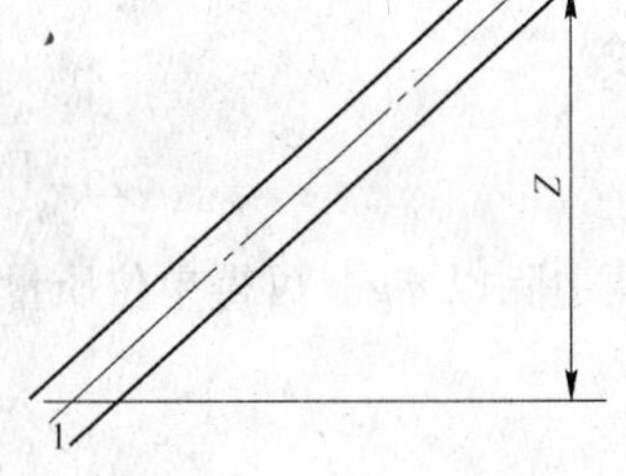

图 1－13　输油管道

解：首先选取过点 1 的水平面为基准面，对管道 1、2 两截面分别计算总能量。因为管道为等直径的直管道，所以截面 1、2 处动能相等，在计算时忽略；又因为点 1 处为基准面，所以截面 1 处的总能量为：

$$\frac{p_1}{\rho g}=\frac{4.5\times10^5}{0.9\times10^3\times9.81}=51\text{m}$$

截面 2 处的总能量为：

$$\frac{p_2}{\rho g}+Z_2=\frac{4\times10^5}{0.9\times10^3\times9.81}+15=60.3\text{m}$$

由此可以看出，油液从截面 2 流向截面 1。

1.3.3　阻力计算

通过对实际液体伯努利方程的讨论，我们知道，任何液体都是具有黏性的，因而，液体在流动过程中一定会存在黏性摩擦阻力，产生能量损失，这种能量损失主要表现为压力损失。以下内容将讨论阻力损失的类型及其有关计算。

1.3.3.1　液体的流动状态与雷诺数

A　层流和紊流

1883 年，英国物理学家雷诺通过实验首先提出了液体的两种流动状态，层流和紊流。其实验装置如图 1-14（a）所示。水箱 1 内充满水，由溢流口维持水箱液面恒定。阀 7 开启后，水从玻璃管 6 中流出。打开阀 4，使容器 3 中的红色液体流入玻璃管中。当阀 7 开度较小时，玻璃管中水流速度较慢。红色液体在管 6 中呈一条与轴线平行的直线，如图 1-14（b）所示，它说明液体质点只做有规律的定向运动。当阀 7 开度逐渐变大，水流速度增加到一定值时，呈直线状的红色液体开始出现波动，如图 1-14（c）、（d）所示。继续开大阀 7，增加水流速度，红色水线将消失，整个管 6 内均变成红色，如图 1-14（e）所示。这说明此时的液体除了做定向的轴向流动外，还做无规律的横向运动。反过来，如果将阀门 7 逐渐关小，使管 6 中水流速度逐渐减慢，在某一速度下，管 6 内又将出现平行管轴线的红色直线。

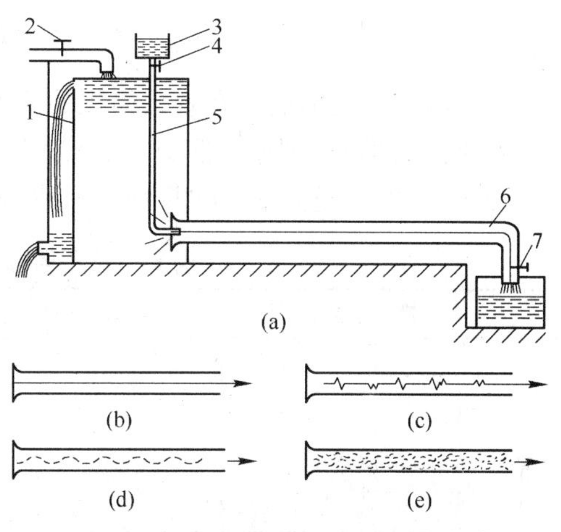

图 1-14　雷诺试验

1—水箱；2，4，7—阀；3—容器；5，6—玻璃管

上述实验表明，液体流动时存在着两种不同的流动状态：一种是液体质点做定向的有规律运动，这种流动状态称为层流；另一种是液体质点做杂乱无章的无规律的运动，这种流动状态称为紊流。在层流流动和紊流流动之间，有一种不稳定的过渡状态，这种过渡状态，通常按紊流来处理。

层流和紊流是液体流动时性质截然不同的两种流动状态。液体做层流运动时，黏性力起主导作用，其阻力特性符合牛顿内摩擦定理。液体做紊流运动时，惯性力起主要作用，其阻力特性不符合牛顿内摩擦定理。液体流动时的流动状态，可用雷诺数来判断。

B　雷诺数

实验证明，液体的流动状态与液体在管道内的流速 v、圆管管道直径 d 以及液体的黏度 ν 有关：但无论 v、d、ν 如何变化，只要 vd/ν 的值不变，其流动状态就不变。无量纲数的组合“vd/ν”称为雷诺数，并用 Re 表示，即

$$Re = \frac{vd}{\nu} \tag{1-31}$$

这就是说，液流的雷诺数相同，其流动状态就相同。

实验还证明，在管道几何形状相似的情况下，使流动状态变化的雷诺数基本是一个定数。雷诺数的临界值称为临界雷诺数，用 Re_k 表示。当 $Re > Re_k$ 时，流体的流动状态是紊流；当 $Re < Re_k$ 时为层流。

对于工程上经常遇到的非圆截面管道，其雷诺数为：

$$Re = \frac{4vR}{\nu} \tag{1-32}$$

式中　R——水力半径，m。

水力半径是指液流的有效截面积 A 与湿周 x 之比，即

$$R = \frac{A}{x} \tag{1-33}$$

所谓湿周，是指液体有效截面积的周界长度。

通流截面面积相同的管道，若截面形状不同时，其湿周及水力半径也是不同的，表1-9给出了工程上常用的几种不同截面形状通道的湿周及水力半径值。

表1-9　不同截面形状通道的水力半径

通道截面形状	有效截面积 A	湿周 x	水力半径 R
正方形（边长 a）	a^2	$4a$	$a/4$
圆形（1.13a）	a^2	$3.55a$	$a/3.55$
圆环（a，1.51a）	a^2	$7.89a$	$a/7.89$
三角形（1.52a）	a^2	$4.56a$	$a/4.56$
矩形（2.25a × 0.45a）	a^2	$5.4a$	$a/5.4$

【例1-3】　在图1-15所示的柱塞和套筒的缝隙中充满油液，若 $d = 60\text{mm}$，$\delta = 0.1\text{mm}$，$L = 120\text{mm}$，试计算柱塞做直线运动和旋转运动两种情况下的液流有效截面积 A、湿周 x 和水力半径 R。

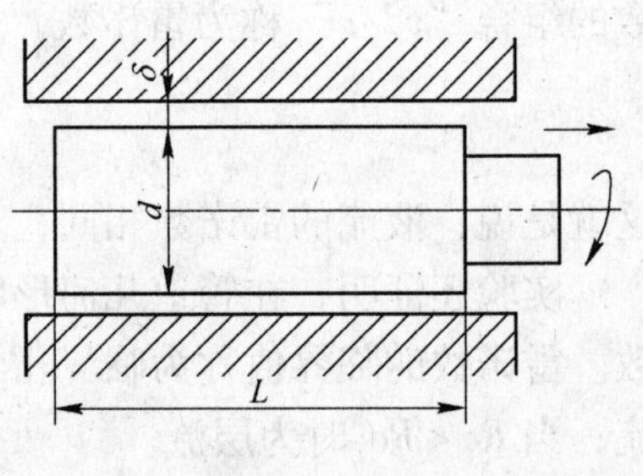

图1-15　水力半径计算

解：（1）当柱塞做直线运动时：

有效截面积 $A = \frac{\pi(d+2\delta)^2}{4} - \frac{\pi d^2}{4} = \pi(d\delta + \delta^2)$

$= \pi(60 \times 0.1 + 0.1^2) = 18.88\text{mm}^2$

$$湿周\ x = \pi(d+2\delta)+\pi d = 2\pi(d+\delta) = 2\pi(60+0.1) = 377.62\text{mm}$$

$$水力半径\ R = \frac{A}{x} = \frac{18.88}{377.62} = 0.05\text{mm}$$

（2）当柱塞做旋转运动时：

$$有效截面积\ A = \delta L = 0.1\times 120 = 12\text{mm}^2$$

$$湿周\ x = 2L = 2\times 120 = 240\text{mm}$$

$$水力半径\ R = \frac{A}{x} = \frac{12}{240} = 0.05\text{mm}$$

1.3.3.2　阻力损失及其计算

A　阻力损失的类型

液体在流动过程中的阻力损失主要有沿程损失和局部损失两种。

（1）沿程损失。液体在直管道中流动时，为了克服液体内部流层间的摩擦力、液体和管壁间的摩擦力而产生的能量损失称为沿程损失。沿程损失的大小与液体在管道内的流动状态、管道长度等有关。

（2）局部损失。液体流经管道局部地区（如弯头、接头、管道截面突然扩大或收缩）时，由于液流的方向和速度的突然变化，引起液体相互摩擦和有效碰撞，从而产生了能量损失，这种能量损失称为局部损失。局部损失的大小与液体流速、局部阻力类型有关。

压力损失过大就是液压系统中功率损耗的增加，这将导致油液发热加剧，泄漏量增加，效率下降和液压系统性能变坏。

在液压技术中，研究阻力的目的是：为了正确计算液压系统中的阻力；为了找出减少流动阻力的途径；为了利用阻力所形成的压差 Δp 来控制某些液压元件的动作。

B　沿程损失

沿程损失主要取决于管路的长度、内径、液体的流速和黏度等。液体的流态不同，沿程压力损失也不同。液体在圆管中层流流动在液压传动中最为常见，因此，在设计液压系统时，常希望管道中的液流保持层流流动的状态。沿程损失是发生在整个流程中的能量损失，它的大小与流过的管道长度成正比。造成沿程损失的原因是流体的黏性，因而这种损失的大小与流体的流动状态（层流或紊流）有密切关系。

通过理论计算可知，在管长为 l 段上沿程压力损失 Δp_l 的计算公式为：

$$\Delta p_l = \lambda\,\frac{l\rho}{d}\,\frac{v^2}{2}$$

式中　v——管道中油液的平均流速，$v = 4Q/\pi d^2$，m/s；

λ——沿程阻力系数，它的数值大小及其计算方法与流动状态有关。

λ 的理论值为 $64/Re$，但是，实际值要大一些。如液压油在金属管中做层流时，λ 常取 $75/Re$；对于橡胶软管，λ 取 $80/Re$。

C　局部压力损失

当液体流经阀口、弯管或通流截面变化时，由于液流方向和速度均发生变化，形成旋涡（见图 1－16），液体的质点间相互撞击，从而产生较大的能量损失。

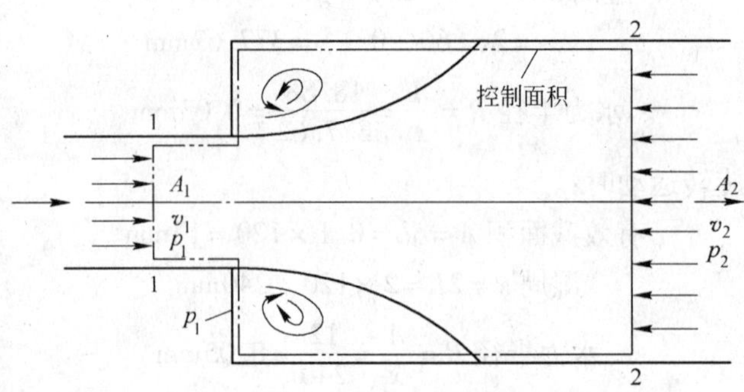

图1-16　突然扩大处的局部损失

局部压力损失 Δp_{ζ} 的计算式为：

$$\Delta p_{\zeta}=\zeta\frac{\rho v^2}{2} \tag{1-34}$$

式中　ζ——局部阻力系数。

由于液流经局部阻力区域的流动非常复杂，所以 ζ 值仅在个别场合可用理论求得，一般都必须经过实验来确定。ζ 的具体数值也可以从有关手册查到。

D　管路系统中的总压力损失

管路系统的总压力损失应等于系统所有各等直径直管中沿程压力损失之和加所有局部压力损失之和。

$$\Delta p_{\Sigma}=\sum\Delta p_l+\sum\Delta p_{\zeta}$$

通常情况下，液压系统的管路并不太长，所以沿程压力损失比较小，而阀等液压元件的局部压力损失比较大，因此管路中的压力损失常常以局部压力损失为主。

E　流速选择

由压力损失计算公式可知，在层流时直管中的压力损失与流速成正比，在紊流时直管中的压力损失与流速的二次方成正比。因此为了减小系统的压力损失，液体在管中的流速不应过高。但流速过低会使管道和阀类等液压元件的尺寸加大，从而使系统庞大且成本增加。一般可采用推荐流速来获得较合理的管道和元件尺寸。油液流经管道和元件时的推荐流速见表1-10。

表1-10　油液流经管道和元件时的推荐流速

油液流经管道和元件		推荐流速/$m\cdot s^{-1}$
油泵吸油管路直径/mm	15～25	0.6～1.2
	>32	1.5
压油管直径/mm	15～50	4.0
	>50	6.0
流经控制阀等短距离的缩小截面的通道		≤10
溢流阀		15
安全阀		30

1.3.4　孔口缝隙流量计算

在液压传动系统中常遇到油液流经小孔或间隙的情况，如节流调速中的节流小孔、液压元件相对运动表面间的各种间隙。研究液体流经这些小孔和间隙的流量压力特性，对于研究节流调速性能、计算泄漏都是很重要的。

1.3.4.1　小孔流动

小孔根据孔长度 l 与孔径 d 的比值可以分为三种：$l/d \leqslant 0.5$ 时，称为薄壁小孔；$0.5 < l/d \leqslant 4$ 时，称为短孔；$l/d > 4$ 时，称为细长孔。

A　液体流经薄壁小孔的流量

液体流经薄壁小孔的情况如图 1－17 所示。液流在小孔上游大约 $d/2$ 处开始加速并从四周流向小孔。由于流线不能突然转折到与管轴线平行，在液体惯性的作用下，外层流线逐渐向管轴方向收缩，逐渐过渡到与管轴线方向平行，从而形成收缩截面 A_c。对于圆孔，约在小孔下游 $d/2$ 处完成收缩。

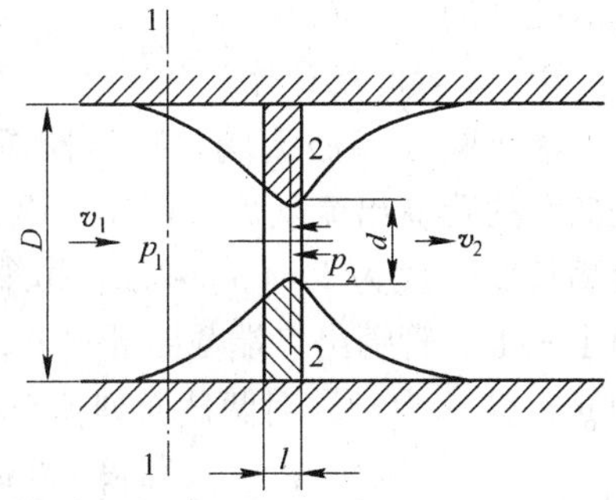

图 1－17　液体在薄壁小孔中的流动

液流收缩的程度取决于 Re、孔口及边缘形状、孔口距管道内壁的距离等因素。对于圆形小孔，当管道直径 D 与小孔直径 d 之比 $D/d \geqslant 7$ 时，流速的收缩作用不受管壁的影响，称为完全收缩。反之，管壁对收缩程度有影响时，则称为不完全收缩。

对于图 1－17 所示的通过薄壁小孔的液流，取截面 1—1 和 2—2 为计算截面。设截面 1—1 处的压力和平均速度分别为 p_1、v_1，截面 2—2 处的压力和平均速度分别为 p_2、v_2。

由于选轴线为参考基准，则 $Z_1 = Z_2$，其伯努利方程为：

$$\frac{p_1}{\rho g} + \frac{v_1^2}{2g} = \frac{p_2}{\rho g} + \frac{v_2^2}{2g} + \zeta \frac{v_2^2}{2g}$$

式中　ζ——薄壁小孔的局部阻力系数。

由于 $d \ll D$，$v_1 \ll v_2$，故 v_1 可忽略不计。因而上式可以简化为：

$$\frac{p_1}{\rho g} = \frac{p_2}{\rho g} + (1 + \zeta) \frac{v_2^2}{2g}$$

变换成：

$$v_2 = \frac{1}{\sqrt{1+\zeta}} \sqrt{\frac{2}{\rho}(p_1 - p_2)} = \rho \sqrt{\frac{2}{\rho} \Delta p} \tag{1-35}$$

式中　ρ——流速系数。

设收缩喉部截面积为 A_c，并令其与小孔截面积 A 之比为 $\frac{A_c}{A} = \varepsilon$，则 ε 称为收缩系数。于是，孔口流出的流量则为：

$$Q = \varepsilon A v_2 = \varepsilon \rho A \sqrt{\frac{2}{\rho} \Delta p}$$

若令 $\mu = \varepsilon \rho$，则 μ 称为流量系数。故上式可写成：

$$Q=\mu A\sqrt{\frac{2}{\rho}\Delta p} \tag{1-36}$$

实验证明，当$D/d\geqslant 7$时，孔口出流的液流能达到完全收缩。在这种情况下，收缩系数为$\varepsilon=0.63\sim0.64$，薄壁小孔的局部阻力系数为$\zeta=0.05\sim0.06$，因而其流速系数为$\rho=0.97\sim0.98$，那么，流量系数则为$\mu=0.6\sim0.62$。

由式（1－35）可以看出，薄壁小孔出流时，其孔口前后压差与流速的平方成比例。

在液压系统中，液体流经薄壁孔口时，其流动状态多为紊流。由于液体流经薄壁孔口时的摩擦作用极小，因而流量受黏度变化的影响很小，即液体流经薄壁孔口时，其流量基本上不受温度变化的影响，这是薄壁孔的一个重要特点，也是为什么液压系统均希望采用薄壁孔口的一个原因。

B　管嘴的流量计算

液压阀（如溢流阀、减压阀等）中的阻尼孔是典型的管嘴出流问题。图1－18所示为一管嘴，管嘴长度一般为$l=(3\sim4)d$。取管嘴前管道处截面Ⅰ—Ⅰ、管嘴出口端截面Ⅱ—Ⅱ，设管道处压力为p_1，流速为v_1，对两截面列伯努利方程有：

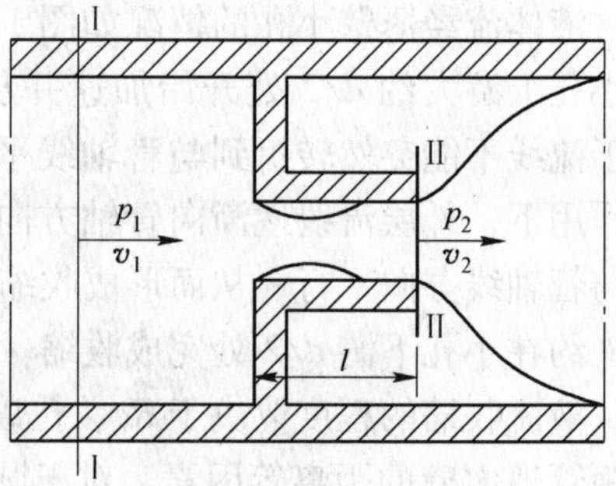

$$\frac{p_1}{\rho g}+\frac{v_1^2}{2g}=\frac{p_2}{\rho g}+\frac{v_2^2}{2g}+\zeta\frac{v_2^2}{2g}$$

图1－18　管嘴出流

式中　p_2——管嘴出口端压力；

v_2——管嘴出口端流速；

ζ——薄壁小孔的局部阻力系数。

由于$v_1\ll v_2$，故v_1可以忽略，上式简化并变换后，得管嘴的液体流速为：

$$v_2=\frac{1}{\sqrt{1+\zeta}}\sqrt{\frac{2}{\rho}(p_1-p_2)}=\rho\sqrt{\frac{2}{\rho}\Delta p} \tag{1-37}$$

式中　ρ——管嘴流速系数。

如管嘴截面积为A，则通过管嘴的流量Q为：

$$Q=Av_2=\rho A\sqrt{\frac{2}{\rho}\Delta p}=\mu A\sqrt{\frac{2}{\rho}\Delta p} \tag{1-38}$$

由此不难看出，管嘴的流量公式和孔口的流量公式是完全一样的。实验证明，管嘴较孔口的阻力较大，其局部阻力系数$\zeta=0.8\sim0.82$。因此其流量系数也较大，即$\mu=0.8\sim0.82$。

C　细长孔的流量计算

液体流经细长孔时，其流量计算和管路流量计算相同，在单位时间内流过直管道的液体流量是一个抛物线体的体积，其计算式为：

$$Q=\frac{\pi d^4}{128\mu l}\Delta p \tag{1-39}$$

1.3.4.2　缝隙流量计算

工程中经常遇到缝隙中的流动问题，例如，柱塞泵的滑靴是利用缝隙流动中的压力来降低滑靴和斜盘间的摩擦的，静压轴承和静压导轨也是利用缝隙流动中的压力将轴、工作台浮起来的，滑阀是利用缝隙流动达到润滑目的的。工程上用到的缝隙主要有：平行平板缝隙、同心或偏心环形缝隙、平行平板间的径向流动等几种。在缝隙流动中，由于缝隙高度很小，因而液体在缝隙中均属层流流动。

A　平行平板缝隙的流量计算

图 1－19 所示为一由两固定平行平板构成的平行缝隙，液体在缝隙两端压差作用下从左向右流动。设缝隙高度为 h，缝隙宽度为 b。在缝隙中心线处取一单元宽度、长为 l、高为 $2y$ 的微元体。

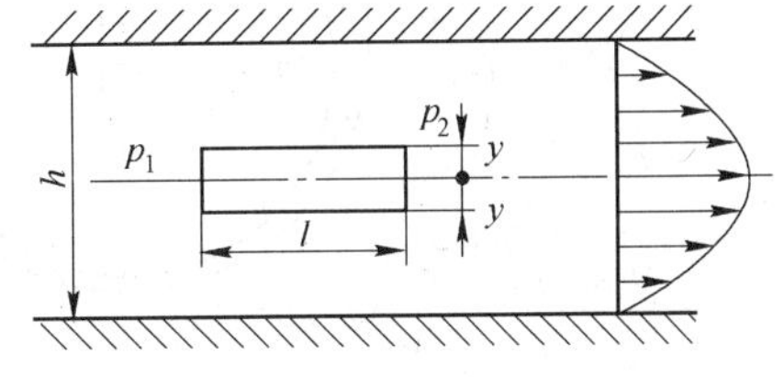

图 1－19　平行平板缝隙

单位时间内，在单位宽度上通过缝隙的液体体积为：

$$Q=\frac{h^3}{12\mu l}\Delta p$$

通过宽度为 b 的流量为：

$$Q=\frac{bh^3}{12\mu l}\Delta p \qquad (1-40)$$

其平均流速为：

$$v_{\mathrm{m}}=\frac{Q}{A}=\frac{h^2}{12\mu l}\Delta p$$

从式（1－40）可以看出，通过平行平板缝隙的流量和缝隙两端的压差成正比，这与圆管中层流时流量与压差的关系是一样的。同时，还可看出，缝隙流量与缝隙高度的三次方成比例。在实际系统中，为了减少泄漏量，首先应当减小缝隙高度，这是行之有效的方法。

B　环形缝隙的流量计算

在液压元件中，如滑阀阀芯与阀体间、液压缸缸体与活塞间所构成的缝隙均为环形缝隙，工程中遇到的环形缝隙有同心和偏心两种环形缝隙。

（1）同心环形缝隙。同心环形缝隙实质是平面缝隙，只是将平面缝隙弯曲成圆环而已，故环形缝隙的周长 πD 即相当于平面缝隙的缝隙宽度 b。因而，其流量公式可写成：

$$Q=\frac{\pi Dh^3}{12\mu l}\Delta p \qquad (1-41)$$

式中　D——直径，m；

　　h——半径缝隙，m。

（2）偏心环形缝隙。图 1－20 所示为一个偏心环形缝隙，由图已知偏心距为 e，对应于整个环形缝隙的总流量为：

$$Q=\frac{\pi Dh^3}{12\mu l}\Delta p(1+1.5\varepsilon^2) \qquad (1-42)$$

式中　h——半径缝隙，$h=R-r$；

　　ε——相对偏心率，$\varepsilon=e/h$。

当 $\varepsilon=0$ 时，即环形同心时，式（1－42）和式（1－41）完全一样；当 $\varepsilon=1$ 时，即偏心距达到最大值时，其流量为同心时的 2.5 倍。由此可见，偏心对环形缝隙的泄漏量影

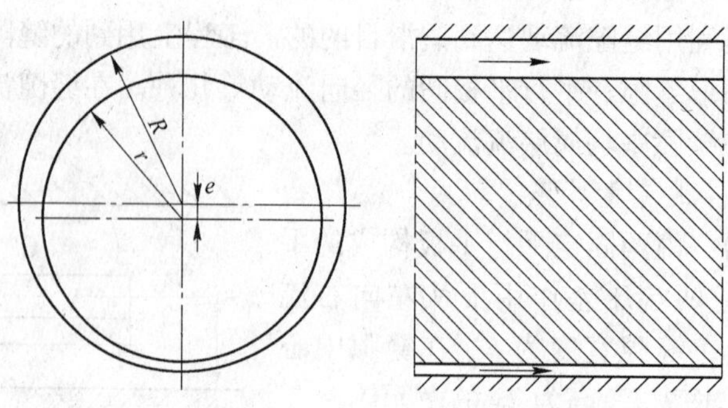

图1-20　偏心环形缝隙

响较大，为了减少液压元件中的缝隙泄漏，应尽量使其处于同心状态。

1.3.5　液压冲击和气隙

1.3.5.1　液压冲击现象

在液压系统中，当极快地换向或关闭液压回路时，液流速度会急速地改变（变向或停止）。由于流动液体的惯性或运动部件的惯性，系统内的压力会突然升高或降低，这种现象称为液压冲击（水力学中称为水锤现象）。

液压冲击的危害是很大的。发生液压冲击时管路中的冲击压力往往剧增很多倍，使按工作压力设计的管道破裂。此外，所产生的液压冲击波会引起液压系统的振动和冲击噪声。因此在设计液压系统时要考虑这些因素，应当尽量减少液压冲击的影响。为此，一般可采用如下措施：

（1）缓慢关闭阀门，削减冲击波的强度。

（2）在阀门前设置蓄能器，以减小冲击波传播的距离。

（3）应将管中流速限制在适当范围内，或采用橡胶软管，减小液压冲击。

（4）在系统中安装安全阀，可起卸载作用。

1.3.5.2　空穴现象

一般液体中溶解有空气。水中溶解有约2%体积的空气，液压油中溶解有6%～12%体积的空气。成溶解状态的气体对油液体积弹性模量没有影响，成游离状态的小气泡则对油液体积弹性模量产生显著的影响。空气的溶解度与压力成正比。当压力降低时，原先压力较高时溶解于油液中的气体成为过饱和状态，于是就要分解出游离状态的气体形成微小气泡。其速率是较低的，但当压力低于空气分离压 p_g 时，溶解的气体就要以很高的速度分解出来，成为游离微小气泡，并聚合长大，使原来充满油液的管道变为混有许多气泡的不连续状态，这种现象称为空穴现象。油液的空气分离压随油温及空气溶解度而变化，当油温 $t=50℃$ 时，$p_g<4\times10^6\mathrm{Pa}$（0.4bar）（绝对压力）。

管道中发生空穴现象，气泡随着液流进入高压区时，体积急剧缩小，气泡又凝结成液体，形成局部真空，周围液体质点以极大速度来填补这一空间，气泡凝结处瞬间局部压力可高达数百巴，温度可达近千度。在气泡凝结附近壁面，因反复受到液压冲击与高温作用，以及油液中逸出气体的较强的酸化作用，金属表面产生腐蚀。因空穴产生的腐蚀，一般称为气蚀。

泵吸入管路的连接、密封不严使空气进入管道，回油管高出油面使空气冲入油中而被泵吸油管吸入油路以及泵吸油管道阻力过大、流速过高均是造成空穴的原因。此外，当油液流经节流部位，流速增高，压力降低，在节流部位前后压差比不小于 3.5 时，将发生节流空穴。

空穴现象，会引起系统的振动，产生冲击、噪声、气蚀，使工作状态恶化，应采取如下预防措施：

（1）限制泵吸油口距离油面的高度，泵吸油口要有足够的管径，滤油器压力损失要小，自吸能力差的泵用辅助供油。

（2）管路密封要好，防止空气渗入。

（3）节流口压力降要小，一般控制节流口前后压差比小于 3.5。

能力点 1.4　训练与思考

1.4.1　项目训练

【任务 1】 液压实训中心认知实习

任务要求

（1）领会液压实训中心的规章制度和安全文明操作要求。

（2）认识液压系统组成元件的外形结构和在液压系统中的相互关系。

（3）了解液压综合实验台的组成及结构。

（4）了解液压综合实验台的性能、特点及使用要求。

（5）完成认知实习报告，报告内容以上述学习任务为提纲。

【任务 2】 油液污染度检测实验

实验目的

（1）学会使用 ABAKUS 油液污染度检测仪检测油液的污染度。

（2）理解油液污染度检测的意义。

实验设备及实验材料

（1）ABAKUS 油液污染度检测仪 1 台。

（2）液压油 50mL。

实验原理

ABAKUS 油液污染度检测仪是一种便携式颗粒分析系统，用于现场及实验室快速、简便的油液颗粒分析，可按新标准——ISO 4406（1999）、ISO 4406（1991）和 NAS 1638 进行检测。

实验方法和步骤

按实验室规定的方法和步骤进行，略。

1.4.2　思考与练习

（1）什么是液压传动？简述其工作原理。

（2）液压传动系统由哪几部分组成，各有何作用？

（3）液压传动的优缺点有哪些？

（4）黏度测定单位有哪些？

（5）某液压油体积为200cm^3，密度900kg/m^3，在50℃时流过恩氏黏度计所需时间t_1 = 153s，20℃时200cm^{3}的蒸馏水流过恩氏黏度计所需时间 t_2 = 51s。问该液压油的恩氏黏度°E_{50}、运动黏度ν、动力黏度μ各为多少？

（6）液压系统的压力、速度、功率取决于什么？

（7）液压介质的物理特性有哪些？

（8）怎样选择液压介质？怎样控制液压介质的污染？

（9）帕斯卡定理、连续性方程、伯努利方程定律的基本内容是什么？

（10）在图1－21所示的密闭容器中装有水，液面高 h = 0.4m，容器上部充满压力为 p 的气体，管内液柱高 H = 1m，其上端与大气相通，问容器中气体绝对压力、相对压力为多少？

（11）通流截面积的变化对压力有何影响？请举例说明。

（12）如图1－22所示的液压千斤顶中，小活塞直径 d = 10mm，大活塞直径 D = 40mm，重物 G = 50000N，小活塞行程20mm，杠杆 L = 500mm，l = 25mm，请为该液压系统计算以下问题：

1）杠杆端需加多少力才能顶起重物？

2）此时液体内所产生的压力为多少？

3）杠杆每上下一次，重物升高多少？

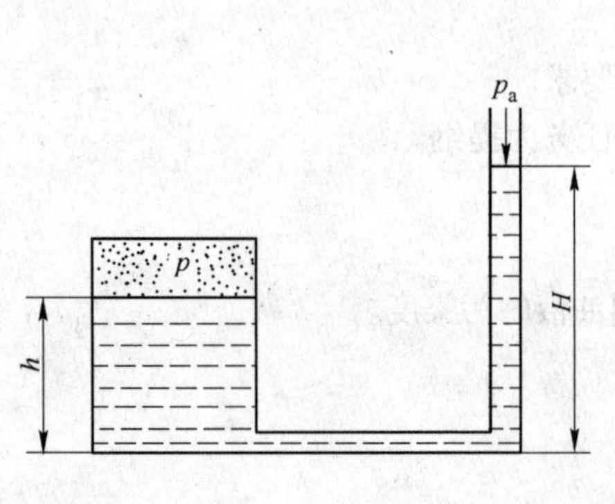

图1－21　密闭气体

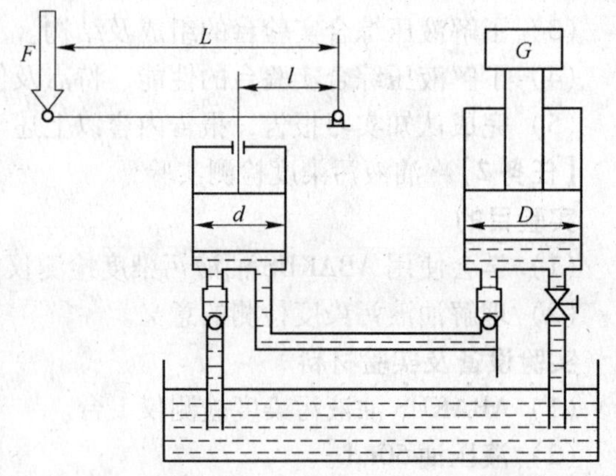

图1－22　液压千斤顶

（13）图1－23所示，液压缸直径 D = 80mm，顶端有一直径 d = 3.5mm 的小孔，当活塞上施加 F = 5000N 的作用力时，有油液从小孔中流出，并流回到油箱。假设在 F 作用下，活塞匀速移动，并忽略流动损失，已知孔口流速系数 ρ = 0.97，流量系数 μ = 0.6，试求：

1）作用在液压缸缸底壁上的作用力。

2）活塞移动的速度。

（14）如图1－24所示，液压缸柱塞重 F_G = 50N，柱塞与缸体的同心间隙 δ =

0.05mm，间隙长 $L=70$mm，柱塞直径 $d=20$mm，油液黏度 $\mu=50\times10^{-2}$Pa·s。重力使柱塞向下滑移，液压缸内油液经间隙 δ 排出。求柱塞下滑 0.1m 所用时间 t。

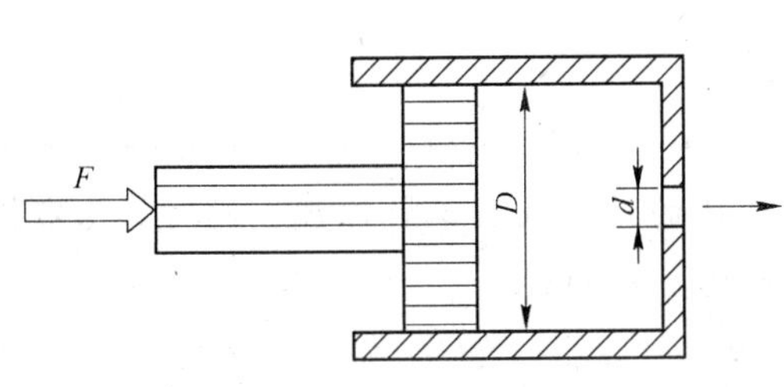

图 1-23　液压缸

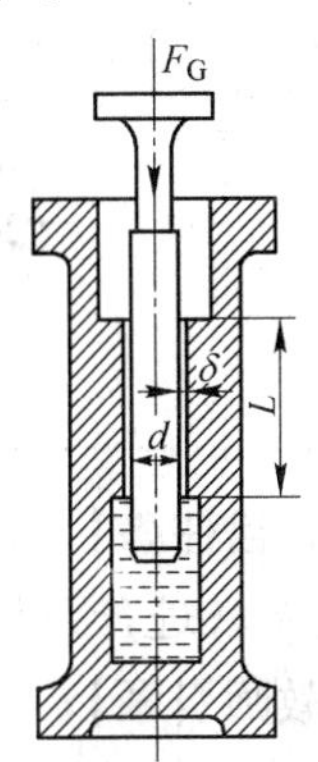

图 1-24　液压缸

项目2　液压泵和液压马达

【项目任务】 掌握常见液压泵和液压马达的结构及其工作原理，能对其基本性能参数进行分析，能正确地拆装液压泵和液压马达。

【教师引领】

(1) 液压泵有哪些常用类型？

(2) 齿轮泵的工作原理如何，有何特点？

(3) 叶片泵的工作原理如何，有何特点？

(4) 柱塞泵的工作原理如何，有何特点？

(5) 液压马达有哪些类型，其与液压泵有何区别？

【兴趣提问】 液压泵和液压马达使用时能否互换？

液压泵和液压马达都是液压传动系统中的能量转换元件。液压泵由原动机驱动，把输入的机械能转换成为油液的压力能，再以压力、流量的形式输入到系统中去，它是液压系统的动力源；液压马达则将输入的压力能转换成机械能，以扭矩和转速的形式输送到执行机构做功，它是液压传动系统的执行元件。

知识点2.1　液压泵概述

2.1.1　液压泵的工作原理和分类

2.1.1.1　容积式液压泵的工作原理

液压泵是液压系统的动力元件，它将输入的机械能转化为工作液体的压力能，为液压系统提供一定流量的压力液体，是系统的动力源。由于大多数的工作液体都是矿物油类的产品，故液压泵俗称油泵。

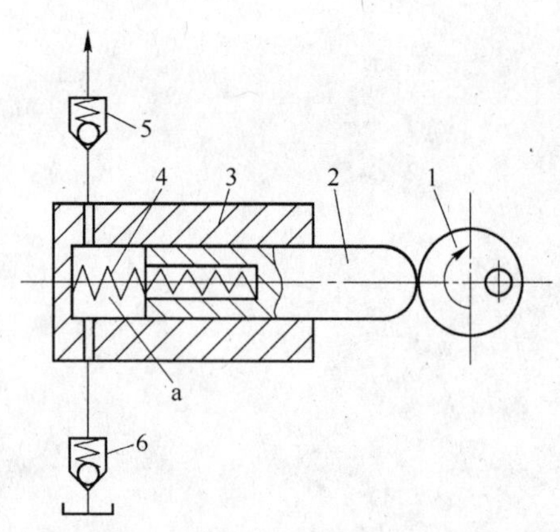

图2-1　液压泵工作原理图

1—偏心轮；2—柱塞；3—缸体；4—弹簧；5—排油单向阀；6—单向吸油阀；a—密封容积

为了介绍液压泵的基本工作原理，下面以图2-1所示的容积式液压泵为例进行说明。容积式液压泵依靠容积变化进行工作。偏心轮1旋转时，柱塞2在偏心轮1和弹簧4的作用下，在缸体3的柱塞孔内左、右往复移动，缸体3与柱塞2之间构成了容积可变的密封工作腔a。柱塞向右移动时，工作腔容积变大，产生真空，油液便通过单向吸油阀6吸入；柱塞向左移动时，工作腔容积变小，已吸入的油液便通过排油单向阀 5 排到系统中去。在工作过程中。吸、排油阀在逻辑上互逆，不会同时开启。由此可见，泵是靠密封工作腔的容积变化进行工作的。

根据上述实例可以归纳出液压泵工作的几个重要条件：

（1）结构上能实现具有密封性能的可变工作容积。密封容积腔增大时为泵的吸油过程，容积腔减小时为泵的排油过程。

（2）液压泵必须有与密封工作容积腔变化相协调的配油机构。其作用为当工作腔增大时，它使容积腔与油箱相通；当工作腔减小时，它使容积腔与液压系统相通，如上例中的单向阀 5 和 6。

从工作过程可以看出，在不考虑漏油的情况下，液压泵在每一工作周期中吸入或排出的油液体积只取决于工作构件的几何尺寸，如柱塞泵的柱塞直径和工作行程。

在不考虑泄漏等影响时，液压泵单位时间排出的油液体积与泵密封容积变化频率成正比，也与泵密封容积的变化量成正比；在不考虑液体的压缩性时，液压泵单位时间排出的液体体积与工作压力无关。

2.1.1.2　液压泵的分类

液压泵可以分为定量泵和变量泵两大类。定量泵是指其每转一周排出的油液体积是固定不变的；而变量泵每转一周排出的油液体积是可以调节的。再根据液压泵的构成不同可将其分为三类，即齿轮式、叶片式、柱塞式。具体分类见表 2－1。

表 2－1　液压泵的分类

- 液压泵
  - 定量泵
    - 齿轮泵
      - 外啮合式
      - 内啮合式
    - 叶片泵
      - 单作用式
      - 双作用式
    - 柱塞泵
      - 轴向式
      - 径向式
  - 变量泵
    - 叶片泵
      - 限压式
        - 外反馈式
        - 内反馈式
      - 恒压式
      - 稳流式
    - 柱塞泵
      - 手动变量式
      - 恒压变量式
      - 恒功率变量式

液压系统原理图是通过各种液压元件职能符号的有机组合来表达的。根据国家标准（GB/T 786.1），液压泵的职能符号如表 2－2 所示。

表 2－2　液压泵的职能符号

名　称	单向定量泵	单向变量泵	双向定量泵	双向变量泵
职能符号				

2.1.2　液压泵的主要性能参数

液压泵的基本性能参数主要是指液压泵的压力、排量、流量、功率和效率等。

2.1.2.1　压力

工作压力 p 是指泵实际工作时的压力，常用单位为 MPa。对泵来说，工作压力是指它的输出压力，即为使液压泵输出的油液为克服阻力所必须提供的压力。

额定压力 p_s 是指泵在额定工况条件下按试验标准规定的条件连续运转的最高压力，超过此值就是过载，泵的效率就将下降，寿命就将降低。液压泵或马达铭牌上所标定的压力就是额定压力。

由于液压系统的用途不同，系统所需要的压力也不相同。为了便于液压元件等设计生产和使用，将压力分为以下几个等级，见表 2-3。

表 2-3　压力等级

等　级	低　压	中　压	中高压	高　压	超高压
压力/MPa	≤2.5	>2.5~8	>8~16	>16~32	>32

最高压力 p_{max} 是指按试验标准规定进行超过额定压力而允许短暂运行的最高压力。它的值主要取决于零件及相对摩擦副的破坏强度极限。

泵的极限吸入压力是指在最高转速时泵能正常吸油所需进油口的压力。当由于泵的安装高度太高或吸油阻力太大而使泵进油口压力低于此极限时，液压泵将不能充分吸满，甚至会在低压吸入空气产生气穴或气蚀。它的值和泵的结构有关。

2.1.2.2　转速

额定转速 n 是指在额定压力下，根据试验结果推荐能长时间连续运行并保持较高运行效率的转速，其常用单位为 r/min。

最高转速 n_{max} 是指在额定压力下，为保证使用性能和使用寿命所允许短暂运行的最高转速。随着转速的提高，泵或马达流道中的流速增加。因而流体的摩擦损失增加，效率降低。尤其对泵，由于进口流道压力损失的增加，其进口压力降低。当泵的进口压力低于其极限吸入压力时，泵即不能正常工作。当然泵的最高转速还受其零件摩擦副最高允许相对摩擦速度及其他工作机理的限制。

最低转速 n_{min} 是指为保证使用性能所允许的最低转速。当泵和马达在低速运行时，其运行效率将下降。过低的运行效率将无法被用户所接受。某些靠离心力工作的泵（如叶片泵），其最低转速要保证叶片产生足够的离心力。

2.1.2.3　排量及流量

排量 V 是指在没有泄漏的情况下，泵轴转过一转时所能输出的油液体积。排量的大小仅与液压泵的几何尺寸有关。其常用单位为 cm^3/r 及 m^3/r。

理论流量 Q_t 是指在没有泄漏的前提下，在单位时间内所输出的油液体积。其常用单位为 m^3/s 和 L/min。其大小与泵轴转速和排量有关，即：

$$Q_t = \frac{Vn}{60} \tag{2-1}$$

式中　Q_t——理论流量，m^3/s；

n——转速，r/min；

V——排量，m^3/r。

实际流量 Q 是指单位时间内实际输出的油液体积。泵在运行时，泵的出口压力必大于零，因此存在部分油液泄漏，使实际流量小于理论流量。

$$Q = Q_t - \Delta Q$$

式中　ΔQ——一定压力下的泄漏量。

额定流量 Q_n 是指在额定转速和额定压力下泵输出的实际流量。

2.1.2.4　功率和效率

液压泵的输出功率 P_o 为液压泵输出的液压功率，用实际流量和工作压力的乘积来表示，即：

$$P_o = pQ \tag{2-2}$$

液压泵的输入功率 P_i 为驱动液压泵轴的机械功率，可表示为：

$$P_i = pVn = 2\pi T_t n = T_t \omega \tag{2-3}$$

式中　T_t，n——液压泵的理论转矩（N·m）和转速（r/min）；

ω——液压泵的角速度。

液压泵在能量转换过程中是有损失的，因此输出功率总是比输入功率小。两者之差即为功率损失。功率损失可分为容积损失和机械损失。

容积损失是指由于泄漏、气穴和油液在高压下压缩等原因造成的流量损失。泵的容积损失可用容积效率 η_V 来表征，液压泵的容积效率定义为其实际输出流量与理论流量之比，即：

$$\eta_V = \frac{Q}{Q_t} = \frac{Q_t - \Delta Q}{Q_t} = 1 - \frac{\Delta Q}{Q_t} \tag{2-4}$$

机械损失是指因摩擦而造成的转矩上的损失。对液压泵来说，泵的驱动转矩总是大于其理论上需要的驱动转矩。设转矩损失为 ΔT，理论转矩为 T_t，则泵实际输入转矩为：

$$T = T_t + \Delta T$$

用机械效率 η_m 来表征泵的机械损失，机械效率定义为将机械转矩转换为液压能的有用转矩（液压泵理论上所需转矩）与泵的实际输入转矩之比，即：

$$\eta_m = \frac{T_t}{T} = \frac{T_t}{T_t + \Delta T} \tag{2-5}$$

液压泵的总效率 η 是其输出功率和输入功率之比：

$$\eta = \frac{P_o}{P_i} = \frac{pQ}{T\omega} = \eta_V \eta_m \tag{2-6}$$

这就是说，液压泵的总效率等于容积效率和机械效率的乘积。

液压泵的容积效率和机械效率在总体上与油液的泄漏和摩擦副的摩擦损失有关，而泄漏及摩擦损失则与泵工作压力、油液黏度、泵转速有关。

【例 2-1】 某液压系统，泵的排量 $V=10mL/r$，电动机转速 $n=1200r/min$，泵的输出压力 $p=5MPa$，泵容积效率 $\eta_V=0.92$，总效率 $\eta=0.84$，求：

（1）泵的理论流量；

（2）泵的实际流量；

（3）泵的输出功率；

（4）驱动电动机功率。

解：（1）泵的理论流量为：

$$Q_t=\frac{Vn}{60}=\frac{10\times10^{-6}\times1200}{60}=2\times10^{-4}m^3/s$$

（2）泵的实际流量为：

$$Q=Q_t\eta_V=2\times10^{-4}\times0.92=1.84\times10^{-4}m^3/s$$

（3）泵的输出功率为：

$$P_o=pQ=5\times10^6\times1.84\times10^{-4}=0.92kW$$

（4）驱动电动机功率为：

$$P_i=\frac{P_o}{\eta}=\frac{0.92}{0.84}=1.1kW$$

知识点 2.2　齿轮泵

齿轮泵的种类很多，按工作压力大致可分为低压齿轮泵（$p\leqslant2.5MPa$）、中压齿轮泵（$p>2.5\sim8MPa$）、中高压齿轮泵（$p>8\sim16MPa$）和高压齿轮泵（$p>16\sim32MPa$）四种。目前国内生产和应用较多的是低、中压和中高压齿轮泵，高压齿轮泵正处在发展和研制阶段。

按啮合形式的不同，齿轮泵可分为内啮合和外啮合两种，其中外啮合齿轮泵应用更广泛，而内啮合齿轮泵则多为辅助泵。

2.2.1　齿轮泵的工作原理和结构

2.2.1.1　外啮合齿轮泵的工作原理及结构

外啮合齿轮泵的工作原理和结构如图 2-2 所示。泵主要由主、从动齿轮，驱动轴，泵体及侧板等主要零件构成。泵体内相互啮合的主、从动齿轮 2 和 3 与两端盖及泵体一起构成密封工作容积，齿轮的啮合点将左、右两腔隔开，形成了吸、压油腔。当齿轮按图示方向旋转时，右侧吸油腔内的轮齿脱离啮合，密封工作腔容积不断增大，形成部分真空。油液在大气压力作用下从油箱经吸油管进入吸油腔，并被旋转的轮齿带入左侧的压油腔。左侧压油腔内的轮齿不断进入啮合，使密封工作腔容积减小，油液受到挤压被排往系统。这就是齿轮泵的吸油和压油过程。在齿轮泵的啮合过程中，相继啮合的轮齿、端盖及泵体（壳体）（啮合点沿啮合线），把吸油区和压油区分开。

2.2.1.2　内啮合齿轮泵的工作原理及结构

内啮合齿轮泵有渐开线齿形和摆线齿形两种。在渐开线齿形内啮合齿轮泵中，小齿轮和内齿轮之间要装一块月牙隔板，以便把吸油腔和压油腔隔开，如图 2-3 所示。摆线齿

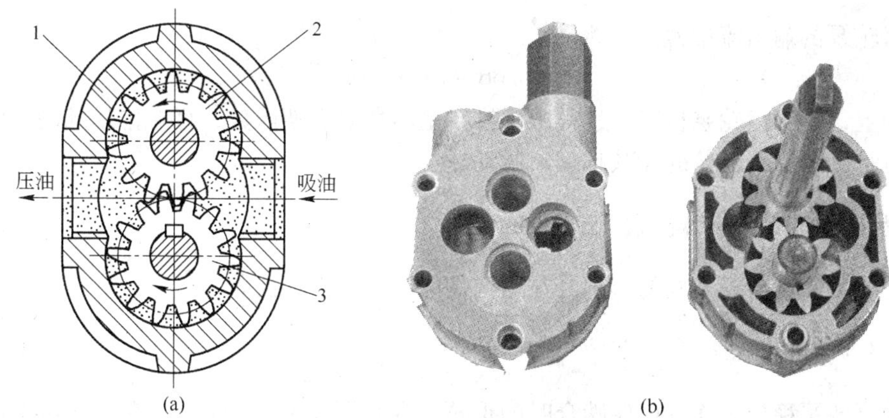

图2-2　外啮合齿轮泵的工作原理和结构
（a）工作原理图；（b）实物图
1—泵体；2—主动齿轮；3—从动齿轮

形啮合齿轮泵又称摆线转子泵，在这种泵中，小齿轮和内齿轮只相差一齿，因而不需设置隔板，如图2-4所示。内啮合齿轮泵中的小齿轮是主动轮，大齿轮为从动轮，在工作时大齿轮随小齿轮同向旋转。

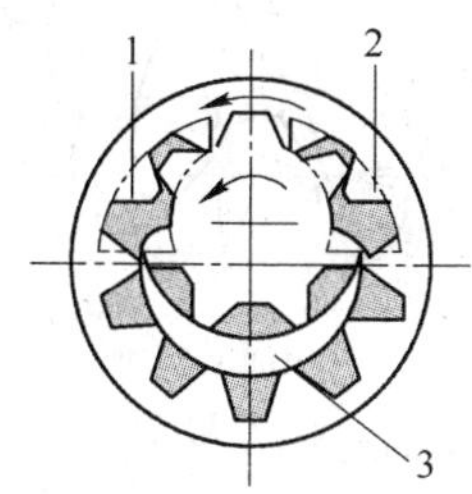

图2-3　渐开线齿形内啮合齿轮泵
1—吸油腔；2—压油腔；3—隔板

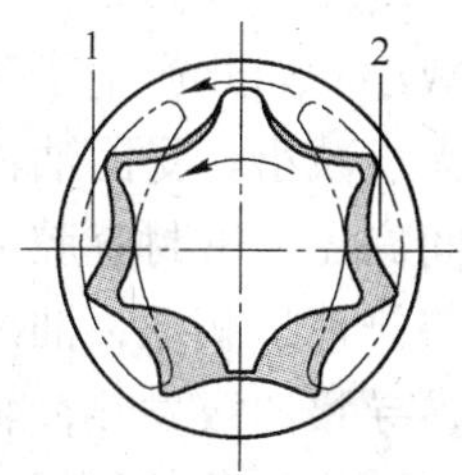

图2-4　摆线转子泵
1—吸油腔；2—压油腔

与外啮合齿轮泵相比，内啮合齿轮泵内可做到无困油现象，流量脉动小。内啮合齿轮泵的结构紧凑，尺寸小，重量轻，运转平稳，噪声低，在高转速工作时有较高的容积效率。但在低速、高压下工作时，压力脉动大，容积效率低，所以一般用于中、低压系统。在闭式系统中，常用这种泵作为补油泵。内啮合齿轮泵的缺点是齿形复杂，加工困难，价格较贵，且不适合高速高压工况。

2.2.2　齿轮泵的排量和流量计算

外啮合齿轮泵的排量可近似看做是两个啮合齿轮的齿谷容积之和。若假设齿谷容积等于轮齿体积，则当齿轮齿数为 z，模数为 m，节圆直径为 d，有效齿高为 h，齿宽为 b 时，根据齿轮参数计算公式有 $d=mz$，$h=2m$，齿轮泵的排量近似为：

$$V=\pi dhb=2\pi zm^2b \tag{2-7}$$

实际上，齿谷容积比轮齿体积稍大一些，并且齿数越少误差越大，因此，在实际计算中用3.33~3.50来代替式（2-7）中 π 值，齿数少时取大值。这样，齿轮泵的排量为：

$$V=(6.66\sim7)zm^2b \tag{2-8}$$

由此得齿轮泵的输出流量为：

$$Q=(6.66\sim7)zm^2bn\eta_V \tag{2-9}$$

实际上，由于齿轮泵在工作过程中，排量是转角的周期函数，存在排量脉动，因此瞬时流量也是脉动的。齿轮的齿数越多，脉动越小。

2.2.3　齿轮泵的几个特殊问题

齿轮泵因受其自身结构的影响，在结构性能上有以下特征。

2.2.3.1　困油现象

齿轮泵要平稳地工作，齿轮啮合时的重叠系数必须大于 1，即至少有一对以上的轮齿同时啮合（有时可有两对齿轮同时啮合）。因此，在工作过程中，就有一部分油液困在两对轮齿啮合时所形成的封闭油腔之内，如图 2－5 所示。这个密封容积的大小随齿轮转动而变化。图 2－5（a）到图 2－5（b），密封容积逐渐减小；图 2－5（b）到图 2－5（c），密封容积逐渐增大；图 2－5（c）到图 2－5（d）密封容积又会减小。如此产生了密封容积周期性的增大、减小。受困油液受到挤压而产生瞬间高压，密封容腔的受困油液若无油道与排油口相通，油液将从缝隙中被挤出，导致油液发热，轴承等零件也受到附加冲击载荷的作用；若密封容积增大时，无油液的补充，又会造成局部真空，使溶于油液中的气体分离出来，产生气穴。这就是齿轮泵的困油现象。

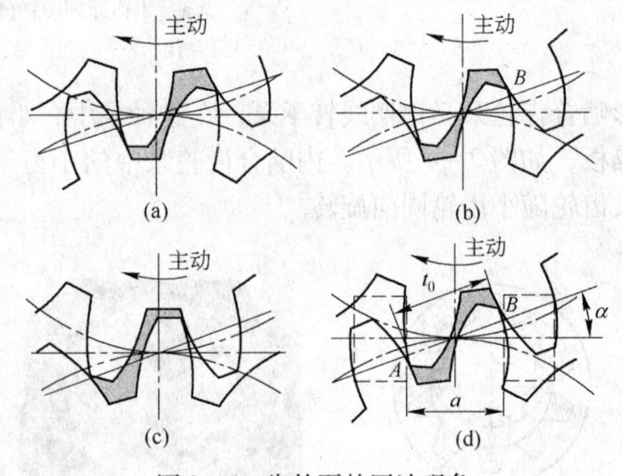

图 2－5　齿轮泵的困油现象

困油现象使齿轮泵产生强烈的噪声，并引起振动和气蚀，同时降低泵的容积效率，影响工作的平稳性和使用寿命。消除困油的方法，通常是在两端盖板上开卸荷槽，见图 2－5（d）中的虚线方框。当封闭容积减小时，通过右边的卸荷槽与压油腔相通；而封闭容积增大时，通过左边的卸荷槽与吸油腔相通。两卸荷槽的间距必须确保在任何时候都不使吸、排油腔相通。

2.2.3.2　径向不平衡力

在齿轮泵中，油液作用在轮外缘的压力是不均匀的，从低压腔到高压腔，压力沿齿轮旋转的方向逐齿递增。因此，齿轮和轴受到径向不平衡力的作用。工作压力越高，径向不平衡力越大。径向不平衡力很大时，能使泵轴弯曲，导致齿顶压向定子的低压端，使定子偏磨，同时也加速轴承的磨损，降低轴承使用寿命。为了减小径向不平衡力的影响，常采取缩小压油口的办法，使压油腔的压力仅作用在一个齿到两个齿的范围内，同时，适当增大径向间隙，使齿顶不与定子内表面产生金属接触，并在支撑上多采用滚针轴承或滑动轴承。

2.2.3.3　齿轮泵的泄漏通道及端面间隙的自动补偿

在液压泵中，运动件间的密封是靠微小间隙密封的。这些微小间隙从运动学上形成摩擦副，同时，高压腔的油液通过间隙向低压腔的泄漏是不可避免的。齿轮泵压油腔的压力油可通过三条途径泄漏到吸油腔去：一是通过齿轮啮合线处的间隙——齿侧间隙；二是通过泵体定子环内孔和齿顶间的径向间隙——齿顶间隙；三是通过齿轮两端面和侧板间的间隙——端面间隙。在这三类间隙中，端面间隙的泄漏量最大，一般占总泄漏量的75%～80%，压力越高，由间隙泄漏的液压油就越多。因此，为了提高齿轮泵的压力和容积效率，实现齿轮泵的高压化，需要从结构上采取措施，对端面间隙进行自动补偿。

通常采用的自动补偿端面间隙装置有浮动轴套式和弹性侧板式两种。其原理都是引入压力油使轴套或侧板紧贴在齿轮端面上，压力愈高，间隙愈小，可自动补偿端面磨损和减小间隙。齿轮泵的浮动轴套是浮动安装的，轴套外侧的空腔与泵的压油腔相通。当泵工作时，浮动轴套受油压的作用而压向齿轮端面，将齿轮两侧面压紧，从而补偿了端面间隙。

2.2.4　齿轮泵的优缺点及应用

齿轮泵的主要优点是结构简单紧凑，体积小，重量轻，工艺性好，价格便宜，自吸能力强，对油液污染不敏感，转速范围大，维护方便，工作可靠。它的缺点是径向不平衡力大，泄漏大，流量脉动大，噪声较高，不能做变量泵使用。

低压齿轮泵已广泛应用在低压（2.5MPa以下）液压系统中，如机床以及各种补油、润滑和冷却装置等。低压齿轮泵在结构上采取一定措施后，可以达到较高的工作压力。中压齿轮泵主要用于机床、轧钢设备的液压系统。中高压和高压齿轮泵主要用于农林机械、工程机械、船舶机械和航空技术中。

知识点2.3　叶片泵

叶片泵是机床液压系统中应用最广的一种泵。相对于齿轮泵来说，叶片泵输出流量均匀，脉动小，噪声小，但结构较复杂，对油液的污染比较敏感。叶片泵主要用于速度平衡性要求较高的中低压系统。随着结构、工艺及材料的不断改进，叶片泵正向着中高压及高压方向发展。

叶片泵按每转吸排油液次数分为单作用式和双用式两大类。

2.3.1　单作用叶片泵

2.3.1.1　单作用叶片泵的工作原理

图2-6所示为单作用叶片泵的工作原理。泵由转子1、定子2、叶片3和配流盘4等件组成。定子的内表面是圆柱面，转子和定子中心之间存在着偏心，叶片在转子的槽内可灵活滑动，在转子转动时的离心力以及叶片根部油压力作用下，叶片顶部贴紧在定子内表面上，于是，两相邻叶片、配流盘、定子和转子便形成了一个密封的工作腔。当转子按图示方向旋转时，图右侧的叶片向外伸出，密封工作腔容积逐渐增大，产生真空，油液通过吸油口、配流盘上的吸油窗口进入密封工作腔；而在图的左侧，叶片往里缩进，密封腔的

容积逐渐缩小，密封腔中的油液排往配流盘排油窗口，经压油口输送到系统中去。这种泵在转子转一转的过程中，吸油、压油各一次，故称单作用叶片泵。从力学上讲，转子上受有单方向的液压不平衡作用力，故又称非平衡式泵，其轴承负载大。若改变定子和转子间的偏心距的大小，便可改变泵的排量，形成变量叶片泵。

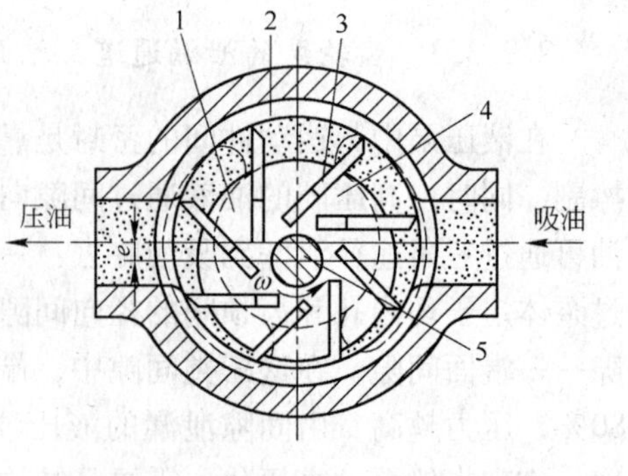

图 2－6　单作用叶片泵的工作原理
1—转子；2—定子；3—叶片；4—配流盘；5—轴

2.3.1.2　单作用叶片泵的平均流量计算

单作用叶片泵的平均流量可以用图解法近似求出。图 2－7 为单作用叶片泵平均流量计算原理图。假定两叶片正好位于过渡区 ab 位置，此时两叶片间的空间容积为最大，当转子沿图示方向旋转 π 弧度，转到定子 cd 位置时，两叶片间排出容积为 ΔV 的油液；当两叶从 cd 位置沿图示方向再旋转 π 弧度，回到 ab 位置时，两叶片间又吸满了容积为 ΔV 的油液。由此可见，转子旋转一周，两叶片间排出油液容积为 ΔV。当泵有 z 个叶片时。就排出 z 块与 ΔV 相等的油液容积，若将各块容积加起来，就可以近似为环形体积，环形的大半径为 $R+e$，环形的小半径为 $R-e$，因此，单作用叶片油泵的理论排量为：

$$V=\pi[(R+e)^2-(R-e)^2]B=4\pi ReB \tag{2-10}$$

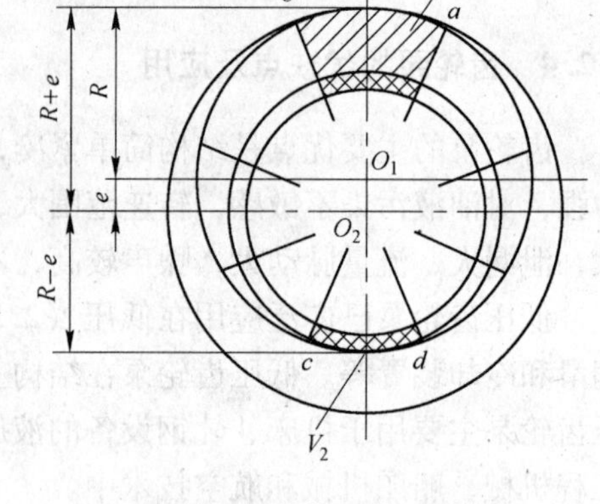

图 2－7　单作用叶片泵的平均流量计算原理

式中　R——定子内径；

e——定子与转子的偏心距；

B——转子宽度。

单作用叶片泵的流量为：

$$Q=Vn=4\pi ReBn\eta_V \tag{2-11}$$

单作用叶片泵的瞬时流量是脉动的，当叶片数较多且为奇数时，脉动愈小，故叶片数一般为 13 或 15。

单作用叶片泵的叶片底部小油室和工作油腔相通。当叶片处于吸油腔时，它和吸油腔相通，也参加吸油，当叶片处于压油腔时，它和压油腔相通，也向外压油，叶片底部的吸油和排油作用，正好补偿了工作油腔中叶片所占的体积，因此叶片对容积的影响可不考虑。

单作用叶片泵可分为定量式和变量式。定量式的定子和转子之间的偏心距离是固定的，而变量式的定子和转子之间的偏心距离是可以调节的。以下重点介绍单作用变量泵的种类和变量原理。

2.3.1.3　单作用变量叶片泵的种类和变量原理

单作用叶片泵主要有手动变量式、限压变量式、恒压变量式和恒流变量式等几种，应用较为广泛的是手动变量叶片泵和限压变量叶片泵。

A　手动变量叶片泵

图2-8所示为YBS型手动变量叶片泵，其主要构成为流量调节螺钉1、壳体2、定子3、转子4、弹簧5、定子摆轴6和传动轴7。

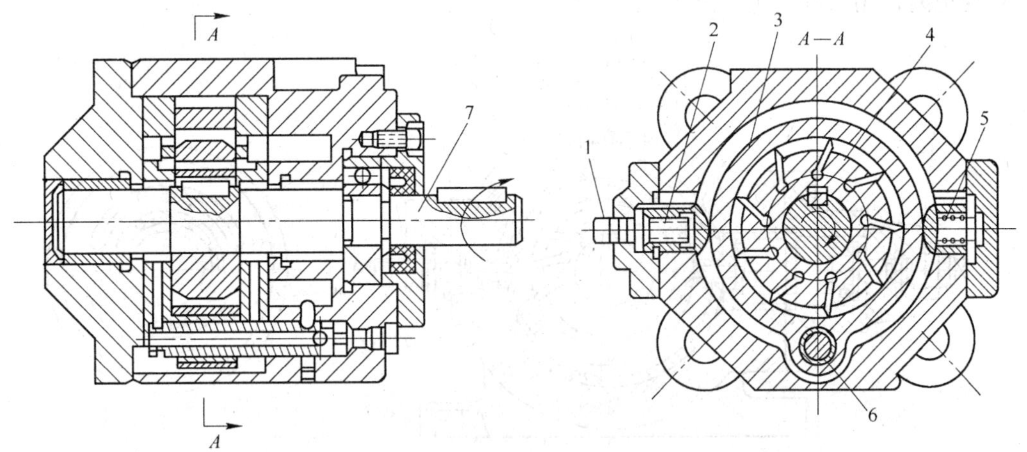

图2-8　YBS型手动单向变量叶片泵

1—螺钉；2—壳体；3—定子；4—转子；5—弹簧；6—摆轴；7—传动轴

调节流量螺钉1，能使定子3绕摆轴6摆动，从而可以改变定子中心与转子中心的偏心距，引起泵的排量变化。弹簧5顶着柱塞使定子受力靠紧调节螺钉1。

B　限压式变量叶片泵

限压式变量叶片泵是一种自动调节式变量泵，它可根据泵出口压力的大小自动调节自身排量。变量叶片泵就其变量工作原理来分，有内反馈式和外反馈式两种。

a　工作原理

这里介绍一下外反馈式变量叶片泵的工作原理。图2-9所示为限压式外反馈变量叶片泵的工作原理。图中泵的输出压力作用在定子右侧的活塞5上。当压力作用在活塞上的力不超过弹簧3的预紧力时，泵的输出流量基本不变。当泵的工作压力增加，作用于活塞上的力超过弹簧的预紧力时，定子2向左移动，偏心量减小，泵的输出流量减小。当泵压力到达某一数值时，偏心量 e_0 接近零，泵没有流量输出。

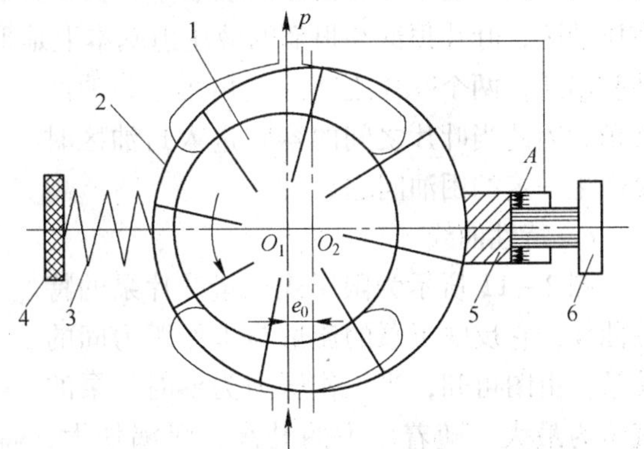

图2-9　限压式外反馈变量泵工作原理

1—转子；2—定子；3—弹簧；
4，6—调节螺钉；5—反馈缸活塞

此外，还有内反馈式，其原理是利用压油腔内压力作用在定子上的水平分力使定子移动而起到反馈作用的，这里不再详细介绍。

b　典型结构

图2-10（a）所示为外反馈限压式变量叶片泵的结构。图中转子4由驱动轴7带动，

转子中心固定不动，定子可以在泵体 3 内左右移动，从而改变定子和转子的偏心距。滑块 6 用来支承定子 5，承受定子内向上的液压作用力。同时滑块 6 固定在定子上，随定子而移动。为了减小摩擦力，滑块顶部采用了滚针支承。反馈柱塞 8 安装在定子的右侧，其工作腔与泵体的压油区经孔道连通。螺钉 1 用来调节弹簧 2 的预紧力。螺钉 9 限制反馈柱塞的移动距离，用以调节定子的最大偏心距。

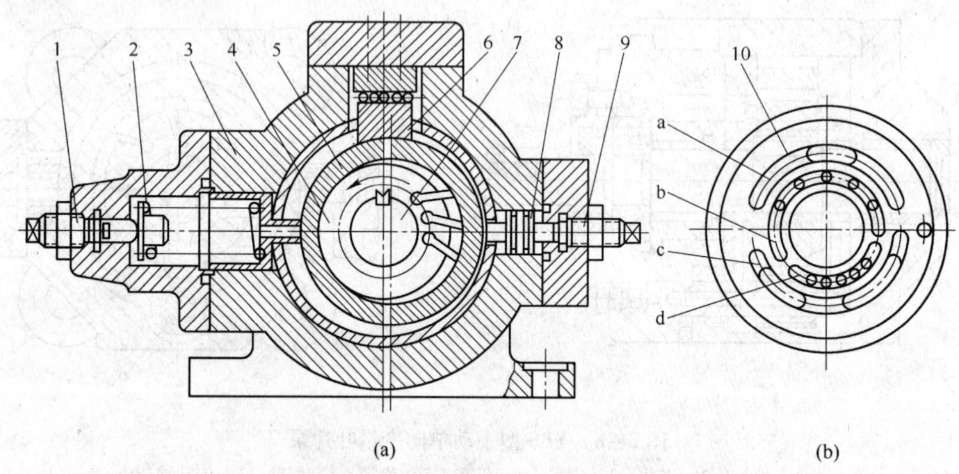

图 2－10　外反馈限压式变量叶片泵

（a）外反馈限压式变量叶片泵的结构；（b）配流盘结构

1，9—螺钉；2—弹簧；3—泵体；4—转子；5—定子；6—滑块；7—驱动轴；8—柱塞；10—配流盘

图 2－10（b）所示为该泵的配流盘结构。油口布置为压油腔 a 在上，吸油腔 c 在下。这样使定子内壁受的液压合力垂直向上，由泵体通过滑块支撑。在水平方向只有弹簧力与反馈力平衡。处于叶片根部的腰形槽 b 和 d 分别与 a 和 c 相通，所以不论是在吸油区还是在压油区，叶片顶部和根部的液压力基本上是平衡的，减小了磨损。为了防止压油腔与吸油腔串通，两个叶片之间的夹角小于封油区夹角，因此当叶片之间的容腔进入封油区时要产生一定的困油问题。

c　特性曲线

图 2－11 所示为限压式变量叶片泵的特性曲线，它反映了泵的流量与工作压力间的关系。由图可知，当工作压力为零时，泵的流量为最大，随着压力的升高，泄漏加大，故流量曲线 A 至 B 段为逐渐下降的斜线。图中水平线为理论流量，没有考虑泄漏。当工作压力处于 AB 曲线范围内变化时，泵的定子没有移动，这时相当于一个定量泵。当液压反馈力大于弹簧力时，定子移动，偏心距减小，泵的流量按一定斜率下降，此时反映在特性曲线上为 B 至 C 段。当泵的工作压力最大时，达到 C 点，泵的流量为零。图中 B 点为曲线拐点，拐点处的压力 p_B 值主要由弹簧预紧力决定。BC 斜线的斜率取决于弹簧的刚度，刚度愈大，BC 段斜线愈平缓。

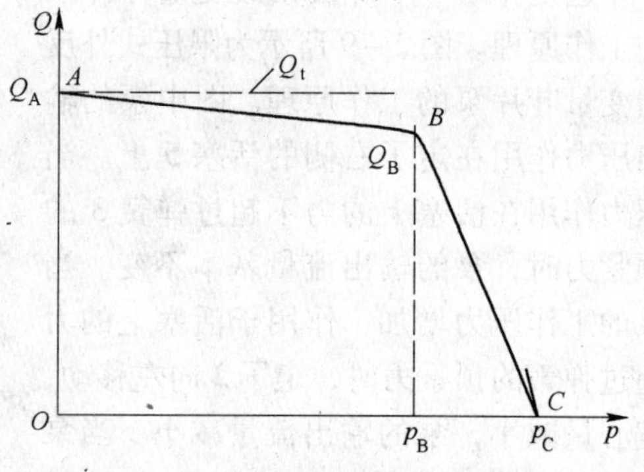

图 2－11　限压式变量泵的特性曲线

限压式变量叶片泵的这一特性，能够合理地使用能量，减少功率浪费。例如，当一般液压系统快进时要求流量大，但压力较低，这时泵处于 *AB* 段工作；当做功时要求压力高而流量较小，此时，泵则工作在 *BC* 段。

2.3.2　双作用叶片泵

2.3.2.1　双作用叶片泵的结构和工作原理

图2－12所示为双作用叶片泵的结构。它主要由壳体5，转子3，定子4，叶片9，配流盘2、6和主轴8等组成。

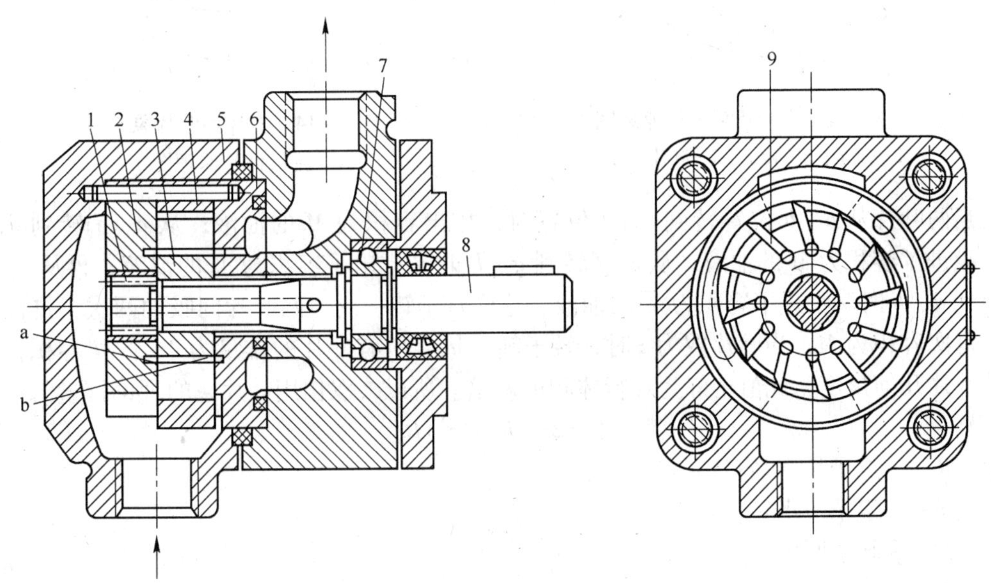

图2－12　双作用叶片泵的结构

1，7—轴承；2，6—配流盘；3—转子；4—定子；5—泵体；8—主轴；9—叶片；
a—环形槽；b—叶片槽根部

图2－13为双作用叶片泵的工作原理图。双作用叶片泵的工作原理和单作用叶片泵的相似，不同之处只在于双作用叶片泵定子内表面是由两段长半径圆弧、两段短半径圆弧和四段过渡曲线组成，且定子1和转子2是同心的。在图中，当转子2和叶片3一起按图示方向旋转时，由于离心力的作用，叶片紧贴在定子1的内表面，把定子内表面、转子外表面和两个配流盘形成的空间分割成八块密封容积。随着转子的旋转，每一块密封容积会周期性地变大和缩小。一转内密封容积变化两个循环，密封容积每转内吸油、压油两次，所以称为双作用泵。由于泵的两个吸油区和两个压油区是径向对称的，作用在转子上的压力径向平衡，所以双作用叶片泵又称为平衡式叶片泵。

2.3.2.2　双作用叶片泵的平均流量计算

双作用叶片泵平均流量的计算方法和单作用叶片泵相同，也可以近似化为环形体积来计算。图2－14为双作用叶片泵平均流量计算原理图。

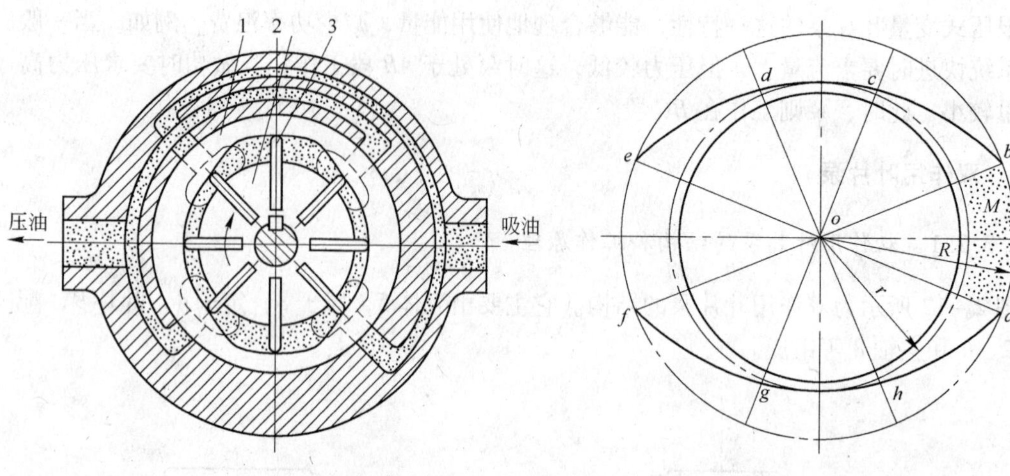

图 2－13　双作用叶片泵工作原理图
1—定子；2—转子；3—叶片

图 2－14　双作用叶片泵平均流量计算原理图

当两叶片从 a、b 位置转到 c、d 位置时，排出容积为 M 的油液；从 c、d 转到 e、f 时，吸进了容积为 M 的油液；从 e、f 转到 g、h 时又排出了容积为 M 的油液；再从 g、h 转回到 a、b 时又吸进了容积为 M 的油液。这样转子转一周，两叶片间吸油两次，排油两次，每次容积为 M。当叶片数为 z 时，转子转一周，所有叶片的排量为 $2z$ 个 M 容积，若不计叶片几何尺度，此值正好为环行体积的两倍。所以，双作用叶片泵的理论排量为：

$$V = 2\pi(R^2 - r^2)B \tag{2-12}$$

式中　R——定子长半径；

r——定子短半径；

B——转子厚度。

双作用叶片泵的平均实际流量为：

$$Q = 2\pi(R^2 - r^2)Bn\eta_V \tag{2-13}$$

式（2－13）是不考虑叶片几何尺度时的平均流量计算公式。一般双作用叶片泵，在叶片底部都通以压力油，并且在设计中保证高、低压腔叶片底部总容积变化为零，也就是说叶片底部容积不参加泵的吸油和排油。因此在排油腔，叶片缩进转子槽的容积变化，对泵的流量有影响，在精确计算叶片泵的平均流量时，还应该考虑叶片容积对流量的影响。每转不参加排油的叶片总容积为：

$$V_b = \frac{2(R-r)}{\cos\phi}Bbz \tag{2-14}$$

式中　b——叶片厚度；

z——叶片数；

ϕ——叶片相对于转子半径的倾角。

则双作用叶片泵精确流量计算公式为：

$$Q = \left[2\pi(R^2 - r^2) - \frac{2(R-r)}{\cos\phi}bz\right]Bn\eta_V \tag{2-15}$$

对于特殊结构的双作用叶片泵，如双叶片结构、带弹簧式叶片泵，其叶片底部和单作用叶片泵一样也参加泵的吸油和排油，其平均流量计算方法仍采用式（2－18）进行计算。

2.3.3 单、双作用叶片泵的结构特点比较

2.3.3.1 单作用叶片泵的结构特点

（1）存在困油现象。配流盘的吸、排油窗口间的密封角略大于两相邻叶片间的夹角，而单作用叶片泵的定子不存在与转子同心的圆弧段，因此，当上述被封闭的容腔发生变化时，会产生与齿轮泵相类似的困油现象。通常，通过配流盘排油窗口边缘开三角卸荷槽的方法来消除困油现象。

（2）叶片沿旋转方向向后倾斜。叶片仅靠离心力紧贴定子表面，考虑到叶片上还受科氏力和摩擦力的作用，为了使叶片所受的合力与叶片的滑动方向一致，保证叶片更容易从叶片槽滑出，叶片槽常加工成沿旋转方向向后倾斜。

（3）叶片根部的容积不影响泵的流量。由于叶片头部和底部同时处在排油区或吸油区中，所以叶片厚度对泵的流量没有多大影响。

（4）转子承受径向液压力。单作用叶片泵转子上的径向液压力不平衡，轴承负荷较大。这使泵的工作压力和排量的提高均受到限制。

限压式变量叶片泵与定量叶片泵相比，结构复杂，轮廓尺寸大，做相对运动的部件较多，泄漏较大（例如，流量为40L/min的限压式变量叶片泵片的泄漏一般为3L/min左右，占了近10%），轴上受不平衡的径向液压力，噪声较大，容积效率、机械效率较低，流量脉动也较（定量泵）严重；但它能由负载的大小自动调节流量，在功率上使用较合理，可减少油液发热。对于有快进程和工作行程要求的液压系统，采用限压式变量叶片泵（与采用双联泵相比）可以简化系统，节省一些液压元件。

2.3.3.2 双作用叶片泵（定量）的结构特点

（1）定子过渡曲线。定子内表面的曲线由四段圆弧和四段过渡曲线组成。四段圆弧形成了封油区，把吸油区与压油区隔开，起封油作用：即处在封油区的密封工作腔，在转子旋转的一瞬间，其容积既不增大也不缩小，亦即此瞬时既不吸油、不和吸油腔相通，也不压油、不和压油腔相通，把腔内油液暂时“封存”起来。四段过渡曲线形成了吸油区和压油区，完成吸油和压油任务。为使吸油、压油顺利进行，使泵正常工作，对过渡曲线的要求是：能保证叶片贴紧在定子内表面上，以形成可靠的密封工作腔；能使叶片在槽内径向运动时的速度、加速度变化均匀，以减少流量的脉动；当叶片沿着槽向外运动时，叶片对定子内表面的冲击应尽量小，以减少定子曲面的磨损。泵的动力学特性很大程度上受过渡曲线的影响。理想的过渡曲线不仅应使叶片在槽中滑动时的径向速度变化均匀，而且应使叶片转到过渡曲线和圆弧段交接点处的加速度突变不大，以减小冲击和噪声，同时，还应使泵的瞬时流量的脉动最小。

过渡曲线一般都采用等加速－等减速曲线。为了减小冲击，近年来在某些泵中也有采用正弦曲线、余弦曲线和高次曲线的。

（2）叶片安放角。设置叶片安放角有利于叶片在槽内滑动，为了保证叶片顺利地从叶片槽滑出，减小叶片的压力角，减小压油区的叶片沿槽道向槽里运动时的摩擦力和因此

造成的磨损，防止叶片被卡住，改善叶片的运动，根据过渡曲线的动力学特性，双作用叶片泵转子的叶片槽常做成沿旋转方向向前倾斜一个安放角 θ。当叶片有安放角时，叶片泵就不允许反转。

（3）端面间隙的自动补偿。为了提高压力，减少端面泄漏，采取的间隙自动补偿措施是将配流盘的外侧与压油腔连通，使配流盘在液压推力作用下压向转子。泵的工作压力愈高，配流盘就会愈加贴紧转子，对转子端面间隙进行自动补偿。

知识点 2.4　柱塞泵

柱塞泵是通过柱塞在柱塞孔内往复运动时密封工作容积的变化来实现吸油和排油的。由于柱塞与缸体内孔均为圆柱表面，滑动表面配合精度高，所以这类泵的特点是泄漏小，容积效率高，可以在高压下工作。

柱塞泵按其柱塞的排列方式和运动方向的不同，可分为轴向柱塞泵和径向柱塞泵两大类。

2.4.1　轴向柱塞泵

轴向柱塞泵可分为直轴式和斜轴式两大类。

2.4.1.1　直轴式轴向柱塞泵

A　直轴式轴向柱塞泵的结构及工作原理

图 2－15 所示为直轴式轴向柱塞泵的工作原理。图中斜盘 4 和配流盘 2 固定不转，电动机带动传动轴 5、缸体 1 以及缸体内的柱塞 3 一起旋转。柱塞尾的弹簧，使柱塞球头与斜盘保持接触。缸体每转一转，每个柱塞往复运动一次，完成一次吸油动作。由于起密封作用的柱塞和缸孔为圆柱形滑动配合，可以达到很高的加工精度；缸体和配流盘之间的端面密封采用液压自动压紧，所以轴向柱塞泵的泄漏可以得到严格控制，在高压下其容积效率较高。改变斜盘的倾角 γ，就可以改变密封工作容积的有效变化量，实现泵的变量。

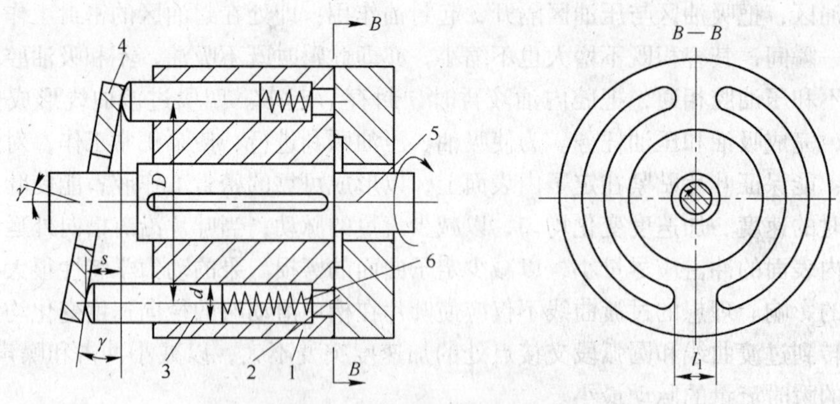

图 2－15　直轴式轴向柱塞泵的工作原理

1—缸体；2—配流盘；3—柱塞；4—斜盘；5—传动轴；6—弹簧

由于存在困油问题，为减少困油，避免引起冲击和噪声，一般在油窗的近封油区处开有小三角槽卸载。

直轴式轴向柱塞泵的结构紧凑，径向尺寸小，重量轻，转动惯量小且易于实现变量，压力可以提得很高（可达到40MPa或更高），可在高压高速下工作，并且有较高容积效率。因此这种泵在高压系统中应用较多，不足的是该泵对油液污染十分敏感，一般需要精过滤，同时，它的自吸能力差，常需要由低压泵供油。

B 直轴式轴向柱塞泵的排量和流量

若柱塞数目为z，柱塞直径为d，柱塞孔分布圆直径为D，斜盘倾角为γ，则泵的排量为：

$$V=\frac{\pi}{4}d^2zD\tan\gamma \tag{2-16}$$

则泵的输出流量为：

$$Q=\frac{\pi}{4}d^2zDn\eta_V\tan\gamma \tag{2-17}$$

实际上，柱塞泵的排量是转角的函数，其输出流量是脉动的。就柱塞数而言，柱塞数为奇数时的脉动率比偶数的小，且柱塞数越多，脉动越小，故柱塞泵的柱塞数一般都为奇数。从结构工艺性和脉动率综合考虑，常取z为7、9或11。

由式（2－17）可看出，改变斜盘倾角γ，可改变柱塞往复行程的大小，从而就可以改变柱塞往复行程的大小，因而也就改变了泵的排量；改变斜盘倾角的倾斜方向（泵的转向不变），可使泵的进、出油口互换，成为双向变量泵。

C 直轴式轴向柱塞泵的结构特点

（1）端面间隙的自动补偿。由图2－15可见，使缸体紧压配流盘端面的作用力，除使用机械装置或弹簧作为预密封的推力外，还有柱塞孔底部台阶面上所受的液压力。此液压力比弹簧力大得多，而且随泵的工作压力增大而增大。由于缸体始终受液压力紧贴着配流盘，因此使端面间隙得到了自动补偿。

（2）滑履的静压支承结构。在直轴式轴向柱塞泵中，若各柱塞以球形头部直接接触斜盘而滑动，这种泵称为点接触式轴向柱塞泵。点接触式轴向柱塞泵在工作时，由于柱塞球头与斜盘平面理论上为点接触，因而接触应力大，极易磨损。一般轴向柱塞泵都在柱塞头部装一滑履，如图2－16所示。滑履是按静压轴承原理设计的，缸体中的压力油经过柱塞球头中间小孔流入滑履油室，使滑履和斜盘间形成液体润滑，改善柱塞头部和斜盘的接触情况，有利于提高轴向柱塞泵的压力和其他参数，使其可以在高压、高速下工作。

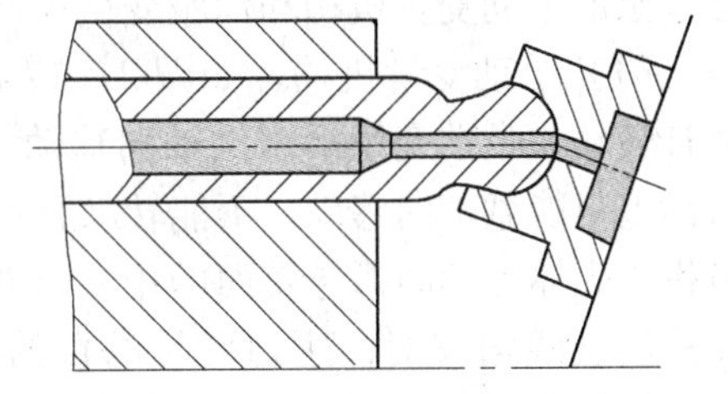

图2－16 滑履的静压支承原理

（3）直轴式轴向柱塞泵的典型结构。图2－17所示为直轴式轴向柱塞泵的一种结构。柱塞的球状头部装在滑履4内，以缸体作为支撑的弹簧9（一般称为回程弹簧）通过钢球推压回程盘3，回程盘和柱塞滑履一同转动。在排油过程中借助斜盘2推动柱塞做轴向运动；在吸油时依靠回程盘、钢球和弹簧组成的回程装置将滑履紧紧压在斜盘表面上滑动。这样的泵具有自吸能力。在滑履与斜盘相接触的部分有一油室，它通过柱塞中间的小孔与缸体中的工作腔相连。压力油进入油室后在滑履与斜盘的接触面间形成了一层油膜，起着静压支承的作用，使滑履作用在斜盘上的力大大减小，因而磨损也减小。传动轴8通过左边的花键带动缸体6旋转。由于滑履4贴紧在斜盘表面上，柱塞在随缸体旋转的同时在缸体中做往复运动。缸体中柱塞底部的密封工作容积通过配流盘7与泵的进出口相通。随着传动轴的转动，液压泵就连续地吸油和排油。

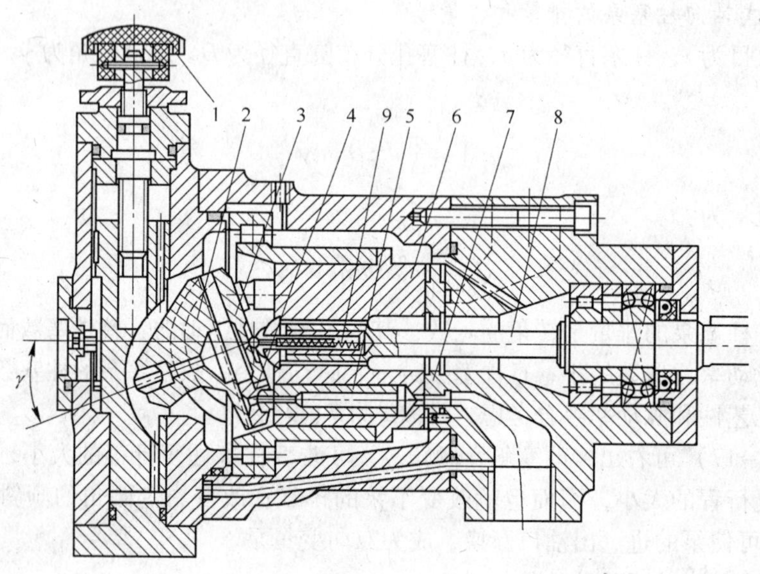

图2－17　直轴式轴向柱塞泵结构

1—转动手轮；2—斜盘；3—回程盘；4—滑履；5—柱塞；6—缸体；7—配流盘；8—传动轴；9—弹簧

D　变量机构

由式（2－17）可知，改变轴向柱塞泵斜盘的倾角，即可改变轴向柱塞泵的排量和输出流量。下面介绍常用的轴向柱塞泵的手动变量机构和伺服变量机构的工作原理。

（1）手动变量机构。如图2－17所示，转动手轮1，使丝杠转动，带动变量活塞做轴向移动（因导向键的作用，变量活塞只能做轴向移动，不能转动）。通过轴销使斜盘2绕变量机构壳体上的圆弧导轨面的中心（即钢球中心）旋转，从而使斜盘倾角改变，达到变量的目的。当流量达到要求时，可用锁紧螺母锁紧。这种变量机构结构简单，但操纵不轻便，且不能在工作过程中变量。

（2）伺服变量机构。图2－18所示为轴向柱塞泵的伺服变量机构，以此机构代替图2－17所示轴向柱塞泵中的手动变量机构，就成为手动伺服变量泵。伺服变量机构的工作原理为：泵输出的压力油由通道经单向阀a进入变量机构壳体的下腔d，液压力作用在变量活塞4的下端。当与伺服阀阀芯1相连接的拉杆不动时（图示状态），变量活塞4的上腔g处于封闭状态，变量活塞不动，斜盘3在某一相应的位置上。

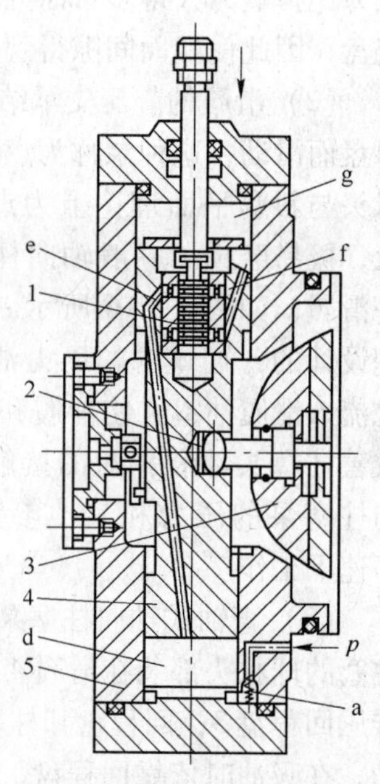

图2－18　伺服变量机构

1—阀芯；2—铰链；3—斜盘；4—活塞；5—壳体

当拉杆向下移动时，推动阀芯1一起向下移动，d腔的压力油经通道e进入上腔g。由于上端输入油液产生压力大于下端压力，故变量活塞4也随之向下移动，直到将通道e的油口封闭为止。变量活塞的移动量等于拉杆的位移量。当变量活塞向下移动时，通过轴销带动斜盘3摆动，斜盘倾斜角增加，泵的输出流量随之增加。当拉杆带动伺服阀阀芯向上运动时，阀芯将通道f打开，上腔g通过卸压通道接通油箱卸压，变量活塞向上移动，直到阀芯将卸压通道关闭为止。它的移动量也等于拉杆的移动量。这时斜盘也被带动做相应的摆动，使倾斜角减小，泵的流量也随之相应地减小。

由上述可知，伺服变量机构是通过操作液压伺服阀动作，利用泵输出的压力油推动变量活塞来实现变量的。故加在拉杆上的力很小，控制灵敏。拉杆可用手动方式或机械方式操作，斜盘可以倾斜 ±18°，在工作过程中泵的吸压油方向可以变换，因而这种泵就成为双向变量液压泵。

除了以上介绍的两种变量机构外，轴向柱塞泵还有很多种变量机构，如恒功率变量机构、恒压变量机构、恒流量变量机构等，这些变量机构与轴向柱塞泵的泵体部分组合就成为各种不同变量方式的轴向柱塞泵，在此不一一介绍。

2.4.1.2　斜轴式轴向柱塞泵

图2－19所示为斜轴式轴向柱塞泵的工作原理。传动轴5的轴线相对于缸体3有倾角γ，柱塞2与传动轴圆盘之间用相互铰接的连杆4相连。当传动轴5沿图示方向旋转时，连杆4就带动柱塞2连同缸体3一起绕缸体轴线旋转，柱塞2同时也在缸体的柱塞孔内做往复运动，使柱塞孔底部的密封腔容积不断发生增大和缩小的变化，通过配流盘1上的窗口6和7实现吸油和压油。

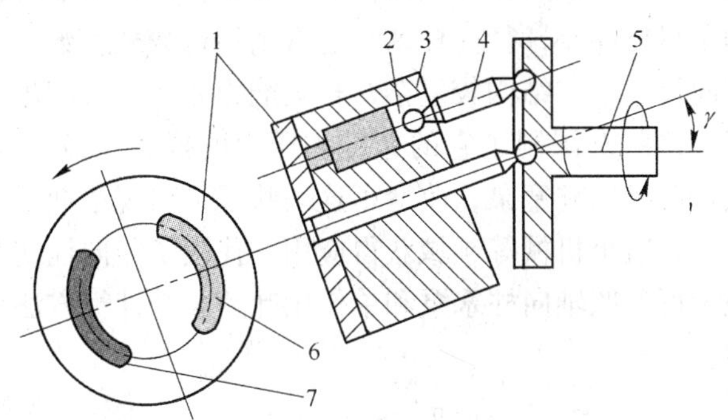

图2－19　斜轴式轴向柱塞泵的工作原理

1—配流盘；2—柱塞；3—缸体；4—连杆；5—传动轴；6—吸油窗口；7—压油窗口

与直轴式泵相比较，斜轴式泵由于缸体所受的不平衡径向力较小，故结构强度较高，可以有较高的设计参数，其缸体轴线与驱动轴的夹角γ较大，变量范围较大；但外形尺寸较大，结构也较复杂。目前，斜轴式轴向柱塞泵的使用相当广泛。

在变量形式上，斜盘式轴向柱塞泵靠斜盘摆动变量，斜轴式轴向柱塞泵则为摆缸变量，因此，后者的变量系统的响应较慢。斜轴泵的排量和流量可参照斜盘式泵的计算方法计算。

2.4.2 径向柱塞泵

图 2-20 是径向柱塞泵的工作原理图。之所以称为径向柱塞泵是因为有多个柱塞径向地配置在一个共同的缸体 2 内。缸体由电动机带动旋转，柱塞 1 要靠离心力甩出，但其顶部被定子 4 的内壁所限制。定子 4 是一个与缸体偏心放置的圆环。因此，当缸体旋转时柱塞就做往复运动。这里采用配流轴 5 配油，又称径向配流。

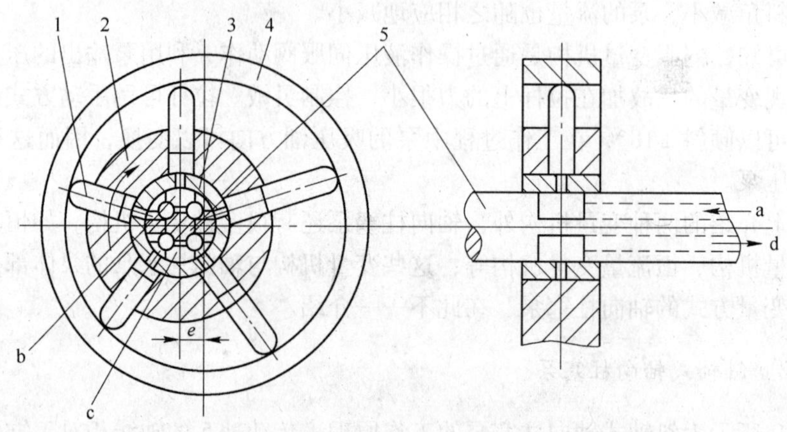

图 2-20 径向柱塞泵工作原理图

1—柱塞；2—缸体；3—衬套；4—定子；5—配流轴

当移动定子，改变偏心量 e 的大小时，泵的排量就发生改变；当移动定子使偏心量从正值变为负值时，泵的吸、排油口就互相调换。因此，径向柱塞泵可以是单向或双向变量泵。为了使流量脉动率尽可能小，径向柱塞泵通常采用奇数柱塞数。

径向柱塞泵的径向尺寸大，结构较复杂，自吸能力差，并且配流轴受到径向不平衡液压力的作用，易磨损，这些都限制了它的速度和压力的提高。最近发展起来的带滑履连杆-柱塞组件的非点接触径向柱塞泵，改变了这一状况，出现了低噪声、耐冲击的高性能径向柱塞泵，并在凿岩、冶金机械等领域获得应用，代表了径向柱塞泵发展的趋势。

径向柱塞泵的流量可参照轴向柱塞泵和单作用叶片泵的计算方法计算。

泵的平均排量为：

$$V=\frac{\pi}{4}d^2 2ez=\frac{\pi}{2}d^2 ez \tag{2-18}$$

泵的输出流量为：

$$Q=\frac{\pi}{2}d^2 ezn\eta_V \tag{2-19}$$

径向柱塞泵由于柱塞和孔较易加工，其配合精度容易保证，所以密封工作腔的密封性较好，容积效率较高，一般可达 0.94～0.98，故多用于 10MPa 以上的液压系统中。但是该泵的径向尺寸较大，结构较复杂，且配流轴受到径向不平衡液压力作用，易磨损，因而限制了转速和压力的提高（最高压力在 20MPa 左右），故目前生产中应用不多。

为了增加流量，径向柱塞泵有时将缸体沿轴线方向加宽，将柱塞做成多排形式的。对于排数为 i 的多排形式的径向柱塞泵，其排量和流量分别为单排柱向柱塞泵排量和流量的

i 倍。

柱塞泵是依靠柱塞在其缸体内做往复直线运动时所造成的密封工作腔的容积变化来实现吸油和压油的。由于构成密封工作腔的构件——柱塞和缸体内孔均为圆柱表面，同时加工方便，容易得到较高的配合精度，密封性能好、容积效率高，故可以达到很高的工作压力。同时，这种泵只要改变柱塞的工作行程就可以很方便地改变其流量，易于实现变量。因此，在高压、大流量、大功率的液压系统中和流量需要调节的场合，如在龙门刨床、拉床、液压机、工程机械、矿山机械、船舶机械等方面得到广泛应用。

知识点 2.5　液压泵的工作特点和选用

2.5.1　液压泵的工作特点

（1）液压泵的吸油腔压力过低将会产生吸油不足，异常噪声，甚至无法工作。因此，除了在泵的结构设计上尽可能减小吸油管路的液阻外，为了保证泵的正常运行，应该使泵的安装高度不超过允许值；避免吸油滤油器及管路形成过大的压降；限制泵的使用转速至额定转速以内。

（2）液压泵的工作压力取决于外负载，若负载为零，则泵的工作压力为零。随着排油量的增加，泵的工作压力根据负载大小自动增加，泵的最高工作压力主要受结构强度和使用寿命的限制。为了防止压力过高而使泵、系统受到损害，液压泵的出口常常要采取限压措施。

（3）变量泵可以通过调节排量来改变流量，定量泵只有用改变转速的办法来调节流量，但是转速的增大受吸油性能、泵的使用寿命、效率等的限制。例如，工作转速低，虽然对寿命有利，但是会使容积效率降低，并且对于需要利用离心力来工作的叶片泵来说，转速过低会无法保证正常工作。

（4）液压泵的流量具有某种程度的脉动性质，其脉动情况取决于泵的形式及结构设计参数。为了减小脉动的影响，除了从造型上考虑外，必要时可在系统中设置蓄能器或液压滤波器。

（5）液压泵靠工作腔的容积变化来吸、排油，如果工作腔处在吸、排油之间的过渡密封区时存在容积变化，就会产生压力急剧升高或降低的“困油现象”，从而影响容积效率，产生压力脉动、噪声及工作构件上的附加动载荷，这是液压泵设计中需要注意的一个共性问题。

2.5.2　液压泵的选用

了解各种常用泵的性能有助于我们正确的选用泵。表 2－4 列举了最常用泵的各种性能值，供大家在选用时参考。

表 2－4　几种常用泵的各种性能值

泵类型	速度/r · min^{-1}	排量/cm^3	工作压力/MPa	总效率
外啮合齿轮泵	500～3500	12～250	6.3～16	0.8～0.91
内啮合齿轮泵	500～3500	4～250	16～25	0.8～0.91
螺杆泵	500～4000	4～630	2.5～16	0.87～0.85

续表 2 - 4

泵类型	速度/r · min^{-1}	排量/cm^3	工作压力/MPa	总效率
叶片泵	960 ~ 3000	5 ~ 160	10 ~ 16	0. 8 ~ 0. 93
轴向柱塞泵	750 ~ 3000	100 25 ~ 800	20 16 ~ 32	0. 8 ~ 0. 92
径向柱塞泵	960 ~ 3000	5 ~ 160	16 ~ 32	0. 9

选择液压泵的原则是：根据主机工况、功率大小和系统对工作性能的要求，首先确定液压泵的类型，然后按系统所要求的压力、流量大小确定其规格型号。

一般来说，由于各类液压泵的特点、结构、功能和运转方式各不相同，因此应根据不同的场合选择合适的液压泵。

液压泵的工作压力是根据执行元件的最大工作压力来决定的，考虑到各种压力损失，泵的最大工作压力 $p_{泵}$ 可按式（2 - 20）确定。

$$p_{泵} \geqslant k_{压}\, p_{缸} \tag{2-20}$$

式中　$p_{泵}$——液压泵所需要提供的压力，Pa；

$k_{压}$——系统中压力损失系数，一般取 1. 3 ~ 1. 5；

$p_{缸}$——液压缸中所需的最大工作压力，Pa。

液压泵的输出流量取决于系统所需最大流量及泄漏量，即

$$Q_{泵} \geqslant k_{流}\, Q_{缸} \tag{2-21}$$

式中　$Q_{泵}$——液压泵所需输出的流量，m^3/min；

$k_{流}$——系统的泄漏系数，一般取 1. 1 ~ 1. 3；

$Q_{缸}$——液压缸所需提供的最大流量，m^3/min。

若为多液压缸同时动作，$Q_{缸}$ 应为同时动作的几个液压缸所需的最大流量之和。

在 $p_{泵}$、$Q_{泵}$ 求出以后，就可具体选择液压泵的规格。选择时应使实际选用泵的额定压力大于所求出的 $p_{泵}$ 值，通常可放大 25%。泵的额定流量一般选择略大于或等于所求出的 $Q_{缸}$ 值即可。

知识点 2. 6　液压马达

2. 6. 1　液压马达概述

液压马达是将液压能转换为机械能的装置，可以实现连续地旋转运动。液压马达可分为定量和变量两大类，见表 2 - 5。

表 2 - 5　液压马达的分类

液压马达
- 定量马达
  - 齿轮马达
  - 叶片马达
  - 柱塞马达
- 变量马达——柱塞马达

从原理上讲，马达和泵在工作原理上是互逆的。当向泵输入压力油时，其轴输出转速和转矩就成为马达。同类型的泵和马达在结构上相似，但由于二者的功能不同，导致了结构上的某些差异，在实际结构上只有少数泵能做马达使用。

2.6.2　液压马达的主要工作参数

液压泵的基本性能参数主要是指液压泵的压力、排量、流量、功率和效率等。

2.6.2.1　压力

液压马达的压力包括工作压力 p 和额定压力 p_s，在工程上常用单位为 MPa。

（1）工作压力 p：指液压马达实际工作时进口处的压力。实际工作压力的大小取决于相应的负载（输出轴上的负载转矩）。

（2）额定压力 p_s：指液压马达在正常工作条件下，按试验标准规定能连续运转的最高压力。马达铭牌上所标定的压力就是额定压力。

2.6.2.2　转速

液压马达的转速包括额定转速 n、最高转速 n_{max} 和最低转速 n_{min}，常用单位为 r/min。

（1）额定转速 n：在额定压力下，根据试验结果推荐能长时间连续运行并保持较高运行效率的转速。

（2）最高转速 n_{max}：在额定压力下，为保证使用性能和使用寿命所允许的短暂运行最高转速。

（3）最低转速 n_{min}：为保证使用性能所允许的最低转速。

一般认为，额定转速高于 500r/min 的属于高速液压马达；额定转速低于 500r/min 的则属于低速液压马达。

2.6.2.3　排量及流量

液压马达的排量 V 是指其在无泄漏的情况下转动一周所需要的油液的体积。液压马达的排量常用单位为 cm^3/r 或 m^3/r，工程上也常用 L/min 或 mL/min。

$1m^3/s = 60000$ L/min。

液压马达的理论流量 Q_t 是指在没有泄漏的情况下，单位时间内输入油液的体积。

$$Q_t = \frac{Vn}{60} \tag{2-22}$$

式中　Q_t——理论流量，m^3/s；

n——转速，r/min；

V——排量，m^3/r。

实际流量 Q 是指实际运行时，在各种不同的压力下进入马达的流量。

$$Q = Q_t + \Delta Q \tag{2-23}$$

式中　ΔQ——一定压力下的泄漏量。

2.6.2.4　转矩

液压马达能产生的理论输出转矩 T_t 为：

$$T_t = \frac{\Delta p V}{2\pi} \tag{2-24}$$

液压马达的实际输出转矩 T 为：

$$T = T_t\eta_m = \frac{\Delta pV}{2\pi}\eta_m \tag{2-25}$$

式中　T——液压马达实际输出转矩，N · m；

V——液压马达的排量，m^3/r；

Δp——液压马达进出口压差，Pa；

η_m——液压马达的机械效率。

液压马达的实际输入流量为 Q 时，马达的转速为：

$$n = \frac{Q\eta_V}{V} \tag{2-26}$$

2.6.2.5　效率和功率

液压马达的效率包括容积效率、机械效率和总效率。

（1）容积效率 η_V：由于有泄漏损失，为了达到马达要求的转速，实际输入的流量 Q 必须大于理论流量 Q_t。容积效率为

$$\eta_V = \frac{Q_t}{Q} \tag{2-27}$$

（2）机械效率 η_m：由于有摩擦损失，液压马达的实际输出转矩 T 一定小于理论转矩 T_t。因此机械效率为：

$$\eta_m = \frac{T}{T_t} \tag{2-28}$$

（3）总效率 η：液压马达的总效率为：

$$\eta = \eta_V\eta_m \tag{2-29}$$

液压马达的功率包括输入功率 P_i 和输出功率 P_o。

（1）输入功率 P_i：

$$P_i = \Delta pQ \tag{2-30}$$

式中　Δp——液压马达进、出口的压力差。

（2）输出功率 P_o：

$$P_o = T\omega = 2\pi nT \tag{2-31}$$

式中　ω，n——液压马达的角速度和转速。

2.6.3　齿轮液压马达

2.6.3.1　齿轮液压马达的工作原理

图2-21为外啮合齿轮马达的工作原理图。图中P点为两齿轮的啮合点，当压力油进入齿轮马达时，压力油分别作用在各齿面上。由图可知，在两个齿轮上各有一个使其产生转矩的作用力，两齿轮便按图示方向旋转，齿轮马达输出轴上也就输出旋转力矩。

为适应正反转的要求，马达的进出口大小相等，位置对称，并有单独的泄漏口。

和一般齿轮泵一样，齿轮液压马达由于密封性差，容积效率较低，所以输入的油压不能过高，因而不能产生较大的转矩，并且它的转速和转矩都是随着齿轮啮合情况而脉

动的。

齿轮液压马达多用于高转速低转矩的液压系统中。齿轮泵一般都可以直接作液压马达使用。

2.6.3.2　齿轮马达和齿轮泵在结构上的主要区别

齿轮马达和齿轮泵在结构上的主要区别如下：

（1）齿轮泵一般只需一个方向旋转，为了减小径向不平衡液压力，因此吸油口大，排油口小。而齿轮马达则需正、反两个方向旋转，因此进油口大小相等。

（2）齿轮马达的内泄漏不能像齿轮泵那样直接引到低压腔去，而是必须由单独的泄漏通道引到壳体外去。因为马达低压腔有一定背压，如果泄漏油直接引到低压腔，所有与泄漏通道相连接的部分都按回油压力承受油压力，这可能使轴端密封失效。

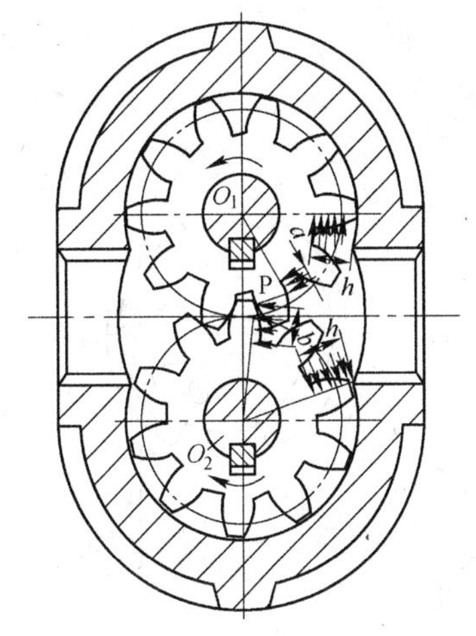

图2-21　齿轮液压马达工作原理

（3）为了减小马达的启动摩擦扭矩，并降低最低稳定转速，一般采用滚针轴承和其他改善轴承润滑冷却条件等措施。

齿轮马达具有体积小，重量轻，结构简单，工艺性好，对污染不敏感，耐冲击，惯性小等优点。因此，在矿山、工程机械及农业机械上广泛使用。但由于压力油作用在液压马达齿轮上的作用面积小，所以齿轮马达的输出转矩较小，一般都用于高转速低转矩的情况下。

2.6.4　叶片液压马达

2.6.4.1　叶片液压马达的工作原理

叶片马达和叶片泵一样，分为单作用和双作用两种类型，其结构与相对应的泵基本相同。

图2-22（a）是单作用叶片马达的工作原理图。位于进液腔内的叶片两侧，所受的液压力相同，其作用相互抵消；而位于过渡密封区的叶片1，一侧承受进液腔高压液体的作用，另一侧为低压，产生逆时针扭矩；同理，叶片2将产生顺时针扭矩。由于叶片1的承压面积大，最终，转子逆时针转动，输出扭矩和转速。

与单作用叶片马达相同，双作用叶片马达的工作原理如图2-22（b）所示。在高压液体作用下，叶片1产生逆时针力偶，而叶片2则产生顺时针力偶。由于叶片1的承压面积大，最终转子逆时针旋转。与单作用相比，双作用叶片马达是在力偶作用下旋转的，运转更为平稳。单作用叶片马达可以制作成变量马达，而双作用只能为定量马达。

与泵不同，为适应马达正反转要求，马达叶片均径向安放。为防止马达启动时（离心力尚未建立）高、低压腔连通，叶片槽底装有弹簧，以便使叶片始终伸出贴紧定子。另外向叶片底槽通入压力油的方式也与叶片泵的不同，为保证叶片槽底始终与高压腔相通，油路中设有单向阀a、b，如图2-22（c）所示。

2.6.4.2　叶片液压马达的结构特点

叶片液压马达与相应的叶片泵相比有以下特点：

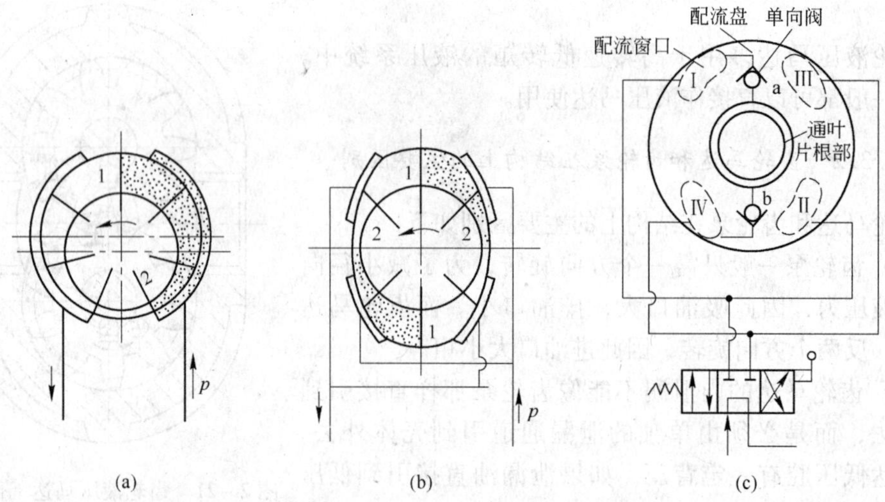

图 2 - 22　叶片式液压马达工作原理

（a）单作用叶片马达；（b）双作用叶片马达；（c）向叶片底槽通入压力油

（1）叶片底部有弹簧，以保证在初始条件下叶片能紧贴在定子内表面上，以形成密封工作腔，否则进油腔和回油腔串通，就不能形成油压，也不能输出转矩。

（2）叶片槽是径向的，以便叶片液压马达双向都可以旋转。

（3）在壳体中装有两个单向阀，以使叶片底部能始终都通压力油（使叶片与定子内表面压紧）而不受叶片液压马达回转方向的影响。

叶片液压马达的最大特点是体积小，惯性小，动作灵敏，允许换向频率很高，甚至可在几毫秒内换向。但其最大缺点是泄漏较大，机械特性较软，不能在较低转速下工作，调速范围不能很大。因此适用于低转矩、高转速以及对惯性要求较小特别是机械特性要求不严的场合。

2.6.5　轴向柱塞式液压马达

轴向柱塞液压马达是一类相当重要的高速马达，同泵一样适应高压系统。它可分为斜盘式柱塞液压马达和斜轴式柱塞液压马达两种。

（1）斜盘式轴向柱塞马达。如图 2 - 23（a）所示，当压力油进入马达时，图中左侧的三个柱塞在压力油推动下外伸，压在斜盘上，斜盘则对柱塞产生作用力 N。该力可以分解为沿轴向的分力 F 和垂直于轴向的分力 T。分力 F 与作用在柱塞上的液压作用力平衡。分力 T 则通过柱塞作用在缸体上，产生使缸体顺时针旋转的扭矩，带动输出轴顺时针旋转。与此同时，右侧的三个柱塞回缩，将液压油挤入排油口流回油箱。由于转动过程中位于进液区的柱塞数不断变化，力臂 R 也在不断变化，所以马达的瞬时扭矩是脉动的。

改变供油方向，则马达旋向随之改变。由于马达要正反转，所以配流盘的过渡密封区应采用对称布置，其他部分的结构与同类型的泵基本相同。

（2）斜轴式轴向柱塞马达。如图 2 - 23（b）所示，柱塞位于马达进油区的柱塞孔内，液压力推动柱塞和连杆。液压力 F 沿连杆方向传至马达输出轴和传动盘上。F 的轴向分力 F_c 由止推轴承所承受，径向分力 F_r 和力臂 R 形成了逆时针扭矩，使传动盘转动，连

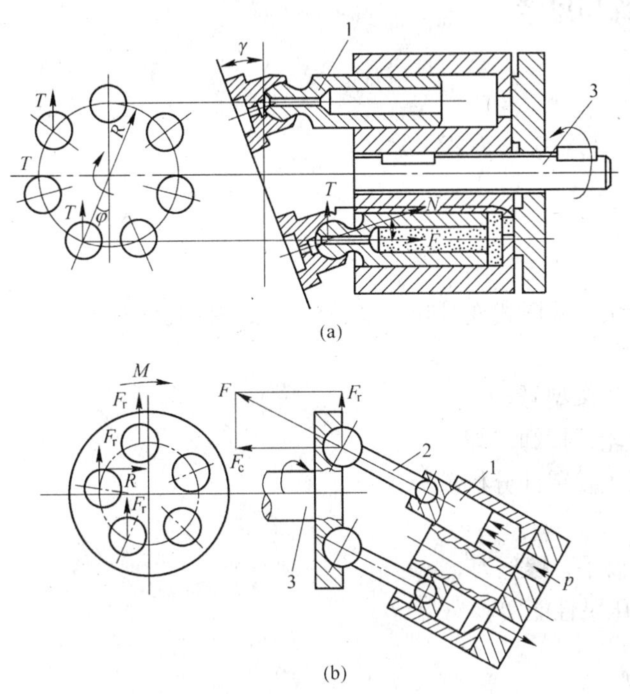

图2－23　轴向柱塞马达工作原理

（a）斜盘式；（b）斜轴式

1—柱塞；2—连杆；3—输出轴

杆又拨动缸体转动。与此同时，右侧的三个柱塞回缩，将液压油挤入排油口流回油箱。马达输出轴的扭矩是位于进油区的各个柱塞所产生的扭矩之和。与斜盘式一样，斜轴式轴向柱塞马达的瞬时扭矩也是脉动的。

2.6.6　液压马达的工作特点

（1）在一般工作条件下，液压马达的进、出口压力都高于大气压，因此不存在液压泵那样的吸入性能问题，但是，如果液压马达可能在泵工况下工作，它的进油口应有最低压力限制，以免产生气蚀。

（2）马达应能正、反运转，因此要求液压马达在设计时具有结构上的对称性。

（3）液压马达的实际工作压差取决于负载力矩的大小，当被驱动负载的转动惯量大、转速高，并要求急速制动或反转时，会产生较高的液压冲击，为此，应在系统中设置必要的安全阀、缓冲阀。

（4）由于内部泄漏不可避免，因此将马达的排油口关闭而进行制动时，仍会有缓慢的滑转，所以，需要长时间精确制动时，应另行设置防止滑转的制动器。

（5）某些形式的液压马达必须在回油口具有足够的背压才能保证正常工作，并且转速越高所需背压也越大，背压的增高意味着油源的压力利用率低，系统的损失大。

每种液压马达都有自己的特点和最佳使用范围，使用时应根据具体工况，结合各类液压马达的性能、特点及适用场合，合理选择。

能力点 2.7 训练与思考

2.7.1 项目训练

【任务 1】 泵、马达结构拆装实验

实验学时

1 学时。

实验内容

CB－B 型齿轮泵、限压式变量叶片泵、柱塞泵的拆装分析。

实验要求

（1）写出各齿轮泵型号。

（2）写出各齿轮泵拆卸步骤。

（3）各齿轮泵主要零件分析。

主要实验工具

扳手、内六角扳手、螺丝刀。

【任务 2】 液压泵性能实验

实验学时

1 学时。

实验内容

（1）液压泵的压力、流量特性。

（2）液压泵的容积效率、机械效率。

（3）液压泵的总效率。

实验要求

（1）了解 QCS003B 型液压实验台结构、原理。

（2）了解液泵负载特性实验的液压回路。

（3）认真观察分析测试过程和测试结果并完成实验报告。

主要仪器设备

QCS003B 型液压实验台。

2.7.2 思考与练习

（1）简述液压泵工作的必要条件。

（2）试述内啮合齿轮泵的特点。

（3）液压传动中常用的液压泵分为哪些类型？

（4）如果与液压泵吸油口相通的油箱是完全封闭的，不与大气相通，液压泵能否正常工作？

（5）什么是液压泵的工作压力、最高压力和额定压力？三者有何关系？

（6）什么是液压泵的排量、流量、理论流量、实际流量和额定流量？它们之间有什么关系？

（7）什么是液压泵的流量脉动？它对工作部件有何影响？哪种液压泵流量脉动最小？

（8）齿轮泵的径向力不平衡是怎样产生的？径向力不平衡会带来什么后果？消除径向力不平衡的措施有哪些？

（9）为什么称单作用叶片泵为非卸荷式叶片泵，称双作用叶片泵为卸荷式叶片泵？

（10）限压式变量叶片泵适用于什么场合，有何优缺点？

（11）什么是双联泵？什么是双级泵？

（12）什么是困油现象？外啮合齿轮泵、双作用叶片泵和轴向柱塞泵存在困油现象吗？它们是如何消除困油现象的影响的？

（13）某液压泵的输出压力 5MPa，排量为 10mL/r，机械效率为 0.95，容积效率为 0.9，当转速为 1000r/min 时，泵的输出功率和驱动泵的电动机功率各为多少？

（14）某液压泵的转速为 950r/min，排量 $q = 168\text{mL/r}$，在额定压力 29.5MPa 下，测得的实际流量为 150L/min，额定工作情况下的总效率为 0.87，求：

1）泵的理论流量；

2）泵的容积效率和机械效率；

3）泵在额定工作情况下，所需的电动机驱动功率。

（15）已知某液压系统工作时所需最大流量 $Q = 5 \times 10^{-4}\text{m}^3/\text{s}$，最大工作压力 $p = 40 \times 10^5\text{Pa}$，取 $k_{压} = 1.3$，$k_{流} = 1.1$，试从下列泵中选择液压泵。若泵的效率 $n = 0.7$，计算电动机功率。

1）CB－B50 型泵，$Q_{额} = 50\text{L/min}$，$p_{额} = 25 \times 10^5\text{Pa}$；

2）YB－40 型泵，$Q_{额} = 40\text{L/min}$，$p_{额} = 63 \times 10^5\text{Pa}$。

项目3　液　压　缸

【项目任务】 了解液压缸的类型及特点；了解液压缸的组成及结构；掌握液压缸的设计计算方法。

【教师引领】

（1）液压缸有哪些类型？

（2）液压缸的基本结构有哪几部分？

（3）液压缸结构设计的步骤如何？

【兴趣提问】 液压缸的作用是什么？

知识点3.1　液压缸的类型及其特点

液压缸（又称油缸）是液压系统中常用的一种执行元件，是把液体的压力能转变为机械能（力和位移）的装置，主要用于实现机构的直线往复运动，也可以实现摆动。其结构简单，工作可靠，维修方便，应用广泛。

3.1.1　液压缸的分类

液压缸是液压传动系统中应用最多的执行元件。它将油液的压力能转换为机械能，实现往复运动或摆动，输出力或扭矩。液压缸结构简单，工作可靠，维修方便，所以应用相当广泛，其使用量远超过液压马达。

液压缸按不同的使用压力，可分为中低压、中高压和高压液压缸。对于机床类机械一般采用中低压液压缸，其额定压力为2.5～6.3MPa；对于要求体积小、重量轻、出力大的建筑车辆和飞机用液压缸多数采用中高压液压缸，其额定压力为10～16MPa；对于油压机一类机械，大多数采用高压液压缸，其额定压力为25～31.5MPa。

液压缸按运动方式、作用方式、结构形式的不同可分为单作用式液压缸和双作用式液压缸两类。单作用式液压缸又可分为无弹簧式、附弹簧式、柱塞式三种，如图3－1所示；双作用式液压缸又可分为单杆形、双杆形两种，如图3－2所示。

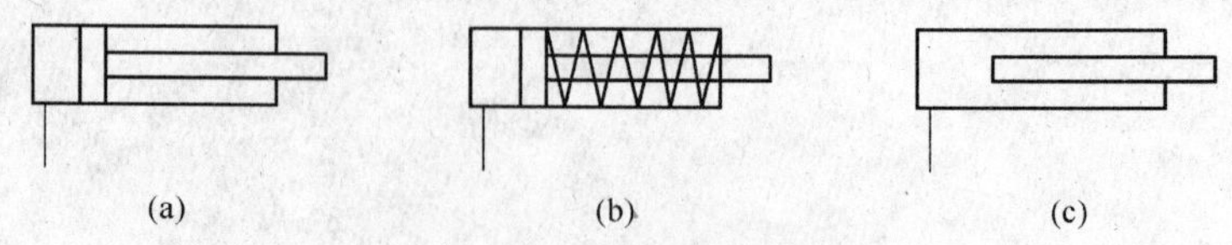

图3－1　单作用液压缸

（a）无弹簧式；（b）附弹簧式；（c）柱塞式

3.1.2 活塞式液压缸

活塞式液压缸可分为单杆式和双杆式两种结构形式，其安装方式有缸筒固定和活塞杆固定两种形式。

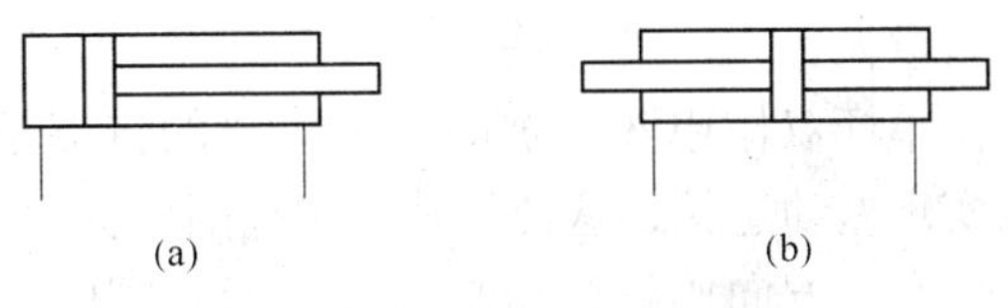

图 3－2 双作用式液压缸
（a）单杆形；（b）双杆形

3.1.2.1 单活塞杆液压缸

单活塞杆液压缸有单作用和双作用之分。

图 3－3（a）所示为单作用液压缸。在工作行程中活塞由液压力推动外伸，在返回行程中无杆腔卸压，外力或弹簧力使活塞杆缩回。

图 3－3（b）所示为双作用液压缸。这种液压缸应用比较普遍，其往复运动都是靠作用于活塞上的液压力实现的。

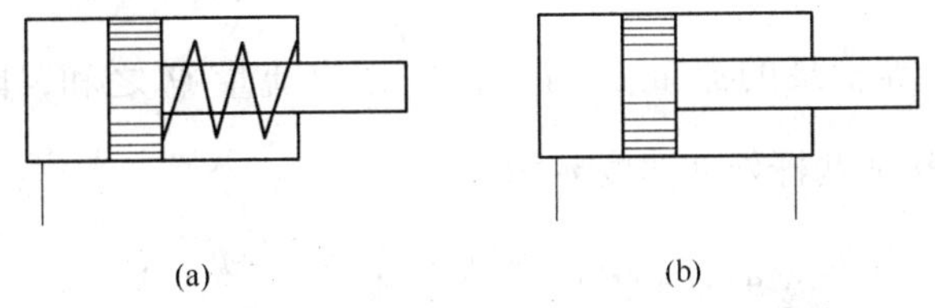

图 3－3 单活塞杆液压缸工作原理
（a）单作用液压缸；（b）双作用液压缸

活塞杆外伸时，输出的推力 F_1 和速度 v_1 为：

$$F_1 = \frac{\pi}{4} D^2 p \tag{3-1}$$

$$v_1 = \frac{4Q}{\pi D^2} \tag{3-2}$$

活塞杆缩回时，输出的拉力 F_2 和速度 v_2 为：

$$F_2 = \frac{\pi}{4}(D^2 - d^2)p \tag{3-3}$$

$$v_2 = \frac{4Q}{\pi(D^2 - d^2)} \tag{3-4}$$

式中 p——液压缸的工作压力，Pa；
Q——液压缸的输入流量，L/min；
D——活塞直径，m；
d——活塞杆直径，m。

由式（3－1）~式（3－3）可知，无杆腔进油时，液压缸推力（F_1）大，速度（v_1）慢；而有杆腔进油时，液压缸拉力（F_2）小，速度（v_2）快。

表示单杆双作用活塞式液压缸尺寸特点的一个重要参数是速比 φ。

$$\varphi = \frac{v_1}{v_2} = \frac{D^2}{D^2 - d^2} \tag{3-5}$$

对于标准液压缸，φ 为 1.06、1.12、1.25、1.32、1.4、1.6、2、2.5、5，压力愈高，

取值愈大。

单杆双作用液压缸的一个重要的特点是可以实现差动连接，这使得其应用范围更宽。

利用方向阀将液压缸两腔连通，同时向两腔供液，由于无杆腔有效作用面积大，所以液压作用力使活塞向外伸出。活塞杆返回时，应使方向阀反向，恢复成普通液压缸的连接方式，即有杆腔进油，无杆腔回油。差动连接可用二位三通换向阀或梭阀控制（见图 3-4）。

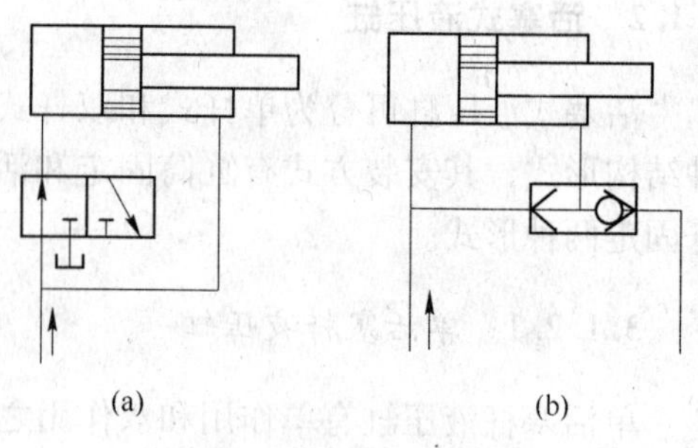

图 3-4　差动连接的双作用液压缸

（a）二位三通换向阀控制；（b）梭阀控制

差动连接时活塞杆外伸的推力 F_3 等于液压缸两腔有效作用面积上液压作用力之差，即

$$F_3 = \frac{\pi}{4}[D^2 - (D^2 - d^2)]p = \frac{\pi}{4}d^2 p \tag{3-6}$$

无杆腔输入流量等于泵的流量 Q 与有杆腔排出流量 Q' 之和，因为 $Q' = \frac{\pi}{4}(D^2 - d^2)v_3$，所以差动连接活塞杆外伸速度 v_3 为：

$$v_3 = \frac{4(Q+Q')}{\pi D^2} = \frac{4[Q + \frac{\pi}{4}(D^2 - d^2)v_3]}{\pi D^2}$$

整理后得：

$$v_3 = \frac{4Q}{\pi d^2} \tag{3-7}$$

由式（3-1）和式（3-2）、式（3-6）和式（3-7）可知，差动连接降低了液压缸的推力，但提高了速度。应当明确，这种速度的提高是用力的损失换来的。

活塞杆返回时必须改为普通连接，如图 3-4（b）所示，其拉力 F_2 和速度 v_2 由式（3-3）、式（3-4）计算。

若令 $v_3 = v_2$，则得 $D = 1.4142d$。反过来讲，如果设计时使 $D = 1.4142d$，利用差动连接与普通连接相结合，单杆双作用液压缸也可实现双向等速运动。

若令 $F_2 > F_3$，则得 $D > 1.4142d$。同样，在设计时满足此关系，可使液压缸的拉力大于推力，使在不加大油源流量的情况下得到较快的运动速度。这种连接方式被广泛应用于组合机床的液压动力系统和其他机械设备的快速运动中。

3.1.2.2　双活塞杆液压缸

双活塞杆液压缸为双作用两端出杆结构（见图 3-5），是活塞两端都有一根直径相等的活塞杆伸出的液压缸。它一般由缸体、缸盖、活塞、活塞杆和密封件等零件构成。根据安装方式不同，双活塞杆液压缸可分为缸筒固定式和活塞杆固定式两种。通常活塞两侧有效作用面积相等，因而双向运动的推力和速度也相同，很适合于有此种要求的设备，如平面磨床。双活塞杆液压缸的推力和速度可参照式（3-3）、式（3-4）计算。

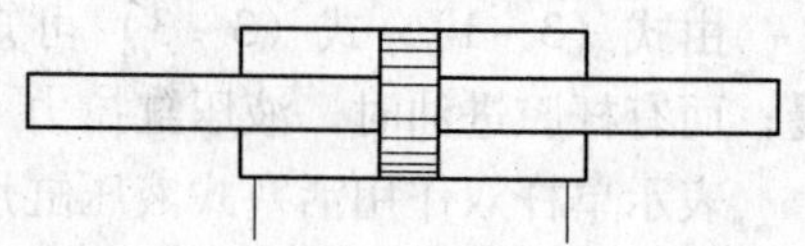

图 3-5　双活塞杆液压缸

3.1.3　柱塞式液压缸

前面所讨论的活塞式液压缸的应用非常广泛，但这种液压缸由于缸孔加工精度要求很高，当行程较长时，加工难度大，使得制造成本增加。在生产实际中，某些场合所用的液压缸并不要求双向控制，柱塞式液压缸正是满足了这种使用要求的一种价格低廉的液压缸。

如图 3 –6（a）所示，柱塞缸由缸筒、柱塞、导套、密封圈和压盖等零件组成，柱塞和缸筒内壁不接触，因此缸筒内孔不需精加工，工艺性好，成本低。柱塞式液压缸是单作用的，它的回程需要借助自重或弹簧等其他外力来完成。如果要获得双向运动，可将两柱塞液压缸成对使用（见图 3 –6b）。柱塞缸的柱塞端面是受压面，其面积大小决定了柱塞缸的输出速度和推力。为保证柱塞缸有足够的推力和稳定性，一般柱塞较粗，重量较大，水平安装时易产生单边磨损，故柱塞缸适宜于垂直安装使用。为减轻柱塞的重量，有时制成空心柱塞。

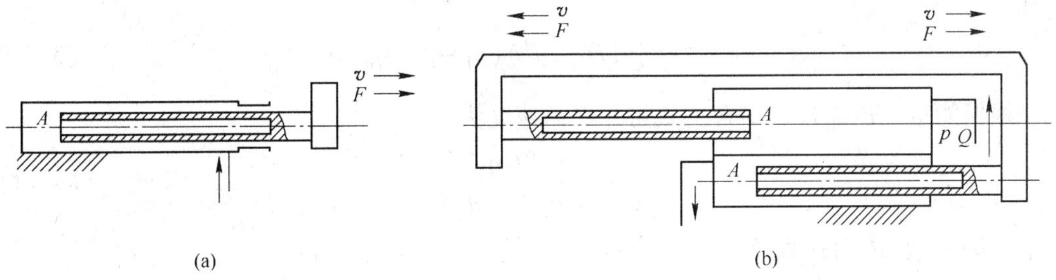

图 3 –6　柱塞式液压缸

柱塞缸输出的推力和速度为：

$$F = pA\eta_m = p\frac{\pi}{4}d^2\eta_m \tag{3-8}$$

$$v = \frac{Q\eta_V}{A} = \frac{4Q\eta_V}{\pi d^2} \tag{3-9}$$

式中　d——柱塞直径。

柱塞缸结构简单，制造方便，常用于工作行程较长的场合，如大型拉床、矿用液压支架等。

3.1.4　摆动液压缸

摆动液压缸能实现小于 360°的往复摆动运动，由于它可直接输出扭矩，故又称为摆动液压马达。摆动液压缸主要有单叶片式和双叶片式两种结构形式。

图 3 –7 所示为单叶片摆动液压缸，主要由定子块 3、缸体 1、摆动轴 4、叶片 2、左右支承盘和左右盖板等主要零件组成。两个工作腔之间的密封靠叶片和隔板外缘所嵌的框形密封件来保证，定子块固定在缸体上，叶片和摆动轴固连在一起，当两油口相继通以压力油时，叶片即带动摆动轴做往复摆动。当考虑机械效率时，单叶片缸的摆动轴输出转矩为：

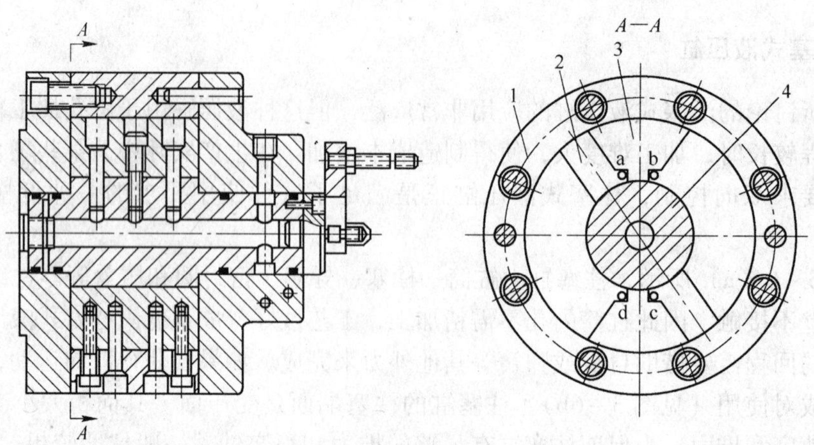

图3-7　摆动液压缸

1—缸体；2—叶片；3—定子块；4—摆动轴

$$T=\frac{b}{8}(D^2-d^2)(p_1-p_2)\eta_m \tag{3-10}$$

根据能量守恒原理，结合上式得输出角速度为：

$$\omega=\frac{8Q\eta_V}{b(D^2-d^2)} \tag{3-11}$$

式中　D——缸体内孔直径；

d——摆动轴直径；

b——叶片宽度。

单叶片摆动液压缸的摆角一般不超过280°，双叶片摆动液压缸的摆角一般不超过150°。当输入压力和流量不变时，双叶片摆动液压缸摆动轴输出转矩是相同参数单叶片摆动缸的两倍，而摆动角速度则是单叶片的一半。

摆动缸结构紧凑，输出转矩大，但密封困难，一般只用于中、低压系统中往复摆动、转位或间歇运动的地方。

3.1.5　其他液压缸

（1）增压缸。在某些短时或局部需要高压的液压系统中，常用增压缸与低压大流量泵配合作用。单作用增压缸的工作原理如图3-8（a）所示，输入低压力为p_1的液压油，

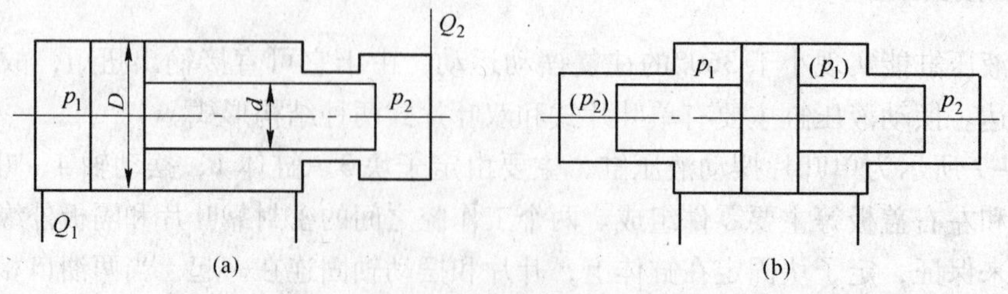

图3-8　增压缸

（a）单作用式增压缸；（b）双作用式增压缸

输出高压力为 p_2 的液压油，增大的压力关系为：

$$p_2 = p_1 (\frac{D}{d})^2 \tag{3-12}$$

单作用增压缸不能连续向系统供油。图 3-8（b）所示为双作用式增压缸，可由两个高压端连续向系统供油。

（2）伸缩缸。如图 3-9 所示，伸缩式液压缸由两个或多个活塞式液压缸套装而成，前一级活塞缸的活塞是后一级活塞缸的缸筒，可获得很长的工作行程。伸缩缸可广泛用于起重运输车辆上。

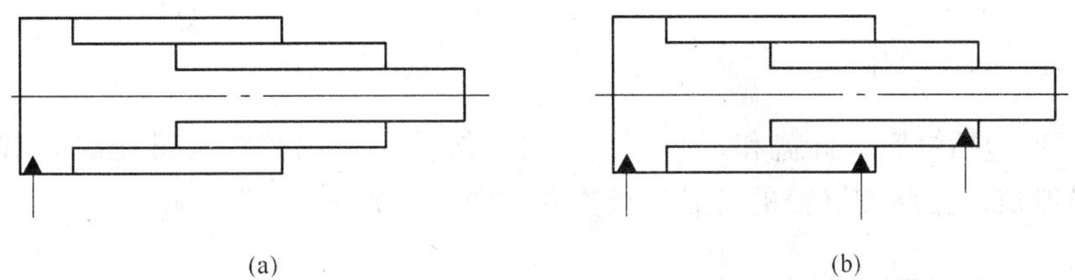

图 3-9　伸缩缸

（a）单作用式伸缩缸；（b）双作用式伸缩缸

（3）齿轮缸。图 3-10 所示为齿轮缸。它由两个柱塞和一套齿轮齿条传动装置组成。当液压油推动活塞左右往复运动时，齿条就推动齿轮往复转动，从而由齿轮驱动工作部件做往复旋转运动。

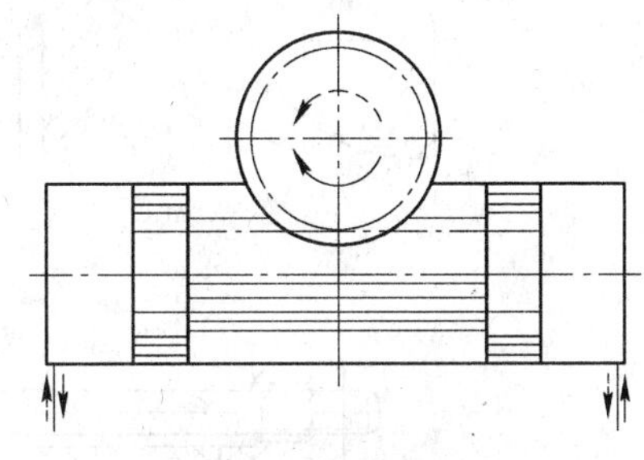

图 3-10　齿轮缸

知识点 3.2　液压缸的结构与组成

3.2.1　液压缸的典型结构

液压缸的结构形式有很多种，图 3-11 所示为一种单杆活塞缸结构，它由缸筒、缸盖、活塞、活塞杆、导向套、密封圈等组成。缸筒 7 和缸底 1 焊接连成一体，缸盖 10 和缸筒 7 通过螺纹连接，活塞 4 通过卡环 2 固定在活塞杆 8 上。为了保证形成的油腔具有可靠的密封，在导向套 9 和缸筒 7 之间、缸筒 7 和活塞 4 之间、活塞 4 和活塞杆 8 之间、活

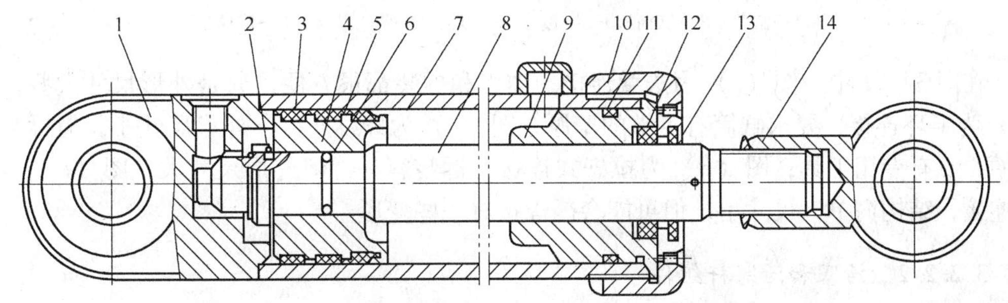

图 3-11　单杆活塞液压缸结构

1—缸底；2—卡环；3，6，11，12—密封圈；4—活塞；5—支承环；7—缸筒；8—活塞杆；9—导向套；10—缸盖；13—防尘圈；14—连接头

塞杆8与导向套9及缸盖10之间，都分别设置相应的密封圈。端盖10和活塞杆8之间还装有防尘圈13。

单杆活塞液压缸易装易拆，更换导向套方便，占用空间较小，成本较低；但在液压缸行程长时，液压力的作用容易引起拉杆伸长变形，组装时也易使拉杆产生弯扭。

3.2.2　液压缸的组成部件

从图3－11中可以看到，液压缸的结构基本上由缸体组件、活塞和活塞杆组件、密封装置、缓冲装置和排气装置等五大部分组成。

3.2.2.1　缸体组件

缸体组件包括缸筒、缸盖和一些连接零件。缸筒可以用铸铁（低压时）和无缝钢管（高压时）制成。缸筒和缸盖的常见连接方式如图3－12所示。

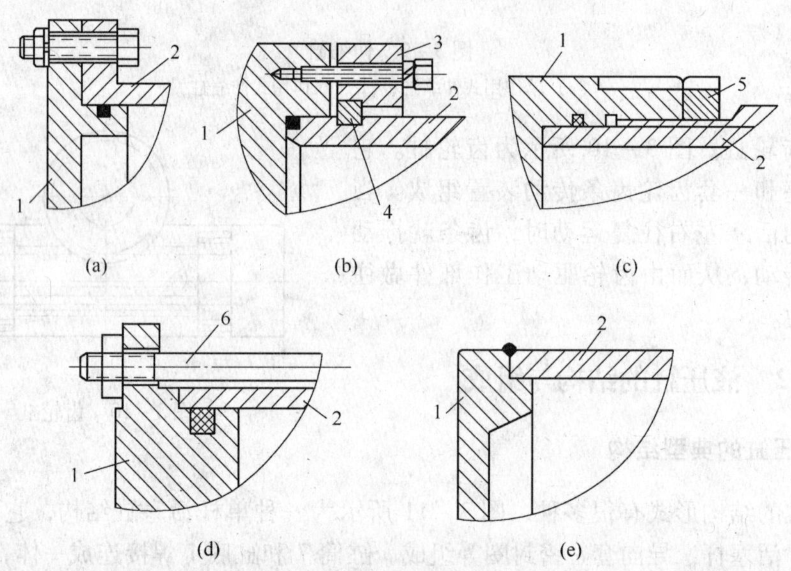

图3－12　缸筒和缸盖结构

（a）法兰连接；（b）半环连接；（c）螺纹连接；（d）拉杆式连接；（e）焊接连接

1—缸盖；2—缸筒；3—压板；4—半环；5—防松螺母；6—拉杆

在图3－12中，图（a）为法兰连接，加工和拆装都很方便，只是外形尺寸大些；图（b）为半环连接，要求缸筒有足够的壁厚；图（c）为螺纹连接，外形尺寸小，但拆装不方便，要有专用工具；图（d）为拉杆式连接，拆装容易，但外形尺寸大；图（e）为焊接连接，结构简单，尺寸小，但可能会因焊接有一些变形。

3.2.2.2　活塞和活塞杆组件

活塞和活塞杆的常见连接方式及其优缺点见表3－1。

活塞通常是用铸铁制成的，活塞杆通常用钢料制成。

表 3－1　活塞和活塞杆的连接方式

连接形式	图　例	优　点	缺　点
整体式	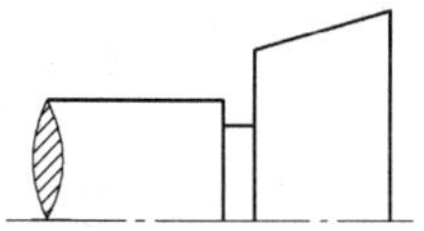	结构简单；轴向尺寸小	磨损后需整体更换，因而成本高
销连接	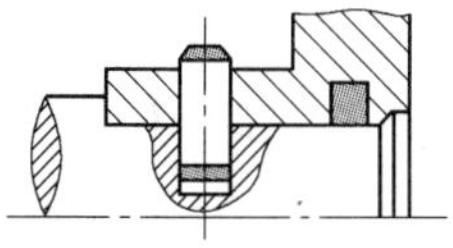	工艺简单；装配方便	承载能力小；需有防脱落的措施
半环连接	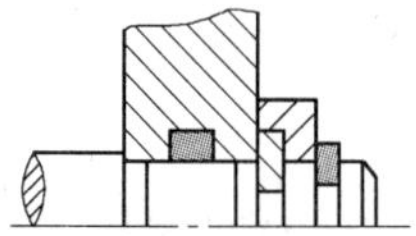 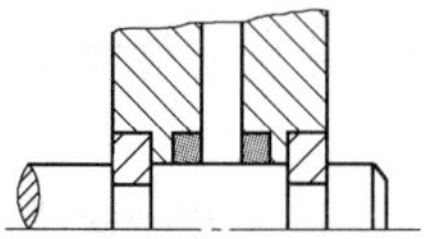	拆卸方便；连接可靠；承载能力大，耐冲击	结构复杂
螺纹连接	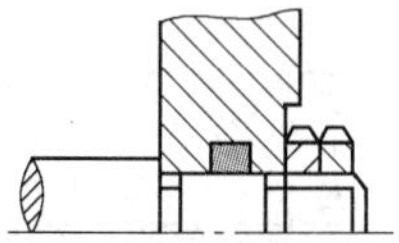 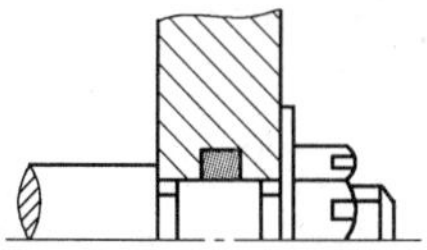	结构简单；连接稳固	需有防松措施

3.2.2.3　密封装置

液压缸中的密封是指活塞、活塞杆和缸盖等处的密封。它是用来防止液压缸内部和外部的泄漏。液压缸中密封设计的好坏，对液压缸的性能有着重要影响。

根据密封位置不同，密封装置有活塞密封、活塞杆密封、缸盖密封等几种。

（1）活塞密封。活塞密封是指活塞外表面与缸筒内表面之间的密封，用来防止液压缸中高压容腔的油液向低压容腔中泄漏。常见的密封方式如图 3－13 所示。

1）间隙密封：这是一种最简单的密封形式，常用在活塞直径较小、工作压力较低的液压缸中。如图 3－13（a）所示，在活塞上开出的若干道深 0.3～0.5mm 的环形槽，可以增大油液从高压腔向低压腔泄漏的阻力，从而减小泄漏。

2）活塞环密封：通过在活塞外表面的环形槽中放置切了口的金属环来实现密封，如图 3－13（b）所示。金属环依靠弹性变形紧贴在缸筒内表面上，在高温、高压和高速运

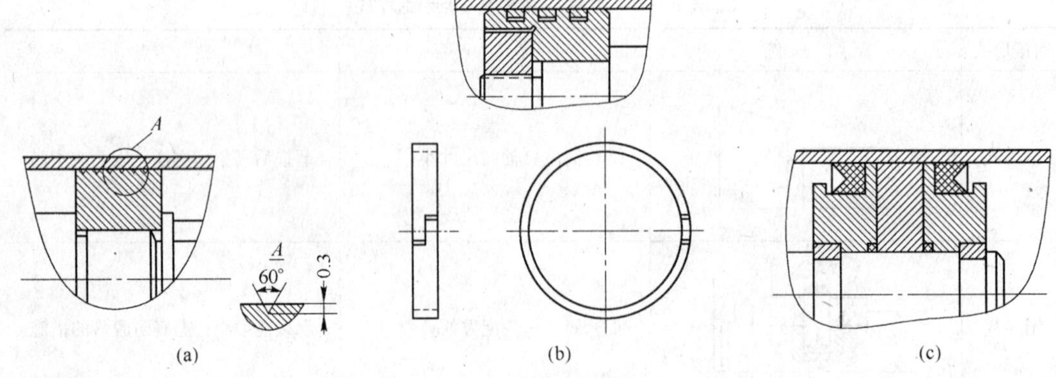

图3－13　常见活塞密封方式

(a) 间隙密封；(b) 活塞环密封；(c) 橡胶圈密封

动场合中有很好的密封性能。其缺点是制造工艺比较复杂。

3) 橡胶圈密封：图3－13 (c) 采用了Y形橡胶圈，两唇面向油压，以便在压力油作用下两唇张开。如果压力波动较大、运动速度较高，则须考虑在Y形密封圈中添加支撑件。橡胶圈密封结构简单，应用广泛，磨损后能自动补偿，并且密封性能会随着压力的加大而提高。

(2) 活塞杆密封。活塞杆密封是指活塞和活塞杆之间的密封。其密封方式如图3－14所示。

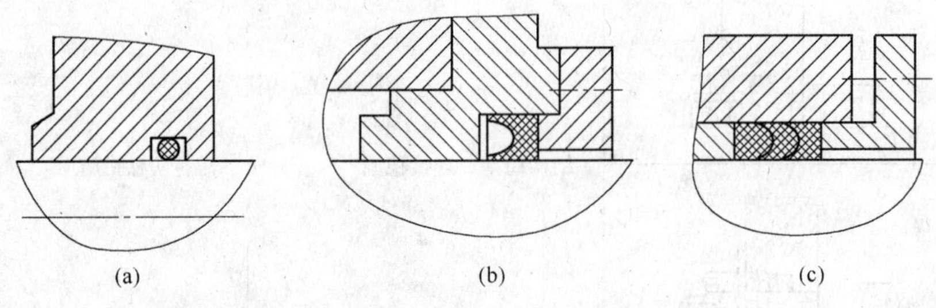

图3－14　活塞杆密封方式

(a) O形密封圈；(b) Y形密封圈；(c) V形密封圈

(3) 缸盖密封。缸盖密封一般采用O形圈密封。

3.2.2.4　缓冲装置

为了防止活塞在行程的终点与前后端盖板发生碰撞，引起噪声，影响工件精度或使液压缸损坏，常在液压缸前后端盖上设有缓冲装置，以使活塞移到快接近行程终点时速度减慢下来直至停止。常用缓冲装置的工作原理是，在活塞或缸筒移动到接近终点时，将活塞和缸盖之间的一部分液体封住，迫使液体从小孔或缝隙中挤出，从而产生很大的阻力，使工作部件制动，避免活塞和缸盖的相互碰撞。

常用的缓冲装置有节流口可调式和节流口变化式。

(1) 节流口可调式缓冲装置。如图3－15 (a) 所示，当活塞上的凸台进入端盖凹腔后，圆环形回油腔中的液体只能通过针形节流阀流出，从而使活塞制动。调节节流阀开口，可改变制动阻力大小。

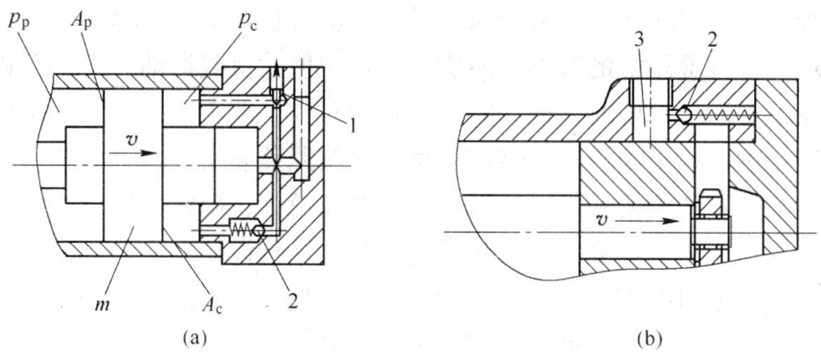

图 3－15　缓冲装置

（a）节流口可调式；（b）节流口变化式

1—针形节流阀；2—单向阀；3—节流槽；

这种缓冲装置起始缓冲效果好，随着活塞向前移动，缓冲效果逐渐减弱，因此它的制动行程较长。

（2）节流口变化式缓冲装置。如图 3－15（b）所示，在活塞上开有变截面的轴向三角节流槽。活塞移近端盖时，回油腔油液只能经过三角槽流出，使活塞受到制动作用。随着活塞的移动，三角槽通流截面逐渐变小，阻力作用增大，因此，缓冲作用均匀，冲击压力较小，制动位置精度高。

3.2.2.5　排气装置

液压缸在安装过程中或停止工作一段时间后，会有空气侵入。缸筒内如存留空气，将使液压缸在低速时产生爬行、颤抖等现象，换向时易引起冲击，严重时会使液体氧化腐蚀液压元件。因此液压缸在结构上要能及时排除缸内留存的气体。常用的排气装置包括排气阀和排气塞等，如图 3－16 所示。

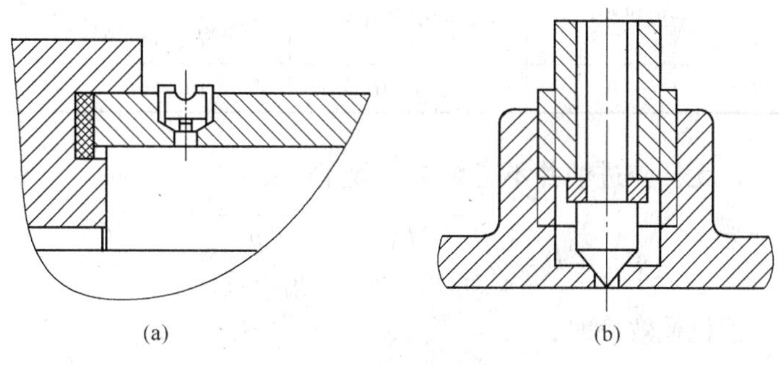

图 3－16　排气装置

（a）排气阀；（b）排气塞

排气阀和排气塞都要安装在液压缸的最高部位。对于要求不高的液压缸往往不设专门的排气装置，而是将通油口布置在缸筒两端的最高处，使缸中的空气随油液的流动而排走。

知识点 3.3　液压缸的设计和计算

液压缸一般来说是标准件，但有时也需要自行设计。本节主要介绍液压缸主要尺寸的计算及其强度、刚度的验算方法。

液压缸的设计是在对所设计的液压系统进行工况分析、负载计算和确定了其工作压力的基础上进行的。设计液压缸的基本原始资料是负载值、负载运动速度、行程值及液压缸的结构形式和安装要求等。因此，设计时必须首先对整个液压系统进行工况分析，编制负载图，选定工作压力，确定液压缸的结构类型，再按照负载情况、运动要求、最大行程以及工作压力确定液压缸的主要尺寸。然后再进行结构设计，确定缸筒壁厚，必要时验算活塞杆强度和稳定性，验算螺杆强度等。最后进行具体结构设计。

液压缸的主要尺寸包括液压缸的内径 D、缸的长度 L、活塞杆直径 d。这些因素主要根据液压缸的负载、活塞运动速度和行程等因素来确定。

3.3.1　液压缸的主要结构尺寸

3.3.1.1　*液压缸内径 D 和活塞杆直径 d*

液压缸内径 D 和活塞杆直径 d 可根据最大总负载和选取的工作压力来定。液压缸要承受的负载包括有效工作负载、摩擦阻力和惯性力等。对于不同用途的液压设备，由于工作条件不同，采用的压力范围也不同。设计时，液压缸的工作压力可按负载大小及液压设备类型参考表来确定。

工作压力与负载的关系可参考表 3－2，各类液压设备常用的工作压力可参照表 3－3。

表 3－2　液压缸工作压力与负载关系表

负载/kN	<5	5～10	10～20	20～30	30～50	>50
工作压力/MPa	<0.8～1	1.5～2	2.5～3	3～4	4～5	≥5～7

表 3－3　各类液压设备常用的工作压力

设备类型	一般机床	一般冶金设备	农业机械 小型工程机械	液压机、重型机械、轧机、起重运输机械
工作压力/MPa	1～6.3	6.3～16	10～16	20～32

对单杆缸而言，无杆腔进油并不考虑机械效率时：

$$D=\sqrt{\frac{4F_1}{\pi(p_1-p_2)}-\frac{d^2p_2}{p_1-p_2}} \tag{3-13}$$

有杆腔进油并不考虑机械效率时：

$$D=\sqrt{\frac{4F_2}{\pi(p_1-p_2)}-\frac{d^2p_1}{p_1-p_2}} \tag{3-14}$$

一般情况下，选取回油背压 $p_2=0$，这时，式（3－13）和式（3－14）便可简化，即无杆腔进油时：

$$D=\sqrt{\frac{4F_1}{\pi p_1}} \tag{3-15}$$

有杆腔进油时：

$$D = \sqrt{\frac{4F_2}{\pi p_1} + d^2} \tag{3-16}$$

式（3－16）中的杆径 d 可根据工作压力选取，见表3－4。

表3－4 活塞杆直径的选取

活塞杆受力情况	工作压力 p/MPa	活塞杆直径 d
受拉	—	$d=(0.3\sim0.5)D$
受压及受拉	$p\leqslant5$	$d=(0.5\sim0.55)D$
受压及受拉	$5<p\leqslant7$	$d=(0.6\sim0.7)D$
受压及受拉	$p>7$	$d=0.7D$

当液压缸的往复速度比有一定要求时，由式（3－5）得杆径为：

$$d = D\sqrt{\frac{\varphi - 1}{\varphi}} \tag{3-17}$$

推荐液压缸的速度比见表3－5。

表3－5 液压缸往复速度比推荐值

液压缸工作压力 p/MPa	≤10	1.25～20	>20
往复速度比 φ	1.33	1.46～2	2

计算所得的液压缸内径 D 和活塞杆直径 d 应圆整为标准系列，参见《新编液压工程手册》。

3.3.1.2 液压缸缸筒的长度 L

缸筒长度 L 由最大工作行程及各种结构上的需要来确定，即

$$L = l + B + A + M + C \tag{3-18}$$

式中 l——活塞的最大工作行程；

B——活塞宽度，一般为（0.6～1.0）D；

A——活塞导杆长度，取（0.6～1.5）D；

M——活塞杆密封长度，由密封方式决定；

C——其他长度。

一般缸筒的长度最好不超过内径的20倍。另外，液压缸的结构尺寸设有最小导向长度 H。

当活塞杆全部外伸时，从活塞支承面中点到导向套滑动面中点的距离称为最小导向长度 H，如图3－17所示。如果导向长度过小，将使液压缸的初始挠度（间隙引起的挠度）增大，影响液压缸的稳定性，因此设计时必须保证有一最小导向长度。

对于一般的液压缸，其最小导向长度应满足：

$$H \geqslant \frac{l}{20} + \frac{D}{2} \tag{3-19}$$

式中 l——活塞的最大工作行程；

D——缸筒内径。

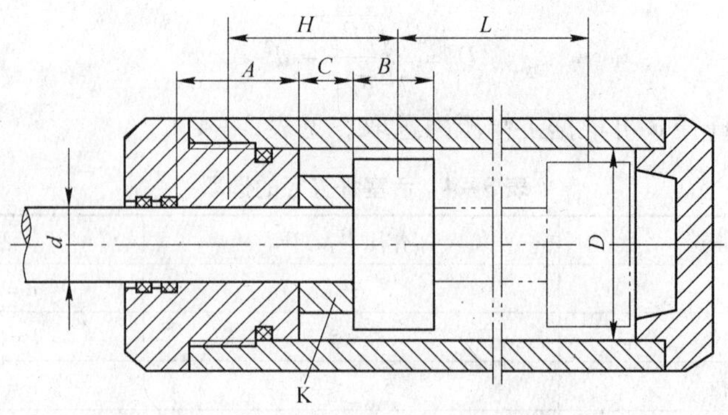

图 3-17 油缸的导向长度

K—隔套

一般导向套滑动面的长度 A，在 $D<80\text{mm}$ 时取 $A=(0.6\sim1.0)D$；在 $D>80\text{mm}$ 时取 $A=(0.6\sim1.0)d$；活塞的宽度 B 则取 $B=(0.6\sim1.0)D$。为保证导向稳定性，过度增大 A 和 B 都是不适宜的，最好在导向套与活塞之间装一隔套 K，隔套宽度 C 由所需的最小导向长度决定，即

$$C = H - \frac{A+B}{2} \tag{3-20}$$

采用隔套不仅能保证最小导向长度，还可以改善导向套及活塞的通用性。

3.3.2 液压缸的校核

3.3.2.1 缸筒壁厚的验算

在中、低压液压系统中，液压缸缸筒的壁厚常由结构工艺要求决定，强度问题是次要的，一般都不须验算。在高压系统中，必须进行强度校核。

缸筒壁厚校核分薄壁和厚壁两种情况。

当 $D/\delta \geqslant 10$ 时为薄壁，壁厚可按式（3-21）进行校核。

$$\delta \geqslant \frac{p_{max}D}{2[\sigma]} \tag{3-21}$$

式中 δ——缸筒壁厚；

D——缸筒内径；

p_{max}——缸筒试验压力，当液压缸的额定压力 $p_n \leqslant 16\text{MPa}$ 时，$p_{max}=1.5p_n$，当额定压力 $p_n>16\text{MPa}$ 时，$p_{max}=1.25p_n$；

$[\sigma]$——缸筒材料的许用应力，对于韧性材料，$[\sigma]=\sigma_s/n_s$，σ_s 为材料的屈服极限，n_s 为安全系数，n_s 取 1.5～2.5；对于脆性材料，如铸铁，$[\sigma]=\sigma_b/n_b$，n_b 为材料抗拉强度，n_b 为安全系数，一般取 3.5～5。

当 $D/\delta<10$ 时为厚壁，可用式（3-22）校核缸筒壁厚。

$$\delta \geqslant \frac{D}{2}\left(\sqrt{\frac{[\sigma]+0.4p_{max}}{[\sigma]-1.3p_{max}}}-1\right) \tag{3-22}$$

壁厚确定后，再圆整。

3.3.2.2　活塞杆直径校核

活塞杆直径 d 可按式（3－23）校核。

$$d \geqslant \sqrt{\frac{4F}{\pi[\sigma]}} \tag{3-23}$$

式中　d——活塞杆直径；

F——活塞杆上的作用力；

$[\sigma]$——活塞杆材料的许用应力，$[\sigma]=\sigma_b/1.4$，σ_b 为材料的抗拉强度。

3.3.2.3　液压缸盖固定螺栓直径校核

液压缸盖固定螺栓直径可按式（3－24）计算。

$$d \geqslant \sqrt{\frac{5.2kF}{\pi z[\sigma]}} \tag{3-24}$$

式中　F——液压缸负载；

z——固定螺栓个数；

k——螺纹拧紧系数，$k=1.12\sim1.5$；

$[\sigma]$——固定螺栓材料的许用应力，$[\sigma]=\sigma_s/(1.2\sim2.5)$，$\sigma_s$ 为固定螺栓材料的屈服极限。

液压缸连接件还包括法兰盘、卡环、钢丝卡圈等，它们的强度计算属一般机械零件问题，可参阅相关设计手册。

3.3.2.4　液压缸稳定性验算

活塞杆长度根据液压缸最大行程 L' 而定。对于工作行程中受压的活塞杆，当活塞杆长度 L' 与其直径 d 之比大于 15 时，应对活塞杆进行稳定性验算。

活塞杆所能承受的负载 F，应小于使它保持工作稳定的临界负载 F_k。F_k 的值与活塞杆的材料性质、截面形状、直径、长度以及液压缸的安装方式等因素有关，要用材料力学中的有关公式进行计算，即：

$$F \leqslant \frac{F_k}{n_k} \tag{3-25}$$

式中　n_k——安全系数，一般取 2～4。

当活塞杆细长比 $\frac{l}{r_k} > \varphi_1\sqrt{\varphi_2}$ 时，

$$F_k = \frac{\varphi_2\pi^2 EJ}{l^2} \tag{3-26}$$

当活塞杆细长比 $\frac{l}{r_k} \leqslant \varphi_1\sqrt{\varphi_2}$，而 $\varphi_1\sqrt{\varphi_2}=20\sim120$ 时，

$$F_k = \frac{fA}{1+\frac{a}{\varphi_2}\left(\frac{l}{r_k}\right)^2} \tag{3-27}$$

式中　l——活塞杆安装长度；

r_k——活塞杆横截面的最小回转半径，$r_k=\sqrt{\frac{J}{A}}$；

J——活塞杆横截面惯性矩；

A——活塞杆横截面积；

φ_1——柔性系数，对钢来说，$\varphi_1=85$；

φ_2——由液压缸支承方式决定的末端系数，其值见表3－6；

E——活塞杆材料的弹性模量，对钢来说，$E=2.06\times10^{11}\mathrm{N/m^2}$；

f——由材料强度决定的一个实验数值，对钢来说，$f\approx4.9\times10^8\mathrm{N/m^2}$；

a——系数，对钢来说，$a=1/5000$。

表3－6　液压缸的末端系数φ_2的值

支承方式	末端系数φ_2
一端固定，一端自由	0.25
两端铰接	1
一端固定，一端铰接	2
两端固定	4

能力点3.4　训练与思考

3.4.1　项目训练

【任务】　液压缸性能测试实验

实验学时

2学时。

实验内容

（1）最低启动压力的测试。

（2）液压缸的负载效率的测试。

实验目的

（1）了解液压缸性能测试回路的组成。

（2）掌握液压缸的两个主要性能：最低启动压力和负载效率。

（3）掌握液压缸主要性能的测试原理。

3.4.2　思考与练习

（1）说明液压缸的速度与流量、作用力与压力的关系。

（2）活塞式液压缸的有几种形式，有什么特点？它们分别用在什么场合？

（3）简述液压缸的基本结构。

（4）液压缸为什么要密封？哪些部位需要密封？常见的密封方法有哪几种？

（5）液压缸中为什么要设有缓冲装置？常见的缓冲方式有哪几种？

（6）双出杆活塞式液压缸缸体固定与活塞杆固定的区别有哪些？

（7）柱塞式液压缸有哪些特点，使用在哪些场合？

（8）安装液压缸通常应注意哪些事项？

（9）液压缸工作时出现漏油现象是什么原因，如何解决？

（10）如图3-18所示为一圆柱塞式液压缸，柱塞固定，缸筒运动。压力油从空心柱塞通入，若压力 $p=3\text{MPa}$，流量 $Q=25\text{L/min}$，柱塞外径 $d=70\text{mm}$，内径 $d_0=30\text{mm}$，$\eta_V=0.97$，$\eta_m=0.95$，试求缸筒运动速度 v 和推力 F。

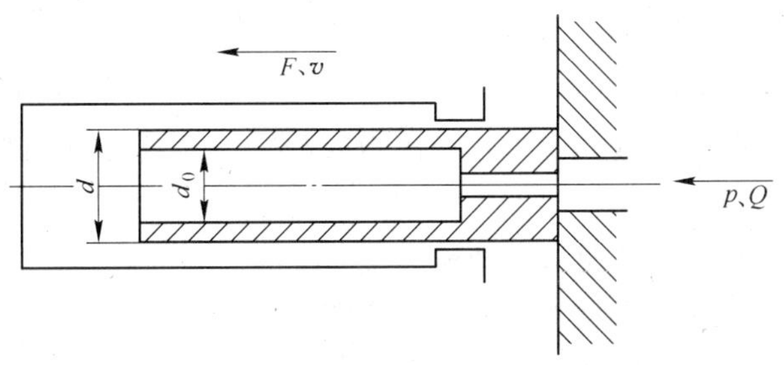

图3-18　圆柱塞式液压缸

（11）如图3-19所示，两个结构相同的液压缸串联，已知液压缸无杆腔面积 A_1 为 100cm^2，有杆腔面积 A_2 为 80cm^2，缸1的输入压力为 $p_1=1.8\text{MPa}$，输入流量 $Q_1=12\text{L/min}$，若不计泄漏和损失，试求：

1）当两缸承受相同的负载时（$F_1=F_2$），该负载为多少，两缸的运动速度 v_1、v_2 各是多少？

2）缸2的输入压力为缸1的一半（$p_2=p_1/2$）时，两缸各承受的负载 F_1、F_2 为多大？

3）当缸1无负载（$F_1=0$）时，缸2能承受多大负载？

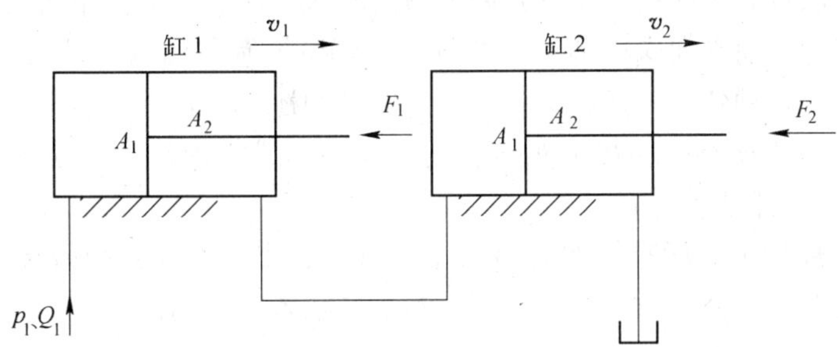

图3-19　液压缸串联

项目4　液压控制阀

【项目任务】　了解常用液压控制阀的典型结构、工作原理和性能特点。

【教师引领】

（1）液压控制阀按用途可分为哪几类？

（2）方向控制阀的种类有哪些，各有何用途？

（3）压力控制阀的种类有哪些，各有何用途？

（4）流量控制阀的种类有哪些，各有何用途？

（5）电液比例控制阀的工作原理是什么？

（6）插装阀的工作原理是什么？

【兴趣提问】　液压系统离开控制阀是否可行？

知识点4.1　液压控制阀概述

液压控制阀简称液压阀，是组成液压系统的核心元件。其主要作用是控制液压系统中油液的压力、流量大小及流动方向。基于其作用，液压控制阀可分为方向阀、压力阀和流量阀三大类。它们具有不同的功能，其中压力阀和流量阀利用通流截面的节流作用控制着系统的压力和流量，而方向阀则利用通流通道的更换控制着油液的流动方向。这就是说，尽管液压阀存在着各种各样不同的类型，但它们之间还是保持着一些基本共性：

（1）在结构上，所有的阀都由阀体、阀芯（锥阀或滑阀）和驱使阀芯动作的元部件（如弹簧、电磁铁）组成。

（2）在工作原理上，所有阀的开口大小，阀进、出口间压差以及流过阀的流量之间的关系都符合孔口流量公式，仅是各种阀控制的参数各不相同而已。

4.1.1　液压阀的分类

液压控制阀可按不同特性进行分类，见表4－1。

表4－1　液压控制阀分类表

分类方法	种　类	详　细　分　类
按用途分	压力控制阀	溢流阀、顺序阀、卸荷阀、平衡阀、减压阀、比例压力控制阀、缓冲阀、仪表截止阀、限压切断阀、压力继电器
	流量控制阀	普通节流阀、调速阀、分流阀、集流阀、比例流量控制阀
	方向控制阀	普通单向阀、液控单向阀、换向阀、行程减速阀、充液阀、梭阀、比例方向阀

续表 4 – 1

分类方法	种　类	详　细　分　类
按结构分	滑阀	圆柱滑阀、旋转阀、平板滑阀
	座阀	锥阀、球阀、喷嘴挡板阀
	射流管阀	射流阀
按操作方式分	手动阀	手把及手轮、踏板、杠杆
	机动阀	挡块及碰块、弹簧、液压、气动
	电动阀	电磁铁控制、伺服电动机和步进电动机控制
按连接方式分	管式连接	螺纹连接式、法兰连接式液压控制阀
	板式及叠加式连接	单层连接板式、双层连接板式、整体连接板式、叠加阀
	插装式连接	螺纹式（二、三、四通）插装阀、法兰式二通插装阀
按其他方式分	开关或定值控制阀	压力控制阀、流量控制阀、方向控制阀
按控制方式分	电液比例阀	电液比例压力阀、电源比例流量阀、电液比例换向阀、电流比例复合阀、电液比例多路阀
	伺服阀	单、两级（喷嘴挡板式、动圈式）电液流量伺服阀、三级电液流量伺服阀
	数字控制阀	数字控制压力阀、流量阀及方向阀

4.1.2　对液压阀的基本要求

为了让液压传动系统能正常稳定地工作，对液压阀有以下基本要求：

（1）动作灵敏、工作可靠、工作时冲击和振动小。

（2）密封性能要好，内泄漏要少，无外泄漏。

（3）油液流动时压力损失要小。

（4）结构紧凑，安装、调试和维护方便，通用性好。

知识点 4.2　方向控制阀

方向控制阀的作用是控制液压系统中油液的流动方向。方向控制阀的工作原理是利用阀芯和阀体间相对位置的改变，以实现油路之间的接通或断开，从而满足系统对油液流动方向的要求。

方向控制阀按其结构和功能不同可分为单向阀和换向阀两类。

4.2.1　单向阀

单向阀可分为普通单向阀和液控单向阀两种。

4.2.1.1　普通单向阀

A　结构及原理

普通单向阀（简称单向阀）的作用是控制油液只能向一个方向流动，反向流动则截止，故又称止回阀。对单向阀的基本要求是：正向导通时压力损失要小，反向截止时密封性能要好。

图 4－1 所示为单向阀的结构，单向阀主要组成部分是：阀体、阀芯和弹簧。当压力油从 P_1 口进入单向阀时，克服弹簧 3 作用在阀芯 2 上的力，使阀芯向右移动，打开阀口，并通过阀芯上的径向孔 a、轴向孔 b 从阀体右端的通口 P_2 流出；当压力油从 P_2 流入时，油压以及弹簧力将阀芯压紧在阀体 1 上，使阀口关闭，油液无法从 P_2 口流向 P_1 口。

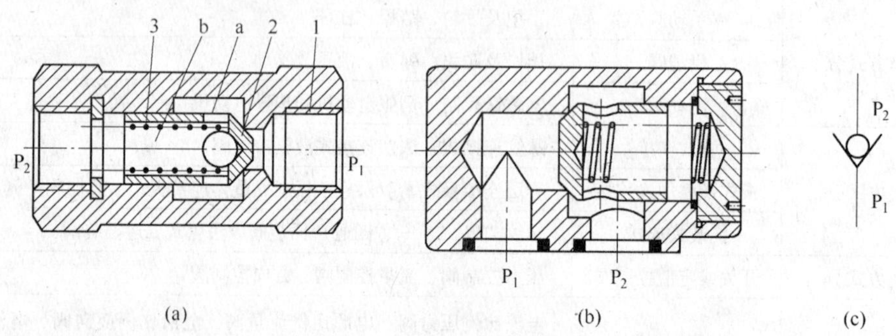

图 4－1　单向阀

（a）管式连接单向阀；（b）板式连接单向阀；（c）图形符号

1—阀体；2—阀芯；3—弹簧

单向阀弹簧的刚度一般选得较小，阀的正向开启压力一般在 0.03～0.05MPa。如采用刚度较大的弹簧，使其开启压力达 0.3～0.6MPa，可用作背压阀。

B　应用

单向阀在液压系统中的应用主要有以下几种：

（1）安置在液压泵的出油口，当泵检修或多泵合流系统停泵时可防止油液倒流，在系统中作为背压阀使用。

（2）安装在不同油路之间，防止油路间相互干扰。

（3）与其他液压阀如节流阀、顺序阀、减压阀等组合成单向控制阀，执行单向通流功能，如单向节流阀、单向顺序阀、单向减压阀、高低压泵回路切换用卸荷阀、蓄能器回路卸荷阀等。

（4）其他需要控制液流单向流动的场合，如单向阀群组的半桥和全桥与其他阀组成的回路。

C　注意事项

（1）在具体选用单向阀时，要根据需要合理选择开启压力，开启压力越高，油中所含气体越多，越容易产生振动。

（2）选用单向阀时，在油液流动反向出口无背压的油路中可选用内泄式，否则选用外泄式，以降低控制油的压力。而外泄式的泄油口必须无压回油，否则会抵消一部分控制压力。

（3）单向阀的工作流量应与阀的额定流量相匹配，当通过单向阀的流量远小于额定流量时，单向阀有时会产生振动。

（4）安装单向阀时，要认清单向阀进出油口的方向，否则会影响液压系统的正常工作，特别是单向阀用在泵的出口，如反向安装时可能损坏泵或烧坏电动机。

4.2.1.2　液控单向阀

A　结构及原理

液控单向阀有普通型（见图 4－2a）和带卸荷阀芯型（见图 4－2b）两种。与普通单向阀相比，液控单向阀在结构上增加了控制油腔 a、控制活塞 1 及控制油口 K。当控制口 K 处无控制压力油通入时，其作用和普通单向阀一样。当控制口 K 有控制压力油，且其作用在控制活塞 1 上的液压力超过 P_2 口压力和弹簧作用在阀芯 2 上的合力时，控制活塞 1 使阀芯 2 右移，通油口 P_1 和 P_2 接通，油液便可在两个方向自由流动。为了减小控制活塞移动的阻力，控制活塞制成阶梯状并设一外泄油口 L。

在高压系统中，液控单向阀反向开启前 P_2 口的压力很高，所以，反向开启的控制压力也较高，且当控制活塞推开单向阀芯时，高压封闭回路内油液的压力突然释放，会产生很大的冲击。为了避免这种现象并减小控制压力，可采用如图 4－2（b）所示的带卸荷阀芯的液控单向阀。在控制活塞推开锥阀芯 2 之前，先将卸荷阀芯 3 顶开，P_2 和 P_1 腔之间产生微小的缝隙，使 P_2 腔压力降低到一定程度，然后再顶开单向阀芯实现 P_2 到 P_1 的反向流动。

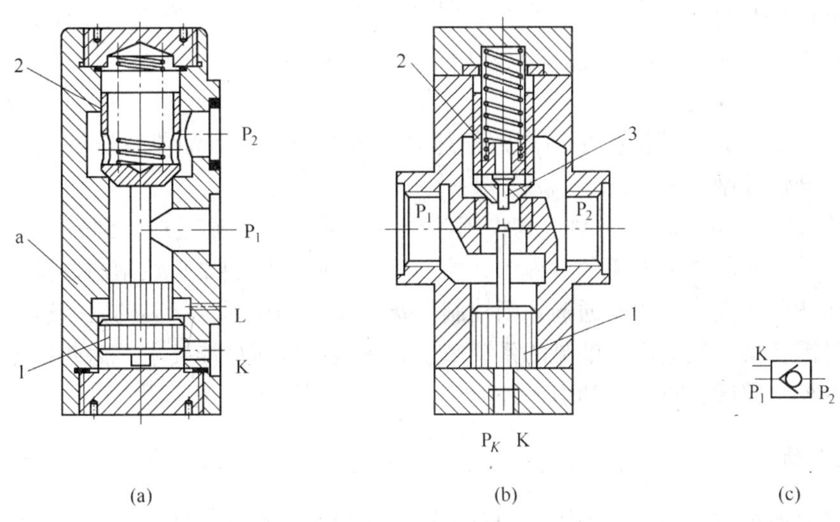

图 4－2　液控单向阀

（a）普通型液控单向阀；（b）带卸荷阀芯型液控单向阀；（c）图形符号

1—控制活塞；2—锥阀芯；3—卸荷阀芯

B　主要性能指标

（1）正向最低开启压力：指阀芯开启时 a 腔的最低压力，由于阀芯上端的弹簧很软，故阀的正向最低开启压力一般在 0.03～0.05MPa。

（2）反向泄漏量：指液流反向时进入阀座孔处的泄漏量，性能良好的液控单向阀应无反向泄漏量或极小。当系统有较高保压要求时应选用锥阀式液控单向阀。

（3）压力损失：指控制口压力为零时液控单向阀通过额定流量时的压力降。它包含两部分：一是由于弹簧力、摩擦力等造成的开启压力损失；二是液流的流动损失。为减小压力损失，可选用开启压力低的液控单向阀。

（4）反向开启最低控制压力：指能使单向阀打开的控制口最低压力。一般来说，外泄式比内泄式反向开启最低控制压力低，带卸载阀芯的比不带卸载阀芯的反向开启最低控制压力低。

(5) 控制口起作用时的压力损失：当液控单向阀在控制活塞作用下打开时，不论此时是正向流动还是反向流动，它的压力损失仅是由油液的流动阻力而产生的，与弹簧力无关。因此，在相同流量下，它的压力损失要小于控制活塞不起作用时的正向流动压力损失。

C　应用

液控单向阀既可以对反向液流起截止作用且密封性能好，又可以在一定条件下允许正反向液流自由通过，因此常用于液压系统的保压、锁紧和平衡回路。

图4-3所示的液压锁就是液控单向阀的典型应用，它具有锁紧油缸、避免倒灌和控制重物下放速度的作用。

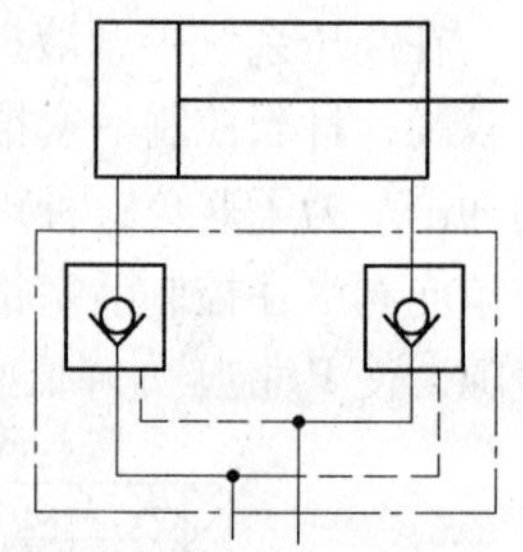

图4-3　液压锁

D　注意事项

(1) 选用液控单向阀时，应考虑液控单向阀所需要的控制压力，此外，还应考虑系统压力变化对控制油路压力变化的影响，以免出现误开启。

(2) 液控单向阀回路设计应确保反向油流有足够的控制压力，以保证阀芯的开启。

(3) 内泄式和外泄式液控单向阀，分别应用于反向出口腔油流背压较低和较高的应用场所，以降低控制压力。

(4) 在从液控单向阀从控制活塞将阀芯引开，使反向油流通过，到卸掉控制油，控制活塞返回，使阀芯更新关闭的过程中，控制活塞容腔中的油要从控制油口排出。如果控制油路回油背压较高，排油不通畅，则控制活塞不能迅速返回，阀芯的关闭速度也要受到影响，这对需要快速切断反向油流的系统来说无法满足快速性能要求。为此，可采用外泄式结构的液控单向阀，将压力油引入外泄口，强迫控制活塞迅速返回。

4.2.2　换向阀

换向阀是通过改变阀芯与阀体的相对位置，控制相应油路的接通、切断或换向，从而实现对执行元件运动方向的控制。换向阀的阀芯的结构形式有滑阀式、转阀式和锥阀式等，其中滑阀式阀芯应用最为广泛。

4.2.2.1　换向原理

图4-4所示为滑阀式换向阀的工作原理。当阀芯移到右端时（见图4-4a），泵的流量流向A口，液压缸左腔进油，右腔回油，活塞便向右运动。阀芯在中间位置时（见图4-4b），流体的全部通路均被切断，活塞不运动。当阀芯移到左端时（见图4-4c），泵的流量流向B口，液压缸右腔进油，左腔回油，活塞便向左运动。因而通过阀芯移动可实现执行元件的正、反向运动或停止。

4.2.2.2　换向阀的分类

按阀芯在阀体内的工作位置数和换向阀所控制的油口通路数，换向阀分为二位二通、

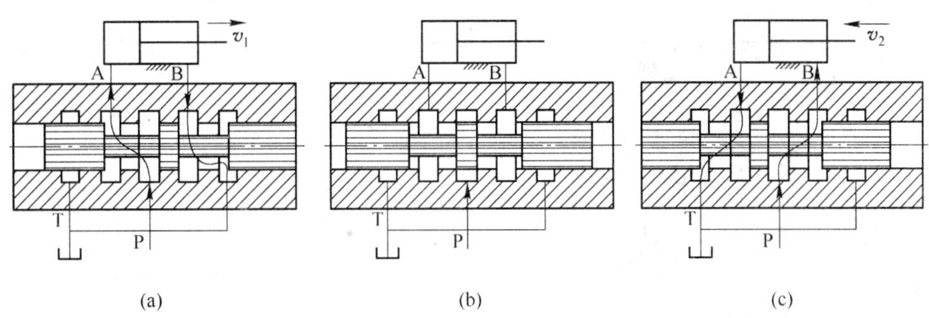

图4－4　滑阀式换向阀的工作原理

二位三通、二位四通、二位五通等类型。不同的位数和通路数是由阀体上的沿割槽和阀芯上台肩组合形成的。例如，将五通阀的两个回油口 T_1 和 T_2 沟通成一个油口 T，便可成为四通阀。

按操作方式，换向阀分为手动换向阀、机动换向阀、电动换向阀、液动换向阀和电液动换向阀等类型，其中电动换向阀最为常见，后面将作重点阐述。常见的滑阀操纵方式如图4－5所示。

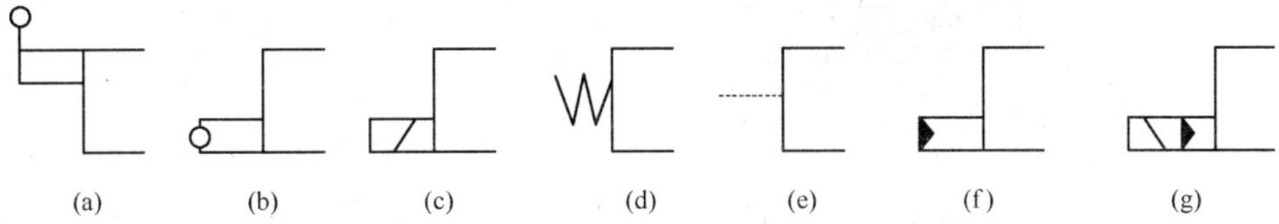

图4－5　滑阀操纵方式

（a）手动式；（b）机动式；（c）电磁动；（d）弹簧控制；（e）液动；（f）液压先导控制；（g）电液控制

4.2.2.3　换向阀的符号表示

表4－2列出了几种常用滑阀式换向阀的结构原理图以及与之相对应的图形符号，下面对换向阀的图形符号进行说明：

表4－2　常用滑阀式换向阀的结构原理和图形符号

位和通	结构原理图	图形符号
二位二通	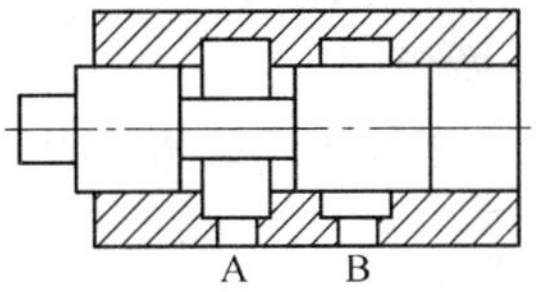 A　B	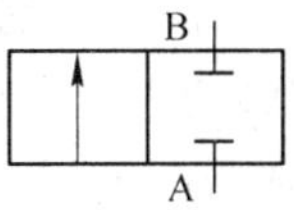 B A
二位三通	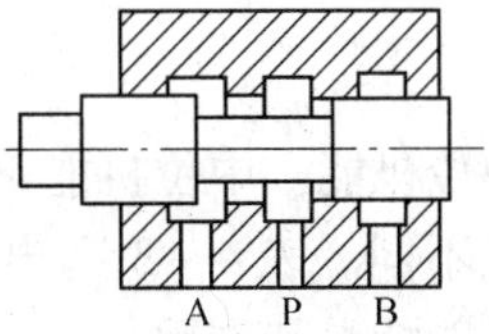 A　P　B	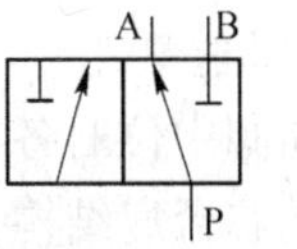 A　B P

续表 4-2

位和通	结构原理图	图形符号
二位四通	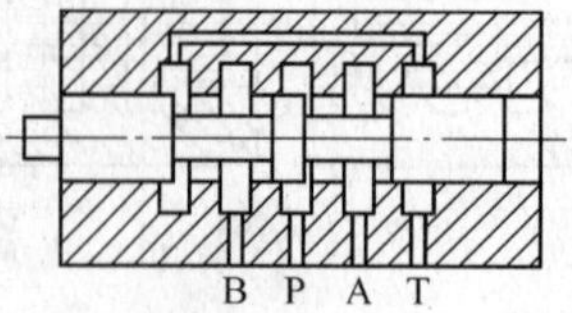 B P A T	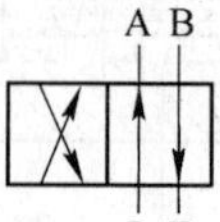 A B P T
二位五通	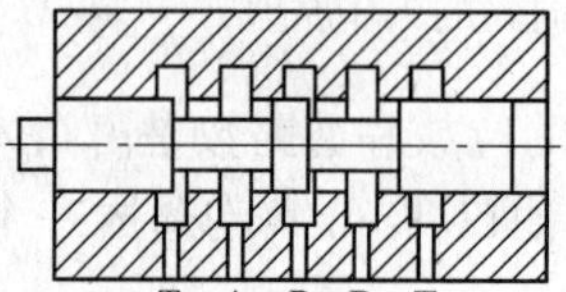 T_1 A P B T_2	 A B T_1 P T_2
三位四通	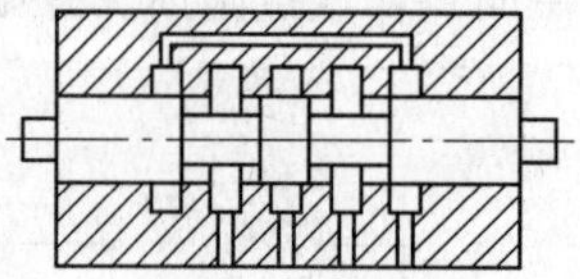 A P B T	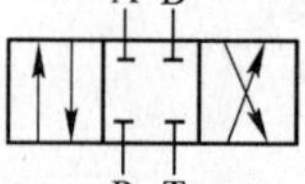 A B P T
三位五通	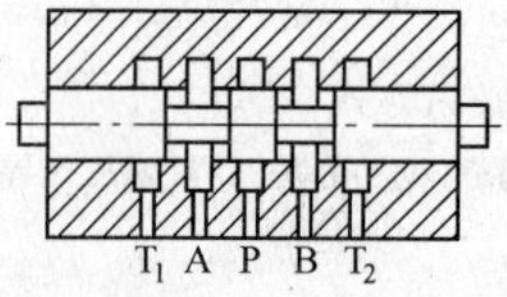 T_1 A P B T_2	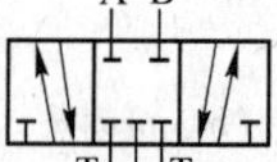 A B T_1 P T_2

（1）用方格数表示阀的工作位置数，三格即三个工作位置。

（2）在一个方格内，箭头“↑”“↓”或堵塞符号“⊥”“⊤”与方格相交点数为油口通路数。箭头仅表示两油口相通，并不表示实际流向；“⊥”表示该油口不通，处于截止状态。

（3）P表示进油口，T表示回油口，A和B表示连接其他两个工作油路的油口。

（4）控制方式和复位弹簧的符号画在方格的两侧。

（5）三位阀的中位、二位阀靠有弹簧的那一位为常态位置。绘制液压系统图时，换向阀的符号与油路的连接应画在常态位上。

4.2.2.4 三位换向阀的中位机能

A 中位机能概述

三位换向阀中位时各油口的连通方式称为中位机能。中位机能不同的同规格阀，其阀体通用，仅阀芯台肩结构、尺寸及内部通孔情况不同。表4-3列出了常用的几种三位阀中位机能的结构原理、机能代号、图形符号及机能特点和作用。

表 4-3　三位换向阀中位滑阀机能

机能代号	结构原理图	中位图形符号	机能特点和作用
O	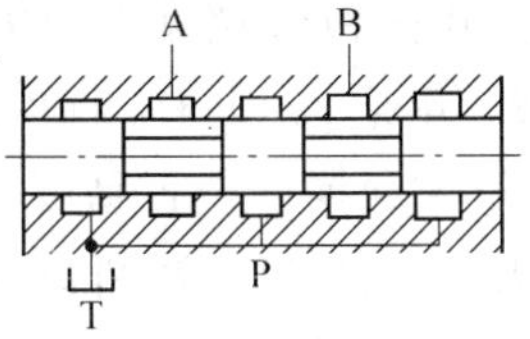 A B T P	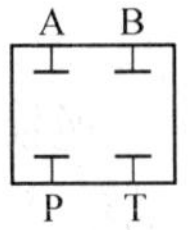 A B P T	各油口全部封闭，缸两腔封闭，系统不卸荷；液压缸充满油，从静止到启动平稳；制动时运动惯性引起液压冲击较大；换向位置精度高
H	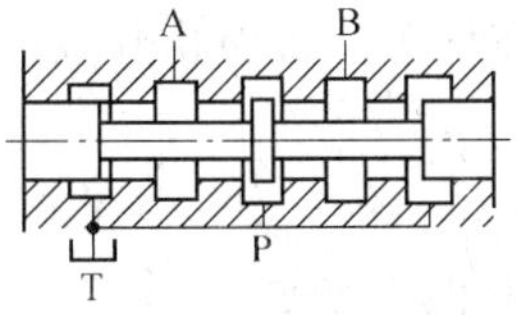 A B T P	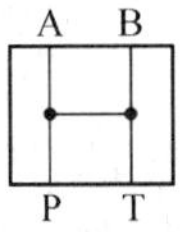 A B P T	各油口全部连通，系统卸荷，缸成浮动状态；液压缸两腔接油箱，从静止到启动有冲击；制动时油口互通，故制动较 O 型平稳；但换向位置变动大
P	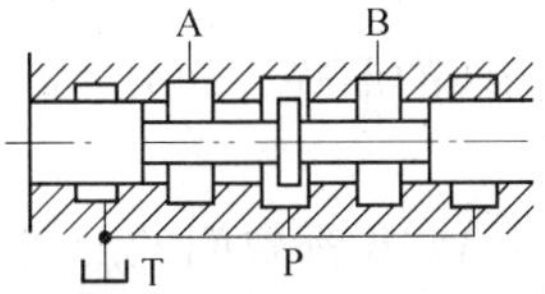 A B T P	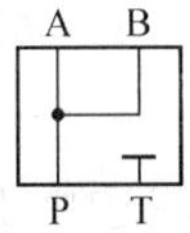 A B P T	压力油腔 P 与缸两腔连通，可形成差动回路，回油门封闭；从静止到启动较平稳；制动时缸两腔均通压力油，故制动平稳；换向位置变动比 H 型的小，应用广泛
Y	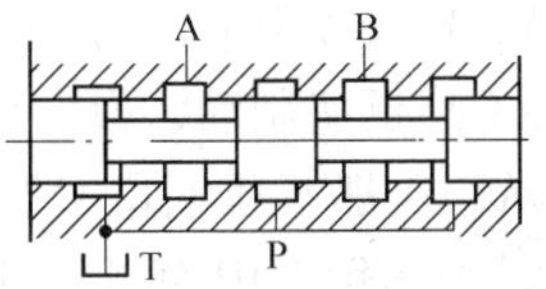 A B T P	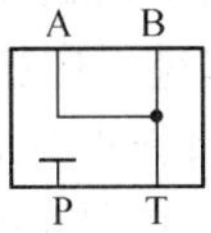 A B P T	油泵不卸荷，缸两腔通回油，缸成浮动状态；由于缸两腔接油箱，从静止到启动有冲击，制动性能介于 O 型与 H 型之间
K	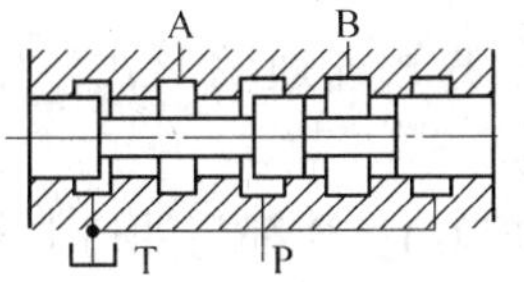 A B T P	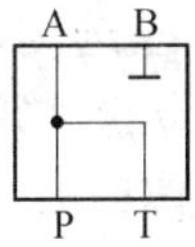 A B P T	油泵卸荷，液压缸一腔封闭一腔接回油；两个方向换向时性能不同
M	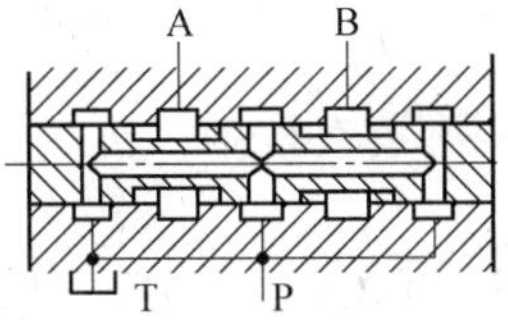 A B T P	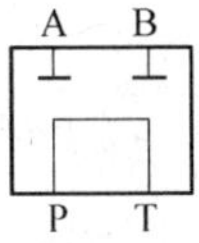 A B P T	油泵卸荷，缸两腔封闭；从静止到启动较平稳；制动性能与 O 型相同；可用于油泵卸荷液压缸锁紧的液压回路中
X	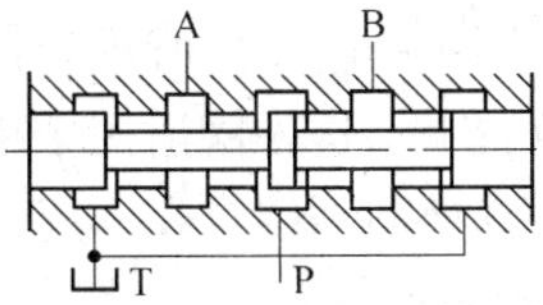 A B T P	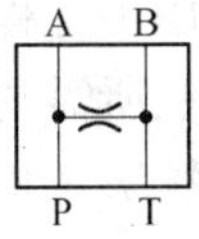 A B P T	各油口半开启接通，P 口保持一定的压力；换向性能介于 O 型和 H 型之间

三位阀中位机能不同，处于中位时其对系统的控制性能也不相同。在分析和选择时，通常需考虑执行元件的换向精度和平稳性要求；是否需要保压或卸荷；是否需要“浮动”或可以在任意位置停止等。

（1）系统保压与卸荷。阀在中位时，当 P 口被堵塞（如 O 型、Y 型、P 型），系统保压，液压泵能向多缸系统或其他执行元件供压力油；当P口与T口接通时（如H型、M型），系统卸荷，可节约能量，但不能与其他缸并联用。

（2）换向平稳性和精度。阀在中位，当液压缸的A、B两口都堵塞时（如O型、M型），换向过程不平稳，易产生液压冲击，但换向精度高。反之，A、B两口都与T口连通时（如H型、Y型），换向平稳，冲击小，但换向前冲量大，换向位置精度不高。

（3）液压缸“浮动”和在任意位置上的停止。阀在中位，当A、B两口互通时（如H型、Y型），卧式液压缸呈“浮动”状态，可利用其他机构移动工作台，调整位置。当A、B两口封闭或与P口连接（非差动情况），液压缸可在任意位置停止并被锁住。

B　中位机能的运用

（1）当系统有保压要求时，选用油口P是封闭式的中位机能，如O、Y型，这时一个液压泵可用于多缸的液压系统；选用油口P和油口O接通但不畅通的形式，如X型，系统能保持一定压力，可供压力要求小的控制油路使用。

（2）当系统有卸荷要求时，应选用油口P与油口O畅通的形式，如H、K、M型，这时液压泵可卸荷。

（3）当系统对换向精度要求较高时，应选用工作油口A、B都封闭的形式，如O、M型，这时液压缸的换向精度高，但换向过程中易产生液压冲击，换向平稳性差。

（4）当系统对换向平稳性要求较高时，应选用油口A、B都接通油口O的形式，如Y型，这时换向平稳性好，冲击小，但换向过程中执行元件不易迅速制动，换向精度低。

（5）若系统对启动平稳性要求较高时，应选用油口A、B都不通油口O的形式，如O、P、M型，这时液压缸某一腔的油液在启动时能起到缓冲作用，因而可保证启动的平稳性。

（6）当系统要求执行元件能浮动时，应选用油口A、B相连通的形式，如H型，可通过某些机械装置按需要改变执行元件的位置。

（7）当要求执行元件能在任意位置上停留时，选用油口A、B都与油口P相通的形式（差动连接式液压缸除外），如P型，这时液压缸左右两腔作用力相等，液压缸不动。

4.2.2.5　几种常用的换向阀

A　手动换向阀

图4－6所示为手动换向阀的结构及其图形符号。图4－6（a）所示为弹簧自动复位结构的阀，松开手柄，阀芯靠弹簧力恢复至中位（常位）。这种阀适用于动作频繁、持续工作时间较短的场合，操作比较方便，常用于工程机械。图4－6（b）所示为弹簧钢球定位结构的阀，当松开手柄后，阀仍然保持在所需的工作位置上。这种阀适用于机床、液压机、船舶等需要保持工作状态时间较长的情况。将多个手动换向阀组合在一起，便构成多路阀，可以操纵多个执行元件的运动。

B　机动换向阀

图4－7所示为机动换向阀的结构及其图形符号。它利用安装在运动部件上的挡块或凸轮来压迫阀芯端部的滚轮来使阀芯移动，从而实现液流通、断或改变流向。这种阀通常是二位阀，利用弹簧复位。机动换向阀结构简单，换向时阀口逐渐打开或关闭，故换向平稳、可靠、位置精度高，常用于控制运动部件的行程或快慢速度的转换。其缺点是它必须

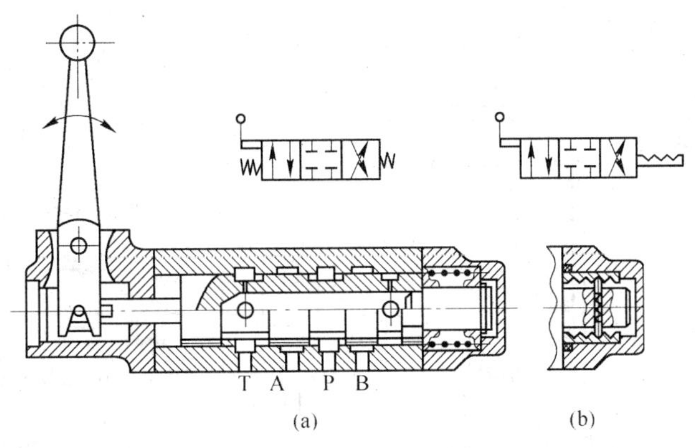

图4-6　三位四通手动换向阀

安装在运动部件附近，一般油路较长。

C　电磁换向阀

a　工作原理

电磁换向阀是利用电磁铁的电磁吸力推动阀芯移动来改变液流流向的。这类阀操纵方便，布局布置灵活，易实现动作转换的自动化，因此应用最广泛。图4-8和图4-9所示为电磁换向阀的结构和图形符号。

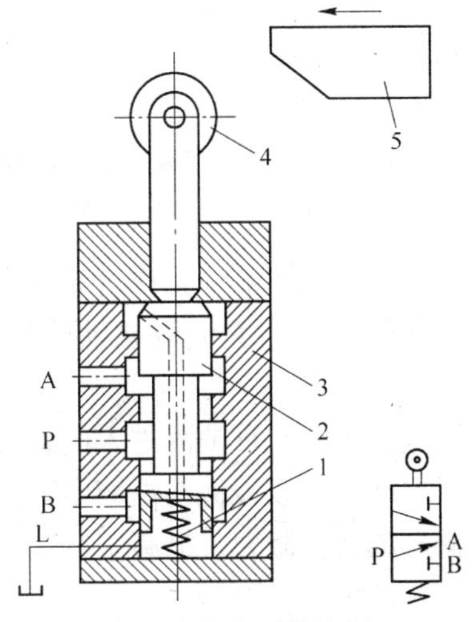

图4-7　机动换向阀

1—弹簧；2—阀芯；3—阀体；4—滚轮；5—行程挡块

电磁阀的电磁铁按使用电源不同，分为交流和直流电磁铁两种。图4-8是交流电磁铁的电磁阀，使用电压为220V或380V。图4-9是直流电磁铁的电磁阀，使用电压为24V。电磁铁按其铁芯能否浸泡在油里，分为干式和湿式电磁铁。

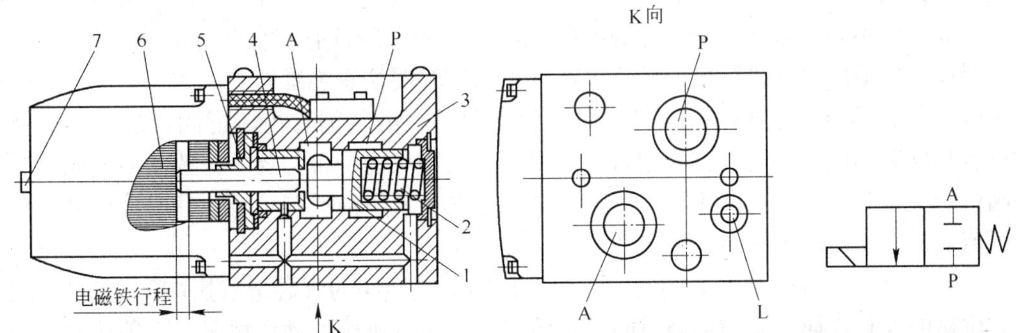

图4-8　二位二通电磁换向阀

1—阀芯；2—弹簧；3—阀体；4—推杆；5—密封圈；6—电磁铁；7—手动推杆

交流电磁铁使用方便，启动力大，吸合、释放快，动作时间最快约为10ms；但工作时冲击和噪声较大，为避免线圈过热，换向频率不能超过60次/min；启动电流大，在阀芯被卡时易烧毁电圈。

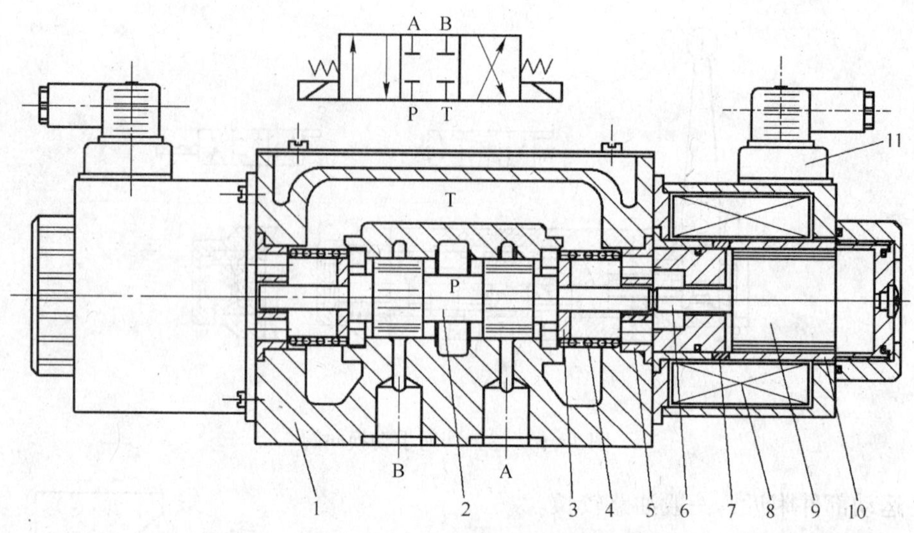

图4－9　三位四通电磁换向阀

1—阀体；2—阀芯；3—定位套；4—对中弹簧；5—挡圈；6—推杆；7—环；8—线圈；9—铁芯；10—导套；11—插头组件

直流电磁铁体积小，工作可靠，冲击小，允许换向频率为120次/min，最高可达300次/min，使用寿命比交流电磁铁使用寿命长；但启动力比交流电磁铁小，需要有直流电源。

干式电磁铁不允许油液进入电磁铁内部，在阀芯推杆的周围要有可靠的密封。

湿式电磁铁可以浸泡在油液中工作，换向阀的相对运动件之间不需要密封装置，这就减少了阀芯的运动阻力，提高了换向的可靠性。因此湿式电磁铁已逐渐取代传统的干式电磁铁。

b　选用注意事项

（1）电磁阀中的电磁铁有直流式、交流式、自整流式，而结构上又分为干式和湿式。各种电磁铁的吸力特性、励磁电流、最高切换频率、机械强度、冲击电压、吸合冲击、换向时间等特性不同，必须选用合适的电磁铁。特殊的电磁铁有安全防爆式、耐压防爆式，而高湿度环境使用时要进行热处理，高温环境使用时要注意绝缘性。

（2）注意检查电磁阀的滑阀机能是否符合要求，电磁阀有很多滑阀机能，出厂时还有正装和反装的区别，所以在使用时一定要检查滑阀机能是否与要求一致。换向阀的中位滑阀机能关系到执行机构停止状态下的安全性，必须考虑内泄漏和背压情况。另外，最大流量值随滑阀机能的不同会有很大变化，应注意。

（3）注意电磁阀的切换时间及过渡位置机能，换向阀的阀芯形状影响阀芯开口面积，阀芯位移的变化规律、阀的切换时间及过渡位置时执行机构的动作情况，必须认真选择。

（4）电磁阀使用时的压力、流量不要超过制造厂样本上的额定压力、额定流量。否则液压卡紧现象和液动力影响往往引起动作不良。尤其在液压缸回路中，活塞杆外伸和内缩时回油流量是不同的，内缩时回油流量比泵的输出流量还大，流量放大倍数等于缸两腔活塞面积之比，这点要特别注意。还要注意的是，四通阀堵住A口或B口只用一侧流动时，额定流量显著减小。压力损失对液压系统的回路效率有很大影响，所以确定阀的通径时不仅考虑阀本身，而且要综合考虑回路中所有阀的压力损失、管路阻力等。

(5) 注意回油口 T 的压力不能超过允许值。因为 T 口的工作压力受到限制，当四通电磁阀堵住一个或两个油口，当做三通或二通电磁阀使用时，若系统压力值超过该电磁换向阀所允许的背压值，则 T 口不能堵住。

(6) 注意双电磁铁电磁阀的两个电磁铁不能同时通电。对交流电磁铁，两电磁铁同时通电，可造成换向阀发热而烧坏；对于直流电磁铁，则由于阀芯位置不固定，引起系统误动作。因此，在设计电磁阀的电控系统时，应使两个电磁铁通断电有互锁关系。

c　安装注意事项

(1) 电磁换向阀的轴线必须按水平方向安装，如垂直方向安装，受阀芯、衔铁等零件质量影响，将造成换向或复位的不正常。

(2) 一般电磁阀两端的油腔是泄油腔或回油腔，应检查该腔压力是否过高。如果在系统中多个电磁阀的泄油或回油管道接在一起造成背压过高，则应将它们分别单独接油箱。

(3) 安装底板表面应磨削加工，同时应有平面度要求，不得凸起。否则，板式连接电磁换向阀与底板的接合处会渗油。

(4) 安装螺钉不能拧得太松。否则板式连接电磁换向阀与底板的接合处会渗油。

(5) 注意控制电源参数应与电磁阀一致。否则有可能造成换向阀不能正常工作或烧毁电磁铁。

d　使用注意事项

(1) 使用前一定要清楚电磁阀上电磁铁使用电源的种类和额定电压，并按要求接上电源。

(2) 检查电磁阀的滑阀机能是否符合要求。电磁阀有很多滑阀机能，出厂时还有正装和反装的区别，所以在使用时一定要检查滑阀机能是否与要求一致，以免影响系统的正常工作。

(3) 注意所使用油液的清洁度，由于电磁阀的阀芯与阀体孔之间配合间隙较小，通常只有 0.006 ~ 0.015mm，如有较大的杂质进入这个间隙就可能使阀芯卡死，所以必须严格控制油液的过滤精度。采用湿式电磁铁的电磁阀，由于油液进入电磁铁内，油液中的磁性材料颗粒会吸附在铁芯上，影响电磁铁的吸合动作。所以用湿式电磁阀的系统要注意对磁性材料颗粒的过滤。

(4) 不要使电磁阀的回油口 T 的压力超过允许的回油背压。目前额定压力为 21MPa 和 31.5MPa 的电磁换向阀，其回油口 T 允许的回油背压通常仅为 6.3 ~ 7.0MPa，超过此值时电磁阀的换向和复位性能就要受到影响。因此 T 口工作压力受到限制。当四通电磁阀堵住一个或两个油口当做三通电磁阀或二通电磁阀使用时，若系统工作压力超过 6.3 ~ 7.0MPa，就不能把 T 口堵住。

(5) 不要使双电磁铁电磁阀的两个电磁铁同时通电，如果两个电磁铁同时通电，则不能很好地吸合。对于交流电磁铁来说，会造成线圈发热以致烧坏。对于直流电磁铁虽不能烧坏，但会使阀芯位置不固定，从而引起系统误动作。故应使两个电磁铁通电时互锁，以免出现同时通电的情况。

(6) 电磁换向阀最大的通流量一般应在额定流量之内，不得超过额定流量的 120%，否则容易导致压力损失过大，引起发热和噪声。

(7) 由于电磁铁的吸力一般不大于90N，因此电磁换向阀只适用于压力不太高、流量不太大的场合。

D　液动换向阀

液动换向阀是利用控制油路的压力油来改变阀芯位置的换向阀。图4－10所示为三位四通液动换向阀的结构及其图形符号。当K_1和K_2都通油箱时，阀芯在弹簧和定位套作用下处于图示位置（中位）；当控制油路的压力油从控制油口K_1进入滑阀左腔、右腔经控制油口K_2接通回油时，阀芯右移，使P与A相通、B与T相通；当K_2接压力油、K_1接回油时，阀芯左移，使P与B相通、A与T相通。

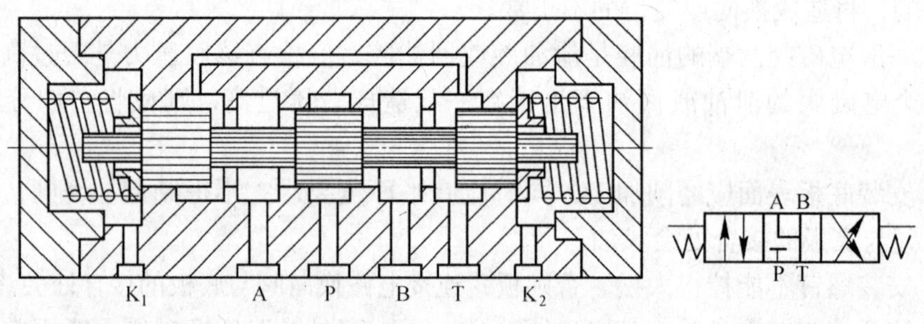

图4－10　三位四通液动换向阀

液动换向阀结构简单、动作平稳可靠、液压驱动力大，适用于高压、大流量的液压系统。该阀较少单独使用，常与电磁换向阀联合使用。

E　电液换向阀

电液换向阀是由电磁换向阀和液动换向阀组合而成的复合阀。其中电磁换向阀为先导阀，它用以改变控制油路的方向；液动换向阀为主阀，它实现主油路的换向。图4－11所示为电液换向阀的结构及其图形符号。

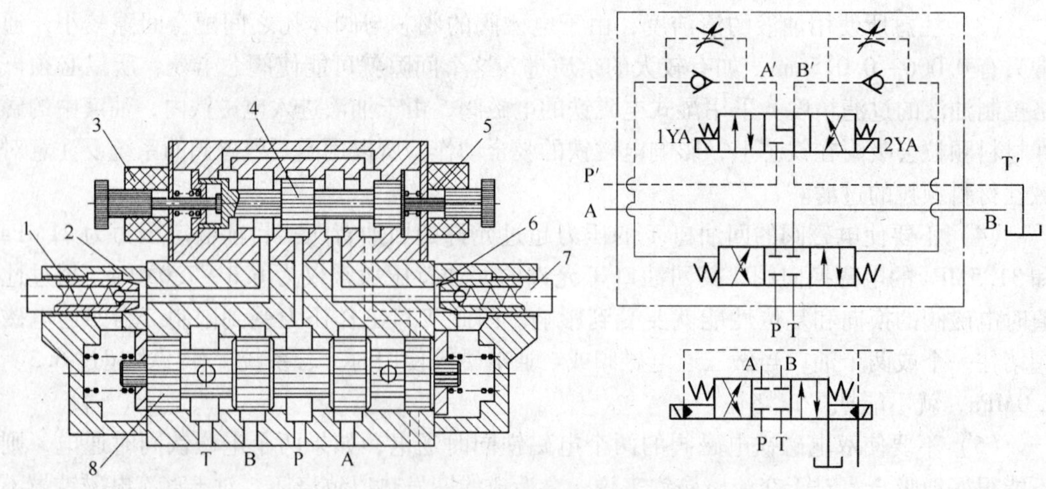

图4－11　电液换向阀

1，7—单向阀；2，6—节流阀；3，5—电磁铁；4—电磁阀阀芯；8—液动阀阀芯由图4－11可见，当两个电磁铁都不通电时，电磁阀处于中位，液动换向阀阀芯两端都接通油箱，在弹簧的作用下也处于中位。电磁铁3通电时，电磁换向阀阀芯移向右位，压力油经单向阀1接通液动换向阀阀芯的左端，其右端的油则经节流阀6和液动换向阀而接通油箱，于是主阀芯右移，实现P与A相通、B与T相通，移动速度由节流阀6的开口大小决定；同理，当电磁铁5通电，电磁阀阀芯移向左位，液动换向阀阀芯也移向左位，实现P与B相通、A与T相通，其移动速度由节流阀2的开口大小决定。

电磁换向阀的中位机能为Y型，这样，在先导阀不通电时，能使主阀芯可靠地停在中位。电液换向阀综合了电磁阀和液动阀的优点，适用于高压、大流量的场合。

F　电磁球阀

电磁球阀是一种以电磁铁的推力为驱动力推动钢球来实现油路通断的电磁换向阀。

图4－12所示为二位三通电磁球阀。当电磁铁8断电时，钢球5在弹簧7的作用下压紧在左阀座4的孔上，油口P与A通，T关闭。当电磁铁8通电时，电磁推力经杠杆放大后，通过操纵杆2克服弹簧力将钢球压向右阀座6的孔上，使油口P与A不通，A与T相通，实现换向。

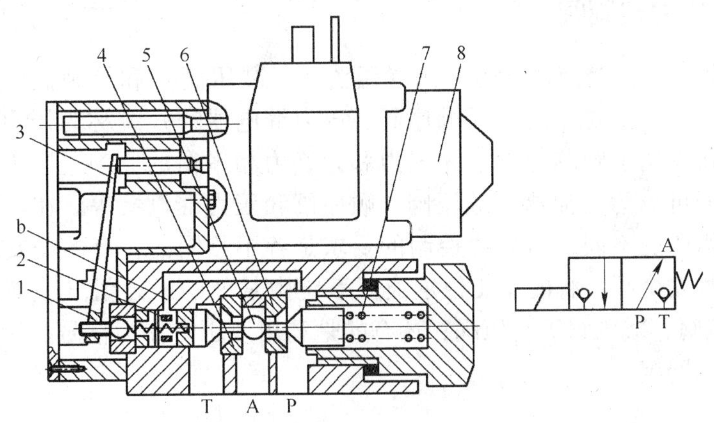

图4－12　电磁球式换向阀（二位三通）

1—支点；2—操纵杆；3—杠杆；4—左阀座；5—钢球；6—右阀座；7—弹簧；8—电磁铁

电磁球阀具有密封性好，反应速度快，使用压力高和适应能力强等优点。它主要用在超高压小流量的液压系统中或作二通插装阀的先导阀。

G　多路换向阀

多路换向阀是一种集中布置的手动换向阀，常用于工程机械等要求集中操纵多个执行元件的设备中。按组合方式不同，多路换向阀可分为并联式、串联式和顺序单动式三种，其图形符号如图4－13所示。在并联多路式换向阀的油路中，泵可同时向各个执行元件供油（这时负荷小的执行元件先动作，若负载相同，则执行元件的流量之和等于泵的流量），也可只向其中的一个或几个执行元件供油。串联式多路换向阀的油路中，泵只能依次向各个执行元件供油。其中第一阀的回油口与第二阀的进油口相连，各执行元件可以单独动作，也可以同时动作。在各个执行元件同时动作的情况下，多个负载压力之和不应超过泵的工作压力，但每个执行元件都可以获得很高的运动速度。顺序单动式多路换向阀的油路中，泵只能顺序向各个执行元件分别供油。操作前一个阀就切断了后面阀的油路，从而可以避免各执行元件动作间的相互干扰，并防止其误动作。

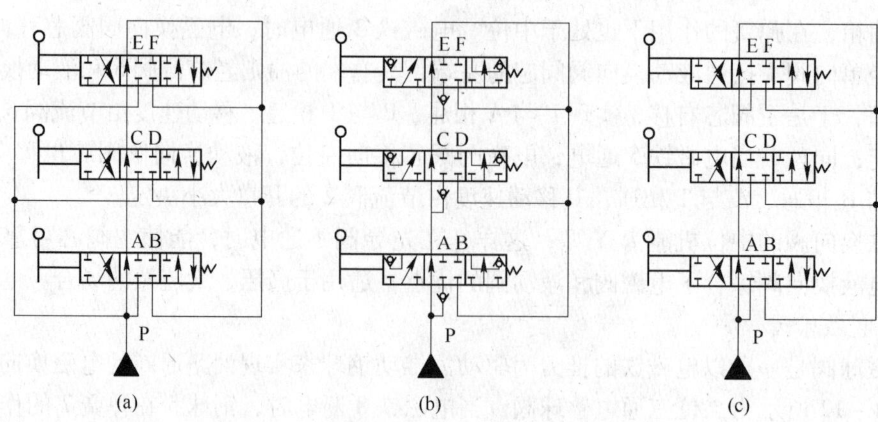

图 4－13　多路换向阀

（a）并联式；（b）串联式；（c）顺序单动式

知识点 4.3　压力控制阀

在液压系统中，控制液体压力的阀（溢流阀、减压阀）和控制执行元件或电器元件等在某一压力下产生动作的阀（顺序阀、压力继电器等）统称为压力控制阀。其共同特点是，利用作用于阀芯上的液体压力和弹簧力相平衡的原理进行工作。基于其结构和功能的不同可分为溢流阀、减压阀、顺序阀和压力继电器等。在具体的液压系统中，根据工作需要的不同，对压力控制的要求是各不相同的：有的需要限制液压系统的最高压力，如安全阀；有的需要稳定液压系统中某处的压力值（或者压力差，压力比等），如溢流阀、减压阀等定压阀；还有的是利用液压力作为信号控制其动作，如顺序阀、压力继电器等。

4.3.1　溢流阀

4.3.1.1　直动式溢流阀

图 4－14 所示为滑阀型直动式溢流阀的结构及图形符号。压力油从进口 P 进入阀后，经孔 f 和阻力孔 g 后作用在阀芯 4 的底面 c 上。当进口压力较低时，阀芯在弹簧 2 预调力作用下处于最下端，P 口与 T 口隔断，阀处于关闭状态。当进口 P 处压力升高至作用在阀芯底面上的液压力大于弹簧预调力时，阀芯开始向上运动，阀口打开，油液从 P 口经 T 口溢流回油箱。在流量改变时，阀口开度也改变，但因阀芯的移动量很小，所以作用阀芯上的弹簧力变化也很小。当有油液流过溢流阀口时，溢流阀进口处的压力基本保持定值。

直动式溢流阀是利用阀芯上端的弹簧力直接与下端面的液压力相平衡来进行压力控制的。因此，当压力或流量较大时这类阀的弹簧刚度较大，结构尺寸也较大。同时，阀的开口大，弹簧力有较大的变化量，造成所控制的压力随流量的变化而有较大的变化。再由于弹簧较硬，调节比较费力，所以这类阀只适用于系统压力较低、流量不大的场合，最大调整压力为 2.5MPa，或作为先导式溢流阀的先导阀使用。

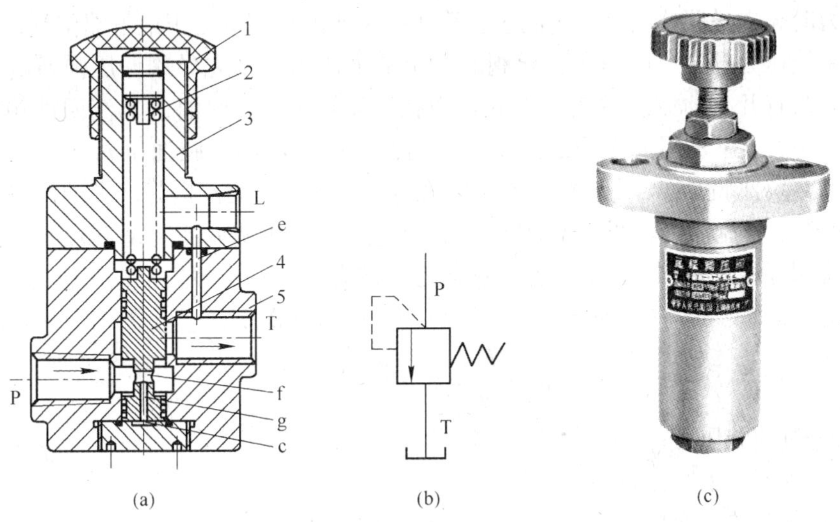

图4-14　直动式滑阀型溢流阀
（a）结构图；（b）图形符号；（c）效果图
1—调节螺母；2—弹簧；3—上盖；4—阀芯；5—阀体

4.3.1.2　先导式溢流阀

先导式溢流阀由主阀和先导阀两部分组成。先导阀的结构和工作原理与直动式溢流阀相同。先导阀内的弹簧用来调定主阀的溢流压力。主阀控制溢流量，主阀的弹簧不起调压作用，仅是为了克服摩擦力使主阀芯及时复位而设置的，该弹簧又称稳压弹簧。

图4-15（a）所示为先导式溢流阀的结构，图4-15（b）为先导式溢流阀的图形符号。在先导式溢流阀结构中下部是主阀芯，上部是先导调压阀。压力油通过进油口（图中未示出）进入油腔P后，经主阀芯5的轴向孔g进入阀芯下端，同时油液又经阻力孔e进入主阀芯5的上腔，并经b孔、a孔作用于先导阀的阀芯3上。当系统压力低于先导阀

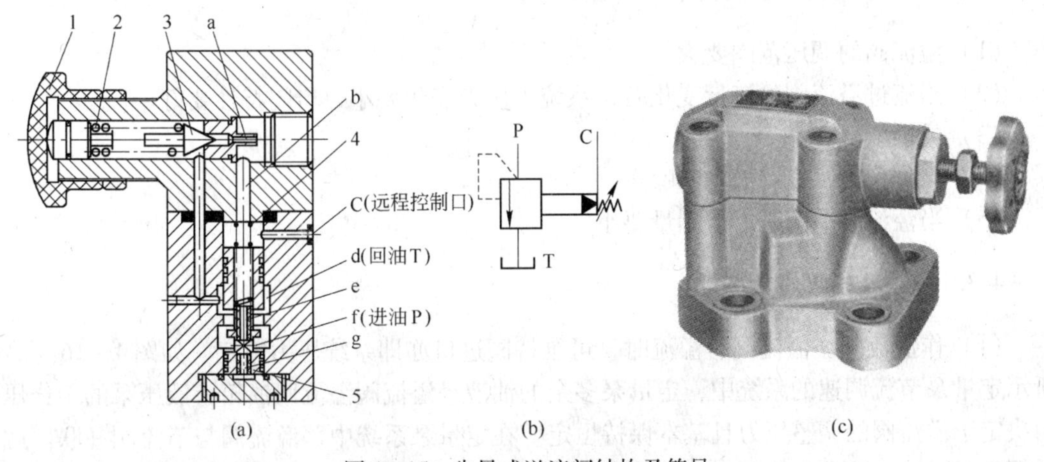

图4-15　先导式溢流阀结构及符号
（a）结构图；（b）图形符号；（c）效果图
1—调节螺母；2—调压弹簧；3—先导阀芯；4—稳压弹簧；5—主阀芯

的调定压力时，先导阀芯闭合，主阀芯在稳压弹簧4的作用下处于最下端位置，将溢流口封闭。当系统压力升高、作用在先导阀芯3上的液压力大于先导阀调压弹簧的调定压力时，先导阀被打开，油液经主阀芯内的阻力孔、先导阀口、回油口T流回油箱。这时由于主阀芯上阻力孔e的阻力作用而产生了压力降，使主阀芯上腔油压 p_1 小于下端的油压 p。当此压力差对阀芯的液压力超过弹簧力 F_s 时，主阀芯向上被抬起，进油腔P和回油腔T相通，实现了溢流作用。调节先导阀的调节螺母1，便可调节溢流阀的工作压力。

当溢流阀起溢流定压作用时，作用在阀芯上的力（不计摩擦力）的平衡方程为：

$$pA = p_1A + F_s = p_1A + K(x_0 + \Delta x)$$

或

$$p = p_1 + \frac{F_s}{A} = p_1 + \frac{K(x_0 + \Delta x)}{A} \tag{4-1}$$

式中　p——进油腔压力；

p_1——主阀芯上腔压力；

A——阀芯的端面积；

F_s——稳压弹簧4的作用力；

K——主阀芯弹簧的刚度；

x_0——弹簧的预压缩量；

Δx——弹簧的附加压缩量。

从式（4-1）可见，由于上腔存在压力 p_1，所以稳压弹簧4的刚度可以较小，F_s 的变化也较小，p_1 基本上是定值。先导式溢流阀在溢流量变化较大时，阀口可以上下波动，但进口处的压力 p 变化则较小，这就克服了直动式溢流阀的缺点。同时，先导阀的阀孔一般做得较小，调压弹簧2的刚度也不大，因此调压比较轻便。

先导式溢流阀是利用压力差使主阀芯上下移动将主阀口开启和关闭的，主阀芯弹簧很小，因此，即使是控制高压大流量的液压系统，其结构尺寸仍然较为紧凑、小巧而且噪声低、压力稳定，但是不如直动式溢流阀响应快。它通常适用于中、高压系统。

4.3.1.3　溢流阀的性能要求

（1）溢流阀的调压范围要大。

（2）当流过溢流阀的流量变化时，系统中压力变化要小，启闭特性要好。

（3）灵敏度要高。

（4）工作稳定，没有振动和噪声。

（5）当溢流阀关闭时，泄漏量要小。

4.3.1.4　溢流阀的应用

（1）作溢流阀。溢流阀有溢流时，可维持阀进口亦即系统压力恒定。如图4-16（a）所示定量泵节流调速的系统中，定量泵多余的油液经溢流阀溢流回油箱，液压泵的工作压力决定于溢流阀的调整压力且基本保持恒定。在定量泵系统中，溢流阀与节流阀并联。此时阀常开溢油，随着机构所需油量的不同，阀门的溢油量时大时小，以调节及平衡进入液压系统中的油量，使液压系统中的压力保持恒定。溢流阀的调整压力等于系统的工作压力。由于溢流部分损耗功率，故一般只应用于小功率带定量泵的系统中。

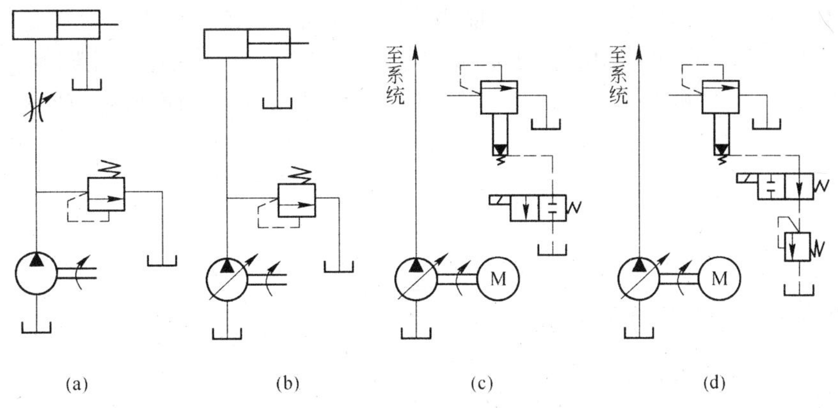

图 4－16　溢流阀的应用
（a）调压溢流；（b）安全保护；（c）使泵卸荷；（d）远程调压

（2）作安全阀。系统超载时，溢流阀才打开，对系统起过载保护作用，而平时溢流阀关闭。如图 4－16（b）所示系统中，当阀前压力不超过某一预调值时，此阀关闭不溢油。当阀前压力超过此预调值时，阀立即打开，油流回油箱或低压回路，因而可防止液压系统过载。注意，安全阀多用于带变量泵的系统，其所控制的过载压力，一般比系统的工作压力高 8%～10%。

（3）作背压阀。溢流阀（一般为直动式的）装在系统的回油路上，产生一定的回油阻力，以改善执行元件的运动平稳性。

（4）使系统卸荷。如图 4－16（c）所示，用换向阀将溢流阀的遥控口和油箱连接，可使系统卸荷。

（5）实现远程调压。如图 4－16（d）所示，将溢流阀的遥控口和调压较低的溢流阀连通时，其主阀芯上腔油压由低压溢流阀调节（先导阀不再起调压作用），即实现远程调压。

（6）用作顺序阀。将溢流阀顶盖加工出一个泄油口，堵死主阀与顶盖相连的轴向孔，并将主阀溢油口作为二次压力出油口，即可作顺序阀用。

（7）用作卸荷溢流阀。一般常用于泵、蓄能器系统中。泵在正常工作时，向蓄能器供油，当蓄能器中油压达到需要压力时，通过系统压力，操纵溢流阀，使泵卸荷，系统就由蓄能器供油而正常工作；当蓄能器油压下降时，溢流阀关闭，油泵继续向蓄能器供油，从而保证系统的正常工作。

4.3.1.5　溢流阀的安装及使用

在搭建液压系统时，安装溢流阀时应注意下述事项：

（1）注意 Y 型与 Y1 型中压溢流阀的区别。Y1 型中压溢流阀与 Y 型作用原理、用途完全相同，但压力比较稳定，超调量较小，机构较复杂，进出油口与 Y 型相反。

（2）避免将压力表接在溢流阀的遥控口上。液压系统工作时，若将压力表接在溢流阀的遥控口上，则压力表指针抖动，且溢流阀有一定的声响。将压力表改接在溢流阀的进油口，则问题得到解决。原因是压力表中的弹簧管和溢流阀先导阀的弹簧易产生共振。而且，把压力表接在溢流阀的遥控口也不能正确反映溢流阀的进口压力。

（3）高压下，避免突然使溢流阀卸荷。当高压时，如果突然使溢流阀卸荷，将导致液压力远大于弹簧力而失去力平衡，使弹簧损坏。溢流量过大会使液压缸产生冲击振动造成溢流阀和缸体损坏。

4.3.2　减压阀

减压阀分定压、定差和定比减压阀三种，其中最常用的是定压减压阀，如不指明，通常所称的减压阀即为定压减压阀。

4.3.2.1　减压阀的工作原理

减压阀是一种利用液流流过缝隙产生压降的原理，使出口压力低于进口压力的压力控制阀。减压阀分为直动式和先导式两种。其中直动式很少单独使用，先导式应用较多。

（1）直动式减压阀。图 4 – 17 所示为直动式减压阀的结构和图形符号。当阀芯处在原始位置上时，它的阀口 a 是打开的，阀的进、出油口相通。阀芯下腔与出口压力油相通，出口压力未达到弹簧预调力时阀口全开，阀芯不动。当出口压力达到弹簧预调力时，阀芯上移，阀口开度 X_R 关小。如忽略其他阻力，仅考虑阀芯上的液压力和弹簧力相平衡的条件，则可以认为出口压力基本上维持在某一定值（调定值）上。这时如出口压力减小，阀芯下移，阀口开度 X_R 开大，阀口处阻力减小，压降减小，使出口压力回升，达到调定值。反之，如出口压力增大，则阀芯上移，阀口开度 X_R 关小，阀口阻力增大，压降增大，使出口压力下降，达到调定值。

（2）先导式减压阀。图 4 – 18 所示为先导式减压阀。减压阀与溢流阀有以下几点不同之处：

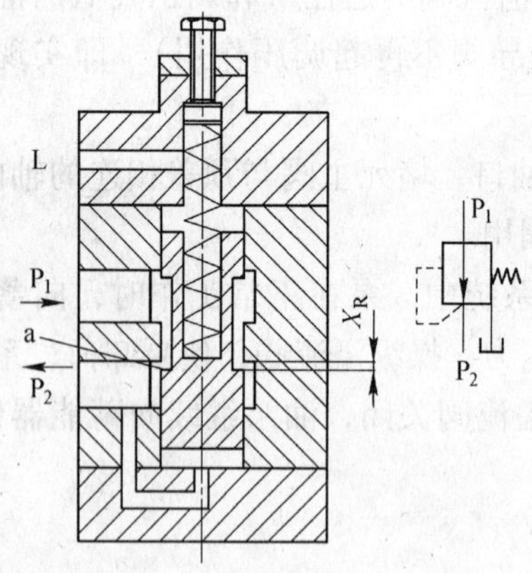

图 4 – 17　直动式减压阀工作原理

L—泄油口；P_1—进油口；P_2—出油口；a—阀口

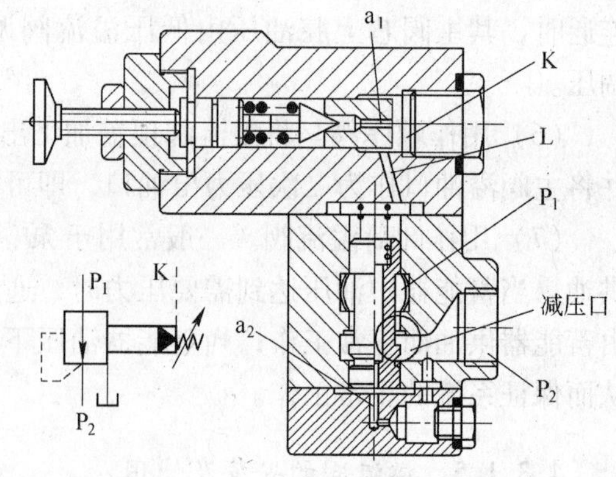

图 4 – 18　先导式减压阀

1）减压阀为出口压力控制，保证出口压力为定值；溢流阀为进口压力控制，保证进口压力恒定。

2）常态时减压阀阀口常开，溢流阀阀口常闭。

3）减压阀串联在系统中，其出口油液通执行元件，因此泄漏油需单独引回油箱（外泄）；溢流阀的出口直接接油箱，它是并联在系统中，因此泄漏油引至出口（内泄）。

4.3.2.2　减压阀的选用

选择减压阀的主要依据是它们在系统中的作用、额定压力、最大流量、压力损失值，工作性能参数和使用寿命等。通常按照液压系统的最大压力和通过阀的流量，从产品样本选择减压阀的规格（压力等级和通径）。

（1）减压阀的调定压力根据其工作情况而决定。注意减压阀不能控制输出油液流量的大小，当减压后的流量需要控制时，应另设流量控制阀。减压阀的流量规格应由实际通过该阀的最大流量选取。在使用中不宜超过推荐的额定流量。

（2）不要使通过减压阀的流量远小于其额定流量。否则，易产生振动或其他不稳定现象，要在回路上采取必要的措施。

（3）减压阀的各项性能指标对液压系统都有影响，可根据系统的要求按样本上的性能曲线选用减压阀。

（4）要注意先导式减压阀的泄漏量比其他控制阀大，这种阀的泄漏量可多达1L/min以上，而且只要阀处于工作状态，泄漏始终存在。在选择液压泵容量时，要充分考虑到这一点。

（5）注意减压阀的最低调节压力，应保证一次压力与二次压力之差为0.3～1MPa。

4.3.2.3　减压阀的使用注意事项

（1）螺纹及法兰连接的减压阀与单向减压阀有两个进油口及一个回油口，板式连接的减压阀与单向减压阀有一个进油口及一个回油口。安装时必须注意将泄油口直接接回油箱，并保持泄油路的畅通，泄油孔有背压时，会造成减压阀及单向减压阀不正常工作。

（2）顺时针调节手柄为压力升高，逆时针调节手柄为压力降低。

（3）当有必要接入压力表测量进口压力时，可拧出塞在壳体上的M14×1.5螺塞，换入相应的管接头。

（4）当阀工作时，常因空气渗入使油乳化而引起压力的波动和产生噪声，因此必须注意不使空气进入油内。

（5）当油泵及油路压力正常，而减压阀二次油路压力过低或压力等于零时，应将阀盖拆开，检查泄油管是否堵塞，调压锥阀、阻尼孔是否清洁。

（6）减压阀的超调现象较严重，一次压力和二次压力相差越大，超调也越大，在设计系统时应注意。

（7）单向减压阀由减压阀和单向元件组成，其作用与减压阀相同，其反向油流由单向元件自由通过，不受减压阀的限制。

4.3.2.4　减压阀的应用范围

减压阀常用于降低系统某一支路油液的压力，如夹紧油路、控制油路和润滑油路，使该二次油路的压力稳定且低于系统的调定压力。必须说明的是，减压阀出口压力还与出口的负载有关，若因负载建立的压力低于调定压力，则出口压力由负载决定，此时减压阀不起减压作用。应用减压阀必有压力损失，这将增加功耗和使油液发热。当分支油路压力比主油路压力低很多，且流量又很大时，常采用高、低压泵分别供油，而不宜采用减压阀。

与溢流阀相同的是，减压阀也可以在先导阀的遥控口接远程调压阀实现远程控制或多级调压。

4.3.3　顺序阀

顺序阀用来控制多个执行元件的顺序动作。通过改变控制方式、泄油方式和二次油路的接法，顺序阀还可具有其他功能，如作背压阀、平衡阀或卸荷阀用。

4.3.3.1　顺序阀的工作原理和结构

顺序阀也有直动式和先导式之分。根据控制压力来源的不同，顺序阀有内控式和外控式之分；根据泄油方式，顺序阀有内泄式和外泄式两种。这样在理论上组合起来就有8种类型，其中针对直动式顺序阀，有内控外泄式、内控内泄式、外控外泄式和外控内泄式四种，如图4－19所示。

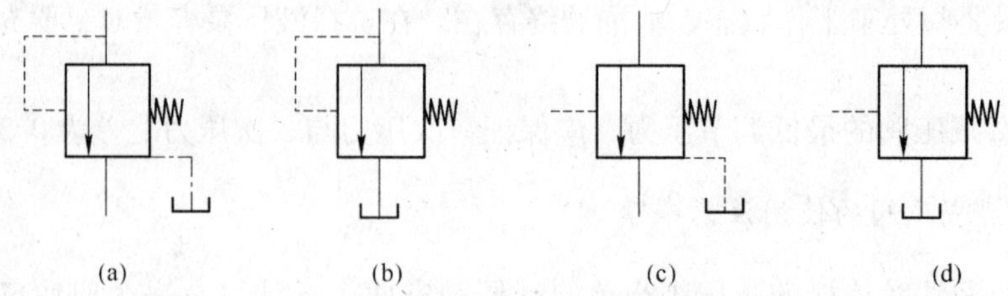

图4－19　直动式顺序阀类型

（a）内控外泄式；（b）内控内泄式；（c）外控外泄式；（d）外控内泄式

图4－20和图4－21所示分别是直动式和先导式顺序阀的结构和图形符号。从图中可以看出，顺序阀的结构和工作原理与溢流阀很相似。其主要差别在于溢流阀有自动恒压调节作用，其出油口接油箱，因此其泄漏油内泄至出口。而顺序阀只有开启和关闭两种状态，当顺序阀进油口压力低于调压弹簧的调定压力时，阀口关闭；当进油口压力高于调压弹簧的调定压力时，进、出油口接通，出油口的压力油使其后面的执行元件动作。出口油路的压力由负载决定，因此它的泄油口需要单独通油箱（外泄）。调整弹簧的预压缩量，即能调节打开顺序阀所需的压力。

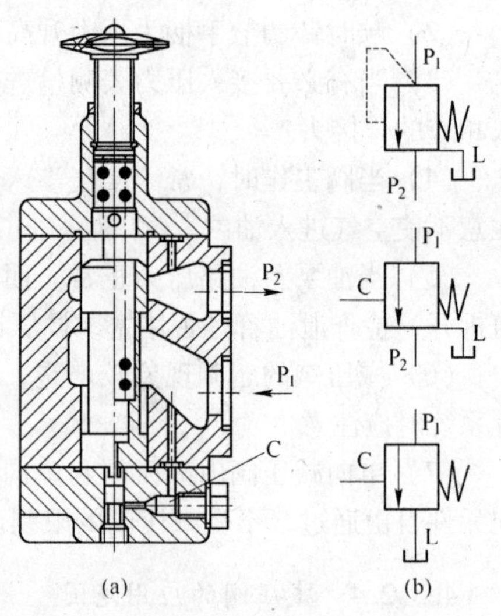

图4－20　直动式顺序阀

（a）结构；（b）图形符号

若将图4－20和图4－21所示顺序阀的下盖旋转90°或180°安装，去除外控口C的螺塞，并从外控口C引入压力油控制阀芯动作。这种阀称为外控顺序阀。该阀口的开启和闭合与阀的主油路进油口压力无关，而只决定于控制口C引入的控制压力。

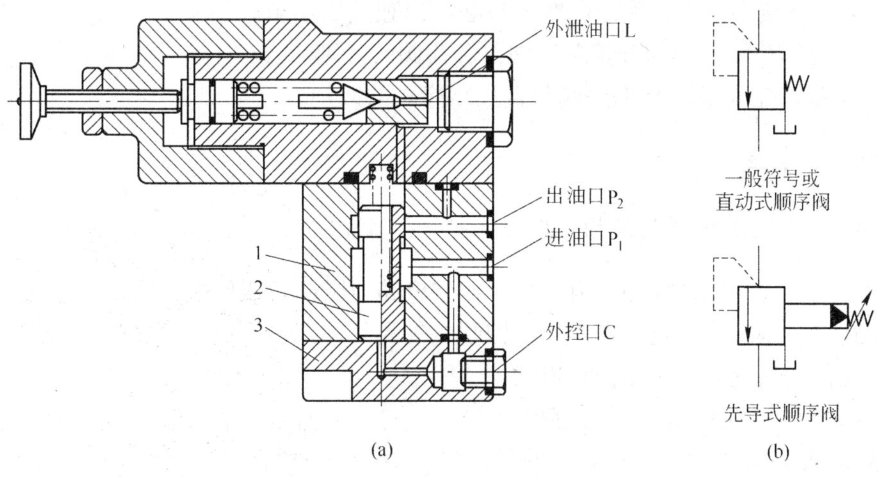

图 4-21　先导式顺序阀
(a) 结构；(b) 图形符号
1—阀体；2—阻力孔；3—阀盖

若将上盖旋转 90°或 180°安装，使泄油口 L 与出油口 P_2 相通（阀体上开有沟通孔道，图中未示出），并将外泄油口 L 堵死，便成为外控内泄式顺序阀。外控内泄式顺序阀只用于出口接油箱的场合，常用于卸荷，故称为卸荷阀。

4.3.3.2　顺序阀的性能、应用及选择

顺序阀的主要性能与溢流阀相仿。此外，顺序阀为使执行元件准确地实现顺序动作，要求阀的调压偏差小，因而调压弹簧的刚度小一些好。另外，阀关闭时，在进口压力作用下各密封部位的内泄漏应尽可能小，否则可能引起误动作。

顺序阀在液压系统中的应用主要有：

(1) 控制多个元件的顺序动作。

(2) 内控内泄式顺序阀与单向阀组成平衡阀，保持垂直放置的液压缸不因自重而下落。

(3) 外控内泄式顺序阀在双泵供油系统中，当系统所需流量较小时，可使大流量泵卸荷。卸荷阀便是由先导式外控顺序阀与单向阀组成的。

(4) 内控内泄式顺序阀接在液压缸回油路上，作背压阀用，产生背压，以使活塞的运动速度稳定。

在选用顺序阀时，要注意：

(1) 顺序阀的规格主要根据通过该阀的最高压力和最大流量来选取。

(2) 顺序动作小，顺序阀的调定压力应比先动作的执行元件的工作压力至少高 0.5MPa，以免压力波动产生误动作。

(3) 顺序阀可分为内控式和外控式两种，前者用阀进口处的压力控制阀芯的启闭；后者用外部控制压力油控制阀芯的启闭（亦称液控顺序阀）。顺序阀有直动式和先导式两种，前者用于低压系统，后者用于中高压系统。

(4) 内控式直动顺序阀工作原理与直动式溢流阀相似。两者的区别在于：二次油路

即出口压力油不接回油箱，因而泄漏油口必须单独接回油箱。

（5）注意卸荷溢流阀与外控顺序阀作卸荷阀的区别。

（6）注意外控（液动）顺序阀与直控顺序阀的区别。

4.3.4　压力继电器

4.3.4.1　压力继电器的结构原理及性能

压力继电器是利用系统中压力变化，控制电路通断的液压－电气转换元件。它在油液压力达到其设定压力时，发出电信号，控制电气元件动作，实现泵的加载或卸荷、执行元件的顺序动作或系统的安全保护和连锁等功能。

图4－22所示为柱塞式压力继电器的结构。当油液压力达到压力继电器的设定压力时，作用在柱塞1上的力通过顶杆2合上微动开关4，发出电信号。即当 $p>p_s$（调定压力），微动开关闭合，发出电信号；$p<p_s$，微动开关断开，电信号撤销。

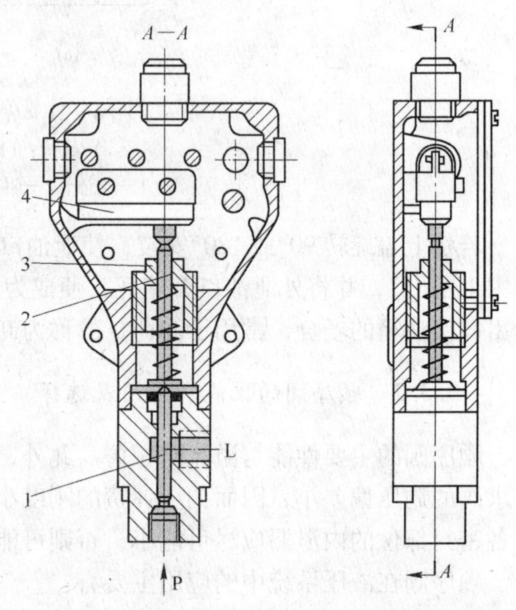

图4－22　压力继电器

1—柱塞；2—顶杆；3—调节螺钉；4—微动开关

压力继电器的主要性能包括：

（1）调压范围。调压范围指能发出电信号的最低工作压力和最高工作压力之间的范围。

（2）灵敏度和通断调节区间。压力升高，继电器接通电信号的压力（开启压力）和压力下降，继电器复位切断电信号的压力（闭合压力）之差为压力继电器的灵敏度。为避免压力波动时继电器时通时断，要求开启压力和闭合压力间有一可调节的差值，称为通断调节区间。

（3）重复精度。在一定的设定压力下，多次升压（或降压）过程中，开启压力和闭合压力本身的差值称为重复精度。

（4）升压或降压动作时间。压力由卸荷压力升到设定压力，微动开关触点闭合发出电信号的时间，称为升压动作时间，反之称为降压动作时间。

4.3.4.2　压力继电器的使用

压力继电器的常见故障是由于阀芯、推杆的径向卡紧导致微动开关灵敏度降低和损坏，或微动开关空行程过大等。在使用压力继电器时，要注意：

（1）当阀芯或推杆发生径向卡紧时，摩擦力增加。这个摩擦阻力与阀芯和推杆的运动方向相反，因而使压力继电器的灵敏度降低。

（2）在使用中，微动开关支架变形或零位可调部分松动，都会使原来调整好的微动开关最小空行程变大，使灵敏度降低。

（3）压力继电器的泄油腔如不直接接回油箱，由于泄油口背压过高，也会使灵敏度降低。

（4）差动式压力继电器的微动开关和泄油腔用橡胶膜隔开，因此当进油腔和泄油腔接反时，压力油即冲破橡胶隔膜进入微动开关，从而损坏微动开关。

（5）由于调压弹簧腔和泄油腔相通，调节螺钉处无密封装置，因此当泄油压力过高时，在调节螺钉处出现外泄漏现象，所以泄油腔必须直接接回油箱。

（6）在死挡铁定位的节流调速回路中，压力继电器的安装位置应与流量控制阀同侧，且紧靠液压缸。

压力继电器在液压系统中的应用很广，如刀具移到指定位置碰到挡铁或负载过大时的自动退刀、润滑系统发生故障时的工作机械自动停车、系统工作程序的自动换接等，都是典型的例子。

知识点4.4　流量控制阀

流量控制阀是通过改变可变节流口面积大小，从而控制通过阀的流量，达到调节执行元件（缸或马达）运动速度的阀类元件。常用的流量控制阀有节流阀、调速阀等。

4.4.1　节流阀

4.4.1.1　节流阀的结构与原理

图4－23所示为一种典型的节流阀结构和图形符号。油液从进油口 P_1 进入，经阀芯上的三角槽节流口，从出油口 P_2 流出。转动手柄可使推杆推动阀芯做轴向移动，从而改变节流口的通流面积，调节节流阀流量的大小。节流阀结构简单，制造容易，体积小，但负载和温度的变化对流量的稳定性影响较大，因此只适用于负载和温度变化不大，或速度稳定性要求较低的液压系统。

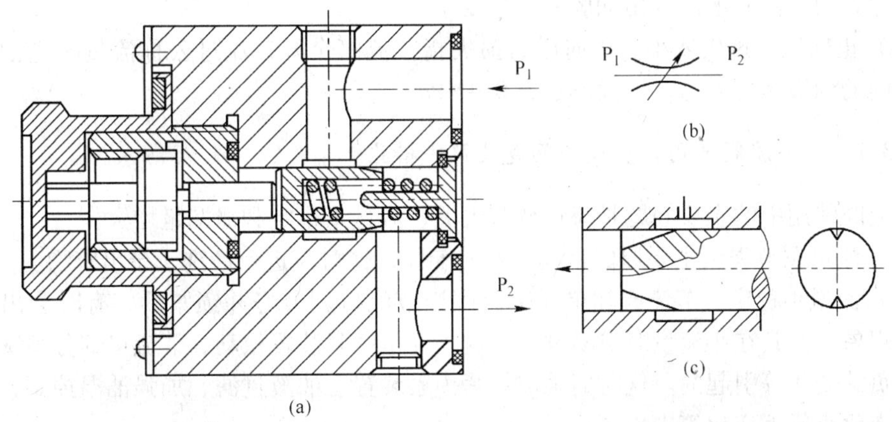

图4－23　节流阀结构和图形符号

（a）结构；（b）图形符号；（c）阀口结构

节流阀在液压系统中主要与定量泵、溢流阀和执行元件组成节流调速系统，调节其开口，便可调节执行元件运动速度的大小；也可用于试验系统中用作加载，起负载阻力作用；也可安装在液流压力容易发生突变的地方，起压力缓冲作用。

4.4.1.2 节流阀的特性

（1）流量特性。节流阀的流量特性决定于节流口的结构形式。但无论节流口采用何种形式，一般情况下，节流阀的流量特性可用公式 $q_V = CA\Delta p^m$（式中，C 为流量系数，A 为节流口开口面积，m 为节流指数）来描述。在一定压差下，改变节流口面积 A，就可调节通过阀口的流量。

（2）流量的稳定性。

1）压差 Δp 对流量稳定性的影响。在使用中，当阀口前后压差变化时，流量不稳定。节流指数 m 越大，Δp 的变化对流量的影响越大，因此阀口制成薄壁孔（$m=0.5$）比制成细长孔（$m=1$）的好。

2）温度对流量稳定性的影响。油温的变化引起油液黏度的变化，从而对流量发生影响。黏度变化对细长孔流量的影响较大，薄壁小孔的流量不受黏度影响。

3）孔口形状对流量稳定性的影响。能维持最小稳定流量是流量阀的一个重要性能，稳定流量值愈小，表示阀的稳定性愈好。实践证明，最小稳定流量与节流口截面形状有关，圆形节流口最好，而方形和三角形次之，但方形和三角形节流口便于连续而均匀地调节其开口量，所以在流量控制阀上应用较多。

4.4.1.3 节流阀的性能要求

（1）有较大的流量调节范围，调节时，流量变化均匀，调节性能好。

（2）不易堵塞，特别是小流量时不易堵塞。

（3）节流阀前后压差发生变化时，通过阀的流量变化要小。

（4）通过阀的流量受温度的影响要小。

（5）内泄漏小，即节流阀全关闭时，进油腔压力调节至公称压力时，从阀芯和阀体配合间隙处由进油腔泄漏到出油腔的流量要小。

（6）正向压力损失要小。正向压力损失指节流阀全开，流过公称流量时进油腔与出油腔之间的油液压力差值，一般不超过0.4MPa。

4.3.1.4 节流阀使用易出现的问题及解决措施

节流阀使用中的主要问题是流量调节失灵、流量不稳定和泄漏量增大。

（1）流量调节失灵主要原因是阀芯径向卡住，这时应进行清洗，排出脏物。

（2）流量不稳定。节流阀和单向节流阀当节流口调节好并锁紧后，有时会出现流量不稳定现象，尤其在小流量时更易发生。这主要是锁紧装置松动、节流口部分堵塞、油温升高、负载变化等引起的。这时应采取拧紧锁紧装置、油液过滤、加强油温控制、尽可能使负载变化小或不变化等措施。

（3）泄漏量增加。主要是密封面磨损过大造成的，应更换阀芯。

（4）阀芯反力过大。行程节流阀和单向行程节流阀的阀芯反力过大，这主要是由于阀芯径向卡住和泄油口堵住。此时，行程节流阀和单向行程节流阀的泄油口一定要单独接回油箱。

4.4.2　调速阀

4.4.2.1　调速阀的结构及原理

图4－24所示为调速阀进行调速的工作原理。液压泵出口（即调速阀进口）压力p_1由溢流阀调定，并基本上保持恒定。调速阀出口处的压力由负载F决定。当F增加时，调速阀进出口压差p_1-p_2将减小。如在系统中装的是普通节流阀，则由于压差的变化影响通过节流阀的流量，活塞运动速度不能保持恒定。

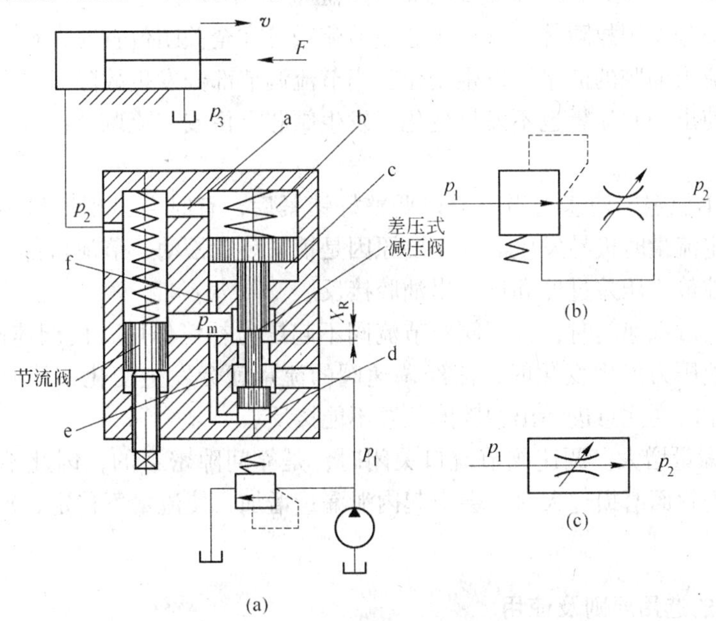

图4－24　调速阀的工作原理

（a）结构；（b）图形符号；（c）简化的图形符号

调速阀是在节流阀的前面串联了一个定差式减压阀，使油液先经减压阀产生一次压力变化，将压力变到与p_2匹配。利用减压阀阀芯的自动调节作用，使节流阀前后压差$\Delta p=p_m-p_2$基本保持不变。

减压阀阀芯上端的油腔b通过孔道a和节流阀后的油腔相通，压力为p_2，而其肩部腔c和下端油腔d，通过孔道f和e与节流阀前的油腔相通，压力为p_m。活塞负载F增加时，p_2升高，于是作用在减压阀阀芯上端的液压力增加，阀芯下移，减压阀的开口加大，压降减小，因而使p_m也升高，结果使节流阀前后的压差p_m-p_2保持不变。反之亦然。这样就使通过调速阀的流量恒定不变，活塞运动的速度稳定，不受负载变化的影响。

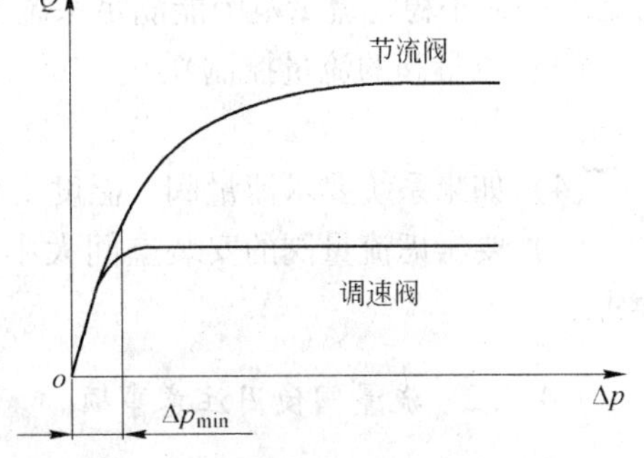

图4－25　调速阀和节流阀的流量特性

调速阀与节流阀的特性比较如图4－25所示。从图中可看出，节流阀的流量随压差的变化较大，而调速阀在进、出口压差Δp大于一定值（Δp_{min}）后，流量基本保持不变。这是因为在压差很小时，减压阀阀芯在弹簧力作用下处于最下端位置，阀口全开，减压阀不起减压作用的缘故。

对于速度稳定性要求较高的液压系统，需要用温度补偿调速阀。这种阀中有热膨胀系数大的聚氯乙烯塑料推杆，当温度升高时其受热伸长使阀口关小，以补偿因油变稀流量变大造成流量增加，维持其流量基本不变。

4.4.2.2　调速阀使用时易发生的问题及解决办法

（1）流量调节失灵。调节节流部分时出油腔流量不发生变化，其主要原因是阀芯径向卡住和节流部分发生故障等。减压阀芯或节流阀芯在全关闭位置时，径向卡住会调节节流口开度而使流出油腔的流量不发生变化。当节流调节部分发生故障时，会使调节螺杆不能轴向移动，使出油腔流量也不发生变化。发生阀芯卡住或节流调节部分故障时，应进行清洗和修复。

（2）流量不稳定。调速阀当节流口调整好锁紧后，有时会出现流量不稳定现象，特别是在最小稳定流量时极易发生。其主要原因是锁紧装置松动，节流口部分堵塞，油温升高，进、出油腔最小压差过低和进、出油腔接反。

油流反向通过调速阀时，减压阀对节流阀不起压力补偿作用，使调速阀变成节流阀。当进出油腔油液压力发生变化时，流经调速阀的流量就会发生变化，从而引起流量不稳定。因此在使用时要注意进、出油腔的位置不能接反。

（3）内泄漏量增大。调速阀节流口关闭时，是靠间隙密封的，因此不可避免有一定的泄漏量。当密封面磨损过大时，会引起内泄漏量增加，使流量不稳定，特别是影响到最小稳定流量。

4.4.3　流量阀的选用原则及使用

4.4.3.1　流量阀的选用原则

根据液压控制节流阀调速系统的工作要求，选取合适类型的流量控制阀，在此前提下，可以参考如下的流量阀选用原则：

（1）流量阀的压力等级要与系统要求相符。

（2）根据系统执行机构所需的最大流量来选择流量阀的公称流量，流量阀的公称流量要比负载所需的最大流量略大一些，以使阀在大流量区间有一定的调节裕量；同时也要考虑阀的最小稳定流量范围能满足系统执行机构低速控制要求。

（3）流量阀的流量控制精度、重复精度及动态性能等要满足液压系统工作精度的要求。

（4）如果系统要求流量阀对温度变化不敏感，可采用具有温度补偿功能的流量阀。

（5）要考虑流量阀的安装空间大小、阀的质量以及油口连接尺寸，要符合系统设计要求。

4.4.3.2　流量阀使用注意事项

在使用流量阀时要注意以下事项：

（1）要以通过阀的实际流量（不是按泵的流量），作为选择阀的主要参数之一。若通过阀的实际流量确定小了，将导致阀的规格（容量）选得偏小、使阀的局部压力损失过大，引起油温过高等弊端，严重时会造成系统不能正常工作。

（2）控制阀的使用压力、流量不要超过其额定值。如流量控制阀的使用压力、流量超过其额定值，就易产生液压卡紧和液动力，对控制阀工作品质产生不良影响。

（3）要注意节流阀、调速阀的最小稳定流量应符合要求。节流阀和调速阀的最小稳定流量，关系着执行元件的最低工作速度能否实现。要保证调速阀对流量（即对执行元件的速度）的控制精度；调速阀需要有一定的压差，普通调速阀压差不应小于0.5MPa。高精度调速阀压差高达1MPa。另外，环境温度变化比较大时，应选用带温度补偿的调速阀。

（4）注意普通调速阀启动时存在的流量跳跃现象。这种流量跳跃现象，会影响执行元件速度的平稳性。为此，应采取相应的措施。

（5）注意溢流节流阀只能接在执行机构的进油路上。溢流节流阀中的节流阀进出口的压差与作用在溢流节流阀阀芯上的弹簧力平衡。该弹簧是个软弹簧，若将溢流节流阀用于执行机构的回油路上，其出口必然通油箱，即溢流节流阀的弹簧腔通油箱。此时假若负载减小，溢流节流阀的进口压力就要增加，该压力很容易克服弹簧力，使进入溢流节流阀的油主要经溢流节流阀中的溢流阀口流回油箱，而不能再由节流阀来控制。

4.4.3.3　节流阀和调速阀的常见故障及排除方法

节流阀和调速阀的常见故障，一是节流调节失灵或调节范围小；二是由综合因素影响节流阀或调速阀的工作性能，导致运动速度不稳定。产生这些故障的原因及排除方法见表4－4。

表4－4　节流阀、调速阀常见故障及排除方法

故　障	原　　因	方　　法
作用失灵或调节范围不大	阀芯与孔的间隙过大，造成泄漏，使调节不起作用	更换或修复磨损零件
	节流口阻塞或阀芯卡住	清洗或更换
	节流阀结构不良	选用节流特性好的节流阀
	密封件损坏	更换密封件
运动速度不稳定	油口杂质堆积或黏附在节流口边上，使通流面积减小	清洗元件，更换液压油
	节流阀性能差，由于振动使节流口变化	增加节流锁紧装置
	节流阀内部或外部泄漏	检查零件精度或配合间隙，修正或更换超差零件
	负载变化	改换调速阀
	油温升高，使油的黏度降低，进而使速度逐步增高	在油温稳定后，调节节流阀或增加散热装置
	混入空气	系统排气
	阻力装置阻塞	清洗元件

知识点 4.5　叠加阀

4.5.1　叠加阀概述

叠加式液压阀简称叠加阀，它是在板式阀集成化基础上发展起来的新型液压元件，是液压系统集成化的一种方式。由叠加阀组成的叠加阀系统如图 4-26 所示。叠加阀系统最下面一般为底板，其上有进、回油口及执行元件的接口。一个叠加阀组一般控制一个执行元件。如系统中有几个执行元件需要集中控制，可将几个叠加阀组竖立并排安装在多连底板块上。

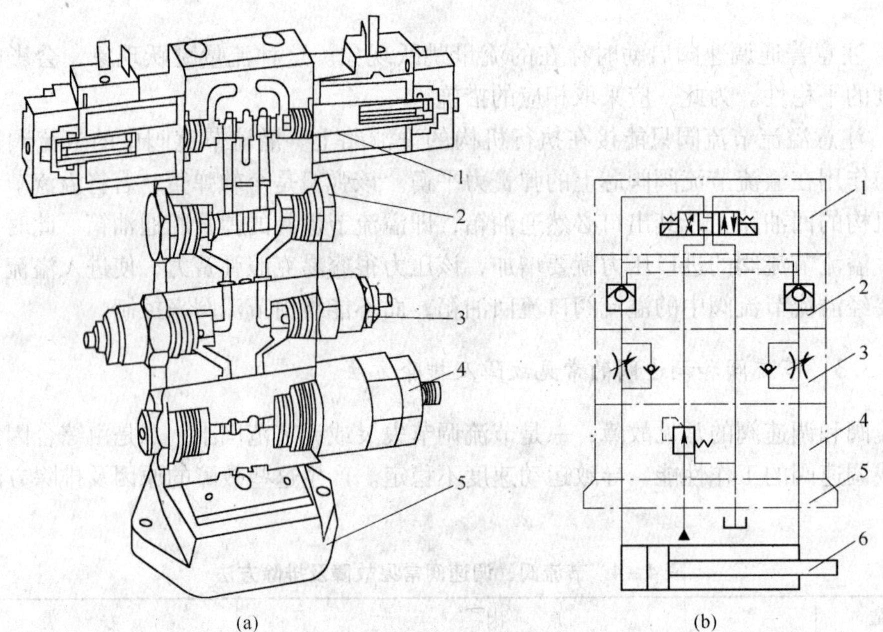

图 4-26　叠加阀组成的系统

1—电磁换向阀；2—液控单向阀；3—单向节流阀；4—减压阀；5—底板；6—液压缸

4.5.1.1　叠加阀的优点

（1）标准化、通用化、集成化程度高，设计、加工、装配周期短。

（2）用叠加阀组成的液压系统结构紧凑、体积小、重量轻及外形美观。

（3）叠加阀可以集中配置在液压站上，也可以分散装配在设备上，配置形式灵活，系统变化时，元件重新组合叠装方便、迅速。

（4）因不用油管连接，压力损失小，泄漏少，振动小，噪声小，动作平稳，使用安全可靠，维修方便。

4.5.1.2　叠加阀的缺点

（1）回路的形式较少，通径较小。

（2）品种规格尚不能满足较复杂和大功率液压系统的需要。

目前我国已生产 ϕ6mm、ϕ10mm、ϕ16mm、ϕ20mm、ϕ32mm 五个通径系列的叠加阀，其连接尺寸符合 ISO 4401 国际标准，最高工作压力为 20MPa。目前已广泛应用于冶金、机床、工程机械等领域。

4.5.2　叠加式溢流阀

先导型叠加式溢流阀由主阀和先导阀两部分组成，如图 4－27 所示。主阀芯 6 为单向阀二级同心结构，先导阀为锥阀式结构。图 4－27（a）所示为 Y_1－F－10D－P/T 型溢流阀的结构原理图，其中 Y 表示溢流阀、F 表示压力等级（p＝20MPa）、10 表示 ϕ10mm 通径系列、D 表示叠加阀、P/T 表示该元件进油口为 P、出油口为 T。图 4－27（b）为其图形符号。

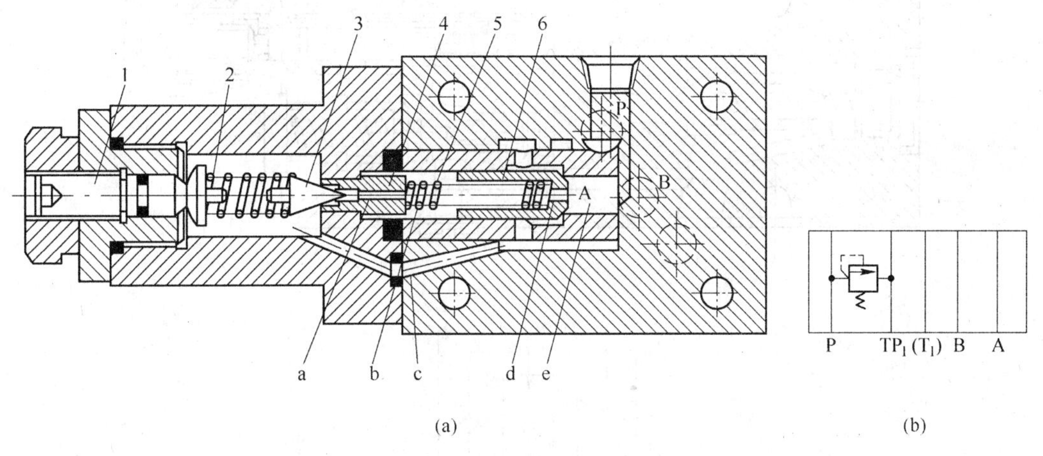

图 4－27　叠加式溢流阀

（a）结构原理；（b）图形符号

1—推杆；2，5—弹簧；3—锥阀；4—阀座；6—主阀芯

叠加式溢流阀的工作原理与一般的先导式溢流阀相同。它利用主阀芯两端的压力差来移动主阀芯，以改变阀口的开度。油腔 e 和进油口 P 相通，孔 c 和回油口 T 相通，压力油作用于主阀芯 6 的右端，同时经阻尼小孔 d 流入阀芯左端，并经小孔 a 作用于锥阀 3 上。当系统压力低于溢流阀的调定压力时，锥阀 3 关闭，阻尼孔 d 没有液流流过，主阀芯两端液压力相等，主阀芯 6 在弹簧 5 作用下处于关闭位置。当系统压力升高并达到溢流阀的调定值时，锥阀 3 在液压力作用下压缩先导阀弹簧 2 并使阀口打开，于是 b 腔的油液经锥阀阀口和孔 c 流入 T 口。当油液通过主阀芯上的阻尼孔 d 时产生压力降，使主阀芯两端产生压力差，在这个压力差的作用下，主阀芯克服弹簧力和摩擦力向左移动，使阀口打开，溢流阀便实现在一定压力下溢流。调节弹簧 2 的预压缩量便可改变该叠加式溢流阀的调整压力。

4.5.3　叠加式调速阀

图 4－28（a）所示为 QA－F6/10D－BU 型单向调速阀的结构原理。QA 表示流量阀、F 表示压力等级（20MPa）、6/10 表示该阀阀芯通径为 ϕ6m，而其接口尺寸属于 ϕ10m 系列的叠加式调速阀，BU 表示该阀适用于出口节流（回油路）调速的液压缸 B 腔油路上，

其工作原理与一般调速阀基本相同。当压力为 p 的油液经 B 口进入阀体后，经小孔 f 流至单向阀 1 左侧的弹簧腔，液压力使锥阀式单向阀关闭，压力油经另一孔道进入减压阀 5（分离式阀芯），油液经控制口后，压力降为 p_1。压力为 p_1 的油液经阀芯中心孔 a 流入阀芯左侧弹簧腔，同时作用于大阀芯左侧的环形面积上。当油液经节流阀 3 的阀口流入 e 腔并经出油口 B′引出的同时，油液又经油槽 d 进入腔 c，再经孔道 b 进入减压阀大阀芯右侧的弹簧腔。这时通过节流阀的油液压力为 p_2，减压阀芯上受到压力 p_1、p_2 和弹簧弹力的作用而处于平衡，从而保证了节流阀两端压力差（p_1-p_2）为常数，也就保证了通过节流阀的流量基本不变。

图 4－28（b）为叠加式调速阀的图形符号。

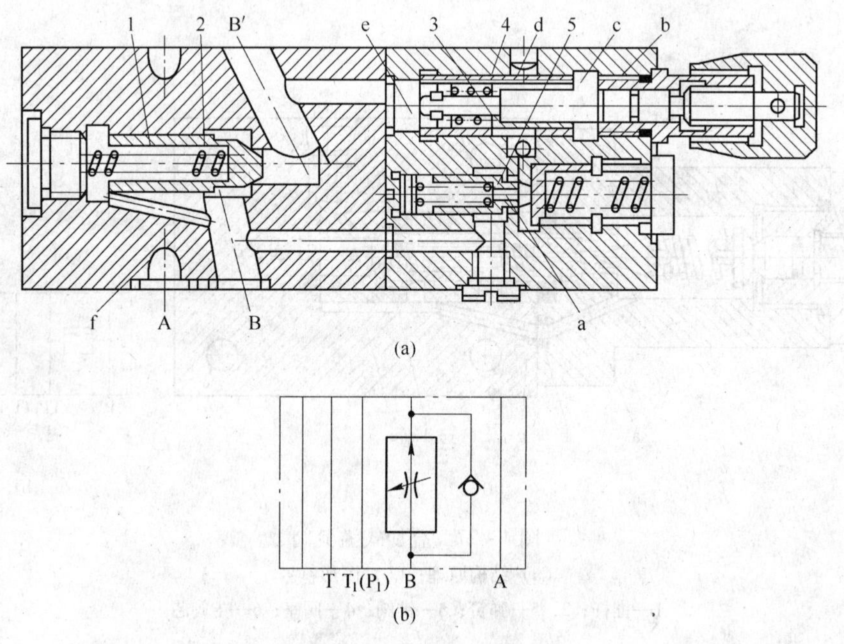

图 4－28　叠加式调速阀

（a）结构原理；（b）图形符号

1—单向阀；2，4—弹簧；3—节流阀；4，5—减压阀

知识点 4.6　插装阀

4.6.1　插装阀概述

插装阀的主流产品是二通插装阀，它是在 20 世纪 70 年代初根据各类控制阀阀口在功能上都可视作固定的、可调的或可控液阻的原理，发展起来的一类覆盖压力、流量、方向以及比例控制等的新型控制阀类。它的基本构件为标准化、通用化、模块化程度均很高的插装式阀芯、阀套、插装孔和适应各种控制功能的盖板组件。它具有通流能力大、密封性好、自动化程度高等特点，已发展成为高压大流量领域的主导控制阀品种。三通插装阀由于结构的通用化、模块化程度远不及二通插装阀，因此，未能得到广泛应用。螺纹式插装阀原先多为工程机械用阀，且往往作为主要阀件（如多路阀）的附件形式出现。近十年来在二通插装阀技术的影响下，逐步在小流量范畴内发展成独立体系。

插装阀是一种较新型的液压元件，它的特点是通流能力大，密封性能好，动作灵敏、结构简单，因而主要用于流量较大系统或对密封性能要求较高的系统。

二通插装阀具有以下技术特征：

（1）二通插装阀的单个控制组件都可以按照液阻理论，做成一个单独受控的阻力。这种结构称为单个控制阻力。

（2）这些单个控制阻力由主级和先导级组成，根据先导控制信号独立地进行控制。这些控制信号可以是开关式的，也可以是位置调节、流量调节和压力调节等连续信号。

（3）根据对每一个排油腔的控制主要是对它的进油和回油的阻力控制的基本准则，原则上可以对一个排油腔分别设置一个输入阻力和一个输出阻力。按照这种原理工作的控制回路称为单个控制阻力回路。

正是由于这些技术特征，液压系统的设计发生了很大的变化。二通插装控制技术具有以下优点：

（1）通过组合插件与阀盖，可构成具有方向、流量以及压力等多种控制功能的阀。

（2）流动阻尼小，通流能力大，特别适用于大流量的场合。插装阀的最大通径可达200~250mm，通过的流量可达10000L/min。

（3）由于绝大部分是锥阀式结构，内部泄漏非常小，无卡死现象。

（4）动作速度快。因为它靠锥面密封和切断油路，阀芯稍一抬起，油路马上接通。阀芯的行程较小，质量较滑阀轻，因此阀芯动作灵敏，特别适合于需高速开启的场合。

（5）抗污染能力强，工作可靠。

（6）结构简单，易于实现元件和系统的“三化”，并简化系统。

4.6.2 插装阀的工作原理和类型

4.6.2.1 插装阀的工作原理

插装阀的结构及图形符号如图4－29所示。

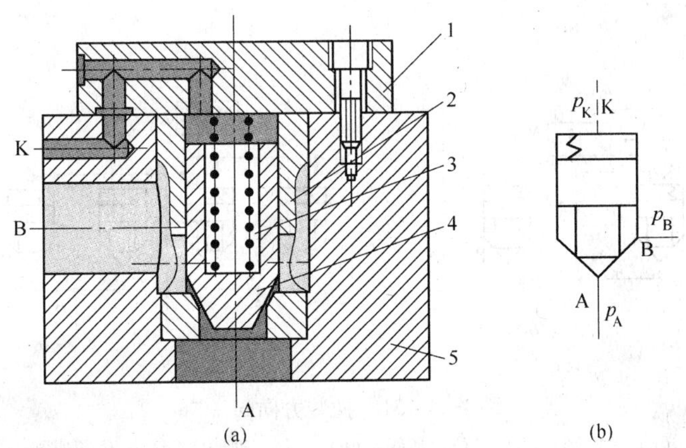

图4－29 插装阀的结构及符号

（a）结构原理；（b）图形符号

1—控制盖板；2—阀套；3—弹簧；4—阀芯；5—插装块体

它由控制盖板、插装单元（由阀套、弹簧、阀芯及密封件组成）、插装块体和先导控制阀（如先导阀为二位三通电磁换向阀，见图4－30）组成。由于这种阀的插装单元在回路中主要起通、断作用，故又称二通插装阀。二通插装阀的工作原理相当于一个液控单向阀。图中A和B为主油路仅有的两个工作油口，K为控制油口（与先导阀相接）。当K口无液压力作用时，阀芯受到的向上的液压力大于弹簧力，阀芯开启，A与B相通，至于液流的方向，视A口、B口的压力大小而定。反之，当K口有液压力作用时，且K口的油液压力大于A口和B口的油液压力，A与B之间关闭。

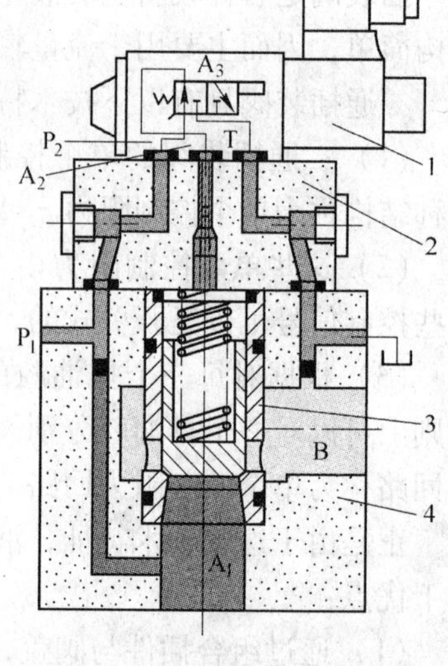

图4－30　先导式插装阀的结构
1—先导控制阀；2—控制盖板；3—逻辑单元（主阀）；4—阀块体

4.6.2.2　插装阀的类型

插装阀与各种先导阀组合，便可组成插装方向阀、插装压力阀和插装流量阀。

（1）插装方向阀。插装阀组成各种方向控制阀如图4－31所示。图（a）为单向阀，当$p_A > p_B$时，阀芯关闭，A与B不通；而当$p_B > p_A$时，阀芯开启，油液从B流向A。图（b）为二位二通阀，当二位三通电磁阀断电时，阀芯开启，A与B接通；电磁阀通电时，阀芯关闭，A与B不通。图（c）为二位三通阀，当二位四通电磁阀断电时，A与T接通；电磁阀通电时，A与P接通。图（d）为二位四通阀，电磁阀断电时，P与B接通，A与T接通；电磁阀通电时，P与A接通，B与T接通。

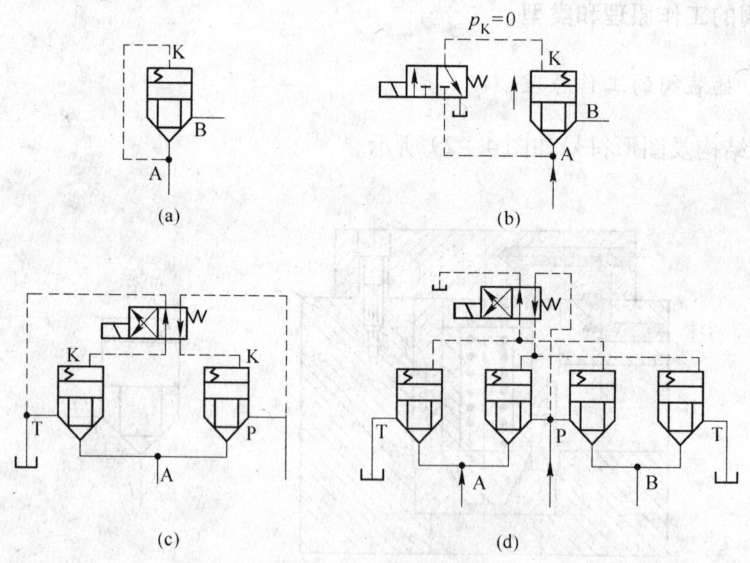

图4－31　插装方向阀
（a）单向阀；（b）二位二通阀；（c）二位三通阀；（d）二位四通阀

（2）插装压力阀。插装阀组成压力控制阀如图4－32所示。在图（a）中，如B接油箱，则插装阀用作溢流阀，其原理与先导式溢流阀相同；如B接负载时，则插装阀起顺序阀作用。图（b）所示为电磁溢流阀，当二位二通电磁阀通电时起卸荷作用。

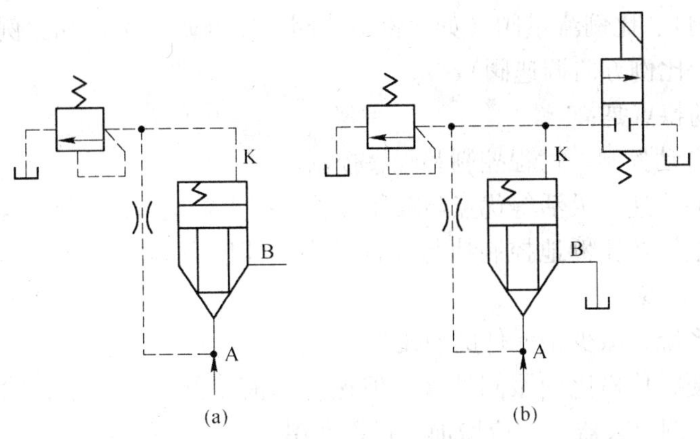

图 4－32　插装压力阀
(a) 溢流阀；(b) 电磁溢流阀

(3) 插装流量阀。插装流量阀的结构及图形符号如图 4－33 所示。在插装阀的控制盖板上有阀芯限位器，用来调节阀芯开度，从而起到流量控制阀的作用。若在插装流量阀前串联一个定差减压阀，则可组成二通插装调速阀。

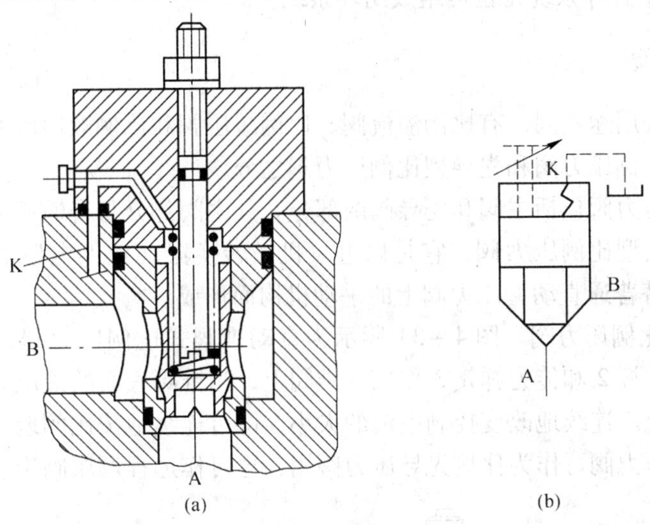

图 4－33　插装流量阀
(a) 结构；(b) 图形符号

知识点 4.7　电液比例阀

4.7.1　电液比例阀概述

电液比例阀是一种输出量与输入量成比例的液压阀。它可以按给定的输入电信号连续地、按比例地控制液流的压力、流量和方向。

在普通液压阀上用电－机械转换器取代原有的控制部分，即成为电液比例阀。目前电液比例阀上采用的电－机械转换器主要有比例电磁铁、动圈式力马达、力矩马达、伺服电动机和步进电动机等五种形式。

按用途和工作特点的不同，电液比例阀可分为比例压力阀（如比例溢流阀、比例减压阀、比例顺序阀)、比例流量阀（如比例节流阀、比例调速阀）和比例方向流量阀（如比例方向节流阀、比例方向调速阀）。

电液比例阀的特点是：

（1）能实现自动控制、远程控制和程序控制。

（2）能把电的快速、灵活等优点与液压传动功率大等优点结合起来。

（3）能连续地、按比例地控制执行元件的力、速度和方向，并能防止压力或速度变化及换向时的冲击现象。

（4）简化了系统，减少了元件的使用量。

（5）制造简便，价格比伺服阀低廉，但比普通液压阀高。由于在输入信号与比例阀之间需设置直流比例放大器，相应增加了投资费用。

（6）使用条件、保养和维护与普通液压阀相同，抗污染性能好。

（7）具有优良的静态性能和适当的动态性能，动态性能虽比伺服阀低，但已经可以满足一般工业控制的要求。

（8）效率比伺服阀高。

（9）主要用于开环系统，也可组成闭环系统。

4.7.2　比例压力阀

比例压力阀按用途不同，有比例溢流阀、比例减压阀和比例顺序阀之分；按结构特点不同，有直动型比例压力阀和先导型比例压力阀之分。

先导型比例压力阀包括主阀和先导阀两部分。其主阀部分与普通压力阀相同，而其先导阀本身就是直动型比例压力阀，它是以电－机械转换器（比例电磁铁、伺服电动机或步进电动机）代替普通直动型压力阀上的手动机构而形成。

（1）直动型比例压力阀。图 4－34 所示为直动锥阀式比例压力阀。比例电磁阀 1 通电后产生吸力经推杆 2 和传力弹簧 3 作用在锥阀上，当锥阀底面的液压力大于电磁吸力时锥阀被顶开而溢流。连续地改变控制电流的大小，即可连续地按比例地控制锥阀的开启压力。直动型比例压力阀可作为比例先导压力阀用，也可作远程调压阀用。

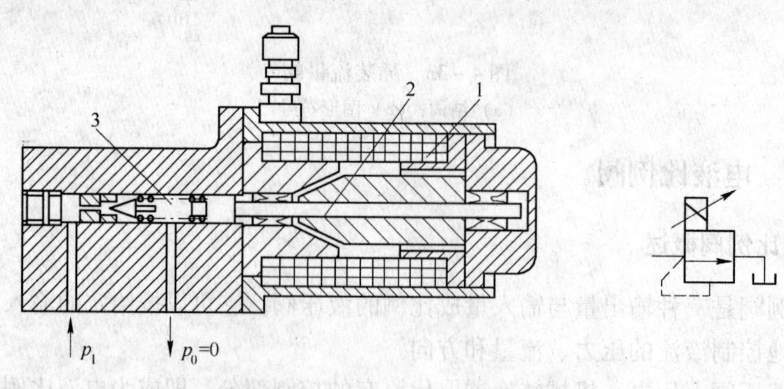

图 4－34　直动锥阀式比例压力阀

（a）结构；（b）图形符号

1—比例电磁阀；2—推杆；3—传力弹簧

（2）先导锥阀式比例溢流阀。图 4－35 所示为比例溢流阀，其下部为与普通溢流阀相同的主阀，上部则为比例先导压力阀。该阀还附有一个手动调整的先导阀 9，用以限制比例溢流阀的最高压力，以避免因电子仪器发生故障使得控制电流过大，压力超过系统允许最大压力的可能性。如将比例先导压力阀的回油及先导阀 9 的回油都与主阀回油分开，则图示比例溢流阀可作比例顺序阀使用。

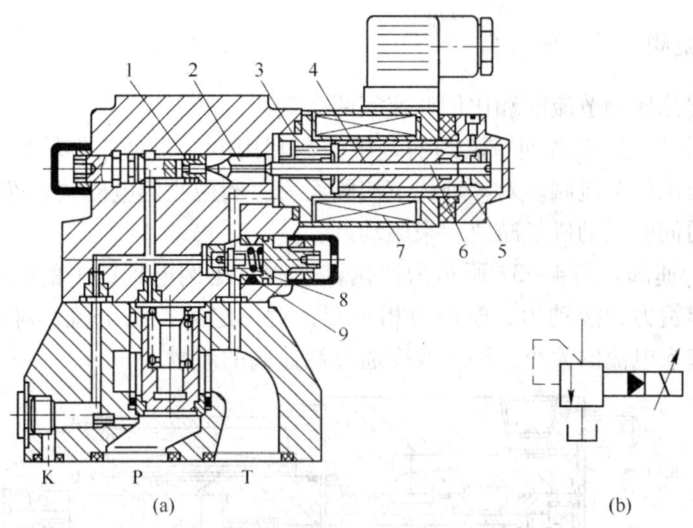

图 4－35　先导锥阀式比例溢流阀

（a）结构；（b）图形符号

1—阀座；2—先导锥阀；3—轭铁；4—衔铁；5，8—弹簧；6—推杆；7—线圈；9—先导阀

（3）先导喷嘴挡板式比例减压阀。如图 4－36 所示，动铁式力马达推杆 3 的端部起

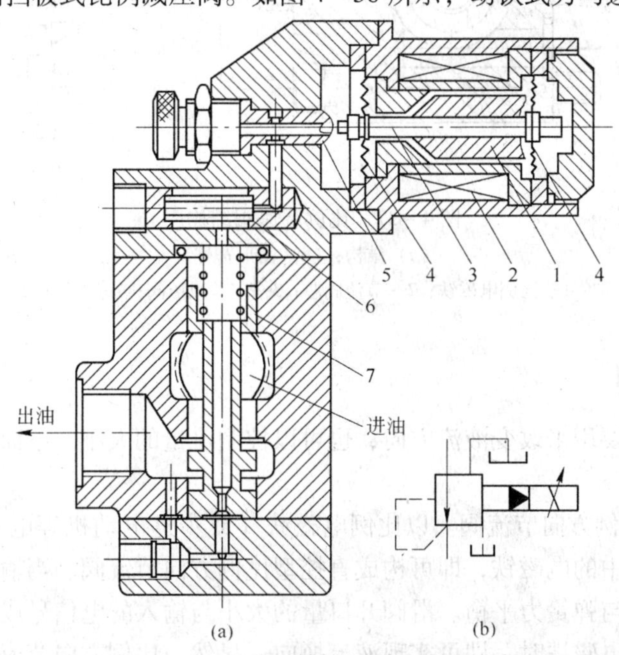

图 4－36　先导喷嘴挡板式比例减压阀

（a）结构；（b）图形符号

1—衔铁；2—线圈；3—推杆（挡板）；4—铍青铜片；5—喷嘴；6—精过滤器；7—主阀

挡板作用，挡板的位移（即力马达的衔铁位移）与输入的控制电流成比例从而改变喷嘴挡板之间的可变液阻，控制了喷嘴前的先导压力。此力马达的结构特点是：衔铁采用左、右两片铍青铜弹簧片悬挂的形式，所以衔铁可以与导套不接触，从而消除了衔铁组件运动时的摩擦力。所以在工作时不必在力马达的控制线圈中加入颤振信号电流，也能达到很小的滞环值。

4.7.3　比例流量阀

比例流量阀分比例节流阀和比例调速阀两大类。

（1）比例节流阀。在普通节流阀的基础上，利用电－机械比例转换器对节流阀口进行控制，即成为比例节流阀。对移动式节流阀而言，利用比例电磁铁来推动；对旋转式节流阀而言，采用伺服电动机经减速后来驱动。

（2）比例调速阀。图4－37所示为比例调速阀。比例电磁铁1的输出力作用在节流阀芯2上，与弹簧力、液动力、摩擦力相平衡，对一定的控制电流，对应一定的节流开度。通过改变输入电流的大小，即可改变通过调速阀的流量。

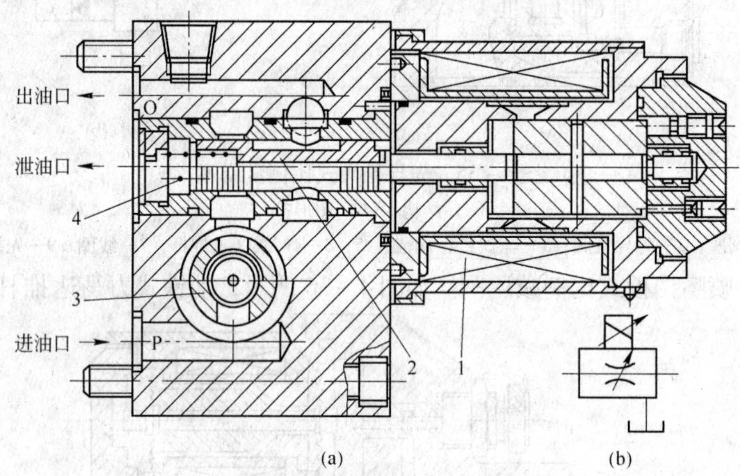

图4－37　比例调速阀结构图

（a）结构；（b）图形符号

1—比例电磁铁；2—节流阀芯；3—定差减压阀；4—弹簧

4.7.4　比例方向阀

比例方向阀主要用来改变液流方向，也可以控制流量的大小。下面将重点介绍两种比例方向节流阀。

（1）直控型比例方向节流阀。以比例电磁铁（或步进电动机等电－机械转换器）取代普通电磁换向阀中的电磁铁，即可构成直控型比例方向节流阀。当输入控制电流后，比例电磁铁的输出力与弹簧力平衡。滑阀开口量的大小与输入的电信号成比例。当控制电流输入另一端的比例电磁铁时，即可实现液流换向。显然，比例方向节流阀既可改变液流方向，还可控制流量的大小。它相当于一个比例节流阀加换向阀。它可以有多种滑阀机能，既可以是三位阀，也可以是二位阀。

直控型比例方向节流阀只适用于通径为 10mm 以下的小流量场合。

（2）先导型比例方向节流阀。图 4－38 所示为先导型比例方向节流阀。它由先导阀（双向比例减压阀）和主阀（液动双向比例节流阀）两部分组成。

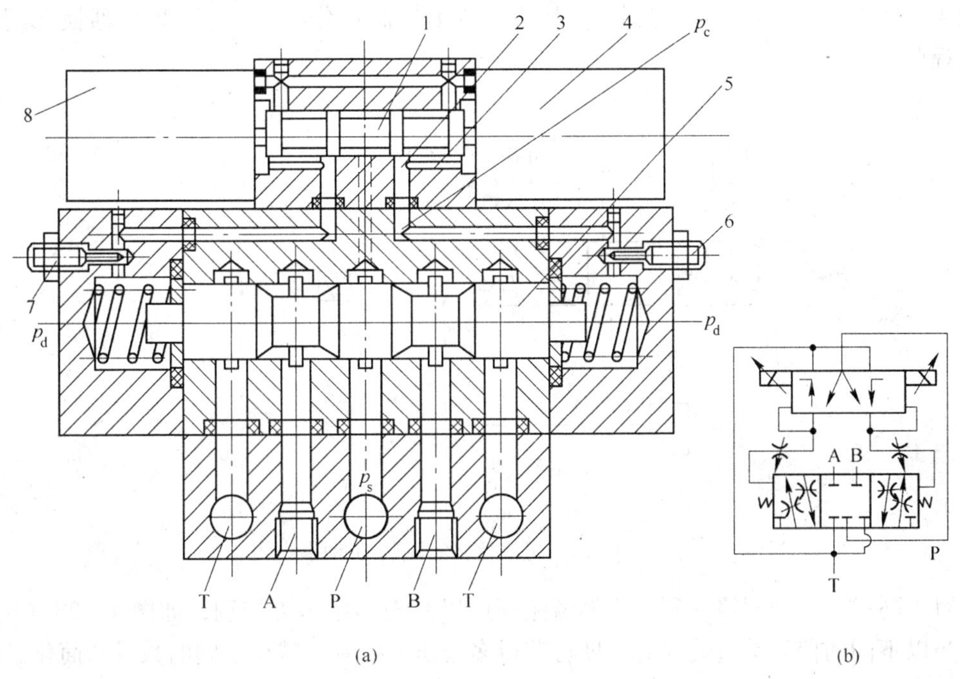

图 4－38　先导型比例方向节流阀结构图

（a）结构；（b）图形符号

1—双向比例减压阀阀芯；2，3—流道；4，8—比例电磁阀；5—主阀芯；6，7—阻尼螺钉

在先导阀中由两个比例电磁铁 4、8 分别控制双向比例减压阀阀芯 1 的位移。当比例电磁铁 8 得到电流信号 I_1，其电磁吸力 F_1 使阀芯 1 右移，于是供油压力（一次压力）p_s 经双向比例减压阀阀芯中部右台肩与阀体孔之间形成的减压口减压，在流道 2 得到控制压力（二次压力）p_c，p_c 经流道 3 反馈作用到下部主阀芯的右端面（阀芯 1 的左端面通回油 p_d），于是形成一个与电磁吸力 F_1 方向相反的液压力。当液压力与 F_1 相等时，阀芯 1 停止运动而处于某一平衡位置，控制压力 p_c 保持某一相应的稳定值。显然，控制压力 p_c 的大小与供油压力 p_s 无关，仅与比例电磁铁的电磁吸力成比例，即与电流 I_1 成比例。同理，当比例电磁铁 4 得到电流信号 I_2 时，阀芯 1 左移，得到与 I_2 成比例的控制压力 p_c'。

主阀与普通液动换向阀相同。当先导阀输出的控制压力 p_c 经阻尼螺钉 6 构成的阻尼孔缓冲后，作用在主阀芯 5 的右端面时，液压力克服左端弹簧力使主阀芯 5 左移（左端弹簧腔通回油 p_d），连通油口 P、B 和 A、T。随着弹簧力与液压力平衡，主阀芯 5 停止运动而处于某一平衡位置。此时，各油口的节流开口长度取决于 p_c，即取决于输入电流 I_1 的大小。如果节流口前后压差不变，则比例方向节流阀的输出流量与其输入电流 I_1 成比例。当比例电磁铁 4 输入电流 I_2 时，主阀芯 5 右移，油路反向，接通 P、A 和 B、T。输出的流量与输入电流 I_2 成比例。

综上所述，改变比例电磁铁 4、8 的输出电流，不仅可以改变比例方向节流阀的液流方向，而且可以控制各油口的输出流量。

4.7.5　电液比例阀的应用

（1）压力控制。设有一液压系统，工作中需要三种压力，用普通液压阀组成的回路如图4－39（a）所示。为了得到三级压力，压力控制部分需要一个三位四通换向阀和两个远程调压阀。

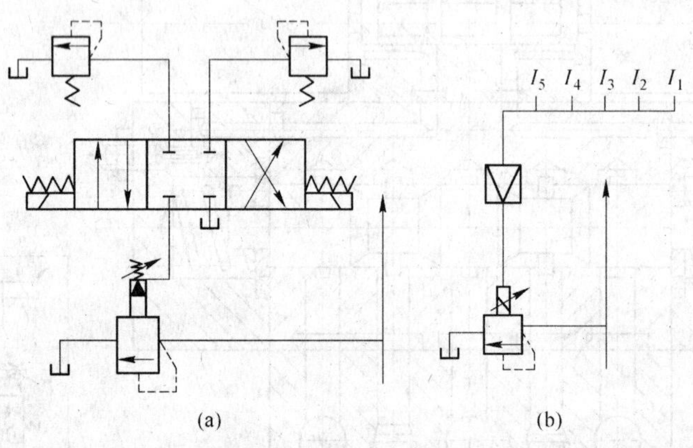

图4－39　电液比例溢流阀的运用

对于同样功能的回路，利用比例溢流阀可以实现多级压力控制，如图4－39（b）所示。当以不同的信号电流输入时，即可获得多级压力控制，减少了阀的数量和简化了回路结构。若输入连续变化的信号时，可实现连续、无级压力调节，可以避免压力冲击，因而对系统的性能也有改善。

（2）流量控制。设有一回路，液压缸的速度需要三个速度段。用普通阀组成时如图4－40（a）所示。对于同样功能的回路，若采用比例节流阀，则可简化回路结构，减少阀的数量，且三个速度段从有级切换可变为无级切换，如图4－40（b）所示。

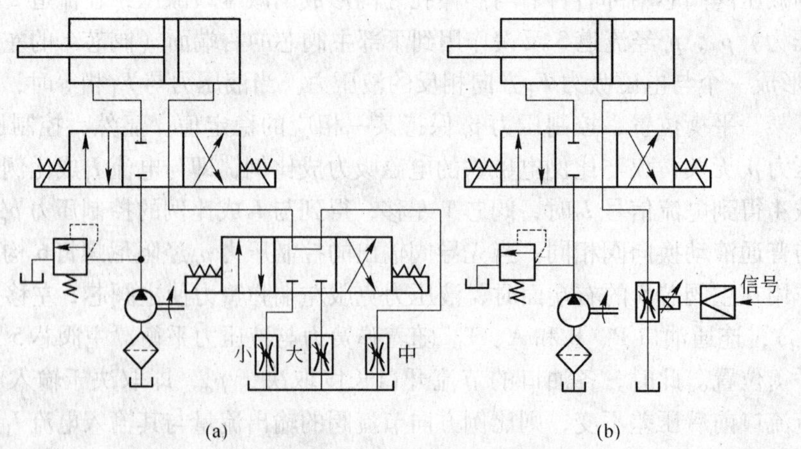

图4－40　电液比例节流阀的运用

上面所举的两个例子是比例阀用于开环控制的情况。比例阀还可用于闭环控制，此时，可将反馈信号加于电控制器，控制比例电磁铁，可进一步提高控制质量。

能力点4.8　训练与思考

4.8.1　项目训练

【任务1】　溢流阀的静态特性测试

实验目的

深入了解溢流阀稳定工作时的静态特性。学会溢流阀静态特性中的调压范围、压力稳定性卸荷压力损失和启闭特性的测试方法。并能对被试溢流阀的静态特性作适当的分析。

实验器材

YZ－03型液压传动综合教学实验台	1台
直动式溢流阀	1个
先导式溢流阀	1个
二位三通电磁换向阀	1个
流量传感器	1个
压力表	1个
油管	若干

实验原理

如图4－41所示，通过对溢流阀开启、闭合过程的溢流量的测量，了解溢流阀开启和闭合过程的特性并确定开启和闭合压力。

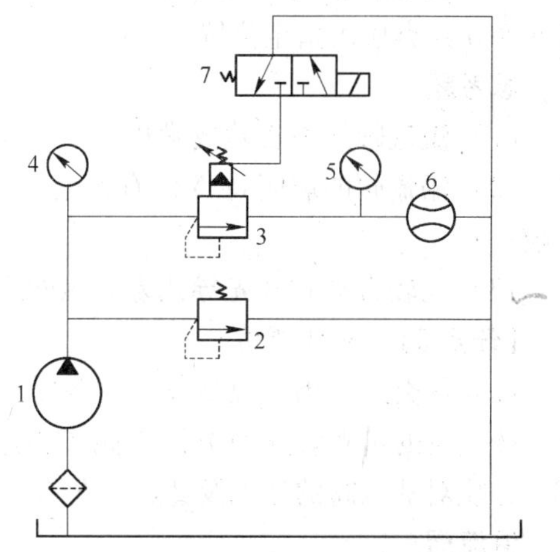

图4－41　溢流阀性能实验原理图
1—液压泵；2—直动式溢流阀；
3—先导式溢流阀；4，5—压力表；
6—流量传感器；7—二位三通电磁换向阀

实验内容及步骤

（1）调压范围及压力稳定性。溢流阀的调定压力是由弹簧的压紧力决定的，改变弹簧的压缩量就可改变溢流阀的调定压力。

具体步骤：把溢流阀2完全打开，将被试溢流阀3关闭。启动油泵1，运行半分钟后，调节溢流阀2，使泵出口压力升至7MPa。然后将被试溢流阀3完全打开，使油泵1的压力降到最低值。然后调节被试溢流阀3的手柄，从全开至全闭，再从全闭至全开，观察压力表4、5的变化是否平稳，并观察调节所得的稳定压力的变化范围（即最高调定压力和最低调定压力差值）是否符合规定的调定范围。

（2）溢流阀的启闭特性测定。溢流阀的启闭特性是指溢流阀控制的压力和溢流流量之间的变化特性，包括开启特性和闭合特性两个特性。所测试的溢流阀包括直动式溢流阀和先导式溢流阀两种。

1）先导式溢流阀的启闭特性。关闭溢流阀2，将被试溢流阀3调定在所需压力值（如5MPa），打开关闭溢流阀2，使通过被试溢流阀3的流量为零。调整直动式溢流阀2使被试先导式溢流阀3入口压力升高。当流量传感器6稍有流量显示时，开始记录通过的流量，数据记入表4－5。开启实验完成后，再调整直动式溢流阀2，使其压力逐级降低，针对被试溢流阀3每一个调节减小的入口压力值，对应记录通过的流量，即得到被试溢流阀闭合时的实验数据，并记入表4－5中。

表4－5　溢流阀的启闭性能实验数据表

<table>
<tr><td colspan="3">被试阀调定压力/MPa</td><td colspan="8"></td></tr>
<tr><td rowspan="4">直动式
溢流阀</td><td rowspan="2">开启特性</td><td>被试阀入口压力/MPa</td><td></td><td></td><td></td><td></td><td></td><td></td><td></td><td></td></tr>
<tr><td>溢流量/L · min^{-1}</td><td></td><td></td><td></td><td></td><td></td><td></td><td></td><td></td></tr>
<tr><td rowspan="2">闭合特性</td><td>被试阀入口压力/MPa</td><td></td><td></td><td></td><td></td><td></td><td></td><td></td><td></td></tr>
<tr><td>溢流量/L · min^{-1}</td><td></td><td></td><td></td><td></td><td></td><td></td><td></td><td></td></tr>
<tr><td rowspan="4">先导式
溢流阀</td><td rowspan="2">开启特性</td><td>被试阀入口压力/MPa</td><td></td><td></td><td></td><td></td><td></td><td></td><td></td><td></td></tr>
<tr><td>溢流量/L · min^{-1}</td><td></td><td></td><td></td><td></td><td></td><td></td><td></td><td></td></tr>
<tr><td rowspan="2">闭合特性</td><td>被试阀入口压力/MPa</td><td></td><td></td><td></td><td></td><td></td><td></td><td></td><td></td></tr>
<tr><td>溢流量/L · min^{-1}</td><td></td><td></td><td></td><td></td><td></td><td></td><td></td><td></td></tr>
</table>

2）直动式溢流阀的启闭特性。把溢流阀2与溢流阀3的位置互换，按上述操作步骤和方法再进行直动式溢流阀的启闭特性实验。

3）绘制直动式、先导式溢流阀的启闭特性曲线。

4）实验完成后，打开溢流阀，将电动机关闭，待回路中压力为零后拆卸元件，清理好元件并归类放入指定位置。

思考题

（1）溢流阀静态实验技术指标中，为何规定的开启压力大于闭合压力?

（2）溢流阀的启闭特性，有何意义？启闭特性的好与坏对溢流阀的使用性能有何影响?

（3）比较直动式和先导式溢流阀的启闭特性曲线，说明各自的特点和性能的优劣。

【任务2】 液压阀拆装

拆卸各类液压阀，观察及了解各零件在液压阀中的作用，了解各种液压阀的工作原理，按一定的步骤装配各类液压阀。通过对液压阀的拆装加深对阀结构及工作原理的了解。并能对液压阀的加工及装配工艺有一个初步的认识。

溢流阀

拆装先导式溢流阀和直动式溢流阀，观察其结构，要求：

（1）比较两种溢流阀溢流时的工作原理。

（2）根据实物绘出两种溢流阀的结构原理图。

思考以下问题：

（1）先导阀和主阀分别是由哪几个重要零件组成的?

（2）远程控制口的作用是什么？远程调压和卸荷是怎样来实现的?

（3）溢流阀的静特性包括哪几个部分?

减压阀

拆装先导式减压阀，观察其结构，要求：

（1）根据实物绘出先导式减压阀的结构原理图。

（2）写出减压阀的工作原理。

(3) 先导式减压阀和先导式溢流阀结构上的相同点与不同点是什么?

思考以下问题:

(1) 静止状态时减压阀与溢流阀的主阀芯分别处于什么状态?

(2) 泄漏油口如果发生堵塞现象，减压阀能否减压工作，为什么? 泄油口为什么要直接单独接回油箱?

顺序阀

拆装直动式顺序阀，观察其结构，要求:

(1) 根据实物绘出先导式减压阀的结构原理图。

(2) 写出顺序阀的工作原理。

(3) 直动式顺序阀和直动式溢流阀结构上的相同点与不同点是什么?

思考以下问题:

(1) 顺序阀与溢流阀在回路分别起什么作用?

(2) 顺序阀与减压阀的区别是什么?

换向阀

观察各类换向阀阀芯的结构，要求:

(1) 根据实物绘出换向阀阀芯的工作位置以及油路的通断情况。

(2) 叙述液动换向阀、电液动换向阀的结构及工作原理。

思考以下问题:

(1) 说明三位电磁换向阀的中位机能。

(2) 左右电磁铁都不得电时，阀芯靠什么对中?

(3) 电磁换向阀的泄油口的作用是什么?

(4) 电液换向阀中先导阀的作用是什么?

液控单向阀

观察液控单向阀阀芯的结构，要求根据实物绘出液控单向阀的结构。

思考问题: 液控单向阀与普通单向阀在结构和功能上有什么不同?

节流阀

观察节流阀阀芯的结构，要求:

(1) 根据实物绘出节流阀的结构原理图。

(2) 写出节流阀的工作原理。

调速阀

观察调速阀阀芯的结构，要求:

(1) 根据实物绘出调速阀的结构原理图。

(2) 写出调速阀的工作原理。

思考以下问题:

(1) 调速阀与节流阀的主要区别是什么?

(2) 为什么调速阀的性能优于节流阀?

4.8.2 思考与练习

(1) 液压控制阀的功用是什么? 它是如何分类的?

（2）液压系统对液压控制阀的基本要求有哪些？

（3）普通单向阀与液控单向阀之间有什么相同和不同之处？

（4）简要说明三位四通换向阀的换向原理。

（5）何谓中位机能？画出 O 型、M 型和 P 型中位机能，并说明各适用何种场合。

（6）普通单向阀能否作背压阀使用？背压阀的开启压力一般是多少？

（7）什么是换向阀的“位”与“通”？它的图形符号如何？什么是换向阀的常态位？

（8）试说明三位四通阀 O 型、M 型、H 型中位机能的特点和应用场合。

（9）图 4－42 所示液压缸，$A_1 = 30\text{cm}^2$、$A_2 = 12\text{cm}^2$、$F = 30 \times 10^3\text{N}$，液控单向阀用作闭锁以防止液压缸下滑，阀内控制活塞面积 A_k 是阀芯承压面积 A 的三倍，若摩擦力、弹簧力均忽略不计，试计算需要多大的控制压力才能开启液控单向阀？开启前液压缸中最高压力为多少？（提示：控制压力 $p_{控} \geqslant \frac{A}{A_k} p_1$）

（10）两腔面积相差很大的单杆活塞缸用二位四通换向阀换向。有杆腔进油时，无杆回油流量很大，为避免使用大通径二位四通换向阀，可用一个液控单向阀分流，请画出回路图。

（11）试说明图 4－43 所示回路中液压缸往复运动的工作原理。为什么无论是进还是退，只要负载 G 一过中线，液压缸就会发生断续停顿的现象？为什么换向阀一到中位，液压缸便左右推不动？

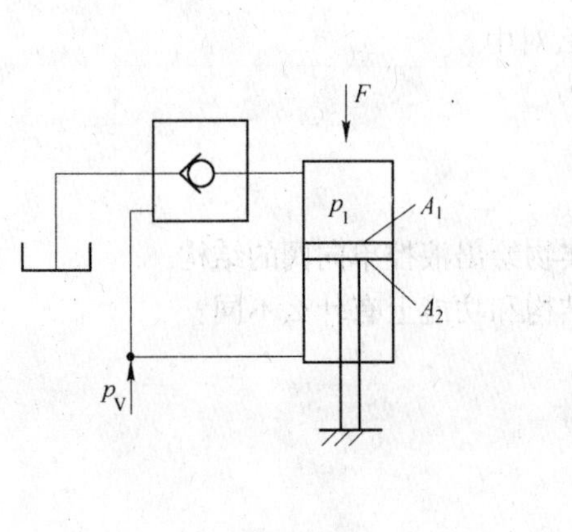

图 4－42

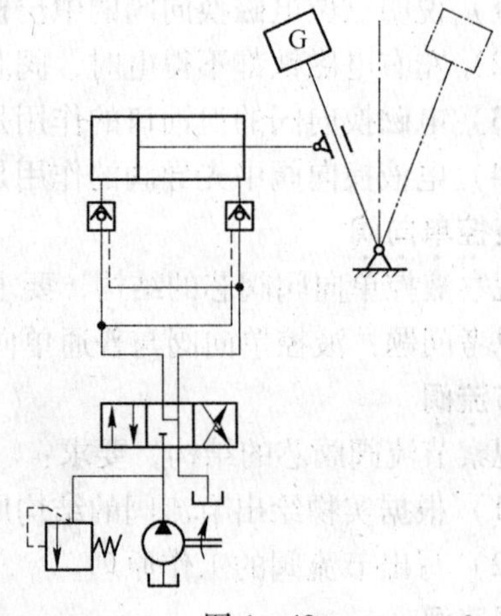

图 4－43

（12）二位四通换向阀能否作二位三通阀和二位二通阀使用，具体接法如何？

（13）电液换向阀有何特点？如何调节它的换向时间？

（14）溢流阀有哪几种用法？

（15）如图 4－44 所示，两系统中溢流阀的调整压力分别为 $p_A = 4\text{MPa}$、$p_B = 3\text{MPa}$、$p_C = 2\text{MPa}$，当系统外负载为无穷大时，液压泵的出口压力各为多少？

（16）试简要说明先导式溢流阀的工作过程。

（17）如果将先导式溢流阀平衡活塞上的阻尼孔堵塞，对液压系统会有什么影响？如果溢流阀先导阀锥阀座上的进油小孔堵塞，又会出现什么故障？

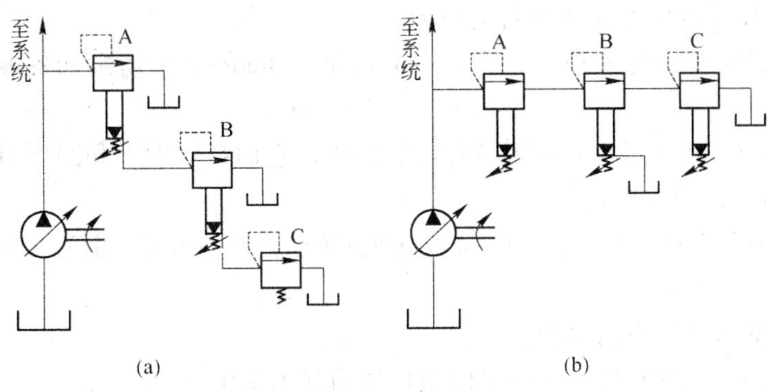

图4-44

（18）两个不同调整压力的减压阀串联后的出口压力决定于哪一个减压阀的调整压力，为什么？如两个不同调整压力的减压阀并联时，出口压力又决定于哪一个减压阀，为什么？

（19）顺序阀和溢流阀是否可以互换使用？

（20）试比较溢流阀、减压阀、顺序阀（内控外泄式）三者之间的异同点。

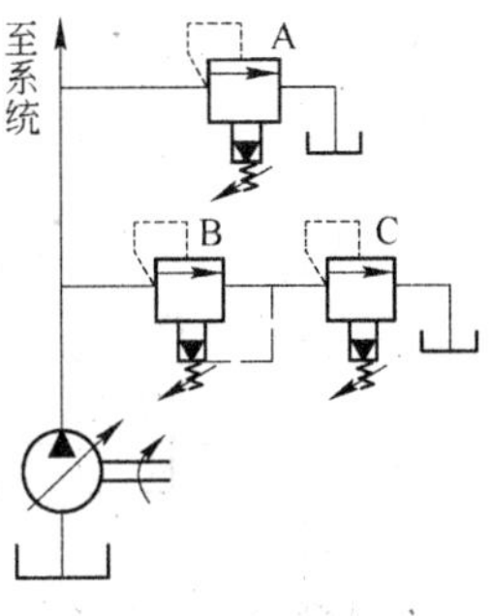

图4-45

（21）如图4-45所示，系统中溢流阀的调整压力分别为 $p_A = 3\text{MPa}$，$p_B = 1.4\text{MPa}$，$p_C = 2\text{MPa}$。求当系统外负载为无穷大时，液压泵的出口压力为多少？若将溢流阀B的遥控口堵住，液压泵的出口压力又为多少？

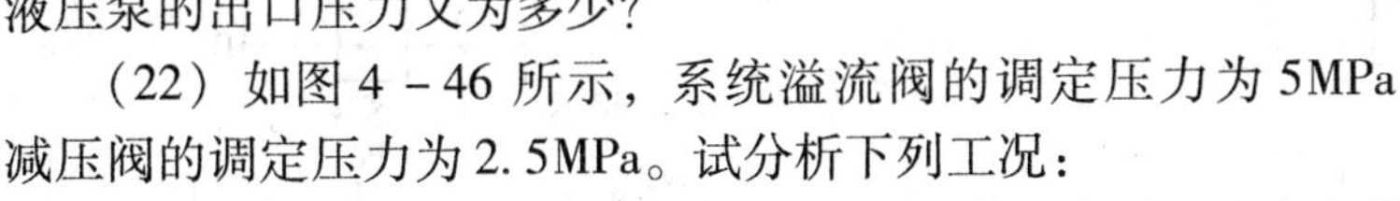

（22）如图4-46所示，系统溢流阀的调定压力为5MPa，减压阀的调定压力为2.5MPa。试分析下列工况：

1）当液压泵出口压力等于溢流阀的调定压力时，夹紧缸使工件夹紧后，A、C点压力各为多少？

2）当液压泵出口压力由于工作缸快进，降到1.5MPa时（工件仍处于夹紧状态），A、C点压力各为多少？

3）夹紧缸在夹紧工件前做空载运动时，A、B、C点压力各为多少？

（23）如图4-47所示的减压回路，已知液压缸无杆腔、有杆腔的面积分别为 100cm^2、50cm^2，最大负载 $F_1 = 14000\text{N}$、$F_2 = 4250\text{N}$，背压 $p = 0.15\text{MPa}$，节流阀的压差 $\Delta p = 0.2\text{MPa}$，试求：

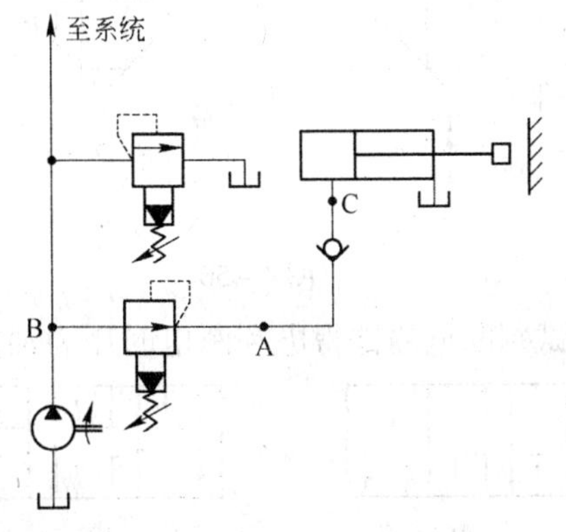

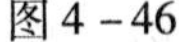

图4-46

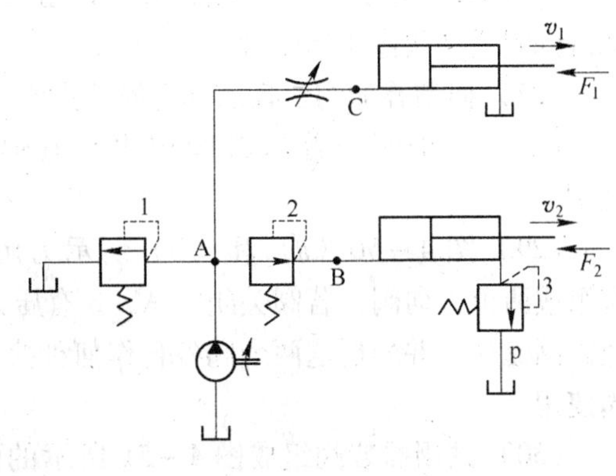

图4-47

1）A、B、C 各点压力（忽略管道阻力）。

2）若两缸的进给速度分别为 $v_1 = 3.5\text{cm/s}$、$v_2 = 4\text{cm/s}$，液压泵和各液压阀的额定流量应选多大？

（24）溢流阀、减压阀和顺序阀各有什么作用，它们在原理上和图形符号上有什么异同？顺序阀能否当溢流阀使用？

（25）如图4-48所示回路，顺序阀和溢流阀串联，调整压力分别为 p_x 和 p_y，当系统外负载为无穷大时，试问：

1）液压泵的出口压力为多少？

2）若把两阀的位置互换，液压泵的出口压力又为多少？

（26）如图4-49所示系统，液压缸的有效面积 $A_1 = A_2 = 100\text{cm}^2$，液压缸Ⅰ负载 $F_L = 35000\text{N}$，液压缸Ⅱ运动时负载为零，不计摩擦阻力、惯性力和管路损失，溢流阀、顺序阀、减压阀的调定压力分别为4MPa、3MPa和2MPa，试求下列三种工况下A、B和C处的压力。

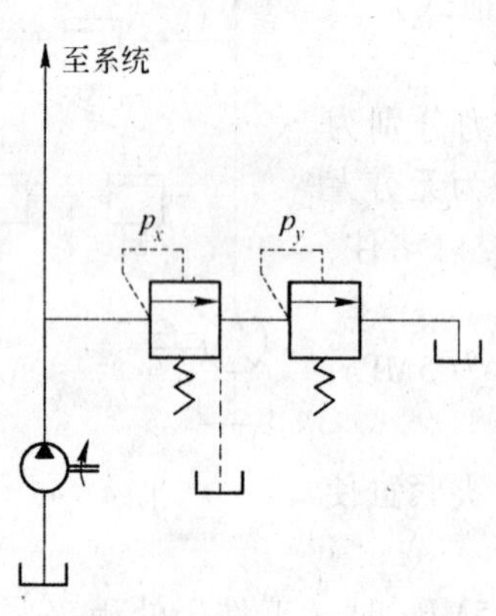

图4-48

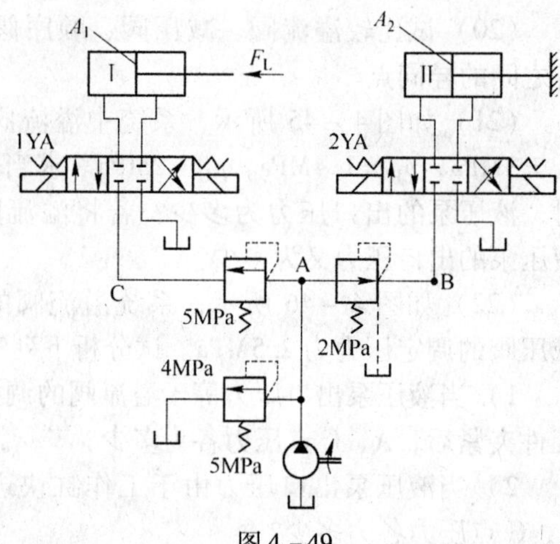

图4-49

1）液压泵启动后，两换向阀处中位时；

2）1YA 通电，液压缸Ⅰ运动时和到终端停止时；

3）1YA 断电，2YA 通电，液压缸Ⅱ运动时和碰到固定挡块停止运动时。

（27）何谓叠加阀？叠加阀有何特点？

（28）叠加阀与普通滑阀相比较有何主要区别？

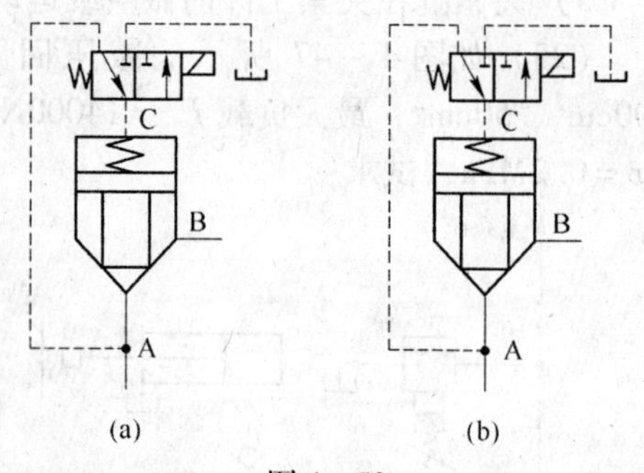

图4-50

（29）图4-50（a）和（b）所示为用插装阀组成两个方向阀，若阀关闭时A、B有压力差，试判断电磁铁得电和断电时压力油能否经锥阀流动，并分析这两个阀各自作何种换向阀使用。

（30）试用插装阀组成图4-51所示的两种形式的三位换向阀。

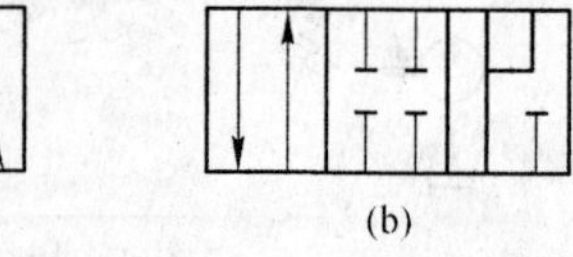

图4-51

项目5 液压辅助元件

【项目任务】 了解液压辅助元件的种类、结构特点和作用；能正确选择液压辅助元件。

【教师引领】

(1) 液压辅助元件主要有哪些，各有何功能？

(2) 油箱设计时应注意哪些事项？

(3) 滤油器的主要性能指标有哪些？

(4) 对液压密封件有何要求？

(5) 如何实现液压油的冷却？

【兴趣提问】 油液有杂质对液压系统有何危害？

液压辅助元件是液压系统中的辅助装置，主要有油箱、滤油器、热交换器、蓄能器、管件等，其中油箱需根据系统要求自行设计，其他辅助装置则做成标准件，供设计时选用。液压辅助元件对液压系统的动态性能、工作稳定性、工作寿命、噪声和温度控制等都有直接影响，必须予以重视。

知识点5.1 油箱

5.1.1 油箱的功能和结构

油箱的功能主要是储存油液，此外还起着散发油液中的热量（在周围环境温度较低的情况下则是保持油液中的热量）、释放出混在油液中的气体、沉淀油液中的污物等作用。

液压系统中的油箱有整体式和分离式两种。整体式油箱利用主机的内腔作为油箱，这种油箱结构紧凑，各处漏油易于回收，但增加了设计和制造的复杂性，维修不便，散热条件不好，且会使主机产生热变形。分离式油箱单独设置，与主机分开，减少了油箱发热和液压源振动对主机工作精度的影响，因此得到了普遍的采用，特别是在精密机械上。

油箱可分为开式和闭式两种。开式油箱中油的油液面和大气相通，而闭式油箱中的油液面和大气隔绝。液压系统中大多数采用开式油箱。

开式油箱大部分是由钢板焊接而成的。图5-1所示为工业上使用的典型焊接式油箱。

油箱的典型结构如图5-2所示。由图可见，油箱内部用隔板7、9将吸油管1与回油管4隔开。顶部、侧部和底部分别装有滤油网2、油位计6和排放污油的放油阀8。安装液压泵及其驱动电动机的安装板5固定在油箱顶面上。

此外，近年出现的充气式闭式油箱，它不同于开式油箱之处在于油箱是整个封闭的，顶部有一充气管，可送入0.05~0.07MPa过滤纯净的压缩空气。空气或者直接与油液接触，或者被输入到蓄能器式的气囊内不与油液接触。这种油箱的优点是改善了液压泵的吸油条件，但它要求系统中的回油管、泄油管承受背压。油箱本身还须配置安全阀、电接点压力表等元件以稳定充气压力，因此它只在特殊场合下使用。

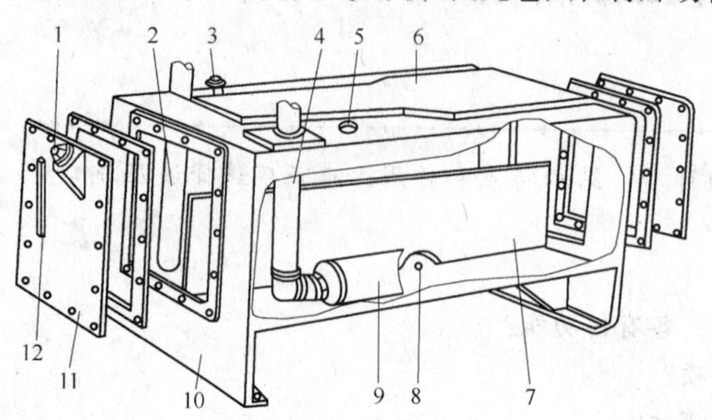

图5－1　焊接式油箱

1—注油口；2—回油管；3—排泄油管；4—吸油管；5—装空气滤清器通孔；6—安装台；7—隔板；8—放油口；9—滤清器；10—侧板；11—侧盖板；12—油位计

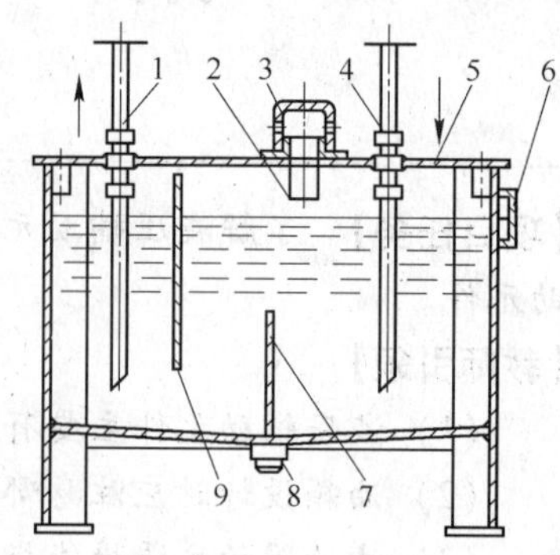

图5－2　油箱的结构

1—吸油管；2—滤油网；3—盖；4—回油管；5—上盖；6—油位计；7，9—隔板；8—放油阀

5.1.2　油箱设计时的注意事项

（1）油箱的有效容积（油面高度为油箱高度80%时的容积）应根据液压系统发热与散热平衡的原则来计算。这项计算在系统负载较大、长期连续工作时是必不可少的。但对于一般情况来说，油箱的有效容积可以按液压泵的额定流量 Q_p（L/min）估计出来。例如，适用于机床或其他一些固定式机械的估算式为：

$$V = \xi Q_p \tag{5-1}$$

式中　V——油箱的有效容积，L；

ξ——与系统压力有关的经验数字，低压系统 $\xi = 2 \sim 4$，中压系统 $\xi = 5 \sim 7$，高压系统 $\xi = 10 \sim 12$。

（2）吸油管和回油管应尽量相距远些，两管之间要用隔板隔开，以增加油液循环距离，使油液有足够的时间分离气泡、沉淀杂质、消散热量。隔板高度最好为箱内油面高度的3/4。吸油管入口处要装粗滤油器。精滤油器与回油管管端在油面最低时应仍没在油中，防止吸油时卷吸空气或回油冲入油箱时搅动油面而混入气泡。回油管管端宜斜切45°，以增大出油口截面积，减慢出口处油流速度，此外，应使回油管斜切口面对箱壁，以利于油液散热。当回油管排回的油量很大时，宜使它的出口高出油面，向一个带孔或不带孔的斜槽（倾角为5°～15°）排油，使油流散开，一方面减慢流速，另一方面排走油液中的空气。减慢回油流速、减少它的冲击搅拌作用，也可以采取让它通过扩散室的办法来达到。泄油管管端亦可斜切并面壁，但不可没入油中。

管端与箱底、箱壁间距离均不宜小于管径的3倍。粗滤油器距箱底不应小于20mm。

（3）为了防止油液污染，油箱上各盖板、管口处都要妥善密封。注油器上要加滤油网。防止油箱出现负压而设置的通气孔上须装空气滤清器。空气滤清器的容量至少应为液压泵额定流量的2倍。油箱内回油集中部分及清污口附近宜装设一些磁性块，以去除油液中的铁屑和带磁性颗粒。

（4）为了易于散热和便于对油箱进行搬移及维护保养，油箱底离地至少应在150mm以上。箱底应适当倾斜，在最低部位处设置堵塞或放油阀，以便排放污油。箱体上注油口的近旁必须设置液位计。滤油器的安装位置应便于装拆。箱内各处应便于清洗。

（5）油箱中如要安装热交换器，必须考虑好它的安装位置，以及测温、控制等措施。

（6）分离式油箱一般用2.5～4mm钢板焊成。箱壁愈薄，散热愈快。100L容量的油箱箱壁厚度取1.5mm，100～400L以下的取3mm，400L以上的取6mm，箱底厚度大于箱壁，箱盖厚度应为箱壁的4倍。大尺寸油箱要加焊角板、筋条，以增加刚性。当液压泵及其驱动电动机和其他液压件都要装在油箱上时，油箱顶盖要相应地加厚。

（7）油箱内壁应涂上耐油防锈的涂料。外壁如涂上一层极薄的黑漆（不超过0.025mm厚度），会有很好的辐射冷却效果。铸造的油箱内壁一般只进行喷砂处理，不涂漆。

知识点5.2　滤油器

5.2.1　滤油器的功能和类型

滤油器的功用是过滤混在液压油液中的杂质，降低进入系统中油液的污染度，保证系统正常地工作。滤油器按其滤芯材料的过滤机制来分，有表面型滤油器、深度型滤油器和吸附型滤油器三种。

（1）表面型滤油器：整个过滤作用是由一个几何面来实现的。滤下的污染杂质被截留在滤芯元件靠油液上游的一面。在这里，滤芯材料具有均匀的标定小孔，可以滤除比小孔尺寸大的杂质。由于污染杂质积聚在滤芯表面上，因此它很容易被阻塞住。编网式滤芯、线隙式滤芯属于这种类型。

（2）深度型滤油器：这种滤芯材料为多孔可透性材料，内部具有曲折迂回的通道。大于表面孔径的杂质直接被截留在外表面，较小的污染杂质进入滤材内部，撞到通道壁上，由于吸附作用而得到滤除。滤材内部曲折的通道也有利于污染杂质的沉积。纸芯、毛毡、烧结金属、陶瓷和各种纤维制品等属于这种类型。

（3）吸附型滤油器：这种滤芯材料把油液中的有关杂质吸附在其表面上。磁芯即属于此类。

常见滤油器式样及其特点见表5－1。

表5－1　常见滤油器及其特点

类型	名称及结构简图	特点说明
表面型	网式滤油器	（1）过滤精度与铜丝网层数及网孔大小有关。在压力管路上常用100、150、200目（每英寸长度上孔数）的铜丝网，在液压泵吸油管路上常采用20～40目铜丝网； （2）压力损失不超过0.004MPa； （3）结构简单，通流能力大，清洗方便，但过滤精度低

续表 5 - 1

类型	名称及结构简图	特点说明
表面型	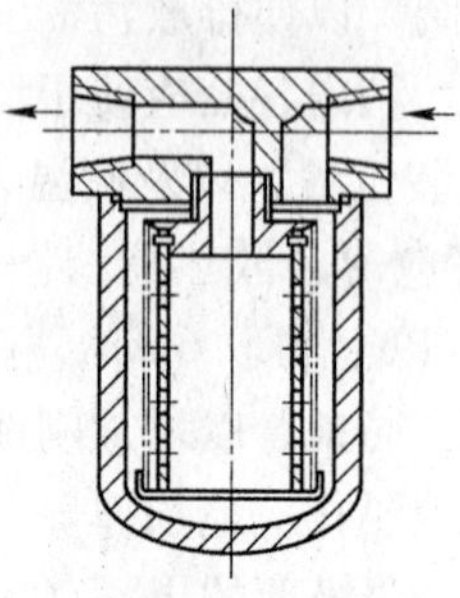 线隙式滤油器	(1) 滤芯由绕在芯架上的一层金属线组成，依靠线间微小间隙来挡住油液中杂质的通过； (2) 压力损失约为 0.03 ~ 0.06MPa； (3) 结构简单，通流能力大，过滤精度高，但滤芯材料强度低，不易清洗； (4) 用于低压管道中，当用在液压泵吸油管上时，它的流量规格宜选得比泵大
深度型	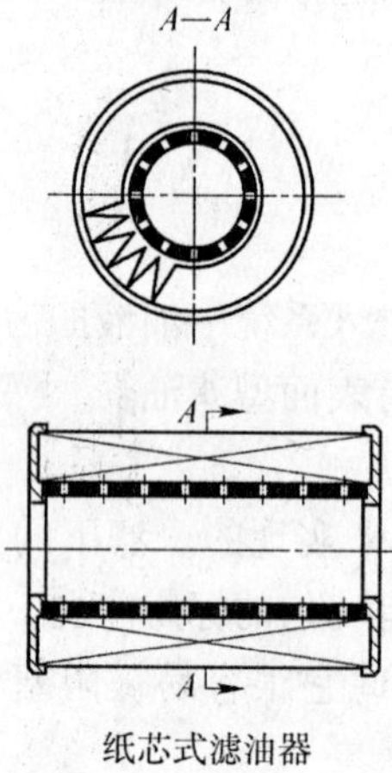 A—A A A 纸芯式滤油器	(1) 结构与线隙式相同，但滤芯为平纹或波纹的酚醛树脂或木浆微孔滤纸制成的纸芯，为了增大过滤面积，纸芯常制成折叠形； (2) 压力损失约为 0.01 ~ 0.04MPa； (3) 过滤精度高，但堵塞后无法清洗，必须更换纸芯； (4) 通常用于精过滤
	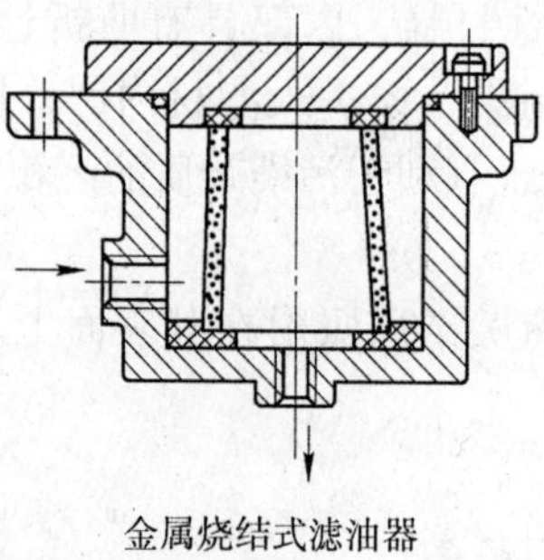 金属烧结式滤油器	(1) 滤芯由金属粉末烧结而成，利用金属颗粒间的微孔来挡住油中杂质通过，改变金属粉末的颗粒大小，就可以制出不同过滤精度的滤芯； (2) 压力损失约为 0.03 ~ 0.2MPa； (3) 过滤精度高，滤芯能承受高压，但金属颗粒易脱落，堵塞后不易清洗； (4) 适用于精过滤
吸附型	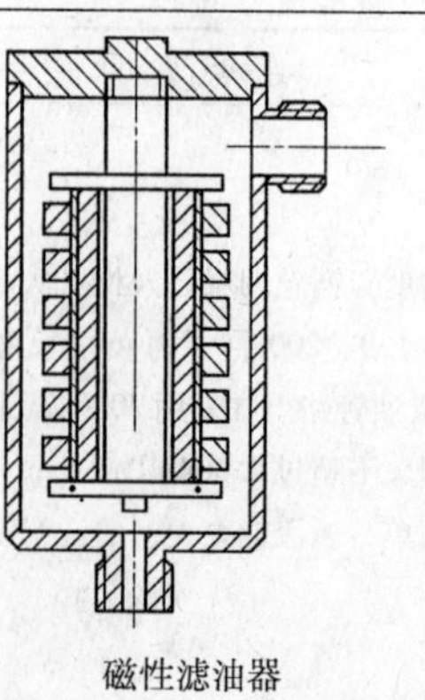 磁性滤油器	(1) 滤芯由永久磁铁制成，能吸住油液中的铁屑、铁粉、可带磁性的磨料； (2) 常与其他形式滤芯合起来制成复合式滤油器； (3) 对加工钢铁件的机床液压系统特别适用

5.2.2　滤油器的主要性能指标

（1）过滤精度。过滤精度表示滤油器对各种不同尺寸的污染颗粒的滤除能力，用绝对过滤精度、过滤比和过滤效率等指标来评定。

绝对过滤精度是指通过滤芯的最大坚硬球状颗粒的尺寸（y），它反映了过滤材料中最大通孔尺寸，以 μm 表示。它可以用试验的方法进行测定。

过滤比（β_x值）是指滤油器上游油液单位容积中大于某给定尺寸的颗粒数与下游油液单位容积中大于同一尺寸的颗粒数之比，即对于某一尺寸 x 的颗粒来说，其过滤比 β_x 的表达式为：

$$\beta_x = N_u / N_d \tag{5-2}$$

式中　N_u——上游油液中大于某一尺寸 x 的颗粒浓度；

N_d——下游油液中大于同一尺寸 x 的颗粒浓度。

从式（5-2）可看出，β_x愈大，过滤精度愈高。当过滤比的数值达到75时，y 即被认为是滤油器的绝对过滤精度。过滤比能确切地反映滤油器对不同尺寸颗粒污染物的过滤能力，它已被国际标准化组织采纳作为评定滤油器过滤精度的性能指标。一般要求系统的过滤精度要小于运动副间隙的一半。此外，压力越高，对过滤精度要求越高。过滤精度推荐值见表5-2。

表5-2　过滤精度推荐值表

系统类别	润滑系统	传动系统			伺服系统
工作压力/MPa	0~2.5	≤14	$14 < p < 21$	≥21	21
过滤精度/μm	100	25~50	25	10	5

过滤效率 E_c 可以通过式（5-3）由过滤比 β_x 值直接换算出来：

$$E_c = (N_u - N_d)/N_u = 1 - 1/\beta_x \tag{5-3}$$

（2）压降特性。液压回路中的滤油器对油液流动来说是一种阻力，因而油液通过滤芯时必然要出现压力降。一般来说，在滤芯尺寸和流量一定的情况下，滤芯的过滤精度愈高，压力降愈大；在流量一定的情况下，滤芯的有效过滤面积愈大，压力降愈小；油液的黏度愈大，流经滤芯的压力降也愈大。

滤芯所允许的最大压力降，应以不致使滤芯元件发生结构性破坏为原则。在高压系统中，滤芯在稳定状态下工作时承受的仅仅是它那里的压力降，这就是为什么纸质滤芯亦能在高压系统中使用的道理。油液流经滤芯时的压力降，大部分是通过试验或经验公式来确定的。

（3）纳垢容量。纳垢容量是指滤油器在压力降达到其规定限值之前可以滤除并容纳的污染物数量，这项性能指标可以用多次通过性试验来确定。滤油器的纳垢容量愈大，使用寿命愈长，所以它是反映滤油器寿命的重要指标。一般来说，滤芯尺寸愈大，即过滤面积愈大，纳垢容量就愈大。增大过滤面积，可以使纳垢容量至少成比例地增加。

滤油器过滤面积 A 的表达式为：

$$A = \frac{Q\mu}{a\Delta p} \tag{5-4}$$

式中　Q——滤油器的额定流量，L/min；

μ——油液的黏度，Pa·s；

Δp——压力降，Pa；

a——滤油器单位面积通过能力，L/cm^2，由实验确定，在20℃时，对特种滤网，$a=0.003\sim0.006$；纸质滤芯，$a=0.035$；线隙式滤芯，$a=10$；一般网式滤芯，$a=2$。

式（5－4）清楚地说明了过滤面积与油液的流量、黏度、压降和滤芯形式的关系。

5.2.3　滤油器的选用和安装

5.2.3.1　选用

滤油器按其过滤精度（滤去杂质的颗粒大小）的不同，有粗滤油器、普通滤油器、精密滤油器和特精滤油器四种，它们分别能滤去大于100μm、10～100μm、5～10μm和1～5μm大小的杂质。

选用滤油器时，要考虑下列几点：

（1）过滤精度应满足预定要求。

（2）能在较长时间内保持足够的通流能力。

（3）滤芯具有足够的强度，不因液压的作用而损坏。

（4）滤芯抗腐蚀性能好，能在规定的温度下持久地工作。

（5）滤芯清洗或更换简便。

因此，滤油器应根据液压系统的技术要求，按过滤精度、通流能力、工作压力、油液黏度、工作温度等条件选定其型号。

（1）过滤精度。原则上大于滤芯网目的污染物是不能通过滤芯的。滤油器上的过滤精度常用能被过滤掉的杂质颗粒的公称尺寸大小来表示。系统压力越高，过滤精度越低。

（2）通流能力。液压油通过的流量大小和滤芯的通流面积有关。一般可根据要求通过的流量选用相对应规格的滤油器。为降低阻力，滤油器的容量为泵流量的2倍以上。

（3）工作压力。选用滤油器时必须注意系统中冲击压力的发生。滤油器的耐压包含滤芯的耐压和壳体的耐压。一般滤芯的耐压为0.01～0.1MPa，这主要靠滤芯有足够的通流面积，使其压降小，以避免滤芯被破坏。滤芯被堵塞，压降便增加。

必须注意：滤芯的耐压和滤油器的使用压力是不同的，当提高使用压力时，要考虑壳体是否承受得了，而与滤芯的耐压无关。

5.2.3.2　滤油器的安装

如图5－3所示为液压系统中滤油器的几种可能安装位置。

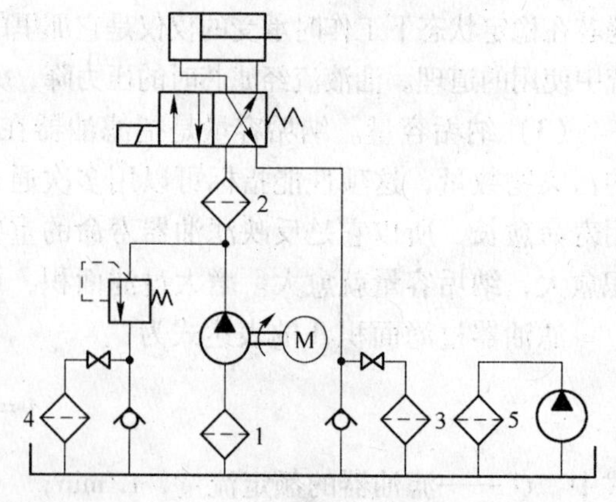

图5－3　滤油器的安装位置

（1）滤油器（滤清器）1：安装在泵的吸油口处。泵的吸油路上一般都安装有表面型滤油器，目的是滤去较大的杂质微粒以保护液压泵，此外滤油器的过滤能力应为泵流量的两倍以上，压力损失小于0.02MPa。

（2）滤油器2：安装在泵的出口，属于压力管用滤油器，用来保护泵以外的其他元件。一般装在溢流阀下游的管路上或和安全阀并联，以防止滤油器被堵塞时泵形成过载。

（3）滤油器 3：安装在回油管路上，属于回油管用滤油器。一般与过滤器并连安装一背压阀，当过滤器堵塞达到一定压力值时，背压阀打开。此滤油器的壳体耐压性可较低。

（4）滤油器 4：安装在溢流阀的回油管上，因其只通泵部分的流量，故滤油器容量可较小。

（5）滤油器 5：为独立的过滤系统，其作用是不断净化系统中的液压油，常用在大型的液压系统里。

液压系统中除了整个系统所需的滤油器外，还常常在一些重要元件（如伺服阀、精密节流阀等）的前面单独安装一个专用的精滤油器，以确保它们的正常工作。

知识点 5.3 管件

5.3.1 油管

液压系统中使用的油管种类很多，有钢管、铜管、尼龙管、塑料管、橡胶管等，需按照安装位置、工作环境和工作压力来正确选用。油管的特点及其适用范围见表 5－3。

表 5－3 液压系统中使用的油管

种类		特点和适用场合
硬管	钢管	能承受高压，价格低廉，耐油，抗腐蚀，刚性好，但装配时不能任意弯曲；常在装拆方便处用作压力管道，中、高压用无缝管，低压用焊接管
	紫铜管	易弯曲成各种形状，但承压能力一般不超过 6.5～10MPa，抗振能力较弱，又易使油液氧化；通常用在液压装置内配接不便之处
软管	尼龙管	乳白色半透明，加热后可以随意弯曲成形或扩口，冷却后又能定形不变，承压能力因材质而异，自 2.5MPa 至 8MPa 不等
	塑料管	质轻耐油，价格便宜，装配方便，但承压能力低，长期使用会变质老化，只宜用作压力低于 0.5MPa 的回油管、泄油管等
	橡胶管	高压管由耐油橡胶夹几层钢丝编织网制成，钢丝网层数越多，耐压越高，价格昂贵，用作中、高压系统中两个相对运动件之间的压力管道； 低压管由耐油橡胶夹帆布制成，可用作回油管道

油管的规格尺寸（管道内径和壁厚）可由式（5－5）、式（5－6）算出 d、δ 后，查阅有关的标准选定。

$$d=2\sqrt{\frac{Q}{\pi v}} \tag{5-5}$$

$$\delta=\frac{pdn}{2\sigma_b} \tag{5-6}$$

式中 d——油管内径；

Q——管内流量；

v——管中油液的流速，吸油管取 0.5～1.5m/s，高压管取 2.5～5m/s（压力高的取大值，低的取小值，例如：压力在 6MPa 以上的取 5m/s，在 3～6MPa 之间的取 4m/s，在 3MPa 以下的取 2.5～3m/s；管道较长的取小值，较短的取大值；油液黏度大时取小值），回油管取 1.5～2.5m/s，短管及局部收缩处取 5～7m/s；

δ——油管壁厚；

p——管内工作压力；

n——安全系数，对钢管来说，$p<7\text{MPa}$ 时取 $n=8$，$7\text{MPa}<p<17.5\text{MPa}$ 时取 $n=6$，$p>17.5\text{MPa}$ 时取 $n=4$；

σ_b——管道材料的抗拉强度。

油管的管径不宜选得过大，以免使液压装置的结构庞大；但也不能选得过小，以免使管内液体流速加大，系统压力损失增加或产生振动和噪声，影响正常工作。

在保证强度的情况下，管壁可尽量选得薄些。薄壁管易于弯曲，规格较多，装接较易，采用它可减少管系接头数目，有助于解决系统泄漏问题。

5.3.2 接头

管接头是油管与油管、油管与液压件之间的可拆式连接件，它必须具有装拆方便、连接牢固、密封可靠、外形尺寸小、通流能力大、压降小、工艺性好等各项条件。

管接头的种类很多，其规格品种可查阅有关手册。液压系统中油管与管接头的常见连接方式见表5-4。管路旋入端用的连接螺纹采用国家标准米制锥螺纹（ZM）和普通细牙螺纹（M）。

表5-4 液压系统中常用的管接头

名 称	结构简图	特点和说明
焊接时管接头	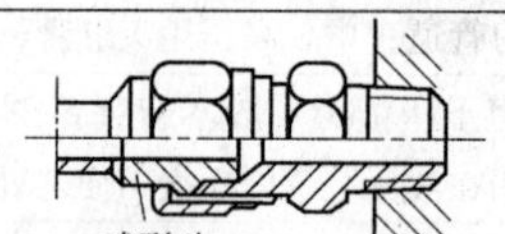 球形头	（1）连接牢固，利用球面进行密封，简单可靠； （2）焊接工艺必须保证质量，必须采用厚壁钢管，装拆不便
卡套式管接头	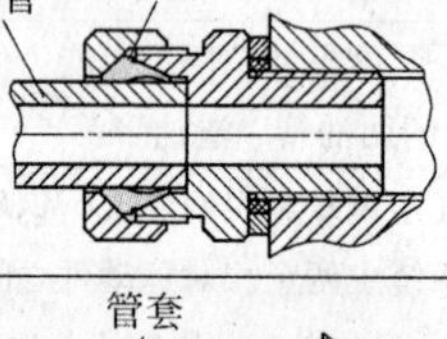 接管 卡套	（1）用卡套卡住油管进行密封，轴向尺寸要求不严，装拆简单； （2）对油管径向尺寸精度要求不高，为此采用冷拔无缝钢管
扩口式管接头	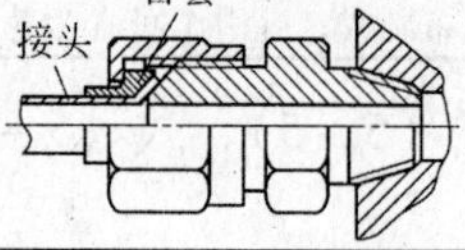 管套 接头	（1）用油管管端的扩口在管套的压紧下进行密封，结构简单； （2）适用于钢管、薄壁钢管、尼龙管和塑料管等低压管道的连接
扣压式管接头	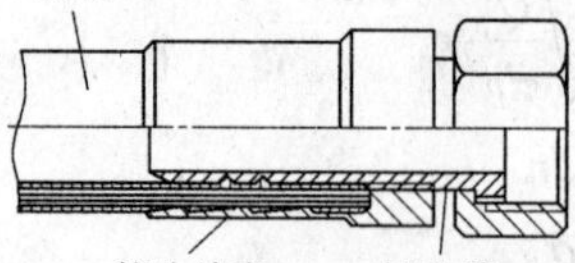 胶管 接头外套 接头芯	（1）用来连接高压软管； （2）在中、低压系统中应用
固定铰接管接头	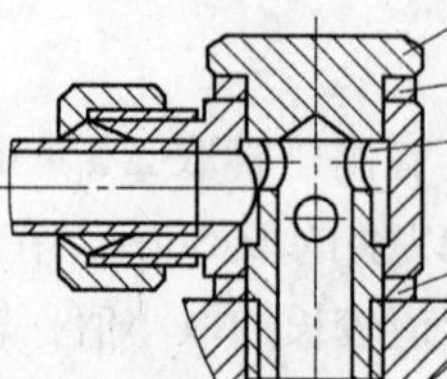 螺钉 组合垫圈 接头体 组合垫圈	（1）是直角接头，优点是可以随意调整布管方向，安装方便，占空间小； （2）接头与管子的连接方法，除本图卡套式外，还可以用焊接式； （3）中间有通油孔的固定螺钉把两个组合垫圈压紧在管接头体上进行密封

锥螺纹依靠自身的锥体旋紧和采用聚四氟乙烯等进行密封，广泛用于中、低压液压系统；细牙螺纹密封性好，常用于高压系统，但要采用组合垫圈或O形圈进行端面密封，有时也可用紫铜垫圈。

液压系统中的泄漏问题大部分都出现在管系中的接头上，为此对管材的选用、接头形式的确定（包括接头设计、垫圈、密封、箍套、防漏涂料的选用等）、管系的设计（包括弯管设计、管道支承点和支承形式的选取等）以及管道的安装（包括正确的运输、储存、清洗、组装等）都要审慎从事，以免影响整个液压系统的使用质量。

国外对管子材质、接头形式和连接方法上的研究工作从未间断。最近出现一种用特殊的镍钛合金制造的管接头，它能使低温下受力后发生的变形在升温时消除，即把管接头放入液氮中用芯棒扩大其内径，然后取出来迅速套装在管端上，便可使它在常温下得到牢固、紧密的结合。这种“热缩”式的连接已在航空和其他一些加工行业中得到了应用，它能保证在40～55MPa的工作压力下不出现泄漏。这是一个十分值得注意的动向。

知识点5.4　蓄能器

5.4.1　蓄能器的功用

蓄能器的功用主要是储存油液多余的压力能，并在需要时释放出来。在液压系统中蓄能器常用来：

（1）在短时间内供应大量压力油液。实现周期性动作的液压系统，在系统不需大量油液时，可以把液压泵输出的多余压力油液储存在蓄能器内，到需要时再由蓄能器快速释放给系统。这样就可使系统选用流量等于循环周期内平均流量q_m的液压泵，以减小电动机功率消耗，降低系统温升。

（2）维持系统压力。在液压泵停止向系统提供油液的情况下，蓄能器能把储存的压力油液供给系统，补偿系统泄漏或充当应急能源，使系统在一段时间内维持系统压力，避免停电或系统发生故障时油源突然中断所造成的机件损坏。

（3）减小液压冲击或压力脉动。蓄能器能吸收液压冲击或压力脉动，大大减小其幅值。

5.4.2　蓄能器的类型

蓄能器主要有弹簧式和充气式两大类，其中充气式又包括气瓶式、活塞式和气囊式三种。气瓶式又称气液直接接触式或称非隔离式蓄能器，活塞式和气囊式又称隔离式蓄能器。过去有一种重力式蓄能器，体积庞大，结构笨重，反应迟钝，现在工业上已很少应用。

（1）弹簧式蓄能器。图5－4所示为弹簧式蓄能器及其图形符号。弹簧式蓄能器是利用弹簧的压缩和伸长来储存、释放压力能。其结构简单，反应灵敏，但容量小，可用于小容量、低压回路起缓冲作用，不适用于高压或高频的工作场合。

（2）充气式蓄能器。充气式蓄能器是利用压缩气体储存能量的蓄能器。

1）气瓶式蓄能器。图5－5为气瓶式蓄能器及其图形符号。气瓶式蓄能器是一种直接接触式蓄能器，它是一个下半部盛油液，上半部充压缩气体的气瓶。这种蓄能器容量大，体积小，惯性小，反应灵敏。但是气体容易混入油液中，使油液的可压缩性增加，并且耗气量大，必须经常补气。

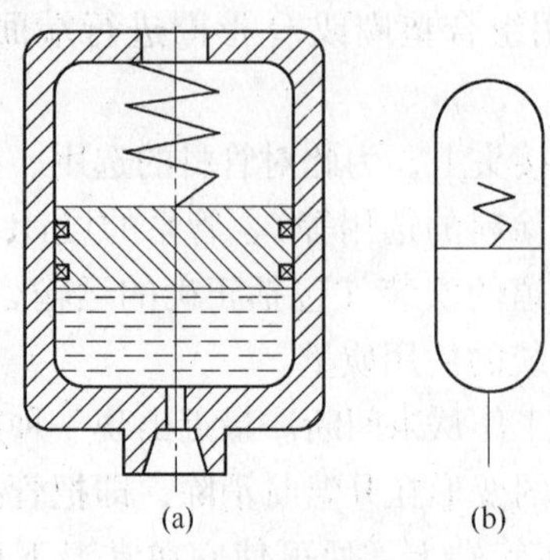

图5-4　弹簧式蓄能器
（a）结构；（b）图形符号

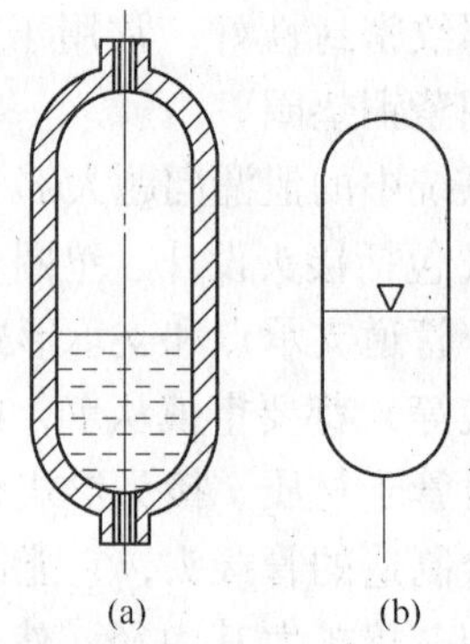

图5-5　气瓶式蓄能器
（a）结构；（b）图形符号

2）活塞式蓄能器。活塞式蓄能器是一种隔离式蓄能器，其结构如图5-6所示。它利用活塞使气与油液隔离，以减少气体渗入油液的可能性。其容量大，常用于中、高压系统，但正逐渐被性能更完善的气囊式蓄能器代替。

3）气囊式蓄能器。气囊式蓄能器也是一种隔离式蓄能器，其结构如图5-7（a）所示。图5-7（b）为隔离式蓄能器的图形符号。外壳2为两端成球形的圆柱体，壳体内有一个用耐油橡胶制成的气囊3。气囊出口上设充气阀1，充气阀只在为气囊充气时才打开，平时关闭。这种蓄能器中气体和液体完全隔离开，并且蓄能器的重量轻，惯性小，反应灵敏，是当前应用最广泛的一种蓄能器。

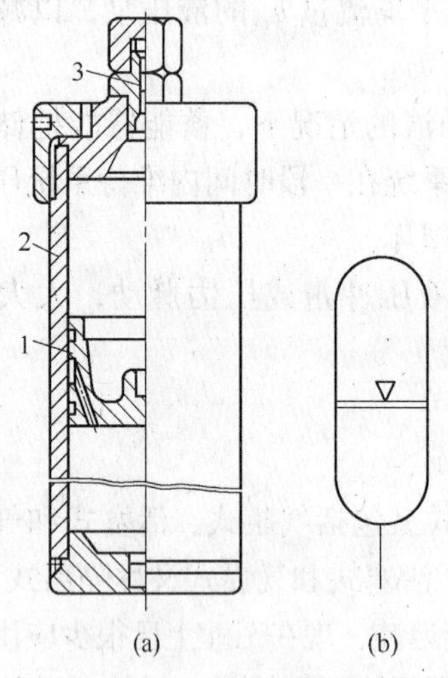

图5-6　活塞式蓄能器
（a）结构；（b）图形符号
1—活塞；2—壳体；3—充气阀

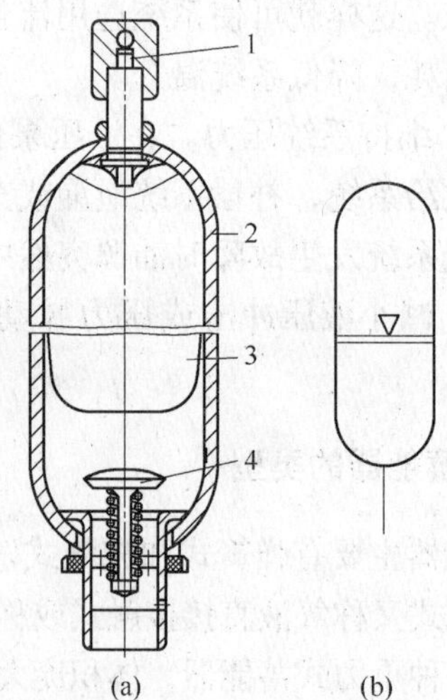

图5-7　气囊式蓄能器
（a）结构；（b）图形符号
1—充气阀；2—壳体；3—气囊；4—菌形阀

5.4.3　蓄能器的安装和使用

蓄能器在液压回路中的安放位置随其功用不同而不同：吸收液压冲击或压力脉动时宜放在冲击源或脉动源近旁；补油保压时宜放在尽可能接近有关的执行元件处。

使用蓄能器须注意如下几点：

（1）充气式蓄能器中应使用惰性气体（一般为氮气），允许工作压力视蓄能器结构形式而定，例如，气囊式为3.5～32MPa。

（2）不同的蓄能器各有其适用的工作范围。例如，气囊式蓄能器的气囊强度不高，不能承受很大的压力波动，且只能在－20～70℃的温度范围内工作。

（3）气囊式蓄能器原则上应垂直安装（油口向下），只有在空间位置受限制时才允许倾斜或水平安装。

（4）装在管路上的蓄能器须用支板或支架固定。

（5）蓄能器与管路系统之间应安装截止阀，供充气、检修时使用。蓄能器与液压泵之间应安装单向阀，防止液压泵停车时蓄能器内储存的压力油液倒流。

知识点5.5　热交换器

液压系统的工作温度一般希望保持在30～50℃的范围之内，最高不超过65℃，最低不低于15℃。液压系统如依靠自然冷却仍不能使油温控制在上述范围内时，就须安装冷却器；反之，如环境温度太低无法使液压泵启动或正常运转时，就须安装加热器。

5.5.1　冷却器

液压系统中的冷却器，最简单的是蛇形管冷却器（见图5－8）。它直接装在油箱内，冷却水从蛇形管内部通过，带走油液中热量。这种冷却器结构简单，但冷却效率低，耗水量大。

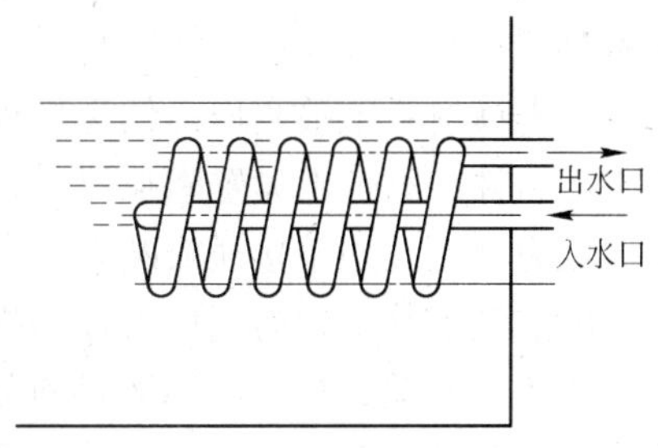

图5－8　蛇形管冷却器

液压系统中用得较多的冷却器是强制对流式多管冷却器（见图5－9）。油液从进油口5流入，从出油口3流出；冷却水从进水口7流入，通过多根水管后由出水口1流出。油液在水管外部流动时，它的行进路线因冷却器内设置了隔板而加长，因而增加了热交换效果。

近来出现一种翅片管式冷却器，水管外面增加了许多横向或纵向的散热翅片，大大扩大了散热面积和热交换效果。图5－10所示为翅片管式冷却器的一种形式，它是在圆管或椭圆管外嵌套上许多径向翅片，其散热面积可达光滑管的8～10倍。椭圆管的散热效果一般比圆管更好。

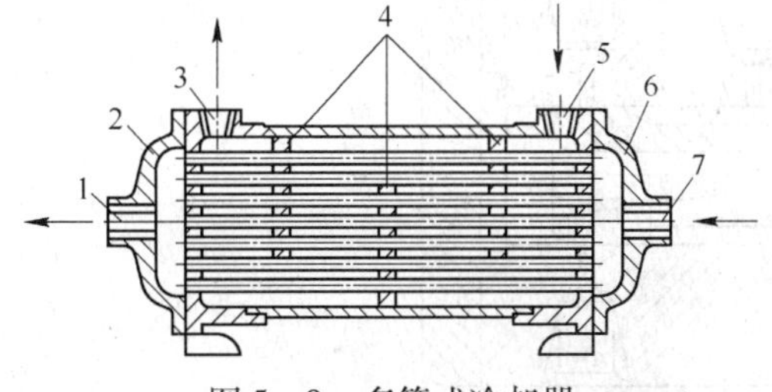

图5－9　多管式冷却器

1—出水口；2—端盖；3—出油口；4—隔板；5—进油口；6—端盖；7—进水口

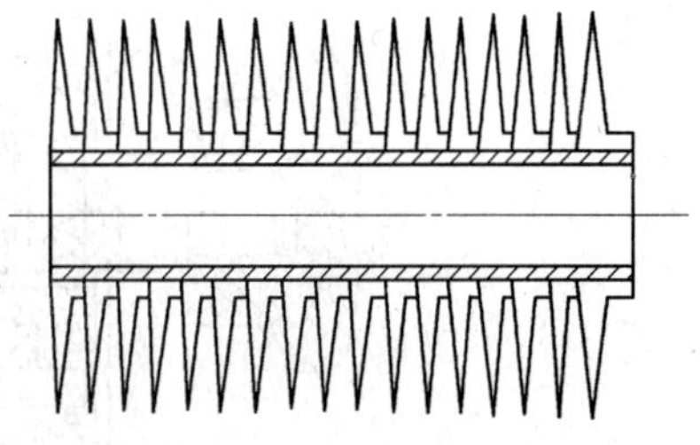

图5－10　翅片管式冷却器

液压系统亦可以用汽车上的风冷式散热器来进行冷却。这种由风扇鼓风带走流入散热器内油液热量的装置不须另设通水管路，结构简单，价格低廉，但冷却效果较水冷式差。

冷却器一般应安放在回油管或低压管路上，如溢流阀的出口，系统的主回流路上或单独的冷却系统。

冷却器所造成的压力损失一般约为 0.01 ~ 0.1MPa。

5.5.2　加热器

液压系统的加热一般常采用结构简单、能按需要自动调节最高和最低温度的电加热器。这种加热器的安装方式是用法兰盘横装在箱壁上，发热部分全部浸在油液内。加热器应安装在箱内油液流动处，以有利于热量的交换。由于油液是热的不良导体，单个加热器的功率容量不能太大，以免其周围油液过度受热后发生变质现象。

知识点 5.6　压力计及压力计开关

液压系统和各局部回路的压力大小，可以通过压力计观测，以便调整和控制液压系统及各工作点的压力。最常用的压力计是弹簧弯管式压力计。

压力计有普通压力计和标准压力计。普通压力计用于一般压力测量，标准压力计用于精确测量或检验普通压力计的精度。压力计的精度等级以其误差占量程的百分数来表示。选用压力计时系统最高压力约为量程的 3/4 比较合理，为防止压力冲击损坏压力计，常在通至压力计的通道上设置阻尼器。

压力计开关用于接通或断开压力计与测量点的通路；开关中过油通道 a 很小，以阻尼压力的波动和冲击，防止压力计的指针剧烈地摆动。

压力计开关，按其所能测量的测量点的数目，分为一点、三点和六点；按连接方式分为管式和板式。多点压力计开关，可以使一个压力计和液压系统中几个被测量油路相通，以分别测量几个油路的压力。图 5 - 11 为一压力计开关的结构，图示位量为非测量位置。此时压力计由沟槽 a 和小孔 b 与油池相通。若将手柄推进去，沟槽 a 将把测量点与压力计连通，并将压力计通往油池的通路切断，这时便可测出一个点的压力；若将手轮转到另一位置，便可测出另一点的压力。

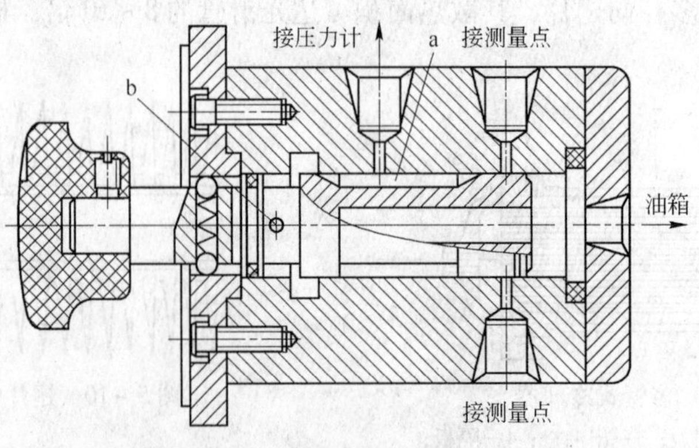

图 5 - 11　压力计开关

知识点5.7 密封装置

密封是解决液压系统泄漏问题最重要、最有效的手段。液压系统如果密封不良，可能出现不允许的外泄漏，外漏的油液将会污染环境；还可能使空气进入吸油腔，影响液压泵的工作性能和液压执行元件运动的平稳性（爬行）；泄漏严重时，系统容积效率过低，甚至工作压力达不到要求值。若密封过度，虽可防止泄漏，但会造成密封部分的剧烈磨损，缩短密封件的使用寿命，增大液压元件内的运动摩擦阻力，降低系统的机械效率。因此，合理地选用和设计密封装置在液压系统的设计中十分重要。

5.7.1 密封装置的要求

（1）在工作压力和一定的温度范围内，应具有良好的密封性能，并随着压力的增加能自动提高密封性能。

（2）密封装置和运动件之间的摩擦力要小，摩擦系数要稳定。

（3）抗腐蚀能力强，不易老化，工作寿命长，耐磨性好，磨损后在一定程度上能自动补偿。

（4）结构简单，使用、维护方便，价格低廉。

5.7.2 密封装置的类型和特点

密封按其工作原理来分可分为非接触式密封和接触式密封。前者主要指间隙密封，后者指密封件密封。

（1）间隙密封。间隙密封是靠相对运动件配合面之间的微小间隙来进行密封的，常用于柱塞、活塞或阀的圆柱配合副中。一般在阀芯的外表面开有几条等距离的均压槽，它的主要作用是使径向压力分布均匀，减小液压卡紧力，同时使阀芯在孔中对中性好，以减小间隙的方法来减少泄漏。同时槽所形成的阻力，对减少泄漏也有一定的作用。均压槽一般宽0.3～0.5mm，深0.5～1.0mm。圆柱面配合间隙与直径大小有关，对于阀芯与阀孔一般取0.005～0.017mm。

间隙密封的优点是摩擦力小，缺点是磨损后不能自动补偿，主要用于直径较小的圆柱面之间，如液压泵内的柱塞与缸体之间、滑阀的阀芯与阀孔之间的配合。

（2）O形密封圈。O形密封圈一般用耐油橡胶制成，其横截面呈圆形。它具有良好的密封性能，内外侧和端面都能起密封作用，结构紧凑，运动件的摩擦阻力小，制造容易，装拆方便，成本低，且高低压均可以用，所以在液压系统中得到广泛的应用。

图5－12所示为O形密封圈的结构和工作情况。图5－12（a）为其外形圈，图5－12（b）为装入密封沟槽的情况。δ_1、δ_2为O形圈装配后的预压缩量，通常用压缩率W表示，即

$$W=[(d_0-h)/d_0]\times 100\%$$

对于固定密封、往复运动密封和回转运动密封，压缩率应分别达到15%～20%、10%～20%和5%～10%，才能取得满意的密封效果。当油液工作压力超过10MPa时，O形圈在往复运动中容易被油液压力挤入间隙而提早损坏，见图5－12（c）。为此要在它的侧面安放1.2～1.5mm厚的聚四氟乙烯挡圈，单向受力时在受力侧的对面安放一个挡圈，见图5－12（d）；双向受力时则在两侧各放一个挡圈，见图5－12（e）。

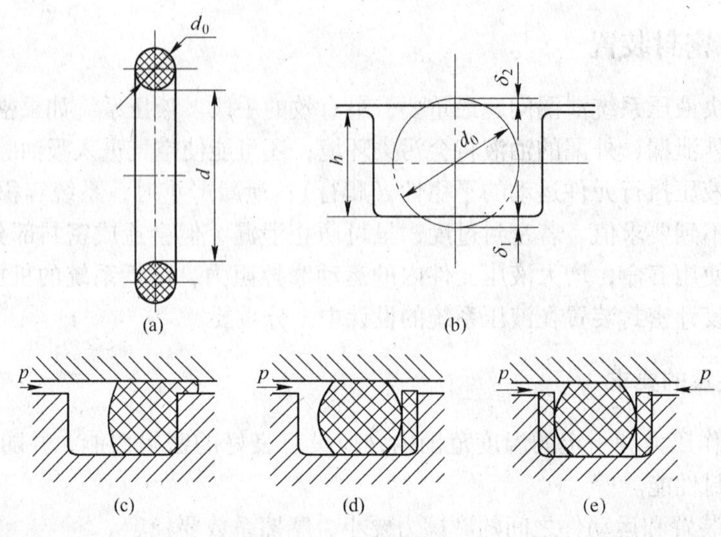

图 5－12　O 形密封圈

O 形密封圈的安装沟槽，除矩形外，还有 V 形、燕尾形、半圆形、三角形等，实际应用中可查阅有关手册及国家标准。

（3）唇形密封圈。唇形密封圈根据截面的形状可分为 Y 形、V 形、U 形、L 形等。其工作原理如图 5－13 所示。液压力将密封圈的两唇边 h_1 压向形成间隙的两个零件的表面。这种密封作用的特点是能随着工作压力的变化自动调整密封性能，压力越高则唇边被压得越紧，密封性越好；当压力降低时唇边压紧程度也随之降低，从而减小了摩擦阻力和功率消耗。除此之外，唇形密封圈还能自动补偿唇边的磨损，保持密封性能不降低。

目前，液压缸中普遍使用如图 5－14 所示的小 Y 形密封圈作为活塞和活塞杆的密封。

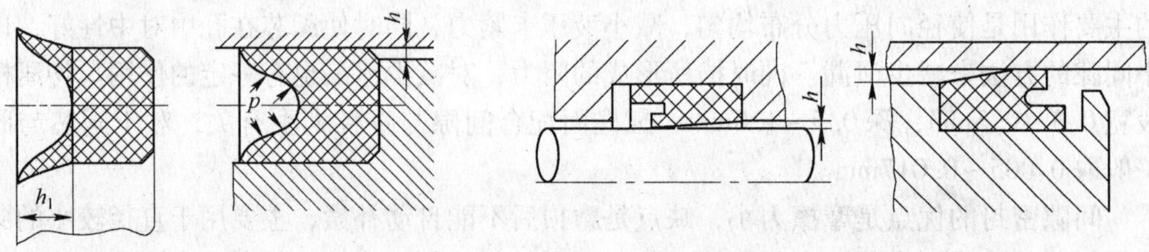

图 5－13　唇形密封圈的工作原理　　图 5－14　小 Y 形密封圈

其中图 5－15（a）为轴用密封圈，图 5－15（b）所示为孔用密封圈。这种小 Y 形密封圈的特点是断面宽度和高度的比值大，增加了底部支承宽度，可以避免摩擦力造成的密封圈的翻转和扭曲。

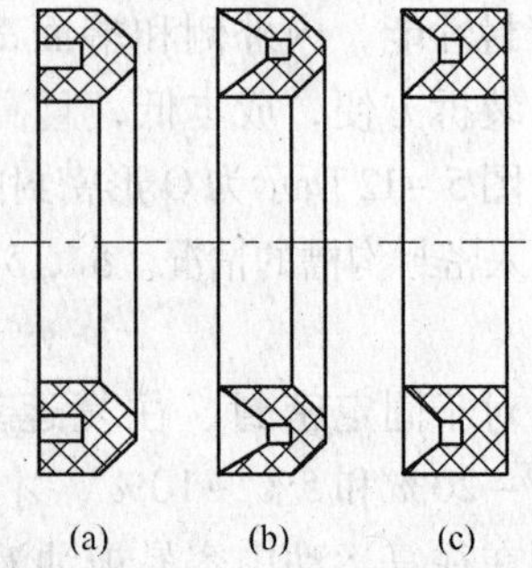

图 5－15　V 形密封圈

（a）支承环；（b）密封环；（c）压环

在高压和超高压情况下（压力大于 25MPa）V 形密封圈也有应用。V 形密封圈的形状如图 5－15 所示，它由多层涂胶织物压制而成，通常由压环、密封环和支承环三个圈叠在一起使用，此时已能保证良好的密封性，当压力更高时，可以增加中间密封环的数量。这种密封圈在安装时要预压紧，所以摩擦阻力较大。

唇形密封圈安装时应使其唇边开口面对压力油，使两唇张开，分别贴紧在机件的表面上。

（4）组合式密封装置。随着液压技术的应用日益广泛，系统对密封的要求越来越高，普通的密封圈单独使用已不能很好地满足密封性能，特别是使用寿命和可靠性方面的要求，因此，研究和开发了由包括密封圈在内的两个以上元件组成的组合式密封装置。

图 5－16（a）所示为 O 形密封圈与截面为矩形的聚四氟乙烯塑料滑环组成的组合密封装置。其中，滑环 2 紧贴密封面，O 形圈 1 为滑环提供弹性预压力，在介质压力等于零时构成密封，由于密封间隙靠滑环，而不是 O 形圈，因此摩擦阻力小而且稳定，可以用于 40MPa 的高压；往复运动密封时，速度可达 15m/s；往复摆动与螺旋运动密封时，速度可达 5m/s。矩形滑环组合密封的缺点是抗侧倾能力稍差，在高低压交变的场合下工作容易漏油。图 5－16（b）为由滑环 2 和 O 形圈 1 组成的轴用组合密封，由于支持环与被密封件 3 之间为线密封，其工作原理类似唇边密封。支持环采用一种经特别处理的化合物，具有极佳的耐磨性、低摩擦和保形性，不存在橡胶密封低速时易产生的“爬行”现象。工作压力可达 80MPa。

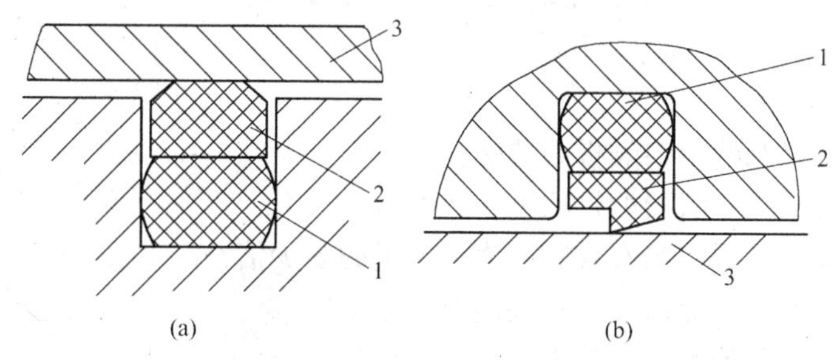

图 5－16　组合式密封装置

1—O 形圈；2—滑环；3—被密封件

组合式密封装置由于充分发挥了橡胶密封圈和滑环的长处，因此不仅工作可靠，摩擦力低而稳定，而且使用寿命比普通橡胶密封提高近百倍，在工程上的应用日益广泛。

（5）回转轴的密封装置。回转轴的密封装置形式很多，图 5－17 所示是一种耐油橡胶制成的回转轴用密封圈。它的内部有直角形圆环铁骨架支撑着，密封圈的内边围着一条螺旋弹簧，把内边收紧在轴上来进行密封。这种密封圈主要用作液压泵、液压马达和回转式液压缸的伸出轴的密封，以防止油液漏到壳体外部。它的工作压力一般不超过 0.1MPa，最大允许线速度为 4～8m/s，须在有润滑情况下工作。

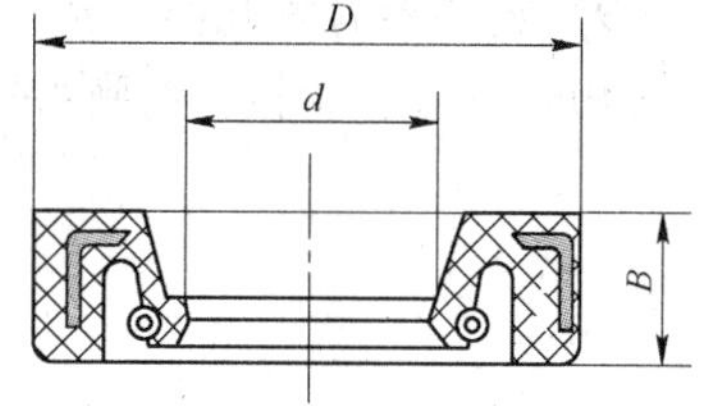

图 5－17　回转轴用密封圈

能力点 5.8　训练与思考

5.8.1　项目训练

【项目 1】　某企业新设计的液压站在使用过程中，发现使用半小时后，油温升高超过 40℃，已知油箱有效容积为 1m³，泵流量为 200L/min，泵的输出压力为 32MPa，请为该企业查找油液温升过高的原因，并提出合理的解决方案。

【项目 2】 现有如图 5－18 所示的液压系统需要进行详细设计，已知液压泵的流量为 100L/min，泵的输出压力为 20MPa。请为该液压系统中序号 1～4 的液压辅助元件确定型号和规格，确定过程可查阅相关液压专业工具书。

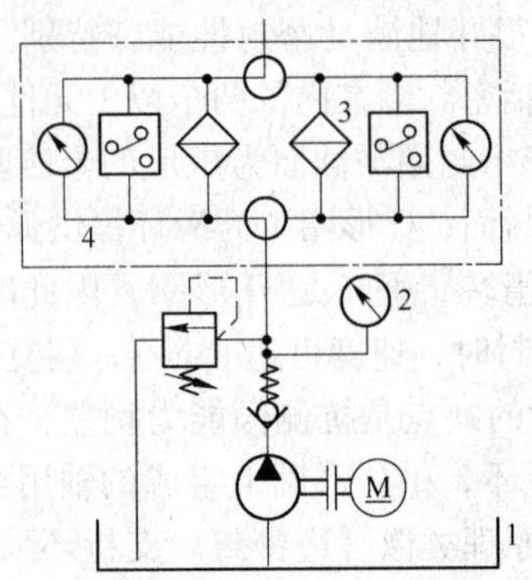

图 5－18　液压系统
1—油箱；2—压力表；3—过滤器；4—管道

5.8.2　思考与练习

（1）简述油箱以及油箱内隔板的功能。

（2）油箱上装空气滤清器的目的是什么？

（3）根据经验，开式油箱有效容积为泵流量的多少倍？

（4）滤油器在选择时应该注意哪些问题？

（5）滤油器有哪几种类型，分别有什么特点？

（6）简述液压系统中安装冷却器的原因。

（7）油冷却器依据冷却方式分为哪两大类？

（8）简述蓄能器的功能。

（9）蓄能器有哪几类？常用的是哪一类？

（10）油管和管接头有哪些类型，各适用于什么场合？

项目6 液压基本回路

【项目任务】 掌握压力控制回路的特点及主要类型；掌握速度控制回路的特点及主要类型；掌握方向控制回路的特点及主要类型；掌握多缸动作回路的特点及主要类型。

【教师引领】

（1）液压回路的主要类型有哪些？

（2）压力控制回路的主要类型有哪些，各有何特点？

（3）速度控制回路的主要类型有哪些，各有何特点？

（4）方向控制回路的主要类型有哪些，各有何特点？

（5）多缸动作回路的主要类型有哪些，各有何特点？

【兴趣提问】 掌握常用液压回路特点有何用处？

任何复杂的液压系统都是由一些简单的液压基本回路组成。液压基本回路是由一些液压元件组成，并能实现某种规定功能的液压元件的组合，是液压系统的组成部分。液压系统是由若干个液压回路组成的，每一个液压回路是由一些相关的液压元件所组成的，并能完成液压系统的某一特定功能（如调速、调压等）。因此，只要对组成液压系统的各类液压回路的特点、组成方法、完成的功能以及它们与整个液压系统的关系进行研究，就可以掌握液压系统构成的基本规律，从而能方便、快速、准确地分析液压系统图和设计液压系统。

液压回路根据其完成的功能不同可分为以下几类：

（1）压力控制回路，如调压回路、保压回路、减压回路、增压回路、卸荷回路、平衡回路等；

（2）速度控制回路，如调速回路、快速回路、速度换向回路等；

（3）方向控制回路，如换向回路、锁紧回路等；

（4）多缸工作控制回路，如顺序动作回路、同步回路、互锁回路、多缸快慢速互不干扰回路等。

压力控制回路是利用压力控制阀来控制液压系统整体或某一部分的压力，以满足液压执行元件对力或转矩要求的回路。这类回路主要包括调压、减压、增压、保压、卸荷和平衡等多种回路。

知识点6.1 压力控制回路

6.1.1 调压回路

调压回路的功用是使液压系统整体或部分压力保持恒定或不超过某一个调定值。在定量泵系统中，液压泵的供油压力可以通过溢流阀来调节。在变量泵系统中用安全阀来限定系统的最高压力，防止系统过载。若系统中需要两种以上的压力则可以采用多级调压回路。

（1）单级调压回路。图6－1（a）所示为定量泵系统。此系统是用节流阀调节进入液压缸的流量，定量泵输出的流量大于进入液压缸的流量，多余的油液从溢流阀流回油箱。调节溢流阀的压力便可以调节液压泵的供油压力，溢流阀的调定压力必须大于液压缸最高工作压力和油路中各种压力损失之和。

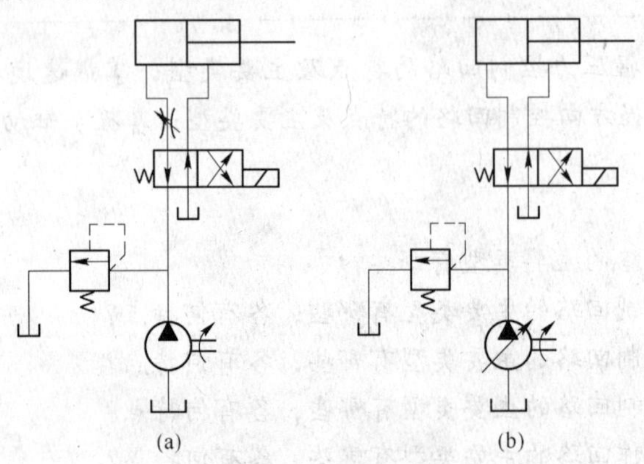

图6－1　单级调压阀

图6－1（b）所示为变量泵系统。此系统正常工作时，溢流阀阀口关闭；系统过载时，溢流阀的阀口打开，多余油液从溢流阀流回油箱，从而限定系统的最高压力，防止系统过载。

（2）二级调压回路。图6－2所示为二级调压回路，可以实现两种不同的压力控制，由溢流阀2和溢流阀4各调一级。当二位二通电磁阀3处于图示位置时，系统压力由溢流阀2调定。当电磁阀3通电时，电磁阀3上位工作，系统压力由溢流阀4调定，但溢流阀4的调定压力必须低于溢流阀2的调定压力，否则溢流阀4不起作用。

（3）多级调压回路。图6－3所示为三级远程调压回路，远程调压阀2、3通过三位四通电磁换向阀4接在先导式溢流阀1的遥控口上，液压泵5的最大压力随阀4左、右、中位置的不同而分别由远程调压阀2、3及1调定。主溢流阀1的设定压力必须大于每个远程调压阀的调定压力。

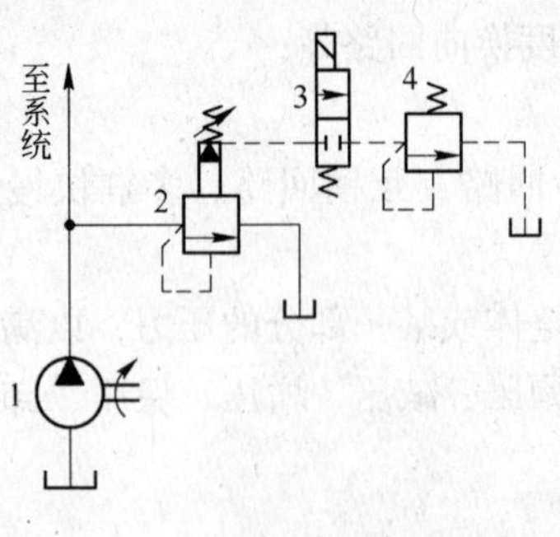

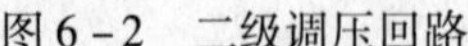

图6－2　二级调压回路

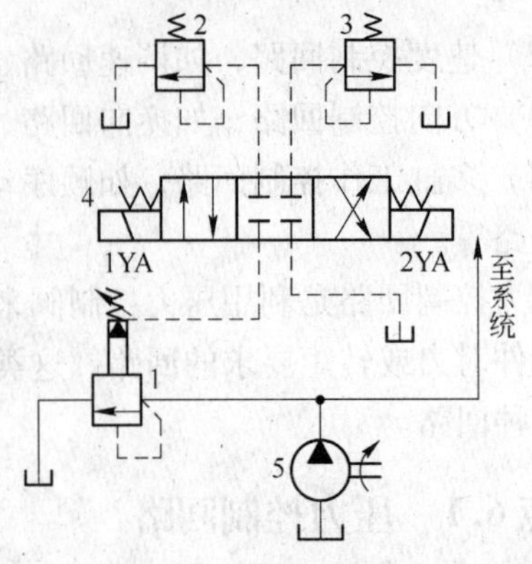

图6－3　多级调压回路

6.1.2　减压回路

当泵的输出压力是高压而局部回路或支路要求低压时，可以采用减压回路，如机床液压系统中的定位、夹紧、回路分析以及液压元件的控制油路等，它们往往要求比主油路较低的压力。减压回路较为简单，一般是在所需低压的支路上串接减压阀。采用减压回路虽能方便地获得某支路稳定的低压，但压力油经减压阀口时要产生压力损失，这是它的缺点。

最常见的减压回路为通过定值减压阀与主油路相连，如图 6 - 4（a）所示。回路中的单向阀在主油路压力降低（低于减压阀调整压力）时防止油液倒流，起短时保压作用。减压回路中也可以采用类似两级或多级调压的方法获得两级或多级减压。图 6 - 4（b）所示为利用先导型减压阀 1 的远控口接一远控溢流阀 2，则可由阀 1、阀 2 各调得一种低压。但要注意，阀 2 的调定压力值一定要低于阀 1 的调定减压值。

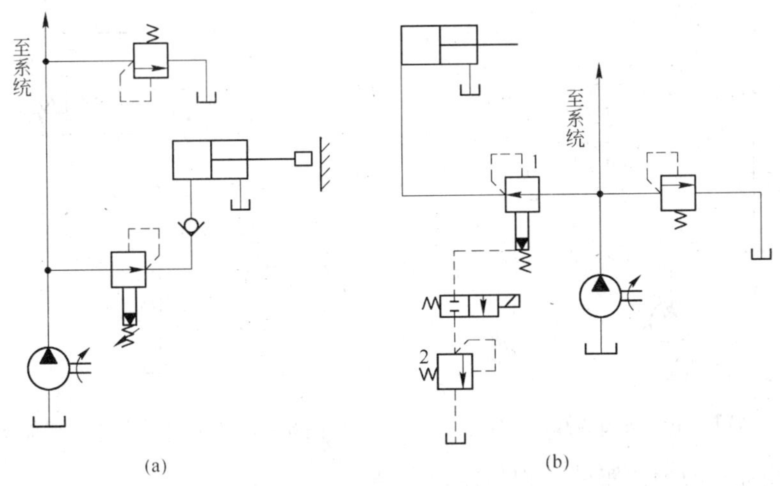

图 6 - 4　减压回路

为了使减压回路工作可靠，减压阀的最低调整压力不应小于 0.5MPa，最高调整压力至少应比系统压力小 0.5MPa。当减压回路中的执行元件需要调速时，调速元件应放在减压阀的后面，以避免减压阀泄漏（指由减压阀泄油口流回油箱的油液）对执行元件的速度产生影响。

6.1.3　卸荷回路

在液压系统工作中，有时执行元件短时间停止工作，不需要液压系统传递能量，或者执行元件在某段工作时间内保持一定的力，而运动速度极慢，甚至停止运动。在这种情况下，不需要液压泵输出油液，或只需要很小流量的液压油，于是液压泵输出的压力油全部或绝大部分从溢流阀流回油箱，造成能量的无谓消耗，引起油液发热，使油液加快变质，而且还影响液压系统的性能及泵的寿命。为此，需要采用卸荷回路。即卸荷回路的功用是指在液压泵驱动电动机不频繁启闭的情况下，使液压泵在功率输出接近于零的情况下运转，以减小功率损耗，降低系统发热，延长泵和电动机的寿命。因为液压泵的输出功率为其流量和压力的乘积，因而，两者任一近似为零，功率损耗即近似为零。因此液压泵的卸荷有流量卸荷和压力卸荷两种。前者主要是使用变量泵，使变量泵仅为补偿泄漏而以最小流量运转，此方法比较简单，但泵仍处在高压状态下运行，磨损比较严重；压力卸荷的方法是使泵在接近零压下运转。

常见的压力卸荷方式有以下几种：

（1）利用二位二通阀的卸荷回路。图 6－5 为二位二通换向阀的卸荷回路，当二位二通阀左位工作时，泵输出的油液经二位二通换向阀直接流回油箱，液压泵卸荷。此时二位二通换向阀的额定流量必须和泵的流量相匹配。

（2）利用换向阀中位机能卸荷回路。M、H 和 K 型中位机能的三位换向阀处于中位时，泵即卸荷。图 6－6 所示为采用 M 型中位机能的电液换向阀的卸荷回路。这种回路切换时压力冲击小，但回路中必须设置单向阀，以使系统能保持 0.3MPa 左右的压力，供操纵控制油路之用。

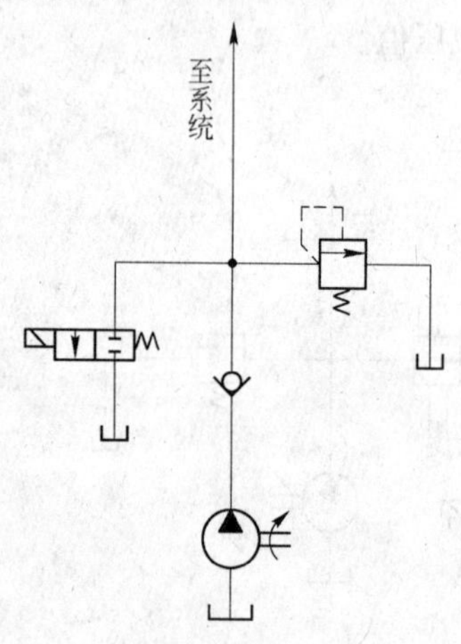

图 6－5　利用二位二通阀的卸荷回路

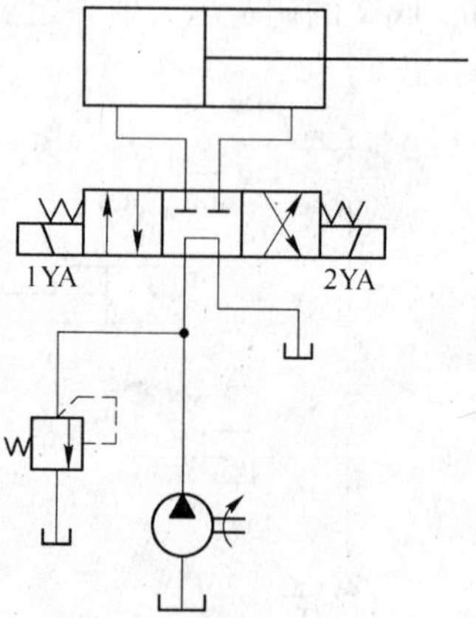

图 6－6　利用换向阀中位机能卸荷回路

（3）利用先导型溢流阀的远程控制口卸荷。图 6－7 所示是一种先导型溢流阀的卸荷回路，当先导型溢流阀的远程控制口直接与二位二通电磁阀相连时，泵的输出以很低的压力位溢流回油箱。这种卸荷回路卸荷压力小，切换时冲击也小。

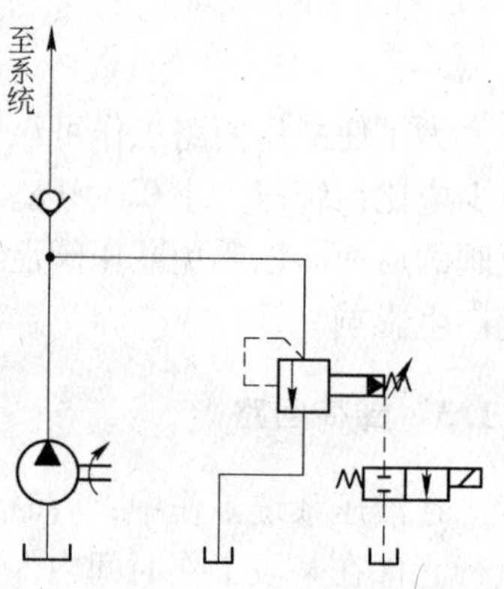

图 6－7　先导型溢流阀的远程控制口卸荷回路

6.1.4　保压回路

在液压系统中，常要求液压执行机构在一定的行程位置上停止运动或在有微小的位移下稳定地维持住一定的压力，这时就要采用保压回路。最简单的保压回路是密封性能较好的液控单向阀的回路，但是，阀类元件处的泄漏使得这种回路的保压时间不能维持太久。常用的保压回路有以下几种：

（1）利用液压泵的保压回路。利用液压泵的保压回路也就是在保压过程中，液压泵仍以较高的压力（保压所需压力）工作。此时，若采用定量泵，则压力油几乎全经溢流阀流回油箱，系统功率损失大，易发热，故只在小功率的系统且保压时间较短的场合下才使用；若采用变量泵，在保压时泵的压力较高，但输出流量几乎等于零，因而，液压系统的功率损失小，这种保压方法能随泄漏量的变化而自动调整输出流量，因而其效率也较高。

（2）利用蓄能器的保压回路。如图 6－8 所示为利用蓄能器的保压回路。当主换向阀在左位工作时，液压泵向液压缸和蓄能器同时供油，并推动活塞右移。当液压缸向前运动且压紧工件，进油路压力升高至调定值，卸荷阀打开，泵即卸荷，单向阀自动关闭，液压缸则由蓄能器保压。缸压不足时，卸荷阀关闭，液压泵又向蓄能器供油。

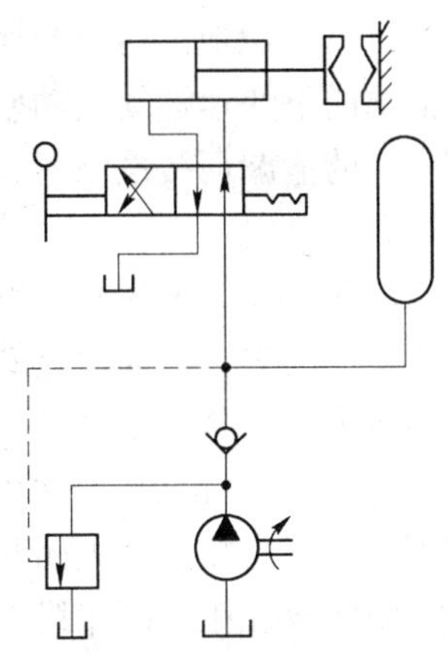

图 6－8　利用蓄能器的保压回路

6.1.5　增压回路

如果系统或系统的某一支油路需要压力较高但流量又不大的压力油，而采用高压泵又不经济，或者根本就没有必要增设高压力的液压泵时，就常采用增压回路，这样不仅易于选择液压泵，而且系统工作较可靠，噪声小。增压回路中提高压力的主要元件是增压缸或增压器。

（1）单作用增压缸的增压回路。如图 6－9 所示为利用增压缸的单作用增压回路，当系统在图示位置工作时，系统的供油压力 p_1 进入增压缸的大活塞腔，此时在小活塞腔即可得到所需的较高压力 p_2；当二位四通电磁换向阀右位接入系统时，增压缸返回，辅助油箱中的油液经单向阀补入小活塞。因而该回路只能间歇增压，所以称之为单作用增压回路。

（2）双作用增压缸的增压回路。如图 6－10 所示的采用双作用增压缸的增压回路，能连续输出高压油。当液压缸的活塞左移，遇到大的负载时，系统压力升高，打开顺序阀 1，油液经阀 1、二位四通换向阀 3 进入双作用液压缸 2 中，增压缸活塞无论左移或右移，均能输出高压油。只要换向阀 3 不断切换，增压缸就不断地往复运动，高压油就连续经单向阀 7 或单向阀 8 进入液压缸 4 的右腔。液压缸 4 向右运动时增压回路不起作用。

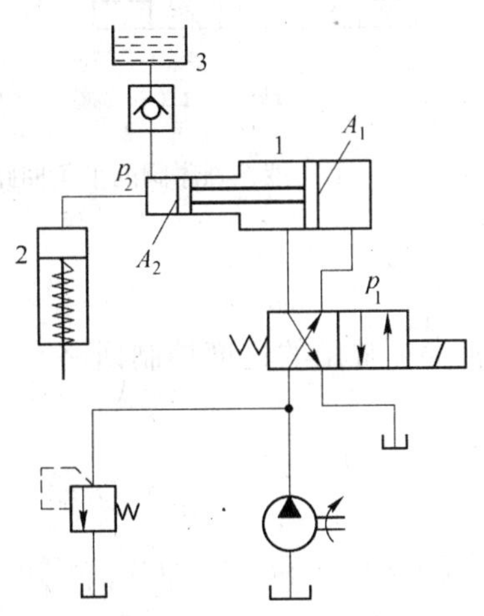

图 6－9　单作用增压缸的增压回路

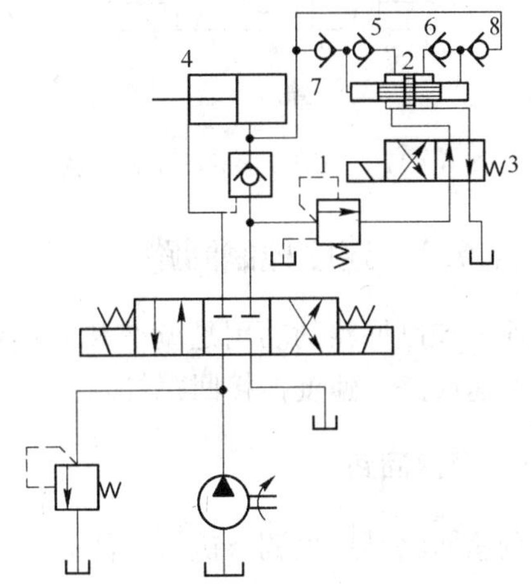

图 6－10　双作用增压缸的增压回路

6.1.6　平衡回路

平衡回路的功用在于防止垂直或倾斜放置的液压缸和与之相连的工作部件因自重而自行下落。

图 6－11 所示为采用单向顺序阀的平衡回路。当 1YA 得电后活塞下行时，回油路上就存在着一定的背压；只要将这个背压调得能支承住活塞和与之相连的工作部件自重，活

塞就可以平稳地下落。当换向阀处于中位时，活塞就停止运动，不再继续下移。这种回路当活塞向下快速运动时功率损失大，锁住时活塞和与之相连的工作部件会因单向顺序阀和换向阀的泄漏而缓慢下落，因此它只适用于工作部件重量不大、活塞锁住时定位要求不高的场合。

图 6－12 为采用液控顺序阀的平衡回路。当活塞下行时，控制压力油打开液控顺序阀，背压消失，因而回路效率较高；当停止工作时，液控顺序阀关闭以防止活塞和工作部件因自重而下降。这种平衡回路的优点是只有上腔进油时活塞才下行，比较安全可靠。其缺点是活塞下行时平稳性较差。这是因为活塞下行时，液压缸上腔油压降低，将使液控顺序阀关闭。当顺序阀关闭时，因活塞停止下行，使液压缸上腔油压升高，又打开液控顺序阀。因此液控顺序阀始终工作于启闭的过渡状态，因而影响工作的平稳性。这种回路适用于运动部件重量不很大、停留时间较短的液压系统中。

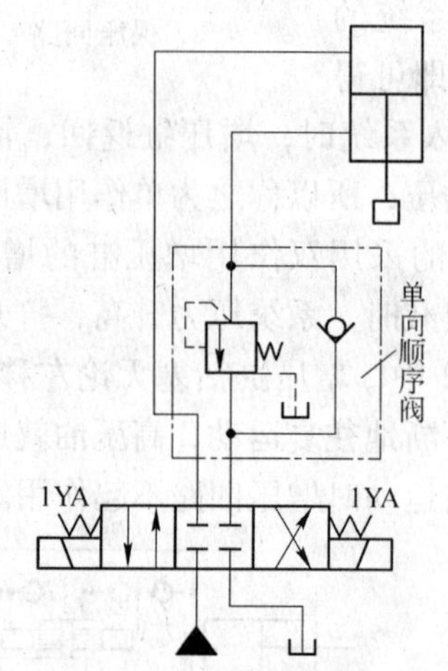

图 6－11　采用顺序阀的平衡回路

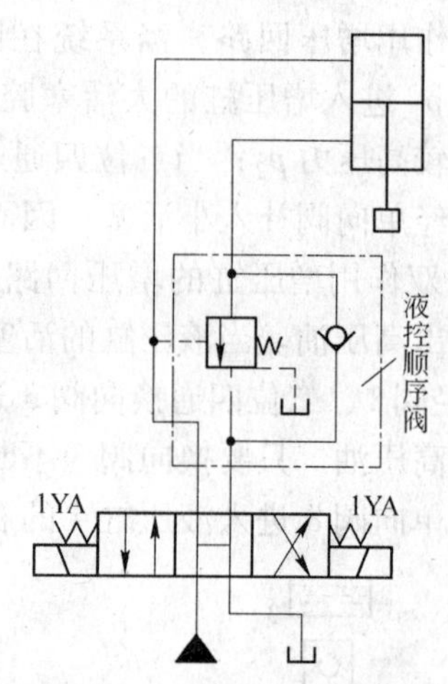

图 6－12　采用液控顺序阀的平衡回路

知识点 6.2　速度控制回路

速度控制回路的功用是调节和变换液压系统的速度。常用的速度控制回路有调速回路、快速回路、速度换接回路等。

6.2.1　调速回路

调速回路是用来调节执行元件的工作速度。由公式 $v = Q/A$ 和 $n_M = Q/V_M$ 可知：液压缸的工作速度是由输入流量 Q 和缸的有效面积 A 决定的，液压马达的转速是由输入流量 Q 和马达的排量 V_M 决定的。因此，控制进入液压缸或液压马达的流量 Q 或改变液压马达的排量 V_M 即可以实现对执行元件速度的调节。调速回路主要有以下三种方式：

（1）节流调速回路：由定量泵供油，用流量阀调节进入或流出执行机构的流量来实现调速。

（2）容积调速回路：用调节变量泵或变量马达的排量来调速。

（3）容积节流调速回路：用限压变量泵供油，由流量阀调节进入执行机构的流量，并使变量泵的流量与调节阀的调节流量相适应来实现调速。

此外还可采用几个定量泵并联，按不同速度需要，启动一个泵或几个泵供油实现分级调速。

6.2.1.1 节流调速回路

节流调速回路是通过调节流量阀的通流截面积大小来改变进入执行机构的流量，从而实现运动速度的调节。按流量控制阀在液压系统中的位置不同，节流调速回路可分为进油、回油和旁通三种节流调速回路。

（1）进油节流调速回路。进油节流调速回路是将节流阀装在执行机构的进油路上，起调速作用，如图 6－13（a）所示。液压泵的供油压力是由溢流阀调定的，调节节流阀开口面积，便能控制进入液压缸的流量，即可以调节液压缸的运动速度，泵多余的油液经溢流阀流回油箱。这种回路活塞往返运动均为进油节流调速回路，也可以用单向节流阀串联在换向阀和液压缸进油腔之间，实现单向进油节流调速。

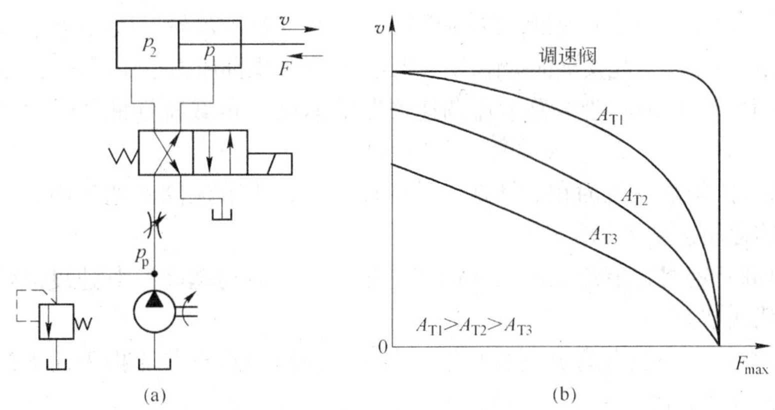

图 6－13 进油节流调速回路及其速度－负载特性曲线

图 6－13（b）所示为进油节流调速回路的速度－负载特性曲线。它反映了回路中执行元件的速度 v 随负载 F 变化而变化的规律：曲线越陡，说明速度受负载的影响越大，即速度刚性越差；曲线越平缓，说明速度受负载的影响越小，即速度刚性越好。因此，从速度－负载特性曲线可知：

1）当节流阀通流面积 A_T 不变时，活塞的运动速度 v 随负载 F 的增加而降低，因此这种调速方式的速度－负载特性曲线较软。

2）当节流阀通流面积 A_T 一定时，重载区域曲线比轻载区域曲线陡，速度刚性越差。

3）当负载不变时，速度刚性随节流阀通流面积的增大而降低，即高速时速度刚性低。

4）在液压泵的供油压力 p_p 已调定的情况下，液压缸的最大承载能力 $F_{max}=p_pA$ 是恒定不变的（液压缸活塞有效面积不变），属恒推力（液压马达属恒转矩）调速。

进油节流调速回路适用于轻载、低速、负载变化不大和对速度稳定性要求不高的小功率液压系统，且要求系统负载为正值（负载的方向与活塞运动方向相反）。

（2）回油节流调速回路。回油节流调速回路是将节流阀装在执行机构的回油路上，起调速作用。如图 6－14 所示为节流阀串联在液压缸的回油路上，活塞的往复运动亦属于回油节流调速。它是用节流阀调节液压缸的回油流量，也就控制了进入液压缸的流量，因此同进油节流调速回路一样可达到调速的目的。

回油节流调速回路的速度－负载特性曲线与进油节流调速回路完全相同。但是这两种调速回路也存在不同之处：回油节流调速回路由于液压缸的回油腔存在背压，因而能够承受一定的负值负载，故其运动平稳性较好；回油节流调速回路，经过节流阀后发热的油液直接流回油箱冷却，对液压缸泄漏影响较小；回油节流调速回路，在停车后，液压缸回油腔中的油液会由于泄漏而形成空隙，重新启动时由于进油路上没有节流阀控制流量，会使活塞产生前冲。

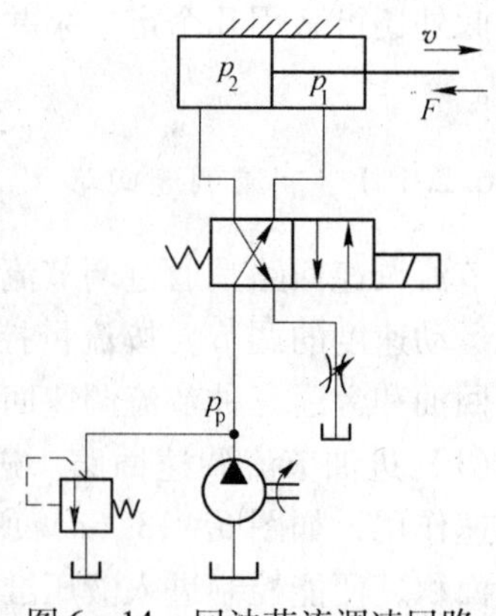

图6－14　回油节流调速回路

(3) 旁路节流调速回路。如图6－15（a）所示为节流阀设置在与执行元件并联的支路上，用它来调节从支路流回油箱的流量，以间接控制进入液压缸的流量，从而达到调速的目的。回路中溢流阀的阀口常闭，起安全保护作用，因此液压泵的供油压力是随负载而变化。

如图6－15（b）所示为旁路节流调速回路的速度－负载特性曲线。由图可知该回路的特点：

1）增大节流阀的通流面积，活塞运动速度变小；当节流阀的通流面积不变时，负载增加，活塞的运动速度下降很快。

2）在负载一定时，节流阀的通流面积越小（活塞运动越高）其速度刚性越高，能承受的最大负载就越大。

3）液压泵的供油压力随负载的变化而变化，回路中只有节流损失而无溢流损失，因此这种回路的效率较高。

4）因液压缸的回油腔无背压力，所以其运动平稳性较差，不能承受负值负载。

使用节流阀的节流调速回路，其速度刚性都比较低，在变负载下的运动平稳性也都较差，这主要是由于负载变化引起的节流阀前后压力差变化所产生的后果。如果用调速阀来代替节流阀，由图6－13（b）和图6－15（b）可知：采用调速阀后速度－负载特性曲线非常平缓，即提高了节流调速回路的速度刚性和运动平稳性，但会增大功率损失，降低回路效率。

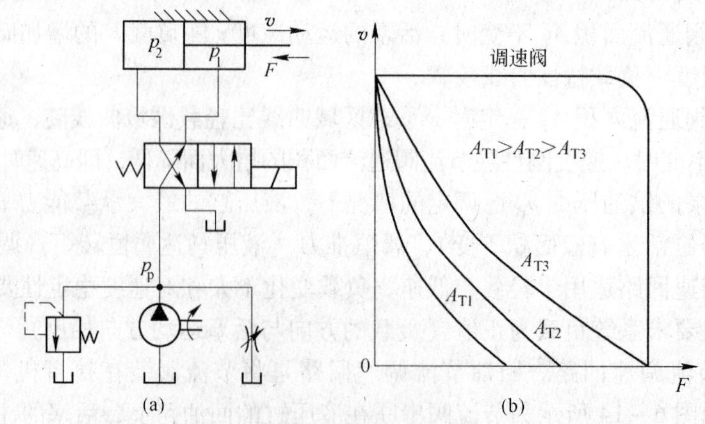

图6－15　旁路节流调速回路及其速度－负载特性曲线

6.2.1.2　容积调速回路

容积调速回路是通过改变液压泵或液压马达的排量来实现调速的。这种调速回路因无溢流和节流损失，故功率损失小，系统效率高，常用于大功率的液压系统。

根据液压泵和液压马达组合方式不同，容积调速回路有变量泵和定量执行元件（或液压缸）容积调速回路、定量泵和变量马达容积调速回路、变量泵和变量马达容积调速回路三种。

（1）变量泵和定量执行元件容积调速回路。图 6－16（a）所示为变量泵和液压缸组成的开式容积调速回路。改变液压泵 1 的排量就能调节液压缸 4 活塞的运动速度，2 为安全阀。图 6－16（b）为变量泵和定量马达组成的闭式容积调速回路。定量马达 5 的输出转速是通过改变变量泵 3 的排量来实现的，4 为安全阀，辅助泵 1 是用来向闭式油路补油，其供油压力由低压溢流阀 6 来调定。

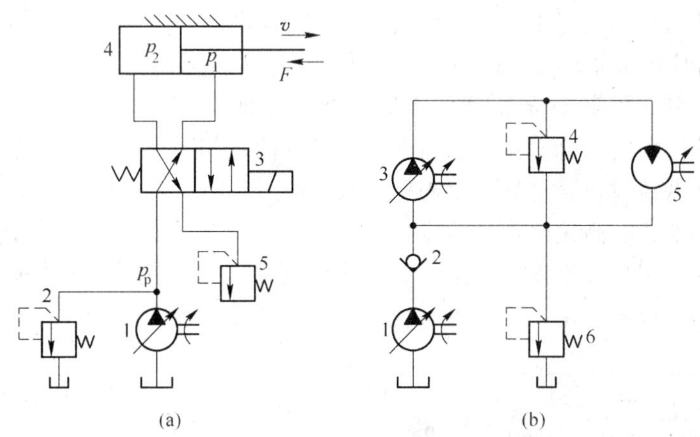

图 6－16　变量泵和定量执行元件容积调速回路

变量泵和定量执行元件容积调速回路的特性如下：

1）若不计压力和流量损失，液压缸活塞的运动速度 $v = Q/A$，液压马达的转速 $n_M = Q/V_M$，由于液压缸的有效面积 A 和液压马达的排量 V_M 为定值，所以调节变量泵的排量，即改变了变量泵的流量 Q，便可以调节液压缸活塞的运动速度或液压马达的转速，且调速范围较大。

2）若不计压力和流量损失，液压马达的输出转矩 $T_M = p_p V_M / 2\pi$，液压缸的推力 $F = p_p A$，其中 V_M 和 A 为定值，p_p 为变量泵的压力，由溢流阀 4 调定，液压马达（或液压缸）输出的最大转矩（或推力）不变，故这种调速属恒转矩（或恒推力）调速。

3）若不计压力和流量损失，液压马达（或液压缸）的输出功率等于液压泵的输入功率，即 $P_M = P_p = p_p V_p n_p = p_p V_M n_M$。式中的压力 p_p、液压马达的排量 V_M 为常数，因此液压马达的输出功率随转速 n_M 呈线性变化。

（2）定量泵和变量马达容积调速回路。如图 6－17 所示，定量泵的输出流量不变，调节变量马达的排量 V_M，即可以改变液压马达的转速。4 为安全阀，1 为辅助泵，其供油压力由低压溢流阀 6 调定。

定量泵和变量马达容积调速回路的特性如下：

1）根据 $n_M = Q_p/V_M$ 可知液压马达的输出转速 n_M 与排量 V_M 成反比，但 V_M 过小，则液压马达的输出转矩将减小，甚至不能带动负载，故这种调速回路的调速范围较小。

2）由液压马达的转矩公式 $T_M = p_p V_M / 2\pi$ 可知，若 V_M 减小，n_M 上升，则 T_M 下降。

3）定量泵的输出流量 Q_p 是不变的，泵的压力由安全阀4调定。若不计压力和流量损失，则液压马达输出的最大功率 $P_M = P_p = Q_p p_p$ 是不变的，故这种调速属恒功率调速。

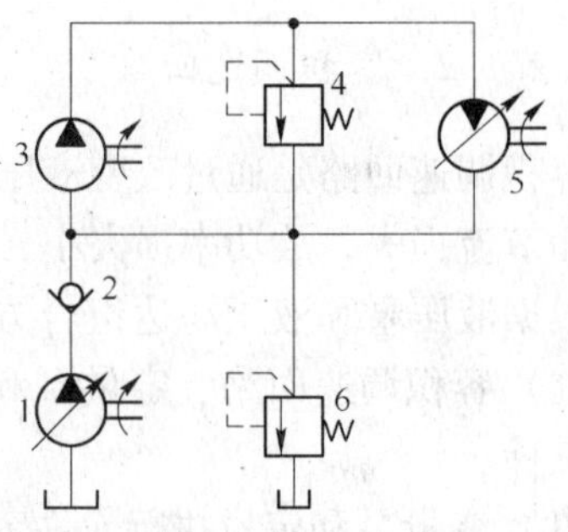

图6-17　定量泵和变量马达容积调速回路

（3）变量泵和变量马达容积调速回路。如图6-18所示，双向变量泵3正反向供油，双向变量马达10便能正反向旋转。单向阀4和5用于实现双向补油。溢流阀2的调定压力应略高于溢流阀9的调定压力，以保证液控换向阀动作时，回路中的部分热油经溢流阀9排回油箱，同时补油泵1向回路输送冷却油液。这种调速回路是上述两种调速回路的组合，即调节变量泵3和变量马达10的排量均可改变液压马达的转速，所以其工作特性也是上述两种调速回路的综合。其理想情况下的特性曲线如图6-19所示。

这种回路在低速段将马达的排量固定在最大值上，由小到大调节泵的排量来调速，其最大输出转矩不变；在高速段将泵的排量固定在最大值上，由大到小调节液压马达的排量来调速，其最大输出功率不变。回路总的调速范围等于液压泵的调速范围与液压马达的调速范围的乘积，所以它适用于机床主运动等大功率的液压系统。

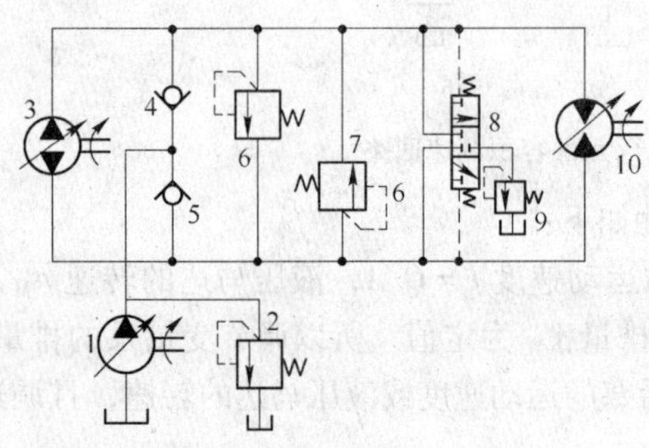

图6-18　变量泵和变量马达容积调速回路

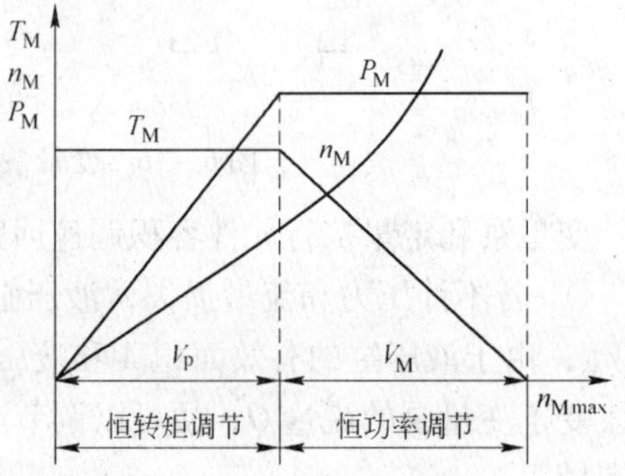

图6-19　变量泵和变量马达容积调速回路工作特性曲线

6.2.1.3　容积节流调速回路

容积节流调速回路采用变量泵供油，用流量阀控制进入液压缸的流量，以调节液压缸活塞的运动速度，并可使液压泵的供油量自动地与液压缸所需要的流量相适应。这种调速回路没有流量损失，回路效率较高，速度刚性比容积调速回路好。

图6-20所示为限压式变量泵和调速阀组成的容积节流调速回路。调速阀装在进油路上（也可装在回油路上）。调节调速阀便可以改变进入液压缸的流量。限压式变量泵的输出流量 Q_p 与通过调速阀进入液压缸的流量 Q_1 相适应。例如，当减小调速阀的通流截面积 A 时，在关小调速阀阀口的瞬间，泵的输出流量还来不及改变，于是出现了 $Q_p > Q_1$，

导致泵的出口压力 p_p 增大，其反馈作用使变量泵的输出流量 Q_p 自动减小到与调速阀的流量 Q_1 相一致。反之，将调速阀的通流面积增大时，将出现 $Q_p < Q_1$，迫使泵的出口压力降低，其输出流量将自动增大到 $Q_p \approx Q_1$ 为止。

图 6－21 所示为限压式变量泵和调速阀联合调速的特性曲线。图中曲线 1 为限压式变量泵的压力－流量特性曲线，曲线 2 为调速阀在某一开口的压力－流量特性曲线。a 点为液压缸 Δp 的工作点，此时通过调速阀进入液压缸的流量为 Q_1，压力为 p_1。液压泵的工作点在 b 点，泵的输出流量与调速阀相适应均为 Q_1，泵的工作压力为 p_p。如果限压式变量泵的限压螺钉调整得合理，在不计管路损失的情况下，可使调速阀保持最小稳定压差值，一般 $\Delta p = 0.5\text{MPa}$。此时，不仅能使活塞的运动速度不随负载变化，而且通过调速阀的功率损失（图中阴影部分的面积）为最小。如果 p_p 调得过低，会使 $\Delta p < 0.5\text{MPa}$，这时调速阀中的减压阀将不能正常工作，输出流量随液压缸压力增加而下降，使活塞运动速度不稳定。如果在调节限压螺钉时将 Δp 调得过大，则功率损失增大，油液容易发热。

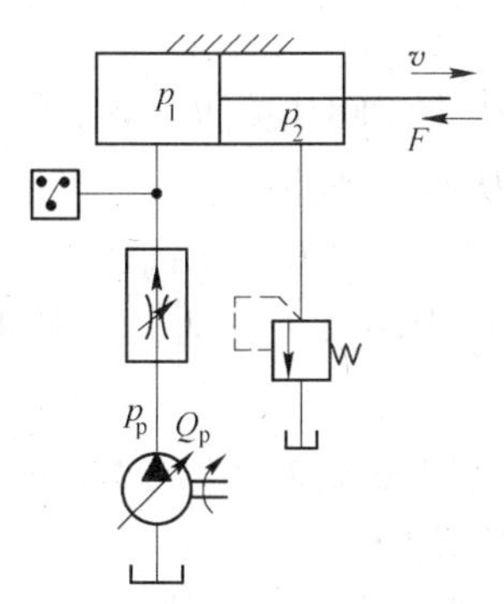

图 6－20　限压式变量泵和调速阀容积节流调速回路

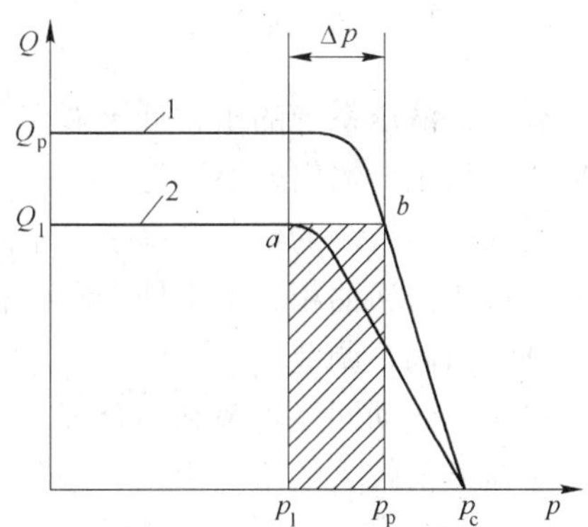

图 6－21　限压式变量泵和调速阀联合调速的特性曲线

6.2.2　快速运动回路

快速运动回路是使执行元件在空载时获得所需的高速运动，以提高系统工作效率的回路。常用的快速运动回路有以下几种：

（1）差动连接快速运动回路。如图 6－22 所示，该回路是单杆液压缸通过二位三通电磁换向阀 4 形成差动连接。当只有电磁铁 1YA 得电时，换向阀左位工作，压力油将同时进入液压缸 7 的左右两腔，由于活塞左端受力面积大，液压缸形成差动连接使活塞右移，实现快速运动；这时，当电磁铁 3YA 也得电时，换向阀右位进入工作，差动连接则被切断，压力油只能进入缸的左腔，液压缸右腔经调速阀 5 回油，实现满速运动完成工作进给；当电磁铁 2YA、3YA 同时得电时，压力油经阀 3、阀 6、阀 4 进入液压缸右腔，缸左腔回油，活塞快速退回。

（2）双泵供油的快速运动回路。如图 6－23 所示，该回路是双泵供油的快速运动回路。液压泵 1 为高压小流量泵，其流量应略大于最大工进速度所需的流量，其流量与泵 2 流量之和应等于液压系统快速运动所需的流量，其工作压力由溢流阀 5 调定。泵 2 为低压大流量泵，其工作压力应低于液控顺序阀 3 的调定压力。泵 2 与泵 1 的流量也可以相等。

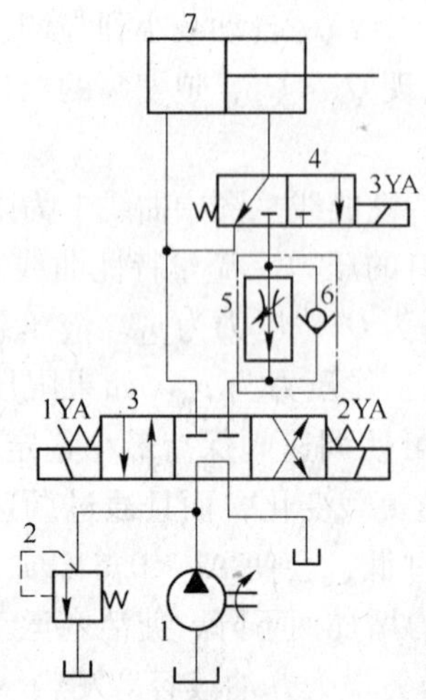

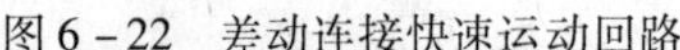

图6－22　差动连接快速运动回路

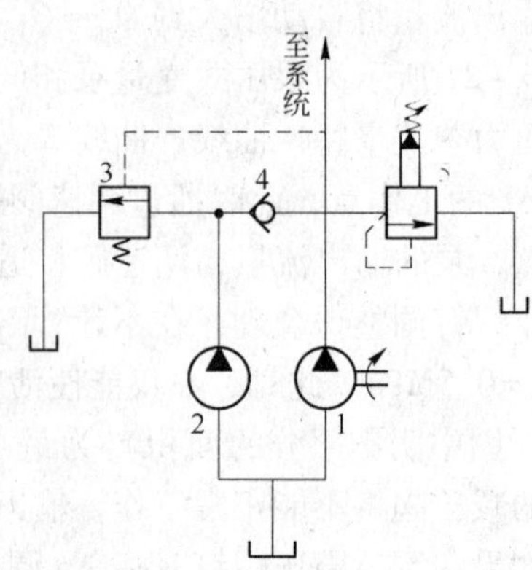

图6－23　双泵供油的快速运动回路

空载时，液压系统的压力低于液控顺序阀3的调定压力，阀3关闭，泵2输出的油液经单向阀4与泵1输出的油液汇集在一起进入液压缸，从而实现快速运动。当系统工作进给承受负载时，系统的压力升高至大于阀3的调定压力，阀3打开，单向阀4关闭，泵2的油液经阀3流回油箱，泵2处于卸荷状态。此时系统仅由小泵1供油，实现满速进给，其工作压力由阀5调节。

这种快速运动回路功率利用合理，效率较高，缺点是回路较复杂，成本较高。它常用于快、慢速差值较大的组合机床、注塑机等设备的液压系统中。

（3）采用蓄能器的快速运动回路。对于间歇运转的液压机械，当执行元件间歇或低速运动时，泵向蓄能器充油；而在工作循环中，当某一工作阶段执行元件需要快速运动时，蓄能器作为泵的辅助动力源，可与泵同时向系统提供压力油。

如图6－24所示，将换向阀移到阀右位时，蓄能器所储存的液压油即可释放出来加到液压缸中，活塞快速前进。例如，活塞在做加压等操作时，液压泵即可对蓄能器充压（蓄油）。当换向阀移到阀左位时，蓄能器液压油和泵排出的液压油同时送到液压缸的活塞杆端，活塞快速回行。这样，系统可选用流量较小的油泵及功率较小的电动机，节约能源并降低油温。

（4）采用增速缸的快速回路。如图6－25所示，该回路中的增速缸是由活塞缸和柱塞缸复合而成。当电磁铁1YA通电，换向阀左位工作，液压泵输出的压力油经柱塞孔进入3腔，使活塞快进，增速缸1腔内产生局部真空，便通过液控单向阀5从油箱6中补油。活塞快进结束时，使电磁铁3YA通电，阀4右位工作，压力油便同时进入增速缸1腔和3腔。此时因活塞有效工作面积增大，可获得大的推力、低速运动，以实现工作进给。当电磁铁2YA通电时，压力油进入3腔，同时打开液控单向阀5，活塞快退。这种回路功率利用较合理，但结构较为复杂，常用于液压机液压系统。

6.2.3　速度转换回路

设备工作部件在实现自动工作循环过程中，需要进行速度的转换，如由快速转换成慢速的工作、两种慢速的转换等。这种实现速度转换的回路，应能保证速度转换的平稳、可靠，不出现前冲的现象。

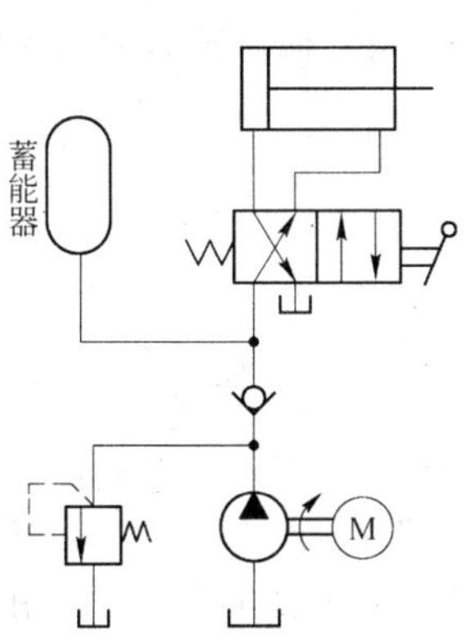

图 6－24　采用蓄能器的快速运动回路

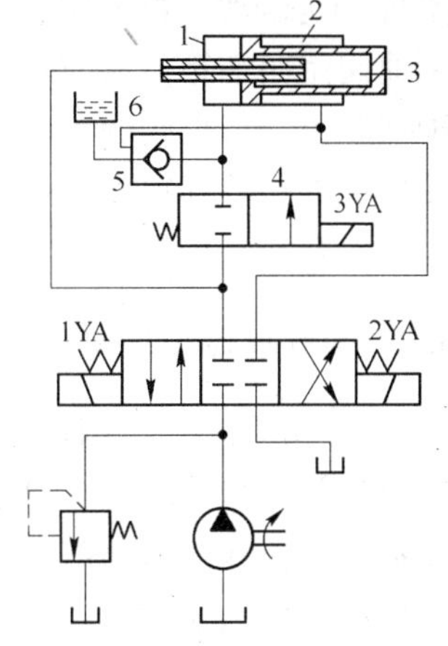

图 6－25　采用增速缸的快速回路

6.2.3.1　快慢速转换回路

（1）用电磁换向阀的快慢速转换回路。如图 6－26 所示，该回路是利用二位二通电磁换向阀与调速阀并联实现快速转慢速的回路。当图中电磁铁 1YA 和 3YA 同时通电时，压力油经阀 4 进入液压缸左腔，缸右腔回油，工作部件实现快进；当运动部件上的挡块碰到行程开关使 3YA 电磁铁断电时，阀 4 油路断开，调速阀 5 进入油路。压力油经调速阀 5 进入油路。压力油经调速阀 5 进入缸左腔，缸的右腔回油，工作部件以阀 5 调节的速度实现工作进给。这种速度转换回路，速度换接快，行程调节比较灵活，电磁阀可安装在液压站的阀板上，也便于实现自动控制，应用很广泛。其缺点是平稳性较差。

（2）用行程阀的快慢速转换回路。如图 6－27 所示，该回路是采用单向行程阀的快慢

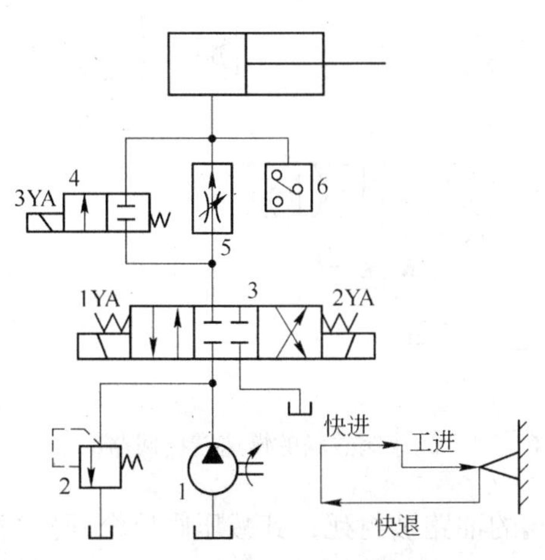

图 6－26　用电磁换向阀的快慢速转换回路

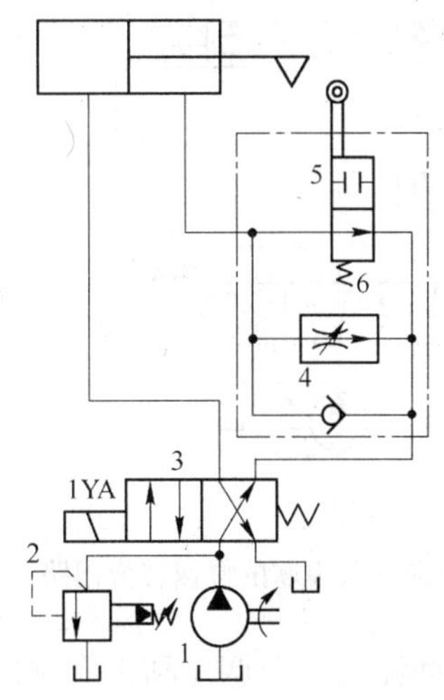

图 6－27　用行程阀的快慢速转换回路

速转换回路。当电磁铁 1YA 通电时，压力油进入液压缸左腔，缸右腔经行程阀 5 回油，工作部件实现快速运动。当工作部件上的挡块压下行程阀时，其回路被切断，缸右腔油液只能经过调速阀流回油箱，从而转变为慢速运动。

在这种回路中，行程阀的阀口是逐渐关闭（或开启）的，速度的换接比较平稳，比采用电器元件更可靠。其缺点是行程阀必须安装在运动部件附近，有时管路接得很长，压力损失较大。因此它多用于大批量生产的专机液压系统中。

6.2.3.2　两种慢速转换回路

（1）调速阀串联的慢速转换回路。如图 6－28 所示，该回路是由调速阀 3 和 4 串联组成的慢速转换回路。当电磁铁 1YA 通电时，压力油经调速阀 3 和二位电磁阀左位进入液压缸左腔，缸右腔回油，运动部件得到由阀 3 调节的第一种慢速运动。当电磁铁 1YA 和 3YA 同时通电时，压力油经调速阀 3 和调速阀 4 进入缸的左腔，缸右腔回油。由于调速阀 4 的开口比调速阀 3 的开口小，因而运动部件得到由阀 4 调节的第二种更慢的运动速度，从而实现了两种慢速的转换。

在这种回路中，调速阀 4 的开口必须比调速阀 3 的开口小，否则调速阀 4 将不起作用。这种回路常用于组合机床中实现二次进给的油路中。

（2）调速阀并联的慢速转换回路。如图 6－29（a）所示，该回路是调速阀 4 和 5 并联组成的慢速转换回路。当电磁铁 1YA 通电时，压力油经调速阀 4 进入液压缸左腔，缸右腔回油，工作部件得到由阀 4 调节的第一种慢速运动，这时阀 5 不起作用；当电磁铁 1YA 和 3YA 同时通电时，压力油经调速阀 5 进入缸的左腔，缸右腔回油。工作部件得到由阀 5 调节的第二种慢速运动，这时阀 4 不起作用。

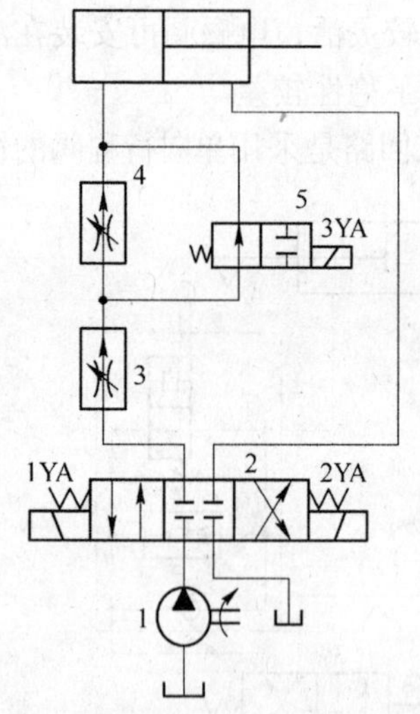

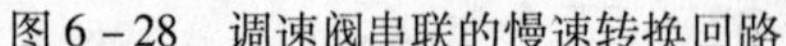

图 6－28　调速阀串联的慢速转换回路

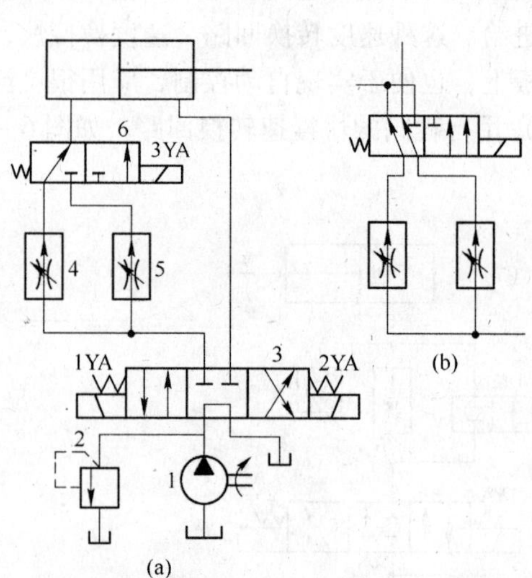

图 6－29　调速阀并联的慢速转换回路

这种回路当一个调速阀工作时，另一个调速阀的油路被封死，其减压阀口全开。当电磁换向阀换位其出油口与油路接通的瞬时，压力突然减小，减压阀口来不及关小，瞬时流量增加，会使工作部件出现前冲现象。

如果将二位三通换向阀换用二位五通换向阀，并按图 6－29（b）所示接法连接。当一个调速阀工作时，另一个调速阀仍有油液流过，且它的阀口前后保持一定的差值，其内部减压阀开口较小，换向阀换位使其接入油路工作时，出口压力不会减小，因而可克服工作部件的前冲现象，使速度换接平稳。但这种回路有一定的能量损失。

知识点 6.3　方向控制回路

方向控制回路是控制执行元件的启动、停止及换向的回路，通常包括换向回路和锁紧回路。

6.3.1　换向回路

运动部件的换向一般采用各种换向阀来实现，在容积调速的闭式回路中，也可以利用双向变量泵来实现执行元件的换向。

对单作用液压缸，可采用二位三通换向阀进行换向。双作用液压缸则一般采用二位四通（或五通）、三位四通（或五通）换向阀来进行换向，其换向阀的控制方式可根据不同用途进行选取。

图 6－30 所示为采用二位四通电磁换向阀的换向回路。其特点是使用方便，易于实现自动化，但换向冲击大，适用于小流量和平稳性要求不高的场合。对于流量较大（大于 63L/min）、换向精度和平稳性要求较高的液压系统，通常采用液动或电液动换向阀的换向回路。

6.3.2　锁紧回路

锁紧回路的功能是使执行元件停止在规定位置上，并防止因外界影响而发生漂移或窜动。

通常采用 O 型或 M 型中位机能的三位换向阀构成锁紧回路，当换向阀中位接入回路时，执行元件的进、出油口都被封闭，可将执行元件锁紧不动。这种锁紧回路由于受到滑阀泄漏的影响，锁紧效果较差。

图 6－31 所示为采用液控单向阀的锁紧回路。在液压缸的两侧油路上窜接液控单向阀

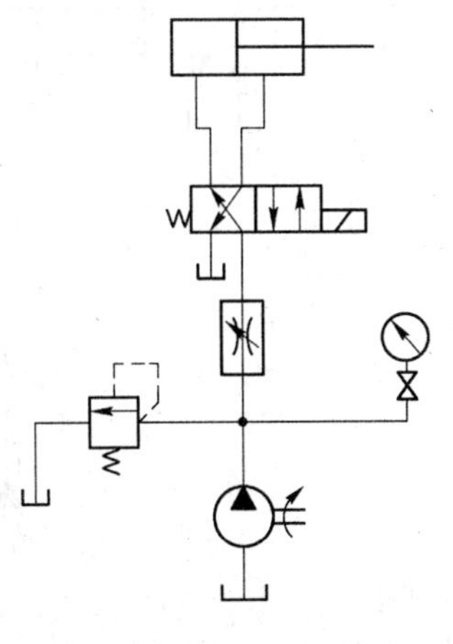

图 6－30　换向回路

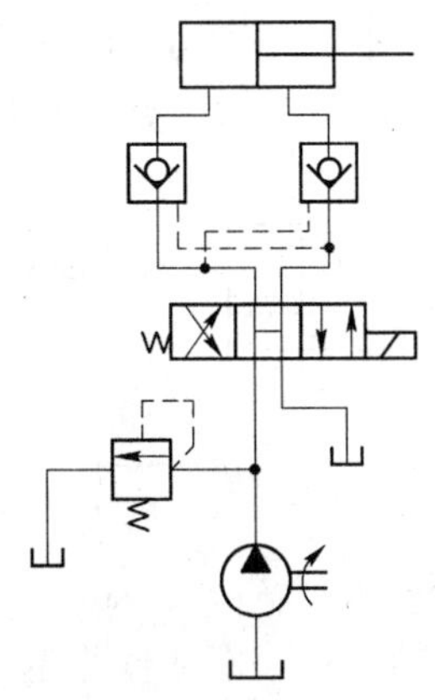

图 6－31　锁紧回路

(液压锁)，并采用中位机能为H型的三位换向阀，活塞可以在行程的任何位置停止并锁紧，其锁紧效果只受液压缸泄漏的影响，因此锁紧效果较好。

采用液控单向阀的锁紧回路，换向阀的中位机能应使液控单向阀的控制油液卸压(换向阀的中位机能应采用H型或Y型)，以保证换向阀中位接入回路时，液控单向阀能立即关闭，活塞停止运动并锁紧。若换向阀的中位机能采用O型或M型，当换向阀处于中位时，由于控制油液仍然存在压力，液控单向阀不能立即关闭，直到换向阀由于泄漏使控制油液压力下降到一定值后，液控单向阀才能关闭，这就降低了锁紧效果。

知识点6.4　多缸工作控制回路

在液压系统中，一个油源往往要驱动多个液压缸或液压马达工作。系统工作时，要求这些执行元件或顺序动作，或同步动作，或互锁，或防止互相干扰，因而需要实现这些要求的各种多缸工作控制回路。

6.4.1　顺序动作回路

顺序动作回路的功用是使多缸液压系统中的各液压缸按规定的顺序动作。它可分为行程控制回路和压力控制回路两大类。

(1) 行程控制的顺序动作回路。如图6－32 (a) 所示，该回路是用行程阀2及电磁阀1控制A、B两液压缸实现①、②、③、④工作顺序的回路，在图示状态下A、B两液压缸活塞均处于右端位置。当电磁阀1通电时，压力油进入B缸右腔，B缸左腔回油，其回塞右移实现动作①；当B缸工作部件上的挡块压下行程阀2后，压力油进入A缸右腔，A缸左腔回油，其活塞左移实现动作②。当电磁阀1断电时，压力油先进入B缸左腔，B缸右腔回油，其活塞左移，实现动作③；当B缸运动部件上的挡块离开行程阀使其恢复下位工作时，压力油经行程阀进入A缸的左腔，A缸右腔回油，其活塞右移实现动作④。

这种回路工作可靠，动作顺序的换接平稳，但改变工作顺序困难，且管路长，压力损失大，不易安装。它主要用于专用机械的液压系统。

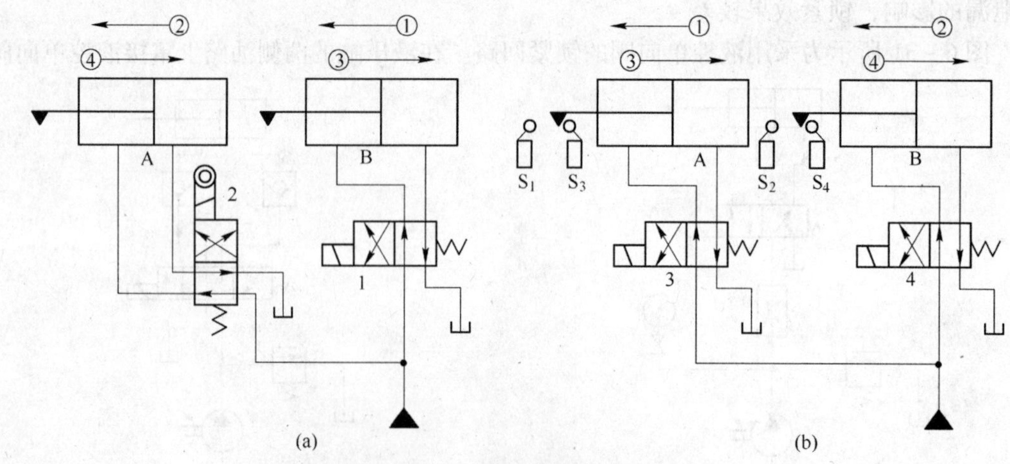

图6－32　行程控制顺序动作回路

(a) 用行程阀控制；(b) 用行程开关控制

如图 6－32（b）所示，该回路是用行程开关控制电磁换向阀 3、4 的通电顺序来实现 A、B 两液压缸按①、②、③、④顺序动作的回路。在图示状态下，电磁阀 3、4 均不通电，两液压缸的活塞均处于右端位置。当电磁阀 3 通电时，压力油进入 A 缸的右腔，A 缸左腔回油，活塞左移实现动作①。当 A 缸工作部件上的挡块碰到行程开关 S_1 时，S_1 发出信号使电磁阀 4 通电换为左位工作。这时压力油进入 B 缸右腔，B 缸左腔回油，活塞左移实现动作②。当 B 缸工作部件上的挡块碰到行程开关 S_2 时，S_2 发出信号使电磁阀 3 断电换为右位工作。这时压力油进入 A 缸左腔，A 缸右腔回油，活塞右移实现动作③。当 A 缸工作部件上的挡块碰到行程开关 S_3 时，S_3 发出信号使电磁阀 4 断电换为右位工作。这时压力油进入 B 缸左腔，B 缸右腔回油，活塞右移实现动作④。当 B 缸工作部件上的挡块碰到行程开关 S_4 时，S_4 发出信号使电磁阀 3 通电，开始下一个工作循环。

这种回路的优点是控制灵活方便，动作顺序更换容易，液压系统简单，易实现自动控制；但顺序转换时有冲击声，位置精度与工作部件的速度和质量有关，而可靠性则由电器元件的质量决定。

（2）压力控制的顺序动作回路。如图 6－33 所示，该回路为用普通单向顺序阀 2、3 与电磁换向阀 1 配合动作，使 A、B 两液压缸实现①、②、③、④顺序动作的回路。图示位置，换向阀 1 处于中位停止状态，A、B 两液压缸的活塞均处于中位停止状态，A、B 两液压缸的活塞均处于左端位置。当电磁铁 1YA 通电，阀 1 左位工作时，压力油先进入 A 缸左腔，A 缸右腔经阀 2 中单向阀回油，活塞右移实现动作①。当 A 缸活塞行至终点停止时，系统压力升高。当压力升高到阀 3 中顺序阀的调定压力时，顺序阀开启，压力油进入 B 缸左腔，B 缸右腔回油，活塞右移实现动作②。当电磁铁 2YA 通电，阀 1 右位工作时，压力油先进入 B 缸右腔，B 缸左腔经阀 3 中的单向阀回油，活塞左移实现动作③。当 B 缸活塞左移至终点停止时，系统压力升高。当压力升高到阀 2 中顺序阀的调定压力时，顺序阀开启，压力油进入 A 缸右腔，A 缸左腔回油，活塞左移实现动作④。当 A 缸活塞左移至终点时，可用行程开关控制电磁换向阀 1 断电换为中位停止，也可再使 1YA 电磁铁通电开始下一个工作循环。

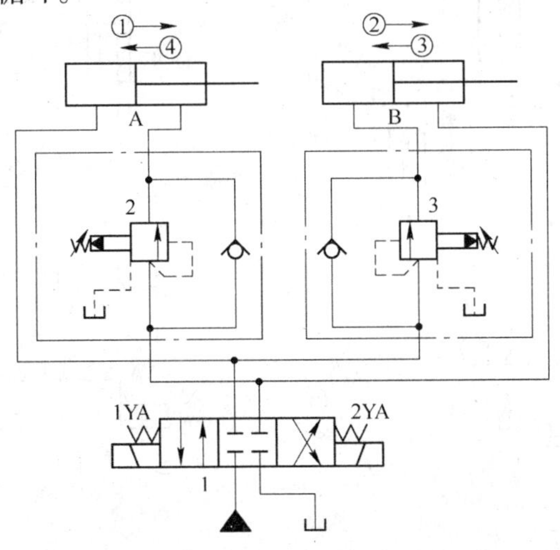

图 6－33　压力控制的顺序动作回路

这种回路工作可靠，可以按照要求调整液压缸的动作顺序。顺序阀的调整压力应比先动作液压缸的最高工作压力高（中压系统需高 0.8MPa 左右），以免在系统压力波动较大时产生误动作。

6.4.2 同步回路

使两个或多个液压缸在运动中保持相同速度或相同位移的回路，称为同步回路。例如龙门刨床的横梁、轧钢机的液压系统均需同步运动回路。

（1）用调速阀控制的同步回路。如图 6－34 所示，该回路为用两个单向调速阀控制并联液压缸的同步回路。图中两个调速阀可分别调节进入两个并联液压缸下腔的流量，使两液压缸向上伸出的速度相等。这种回路可用于两液压缸有效工作面积相等时，也可以用于两缸有效面积不相等时。其结构简单，使用方便，且可以调速。其缺点是受油温变化和调速阀性能差异的影响，不易保证位置同步，速度的同步精度也较低，一般为 5%～7%，因此用于同步精度要求不高的液压系统。

（2）带补偿装置的串联液压缸同步回路。如图 6－35 所示，该回路中的两个液压缸 A、B 串联，B 缸下腔的有效工作面积等于 A 缸上腔的有效工作面积。若无泄漏两缸可同步下行。但由于有泄漏及制造误差，因此同步误差较大。采用液控单向阀 3、电磁换向阀 2 和 4 组成的补偿装置可使两缸每一次下行终点的位置同步误差得到补偿。其补偿的原理是：当换向阀 1 右位工作时，压力油进入 B 缸上腔，B 缸下腔油液流入 A 缸上腔，A 缸下腔回油，这时两活塞同步下行。若 A 缸活塞先到达终点，它就触动行程开关 S_1 使电磁阀 4 通电换为上位工作。这时压力油经阀 4 将液控单向阀 3 打开，同时继续进入 B 缸上腔，B 缸下腔的油液可经单向阀 3 及电磁换向阀 2 流回油箱，使 B 缸活塞能继续下行到终点位置。若 B 缸活塞先到达终点，它就触动行程开关 S_2 使电磁阀 2 通电换为右位工作。这时压力油可经阀 2、阀 3 继续进入 A 缸上腔，使 A 缸活塞继续下行到终点位置。

这种回路适用于终点位置同步精度要求较高的小负载液压系统。

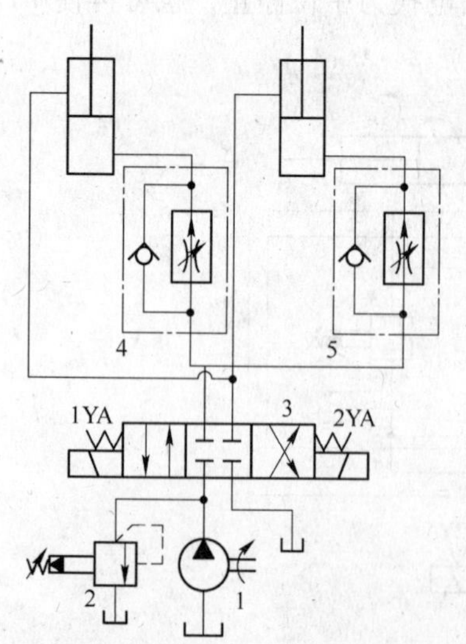

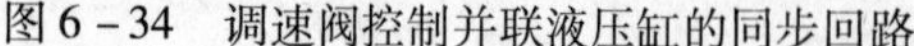

图 6－34 调速阀控制并联液压缸的同步回路

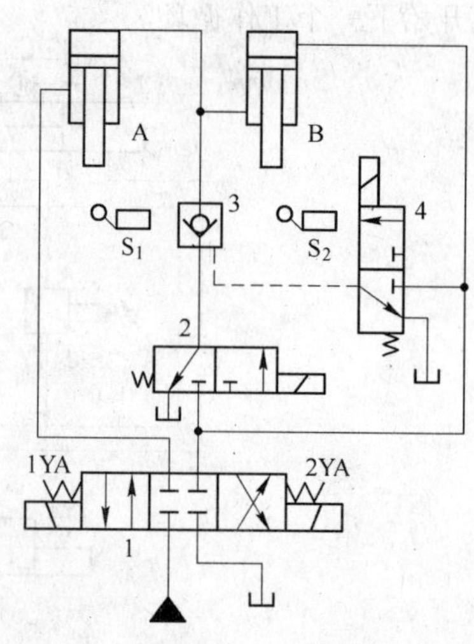

图 6－35 带补偿装置的串联液压缸同步回路

6.4.3　互锁回路

在多缸工作的液压系统中，有时要求在一个液压缸运动时不允许另一个液压缸有任何运动，因此常需要采用液压缸互锁回路。

如图6－36所示，该回路为双缸并联互锁回路。当三位六通电磁换向阀5处于中位，液压缸B停止工作时，二位二通液动换向阀1右端的控制油路（虚线）经阀5中位与油箱连通，因此其左位接入系统。这时压力油可经阀1、阀2进入A缸使其工作。当阀5左位或右位工作时，压力油可进入B缸使其工作。同时压力油进入阀1右端使其右位接入系统，因而切断了A缸的进油路，使A缸不能工作，从而实现了两缸运动的互锁。

6.4.4　多缸快、慢速互不干扰回路

在一泵多缸的液压系统中，往往会出现由于一个液压缸转为快速运动的瞬时，吸入相当大的流量而造成系统压力的下降，影响其他液压缸工作的平稳性。因此，在速度平稳性要求较高的多缸系统中，常采用快慢速互不干扰回路。

如图6－37所示，该回路为采用双泵分别供油的快慢速互不干扰回路。液压缸A、B均需完成“快进—工进—快退”自动工作循环，且要求工进速度平稳。该油路的特点是：两缸的“快进”和“快退”均由低压大流量泵2供油，两缸的工进均由高压小流量泵1供油；快速和慢速的供油渠道不同，因而避免了互相的干扰。

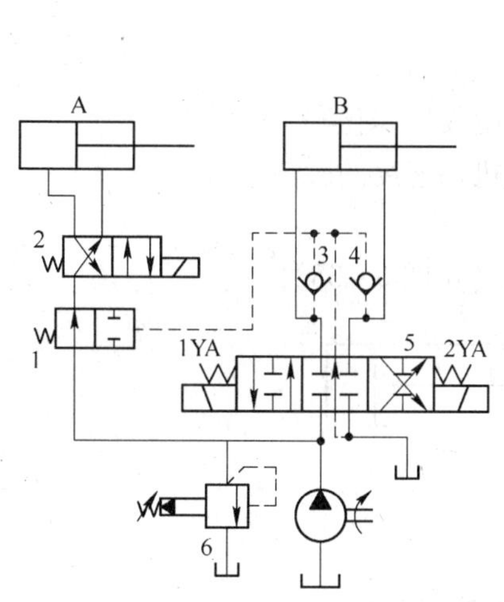

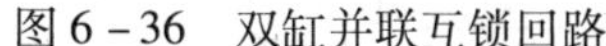

图6－36　双缸并联互锁回路

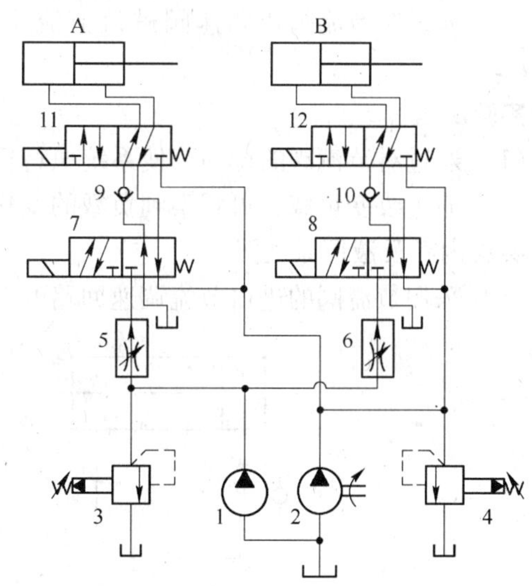

图6－37　采用双泵分别供油的快慢速互不干扰回路

图示位置电磁换向阀7、8、11、12均不通电，液压缸A、B活塞均处于左端位置。当阀11、阀12通电左位工作时，泵2供油，压力油经阀7、阀11与A缸两腔相通，使A缸活塞差动快进；同时泵2的压力油经阀8、阀12与B缸两腔相连，使B缸活塞差动快进。当阀7、阀8通电左位工作时，阀11、阀12断电换为右位时，液压泵2的油路被封闭不能进入液压缸A、B。泵1供油，压力油经调速阀5、换向阀7左位、单向阀9、换向

阀11右位进入A缸左腔，A缸右腔经阀11右位，阀7左位回油，A缸活塞实现工进。同时泵1压力油经调速阀6、换向阀8左位，单向阀10、换向阀12右位进入B缸左腔，B缸右腔经阀12右位、阀8左位回油，B缸活塞实现工进。这时若A缸工进完毕，使阀7、阀11均通电换为左位，则A缸换为泵2供油快退。其油路为：泵2经阀11左位进入A缸右腔，A缸左腔经阀11左位、阀7左位回油。这时由于A缸不由泵1供油，因而不会影响B缸工进速度的平稳性。当B缸工进结束，阀8、阀12均通电换为左位，也由泵2供油实现快退。由于快退时为空载，对速度平稳性要求不高，故B缸转为快退时，对A缸快退无太大影响。

两缸工进时的工作压力由泵1出口处的溢流阀3确定，压力较高；两缸快速时的工作压力由泵2出口处的溢流阀4限定，压力较低。

能力点6.5　训练与思考

6.5.1　项目训练

【任务1】　节流调速回路性能实验

实验目的

（1）了解节流调速回路的构成，掌握节流调速回路的特点。

（2）通过对节流阀三种调速回路性能的实验，分析它们的速度－负载特性，比较三种节流调速方法的性能。

（3）通过对节流阀和调速阀进口节流调速回路的对比实验，分析比较它们的调速性能。

实验原理

（1）通过对节流阀的调整，使系统执行机构的速度发生变化。

（2）通过改变负载，可观察到负载的变化对执行机构速度的影响。

实验内容及液压原理图

（1）采用节流阀的进口节流调速回路的调速性能（见图6－38）。

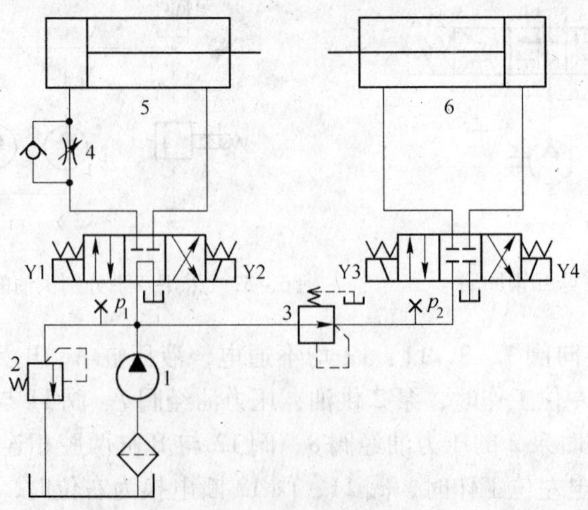

图6－38　节流阀进口节流调速回路原理图

（2）采用节流阀的出口节流调速回路的调速性能（见图 6－39）。

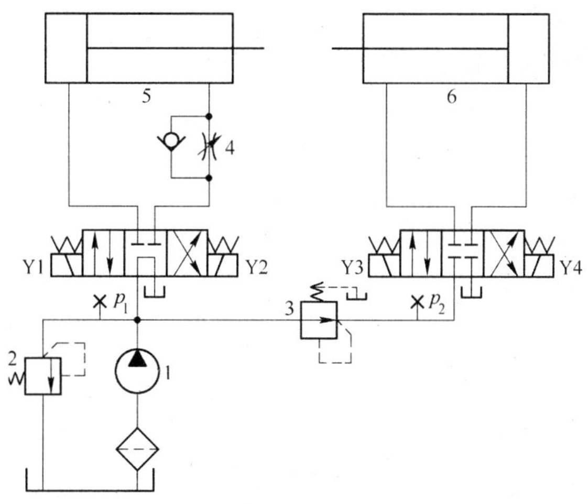

图 6－39　节流阀出口节流调速回路原理图

【任务 2】　调压及卸荷回路实训

训练目的

熟悉溢流阀的功用；明确调压回路的重要性；熟悉回路的连接和操作方法。

训练原理

调压及卸荷回路原理见图 6－40。

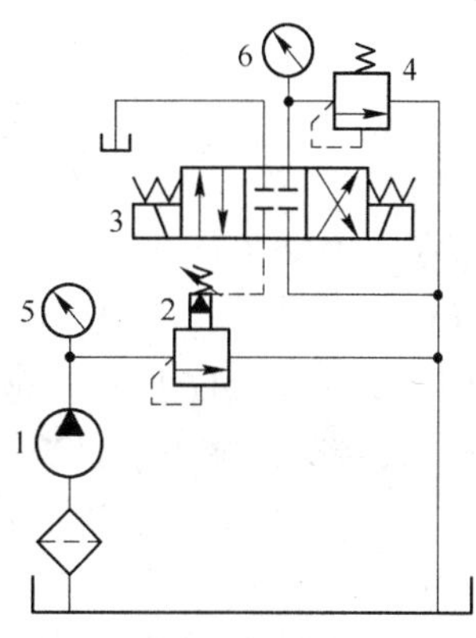

图 6－40　调压及卸荷回路

【任务 3】　采用 M 型中位机能的手动换向阀的换向回路训练

训练目的

熟悉换向回路的连接和操作方法；熟悉各种典型回路的作用。

训练原理

采用 M 型中位机能的手动换向阀的换向回路原理见图 6－41～图 6－43。

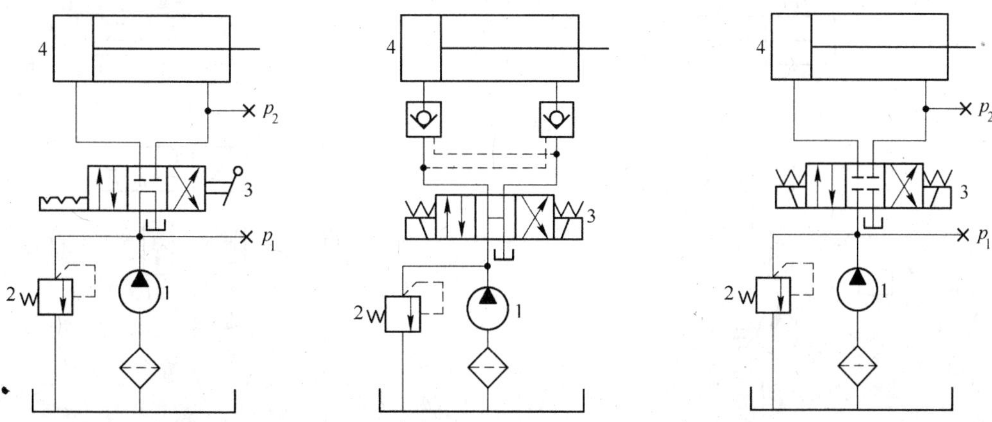

图 6－41　手动换向回路　图 6－42　用液控单向阀的锁紧回路　图 6－43　三位四通电磁换向回路

6.5.2 思考与练习

（1）如图 6－44 所示的回路，泵的供油压力有几级，各为多大？

（2）在图 6－45 所示的回路中，已知活塞运动时的负载 $F=1.2\text{kN}$，活塞面积为 1500cm^2，溢流阀调整值为 4.5MPa，两个减压阀的调整值分别为 $p_{J1}=3.5\text{MPa}$ 和 $p_{J2}=2\text{MPa}$，如油液流过减压阀及管路时的损失可忽略不计，试确定活塞在运动时和停在终端位置处时，A、B、C 三点的压力值。

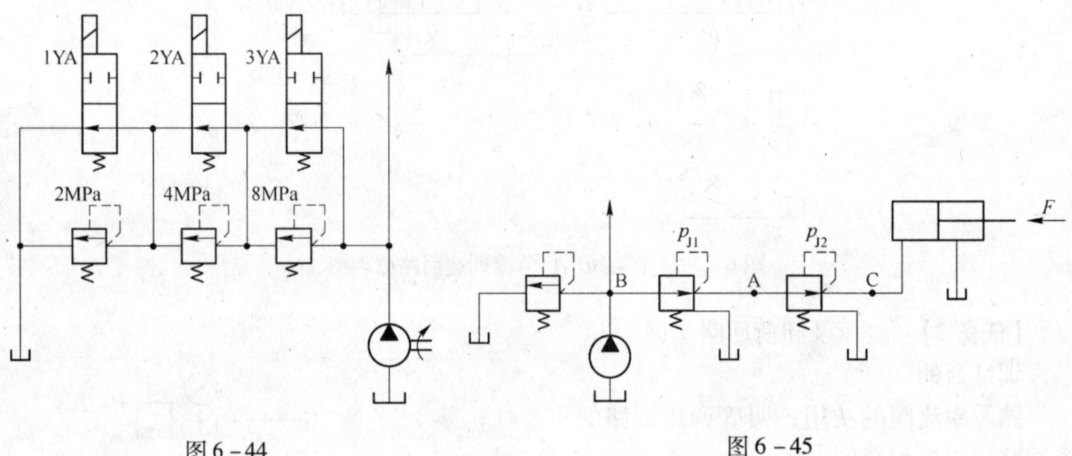

图 6－44　　图 6－45

（3）如图 6－46 所示，已知负载 F 在 300～30000N 范围内变化，活塞的有效工作面积 $A=50\times10^{-4}\text{m}^2$，若溢流阀调定压力为 4.5MPa，问是否合适，为什么？

（4）如图 6－47 所示，液压缸无杆腔有效面积 $A_1=100\text{cm}^2$，有杆腔有效面积 $A_2=50\text{cm}^2$，液压泵的额定流量为 10L/min。试确定：

1）若节流阀开口允许通过的流量为 6L/min，活塞向左移动的速度 v_1 及其返回速度 v_2 是多少？

2）若将此节流阀串接在回油路上（其开口不变）时，v_1 和 v_2 又为多少？

3）若节流阀的最小稳定流量为 0.5L/min，该液压缸能得到的最低速度是多少？

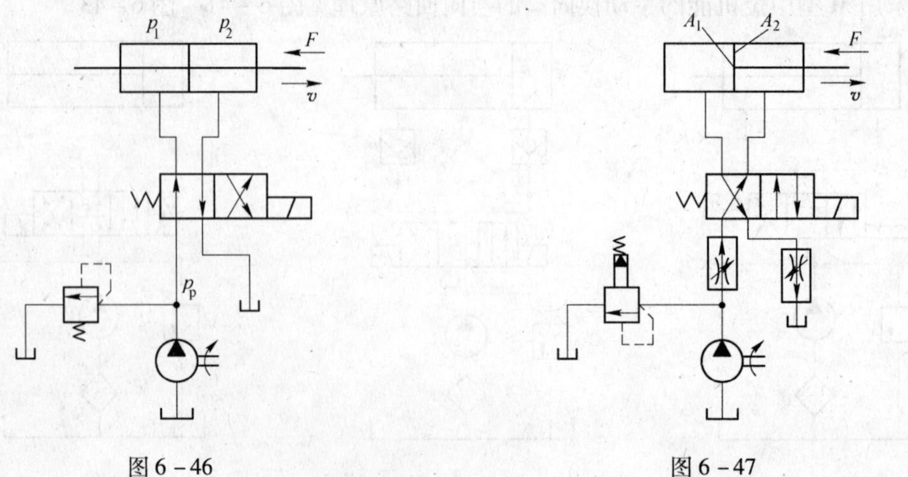

图 6－46　　图 6－47

（5）如图 6－48 所示，已知两液压缸的活塞面积相同，液压缸无杆腔有效面积 $A = 20 \times 10^{-4} \mathrm{m}^2$，但负载分别为 $F_1 = 8000\mathrm{N}$、$F_2 = 4000\mathrm{N}$，如溢流阀的调定压力为 4.5MPa，试分析当减压阀压力调整为 1MPa、2MPa、4MPa 时，两液压缸的动作情况。

（6）如图 6－49 所示的回路，能否实现“缸 1 先夹紧工件后，缸 2 再移动”的要求，为什么？夹紧缸的速度能否进行调节，为什么？

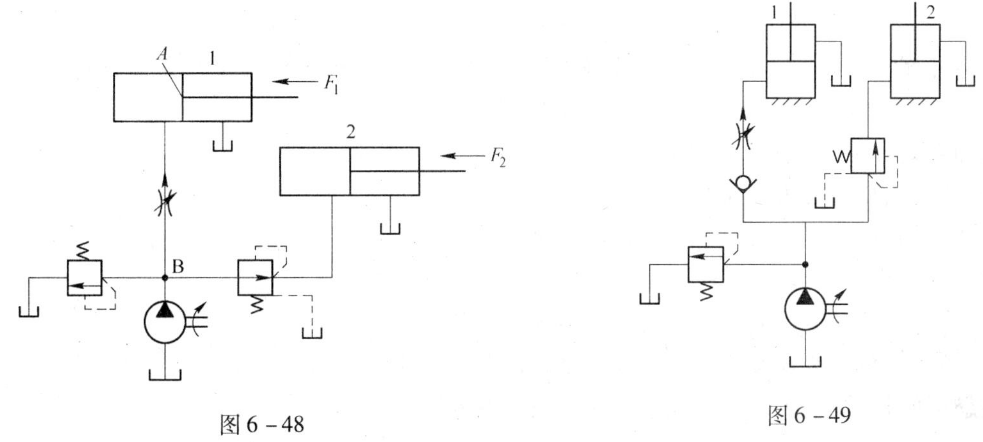

图 6－48　　　　图 6－49

（7）如图 6－50 所示的回路实现“快进—工进—快退”工作循环，如设置压力继电器的目的是为了控制活塞换向，试问，图中有哪些错处，应如何改正？

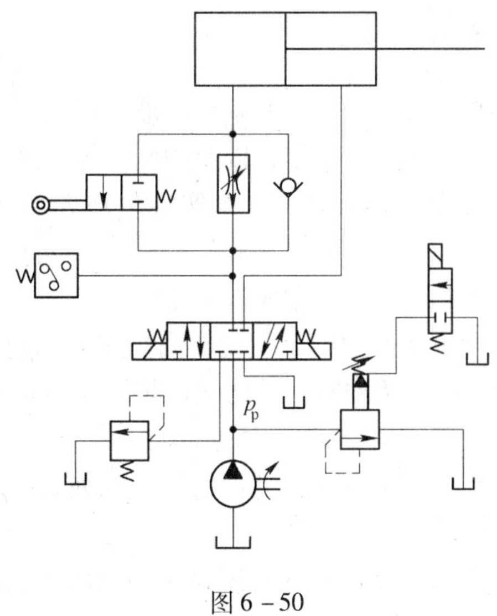

图 6－50

项目7　典型液压系统分析

【项目任务】 能结合前面所学的液压基础知识，对实际生产中的液压系统进行功能分析，了解结构中每一液压元件的作用。

【教师引领】

(1) 液压系统图怎样阅读？

(2) 找出动力元件和执行元件，各自有何功用？

(3) 所读液压传动系统的控制元件有哪些？其控制特点如何？

(4) 所读液压传动系统使用了哪些辅助元件？

(5) 如何为所读液压系统选择最合适的液压介质？

【兴趣提问】 日常生活中，我们还接触到哪些液压系统？

知识点7.1　高炉炉顶液压传动系统

7.1.1　高炉炉顶液压传动系统概述

图7－1所示是某厂1200m^3高炉炉顶上料系统的液压传动系统。其主要工作任务为完成高炉上料过程中，料流通道的开和闭动作，以及均压炉体内外环境气体压力的均压阀的开启动作。采用液压传动（又称为液压炉顶）来实现炉顶大小料钟的操纵，使得机构轻巧，机械设备及炉顶钢结构大大减轻，并使运转平稳，易于实现无级调速，能自行润滑，有利于设备维护。该液压传动系统，主要完成以下工作：

(1) 大钟的开闭。当大钟下降开启时，实现在高炉炉体内进行冶炼矿料的均匀撒布；当大钟上升关闭时，实现对高炉炉顶的密封，防止高炉煤气沿进料通道外逸到大气中。

(2) 小钟的开闭。当小钟下降开启时，实现对大钟斗内炉料的填充；当小钟上升关闭时，通过均压阀放入高炉煤气对钟斗空间进行均压，在使钟斗内与炉体内压力一致后，大钟才可以打开对炉体内放料。

(3) 均压放散阀的开闭。均压放散阀的开闭是由均压放散油缸来实现的。

7.1.2　高炉炉顶液压系统工作原理

该液压炉顶为开式系统，油泵2从油箱6吸油供给工作油缸和蓄压器13，排油通过回油管经过滤油器29至油箱反复使用。

大料钟有四个125mm的柱塞油缸17，每两个一组通过横梁与大钟吊杆相连，行程为750mm。小料钟有两个125mm的柱塞油缸18，通过横梁与小钟吊杆相连，行程为850mm。

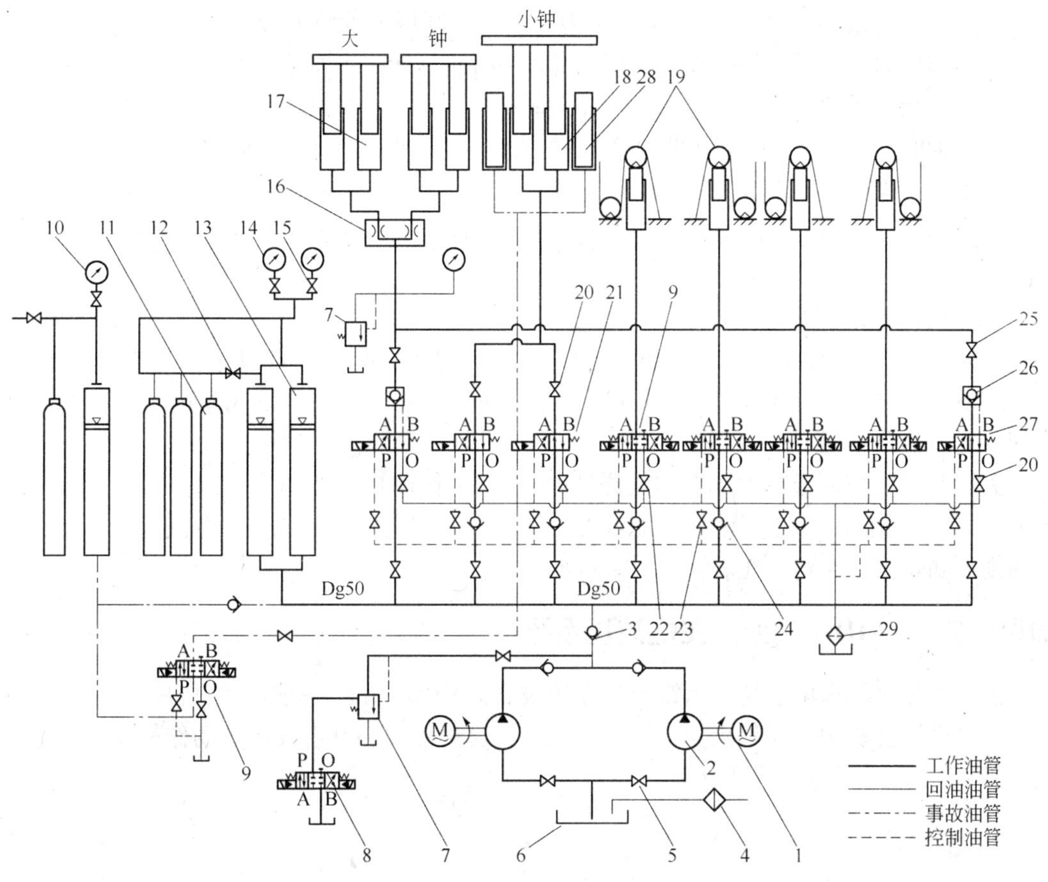

图 7－1　高炉炉顶上料系统液压传动系统

1—电动机；2—轴向柱塞泵；3，24—单向阀；4—冷却器；5，12，20，22，23，25—截止阀；6—油箱；7—溢流阀；8—电磁阀；9，27—电液换向阀；10—压力表；11—氮气瓶；13—蓄压器；14—电接点压力表；15—压力表开关；16—分流阀；17—大钟工作油缸；18—小钟工作油缸；19—均压放散油缸；21—电液换向阀；26—液控单向阀；28—事故油缸；29—滤油器

放散阀的柱塞油缸 19 直径 90mm，每一个阀用一个油缸通过滑轮钢绳组与阀体平衡锤连杆相连。一般高炉正常操作时四车料为一批，每放一车料放散阀及小钟动作一次。四车料上完后，均压阀及大钟动作一次。大小料钟油缸进油时为关钟，卸油时为开钟。均压、放散油缸进油时为开阀，卸油时为关阀。钟、阀的开或关由主卷扬机室的电器连锁系统来操纵，电液换向阀的电磁铁通电或断电控制换向。

以下为该系统的工艺流程：

柱塞泵从油箱吸油→压力油→两个单向阀→工作油路↗蓄压器↘／↘各油缸管路↗大钟、小钟、均压放散系统

(1) 大钟工作系统。

关大钟时（二位四通电液阀断电）：压力油→二位四通电液阀“P”、“A”相通→液控单向阀→分流阀（分流）→大钟工作油缸→大钟关闭。

开大钟时（二位四通电液阀接电）：工作油缸的液压油→分流阀（集流）→液控单向

阀（二位四通电液阀通电换向，“P”、“B”接通，则压力油将液控单向阀打开）→二位四通电液阀换向，同时也使“A”、“O”相通→回油总管→滤油器→油箱。

（2）小钟工作系统。

关小钟时（二位四通电液阀断电）：压力油→单向阀→二位四通电液阀“P”、“A”相通→小钟工作油缸→小钟关闭。

开小钟时（二位四通电液阀接电）：工作油缸回油→二位四通电液阀“A”、“O”相通→回油总管→滤油器→油箱。

（3）均压放散阀。

开阀时（三位四通电液阀左边电磁铁通电）：压力油→单向阀→三位四通电液阀“P”、“A”相通→工作油缸上升→开阀。开阀完毕，三位四通电液阀断电，电液阀回到中间位置，油路不通。

关阀时（三位四通电液阀右边电磁铁通电）：工作油缸回油→单向阀→三位四通电液阀“A”、“O”相通→总回油管→滤油器→油箱。关阀完毕，三位四通电液阀断电，电液阀回到中间位置，油路不通。

知识点 7.2 MHG 型液压泥炮液压系统

液压泥炮是用来堵塞高炉出铁口的专用设备。MHG 型液压泥炮的结构原理如图 7－2 所示。它由回转机构、锁紧机构、压紧机构、打泥机构四部分组成，其动作都由液压动力完成。

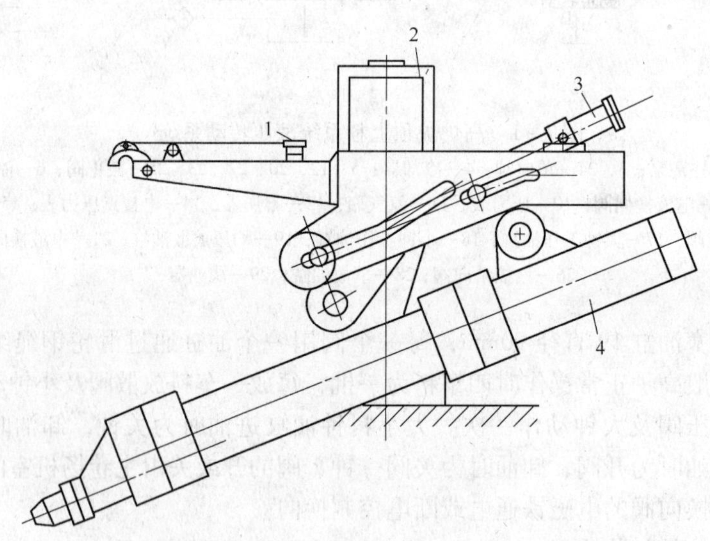

图 7－2 MHG 型液压泥炮的结构原理

1—锚钩缸；2—液压马达；3—压炮缸；4—打泥缸

液压泥炮的工作循环为：回转→压紧→锁紧→打泥。

（1）回转。堵出铁口时，回转机构动作，液压马达 2 的摆动使整个泥炮转入工作位置，将悬挂在回转机构上面的打泥机构、压紧机构等准确地悬挂至出铁口。

（2）压紧。压紧机构动作，压炮缸 3 推动移动吊挂小车，使泥炮的炮嘴按一定的角度插入出铁口，并使泥炮在堵出铁口时，泥炮的炮嘴压紧在出铁口的泥套上。

（3）锁紧。当炮架回转到靠近出铁口时，锚钩缸 1 伸出，将炮架连同炮身锁紧在炉皮的钩座内，以补充压紧机构的压紧力，从而避免推泥力过大而造成跑泥现象。

（4）打泥。打泥缸 4 直接推动泥缸，将泥料经吐泥口注入出铁口，从而将铁口堵住。

图 7－3 为 MHG 型液压泥炮的液压系统原理图。图中打泥液压缸 15 由系统直接供一次高压油，压力由电磁溢流阀 3 控制。压炮液压缸 16、锚钩液压缸 17、摆动马达 18 由减压后的二次压力供给，压力由减压阀 5 控制。各执行机构分别由手动换向阀独立操作，以提高各动作的可靠性。

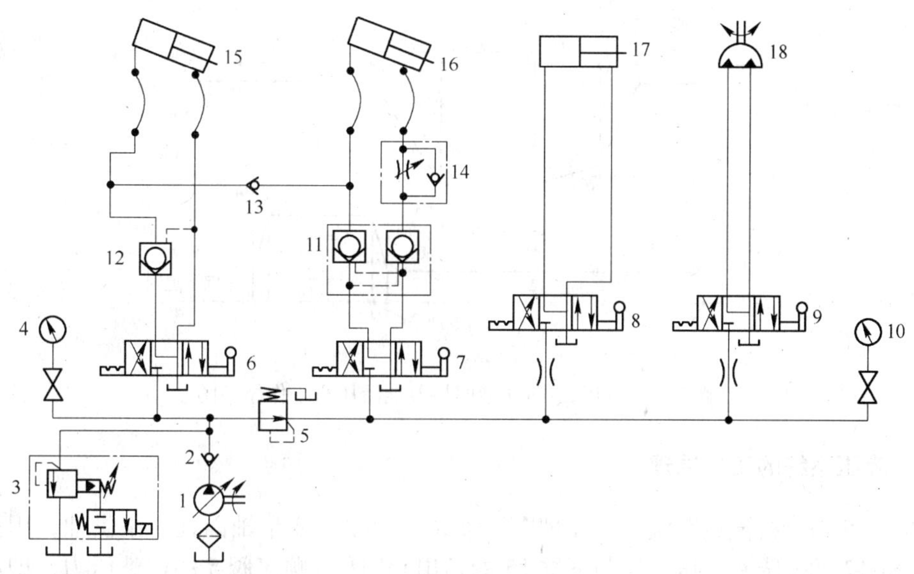

图 7－3　MHG 型液压泥炮液压系统工作原理

1—变量泵；2，13—单向阀；3—电磁溢流阀；4，10—压力表；5—减压阀；6～9—三位四通手动换向阀；11—液压锁；12—液控单向阀；14—单向节流阀；15—打泥液压缸；16—压炮液压缸；17—锚钩液压缸；18—摆动马达

MHG 型高炉泥炮液压系统的主要特点是：

（1）采用限压式变量泵，如图 7－3 中序号 1 所示，组成容积调速回路，实现各动作过程的速度调节。

（2）液压泵压力由电磁溢流阀 3 调整，当电磁溢流阀的电磁阀得电时，电磁溢流阀变成了卸荷通道。

（3）采用液压锁 11，使压炮缸在工作状态下处于锁紧状态，防止压炮缸后退，造成跑泥事故。

（4）在压炮液压缸 16 的下滑侧油路上设置单向节流阀 14，因此能保证压炮液压缸的下滑过程平稳，减小冲击作用，并可调节下滑速度。

（5）换向由手动换向阀完成，可以使动作可靠，并可根据实际动作完成情况，实时调整动作过程。

知识点 7.3　YB32－300 型四柱万能液压机液压系统

YB32－300 型四柱万能液压机是以压力变换为主的液压机，适用于可塑性材料的压制，如冲压、弯曲、翻边和薄板拉伸等，也可满足校正、压装、砂轮成型和粉末制品、塑料制品的压制成型等广泛的工艺要求。其主缸要能够完成横梁快速下行、慢速压制、保压、回程和悬空停止等动作；顶出缸要能完成顶出、回程和在任意位置上静止等动作。图 7－4 为该机典型工作循环图。

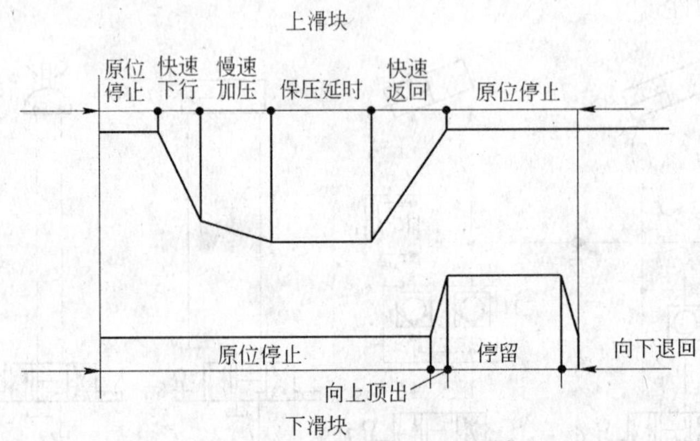

图 7－4　YB32－300 型四柱万能液压机工作循环图

7.3.1　液压系统的工作原理

图 7－5 为该机液压系统工作原理图。该系统由手动变量轴向柱塞泵供油，用控制阀控制主缸 12 的升降和保压，控制下缸 15 的顶出和回程。顺序阀 5 的调整压力，即液压泵的卸荷压力，保证控制油路有足够的压力。系统的工作压力由远程调压阀 3 调节。2 为安全阀，以防止系统超载。

主缸的运动速度由改变泵的排量来调节。快速行程时，采用泵供油和充液筒充液方式来提高低压快速行程速度。

7.3.1.1　主液压缸传动系统

液压泵启动时，各阀处于图 7－5 所示位置，液压泵 1 输出油经阀 5、6、8 回油箱。液压泵卸荷，卸荷压力为顺序阀 5 的调定值。

（1）主液压缸下行加压和保压。若 1YA 通电，主缸（上滑块）便处于下行和加压过程。油路如下：

1）进油路：液压泵 1→阀 5→阀 6 左位→阀 1→进入主缸 12 上腔。

2）回油路：主缸下腔油液→液控单向阀 9→阀 6→阀 8→油箱。

上滑块在未接触工件之前，靠其自重作用迅速下降。液压泵输入的流量不足以补充主缸上腔空出的体积，因而上腔形成部分真空。充液筒内的油液在大气压力作用下经充液阀 13 给液压缸上腔补油。

主缸滑块接触工件后，压力升高，阀 13 被封闭，完成加压。滑块下行速度由液压泵的流量决定。有些工件的压制工艺要求上滑块能在一段时间内压紧工件而又不移动，这时

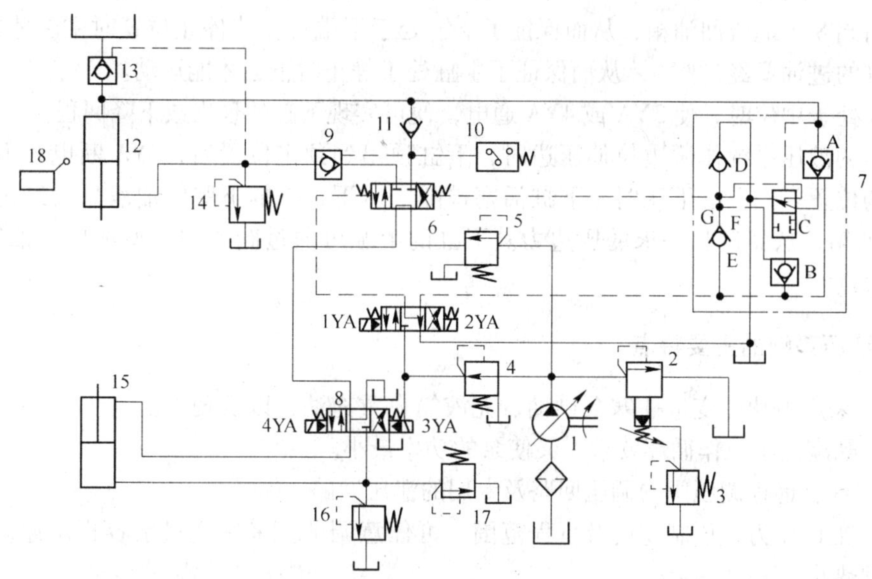

图 7 - 5　YB32 - 300 型四柱万能液压机的液压系统

1—变量泵；2—先导型溢流阀；3，14，16，17—直动型溢流阀；4—减压阀；5—顺序阀；6—电液换向阀；7—组合阀；8—电磁换向阀；9—液控单向阀；10—压力继电器；11—单向阀；12，15—液压缸；13—补油阀；18—行程开关

要求主缸上腔油压保持压力但流量为零。该液压机利用密封的压力管道和受压液体的弹性变形实现保压。当主缸上腔的油液力达到所要求的数值时，压力继电器 10 发出信号，1YA 断电，阀 6 处于中位，主缸上腔和连接阀 11、组合阀 7 的油管内高压被密封。由于管道的弹性变形及液体的弹性变形，上腔的油液继续具有保持活塞压紧工件的压力。保压时间可由时间继电器自动控制，保压时间为 0. 24min。

（2）主缸卸压。保压到规定时间，时间继电器发信号使 2YA 通电，电液换向阀 6 的先导阀换向，但主缸 12 上腔高压油需先经预卸压力，然后接通阀 6 使主阀换向，以免形成液压冲击与噪声。采用预卸阀 7 使阀 6 先导阀换向后控制油与阀 7 液控单向阀 A、B 接通。阀 B 与液动换向阀 C 机械刚性连接。由于主缸上腔高压油作用在阀 C 上端面上，使阀 B 不能开启，只有单向阀 A 开启。主缸上腔高压油→阀 A→阀 C→管路 F→油箱。当主缸 12 上腔压力降至作用在 C 阀上向下总压力小于控制油压作用于 B 阀向上总压力时，C 阀上升，同时切断经阀 C 的卸压油路。控制油经阀 B→管路 C→阀 6 右端，使主阀换向，液压缸 12 卸压后快速回程。

（3）主液压缸 12 快速回程、停止。

1）进油路：液压泵 1→阀 5→阀 6 右位→阀 9→主液压缸 12 下腔。

2）回油路：主液压缸 12 上腔→阀 13（由下腔压力油打开）→充液筒。

主液压缸快速回程，当上滑块碰到行程开关 18 时，2YA 断电，阀 6 的先导阀回中位，阀 6 主阀右端控制压力油→组合阀 7 的单向阀 E→阀 6 先导阀中位→油箱。阀 6 主阀在弹簧力作用下复位时经组合阀 7 的 D 阀自油箱吸油。主阀复位后主液压缸停止运动。

7. 3. 1. 2　下液压缸传动系统

为了使上液压缸、下液压缸动作协调，液压机使主缸油路的回油经过控制下缸运动的电液换向阀8才能流回油箱，从而保证了下缸处于下端位置或停止位置时主缸才能运动；而且下缸的进油要经过阀6，从而保证了主缸处于静止时下缸才能运动。

阀6处于中位时，使3YA或4YA通电，便可实现下缸的顶出或下降回程。

下缸的液压系统作薄边拉伸压边时，下缸顶出到预定位置后，3YA断电，下缸停止在顶出的位置。当上缸下压时，下缸活塞被随之压下，下缸下腔的油液只能经过溢流阀17流回油箱，从而建起要求的压边力。下缸的上腔可通过阀8中位型油口从油箱吸油，以免产生真空。

7.3.2　液压系统的主要特点

（1）采用恒功率变量柱塞泵供油、充液筒自重充油，以实现主缸（上滑块）低压快速行程，既满足了工作循环要求，又使泵的功率最小。

（2）具有远程调压阀的调压回路及专用的泄压回路。

（3）工作压力、压制速度及行程范围，可任意调节。采用变量泵容积调速，系统效率高、发热小。

（4）两个液压缸各有一个安全阀进行过载保护。两缸换向采用的串联接法是一种安全措施。

知识点7.4　剪板机的液压传动系统

7.4.1　剪板机液压传动系统概述

如图7-6所示为剪板机的液压传动系统的原理。它采用插装阀及其回路组成插装阀式液压传动系统，凡是传统式液压传动系统能实现的动作要求，插装阀式液压传动系统同样也能实现。插装阀式液压传动系统目前在各行各业中已广泛使用。

剪板机主要用于剪裁金属板料。现在中、大型剪板机的主传动系统一般都采用液压传动。剪板机的主要动作是液压缸带动剪刀片运动对板料进行剪切。其辅助动作有压料脚（压料缸）压住板料，防止剪切时产生的力矩使钢板翘起；剪切后托料球（托料缸）抬起，以减小送料时的摩擦力。该液压系统可用整体式液压集成块安装。该剪板机的两个主缸采用机械方法保证同步。表7-1为该液压系统的电磁铁动作循环表。

表7-1　电磁铁动作循环表

动作 \ 电磁铁		1DT	2DT	3DT	4DT	5DT
启动	液压泵空载启动	−	−	−	−	−
下行	空程	−	+	+	−	−
	剪切	−	+	+	+	−
	缓冲	−	+	+	−	−
回程	快速回程	−	+	−	−	+
辅助动作	轻压对线	+	−	+	−	−
	剪切中途回程	−	+	−	−	+
	点动上	−	+	−	−	+
	点动下	−	+	+	−	−

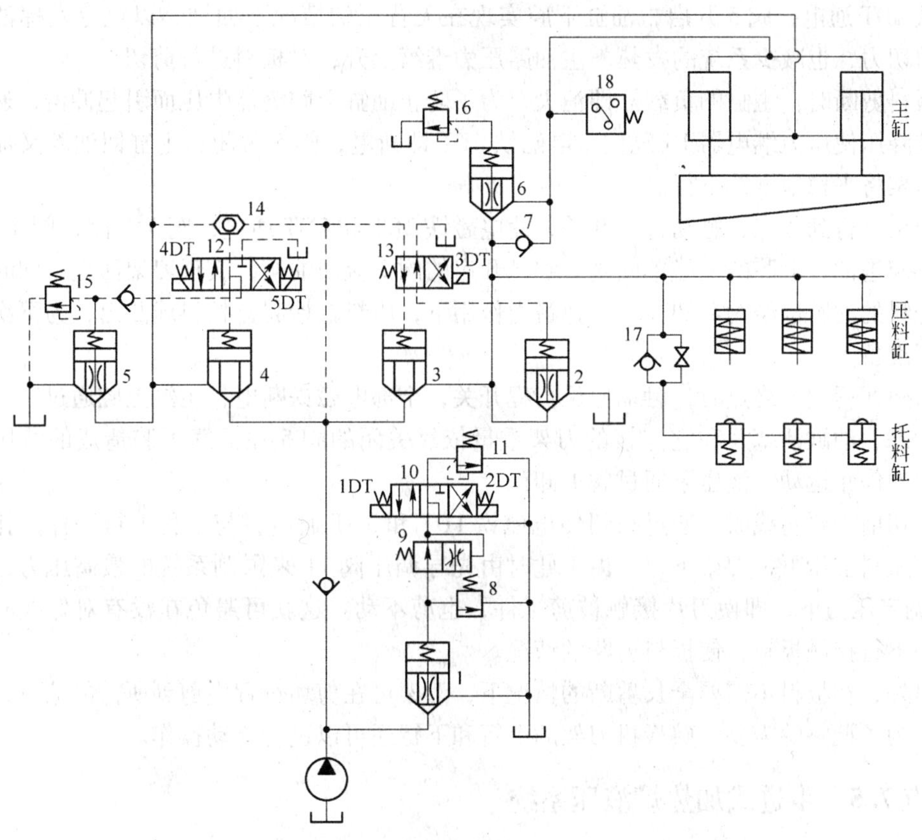

图 7-6　剪板机液压传动系统原理

7.4.2　剪板机液压传动系统的工作原理

该系统中，插装阀 1 及其上的先导阀用来控制液压泵的输出压力。先导调压阀 8 用来调节剪切时的最大工作压力，先导调压阀 11 调节轻压对线时的工作压力，而电磁阀 10 用来选择压力级和使液压泵卸荷。因此通过控制电磁阀 10 可使系统得到两级压力和卸荷状态。

插装阀 2、3、4 和 5 组成四通换向阀，控制主缸、压料缸和托料缸的动作，顺序阀 6 和单向阀 7 组成单向顺序阀，保证托料缸缩回和压料缸压紧板料后，才使主缸带动刀架下行进行剪切的顺序动作。

启动时，电磁阀 10 处于中位，使阀 1 控制腔接通油箱，阀 1 开启，实现液压泵的空载启动。

当电磁阀 1DT 和 2DT 通电时，阀 1 关闭，进入溢流阀调压状态，同时阀 3 开启，压力油通过阀 3 使托料球缩回，压料缸压下，压住待剪切的板料，随即系统压力上升。当系统压力达到阀 6 的先导调压阀 16 的调定压力时，阀 6 开启，压力油进入两主缸的上腔。油缸下腔的油在先导调压阀 15 的控制下经阀 5 流回油箱。两油缸的活塞在先导调压阀 15 调定的背压下下行，带动刀架空程向下。

刀架下行到使刀片接触被剪板料时，主油路进一步升压，通过压力继电器 18 发讯，使电铁 4DT 通电，阀 5 开启，油缸下腔实现在无背压的情况下回油，以充分发挥油缸的最大剪切力，也减少系统的发热。主油路压力继续上升，对板料进行剪切。

板料剪断时，主缸的负载立即消失，为了防止油缸上腔突然失压而引起冲击，通过油缸上腔降压使压力继电器 18 复位，电磁铁 4DT 即断电，阀 5 关闭，主缸回油腔又加上背压，刀架将平稳地继续下行。

刀架下行到终点，触动行程开关，使电磁铁 2DT 和 5DT 通电，阀 3 关闭，阀 4 开启，主缸下腔进油，上腔的油经单向阀 7 和已开启的阀 2 流回油箱，实现刀架回程。同时压料缸和托料的油腔也经阀 2 卸荷，在弹簧力作用下，压料缸抬起，托料球凸出，为下次剪料做好了准备。

刀架回程到上终点时，触动原位行程开关，全部电磁铁断电，主缸上腔通过阀 2 处于卸荷状态，油缸活塞及和它连接的刀架重量依靠关闭的阀 5 在活塞下腔造成的背压来支承，刀架停止运动，液压泵通过阀 1 卸荷。

剪切前需要对线时，通过按钮使电磁铁 1DT 和 3DT 通电，与空程下行一样，托料球缩回，压料缸压下，刀架下行。由于此时由先导调压阀 11 来限制系统的最高压力，在阀 11 的调定压力下，即使刀片接触被剪工件，也剪不动。这就可避免在没有对好线时，由于刀架下行接触板料，使板料剪断的情况。

另外，在板料不需要全长剪断的情况下，刀架可在剪切过程中剪到所需的位置，然后回程。为了调整的需要，剪板机刀架的上行和下行还可以进行点动操作。

知识点 7.5 步进式加热炉液压系统

7.5.1 步进式加热炉液压系统概述

某步进式钢坯加热炉由三根静梁、两根动梁构成。动梁的升降采用四连杆机构，使垂直升降缸远离热源，水平放置，同时通过杠杆比，减小油缸负载，增大油缸行程；水平移动系同样采用连杆机构。两动梁在清渣和检修时，需要下落到坑底，采用了四个吊挂缸，来完成清渣及检修时动梁的落放和提升。两根动梁和四个吊挂缸的运动都有一定精度的同步要求。

步进炉工作需要完成的动作有：

（1）挡料移动缸的伸缩。需要加热的钢坯进入到加热炉内时，依靠挡料缸确定其加热过程的初始位置。

（2）动梁上升运动。垂直移动缸缩回，通过连杆机构使动梁升起，托起钢坯离开静梁。

（3）动梁前进运动。钢坯离开静梁后，水平移动缸伸出，同样通过连杆机构，由两根动梁托着钢坯沿着加热路线前进一个步长的距离。

（4）动梁下降运动。垂直移动缸伸出，通过连杆机构使动梁下降到静梁的水平面以下，这时，钢坯又回落到三根静梁的支承面上，但其水平位置比原来前移了一个步长。

（5）动梁后退运动。水平移动缸缩回，同样通过连杆机构使动梁在静梁的水平面下退回到其原始位置，等待下一个工作循环。如此反复，就能使钢坯从步进炉入料口逐步移到出口，并能使钢坯各个部分加热均匀。

（6）水平框架升降运动。维修炉膛时，将四个吊挂缸的电液阀换向，靠框架的自重让吊挂缸同步下降，动梁及框架落至坑内；检修完毕，再使电液阀切换，四个吊挂缸同步上升，使动梁回复到其工作循环的原始位置。

7.5.2　步进式加热炉液压系统的工作原理

图7－7所示为步进式加热炉的液压系统的工作原理。此液压系统的工作情况如下：

（1）挡料移动缸的伸缩运动。控制泵5启动（泵6备用），向整个液压系统提供具有适当压力的控制油液，使电磁铁1DT通电，泵2备用，泵1不再处于卸荷，再让电磁铁6DT通电，压力油经单向阀13、电液换向阀19进入挡料缸48的左腔。缸48右腔的油液经阀19、滤油器、冷却器回到油箱，使挡料缸伸出，确定好新入炉钢坯的初始位置，并碰动行程开关而发出电气讯号。这时，控制中心将电磁铁7DT通电，6DT断电，压力油进入到挡料缸的右腔，使挡料缸缩回到原始位置，等待下一根钢坯的到来。

（2）动梁上升运动。电磁铁3DT和5DT通电，泵3、4均不再处于卸荷。使电磁铁13DT、15DT同时通电，则泵3、4的压力油经单向阀15、16，电液换向阀22、23，液控单向阀32、33，单向节流阀34、35进入垂直移动缸56、57的右腔。而缸56、57左腔的油液合流，经背压阀77，回油过滤器，冷却器回到油箱，使垂直移动缸缩回，通过连杆机构使动梁升起；两缸为并联同步，依靠阀22、23的同时切换实现。

（3）动梁的前进运动。垂直移动缸缩回到位后，碰动行程开关发出电讯号。通电控制中心使电磁铁11DT通电，泵1的压力油经单向阀13、电液换向阀21、单向节流阀31进入到水平移动缸53的下腔，缸53、54、55串联式连接，使水平移动缸55上腔的油液经单向节流阀30的节流口、阀21、滤油器、冷却器回到油箱。水平移动缸53、55实现了同步伸出运动，其通过连杆机构驱动两根动梁一起前进一个步长。缸53、55的活塞上设置了确保两缸终点位置同步的装置。

（4）动梁下降运动。水平移动缸伸出到位后，碰动行程开关发出电讯号，使电磁铁17DT通电，控制压力油进入到液控单向阀的控制腔，打开液控单向阀32、33，同时使12DT、14DT一起通电，13DT、15DT断电。这时，泵3、4排出的压力油，缸56、57右腔的油液分别经过单向节流阀的节流口、液控单向阀返回到缸的左腔，实现差动连接的快速伸出运动。同样通过连杆机构完成动梁的快速下降运动，其下降速度可通过调节阀34、35的节流口开度而改变。

（5）动梁水平退回原始位置的运动。当垂直移动缸带动动梁下降到位后，碰动行程开关发出电讯号，使10DT通电，11DT断电。泵1的压力油经单向阀13、阀21、阀30进入缸55的上腔。缸53下腔的油液经阀31的节流口、阀21回到总回油管路，使两个水平移动缸同步缩回，同样通过连杆机构使动梁水平退回到其循环动作的原始位置。

（6）框架的升降运动。当需要进行炉膛清渣及检修时，必须将两根动梁落放到炉坑下面。先将16DT通电，控制压力油将液控单向阀36、38、40、42打开，同时使8DT、9DT断电。由于框架的自重作用，四个吊挂缸下腔的油液分别经各自的节流阀及液控单向阀回到总回油管，缸的上腔通过管路直接从油箱中补油，吊挂缸通过调整节流阀的开度可实现同步下降。清渣及检修完毕，需使动梁升回到原来的位置，使9DT通电，泵1的压力油经单向阀13，阀20，阀26、28的节流口分别进入到各缸的下腔，使四个吊挂缸同步

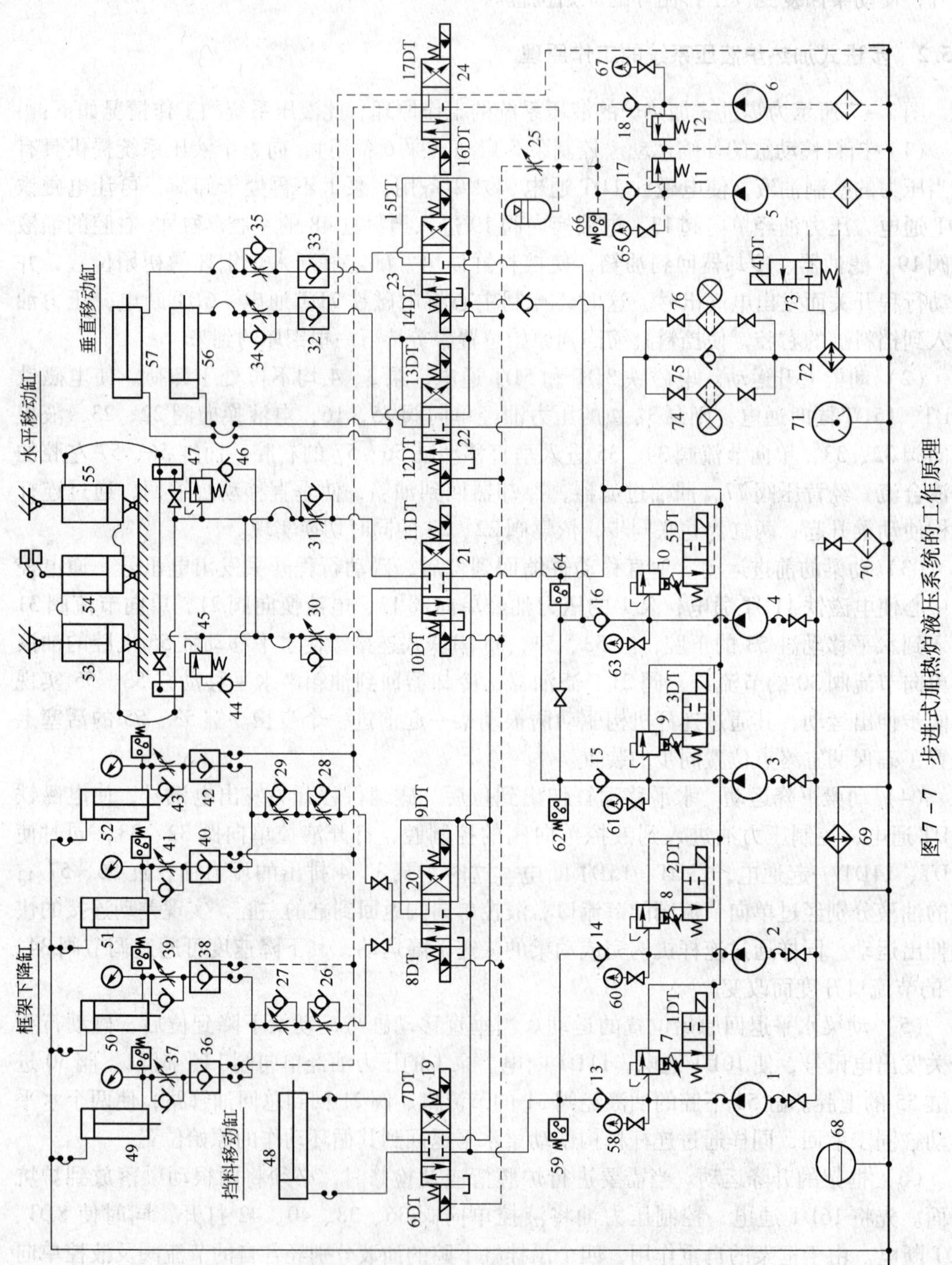

图7-7 步进式加热炉液压系统的工作原理

上升，从而顶起框架使之回到步进炉工作所要求的位置。

7.5.3　步进式加热炉液压系统的特点

（1）由于动梁及框架的结构尺寸较大而采用了多缸驱动的形式，故具有同步运动的要求；吊挂及垂直移动缸采用节流阀节流调速的并联同步；水平移动缸采用串联同步，并在油缸上安装了终点位置同步装置，消除了累积误差。

（2）因吊挂缸和动梁升降缸都承受了垂直方向的负载，故在下降运动的回油路上安装了双向液压锁，以实现下降过程中的任意位置停止和短时间的保压。

（3）所有执行机构的速度控制均为节流调速，因有垂直方向负载，为防止下降过程因负载自重作用而出现速度失控，均采用回油节流调速。

（4）此设备需进行连续运转，故系统中的关键元件都设置了备用元件，并且液压站具有多层自动报警及自动保护功能：

1）油箱的油位控制。安装在油箱侧壁上的液位信号发生器，可对油箱中油液的最高、最低液位进行声、光报警；到最低允许工作液位时可自动切断全部电动机的电源，以免油泵由于吸空而产生磨损。

2）系统油温的控制。油箱上安装了两个电接点温度计，系统油温升到60℃时，电接点温度计发讯使水冷用电磁水阀的电磁铁通电，对油液进行冷却；油温降到50℃时，温度计又发讯，使18DT断电，停止冷却。油温低于15℃时，利用温度计的电接点和电动机启动电路互锁，而使电动机不能启动，并且自动通过电加热器进行加热。从而保证系统工作在合适的油温范围内。

（5）系统的油压控制及保护。在各泵的出口都安装有电接点压力表及压力继电器。当由于某种原因致使系统实际油压高出调定压力1.5MPa时，其附近相应的电接点压力表就发出信号，使电磁溢流阀的电磁铁断电，让该泵卸荷；如果系统实际油压仍继续升高，高于调定压力3MPa时，其附近相应的压力继电器动作，使相应的电动机自动停止运转。故对系统的油压实现了多级自动保护。

能力点 7.6　训练与思考

7.6.1　项目训练

如图7-8所示液压系统，A和B为工作缸，C为夹紧缸，要求夹紧可靠，缸A和B可同时快进、工进、快退，也要求各自完成不同的工作循环，如缸A（或B）快进，缸B（或A）工进，或一缸停止、另一缸工作。试分析能否实现上述要求，如何改进，请提出改进方案，并说明改进后的工作原理。

7.6.2　思考与练习

（1）如图7-9所示为一动力滑台液压系统。根据工作循环，回答下列问题：

1）编制电磁铁动作顺序表。

2）说明各工步的油路走向。

（2）如图7-10所示为专用铣床液压系统，要求机床工作台一次可安装两支工件，

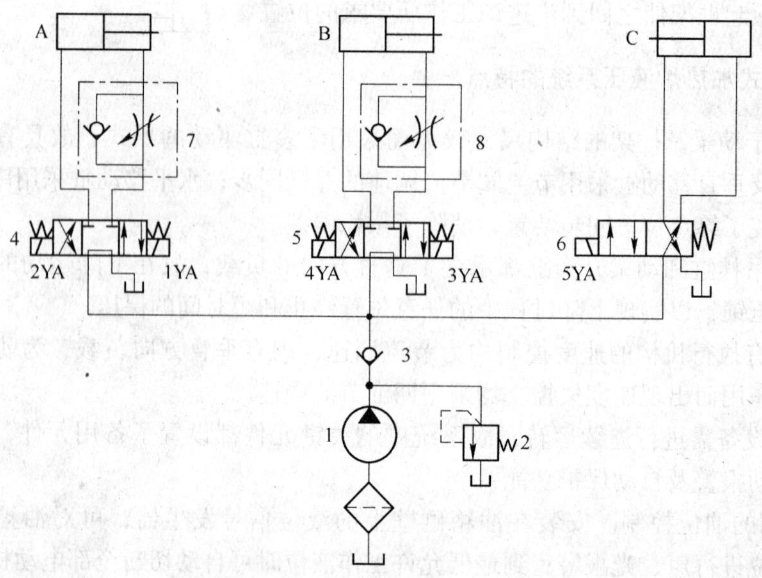

图 7－8　液压系统

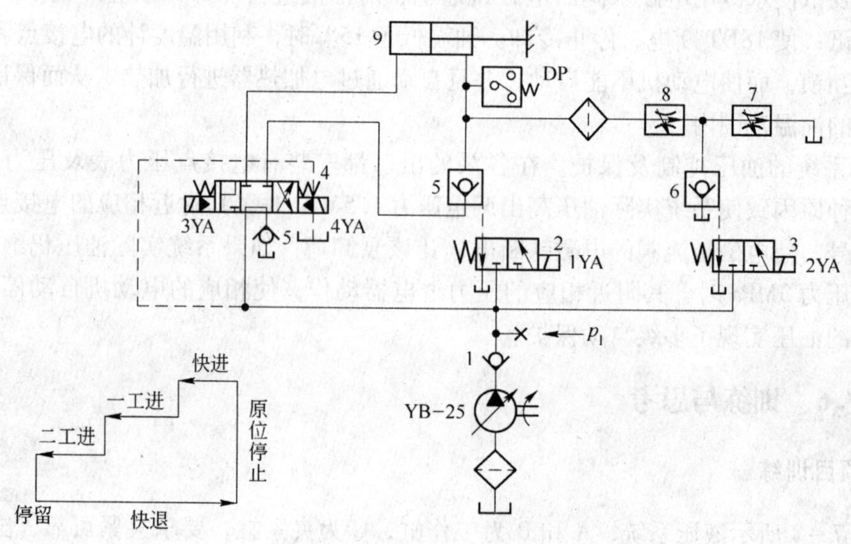

图 7－9　液压系统

并能同时加工。工件的上料、卸料由手工完成，工件的夹紧及工作台由液压系统完成，机床的工作循环为“手工上料→工件自动夹紧→工作台快进→铣削进给→工作台快退→夹具松开→手工卸料”。分析系统并回答下列问题：

1）写出电磁铁动作顺序表。

2）系统由哪些基本回路组成？

3）哪些工况由双泵供油，哪些工况由单泵供油？

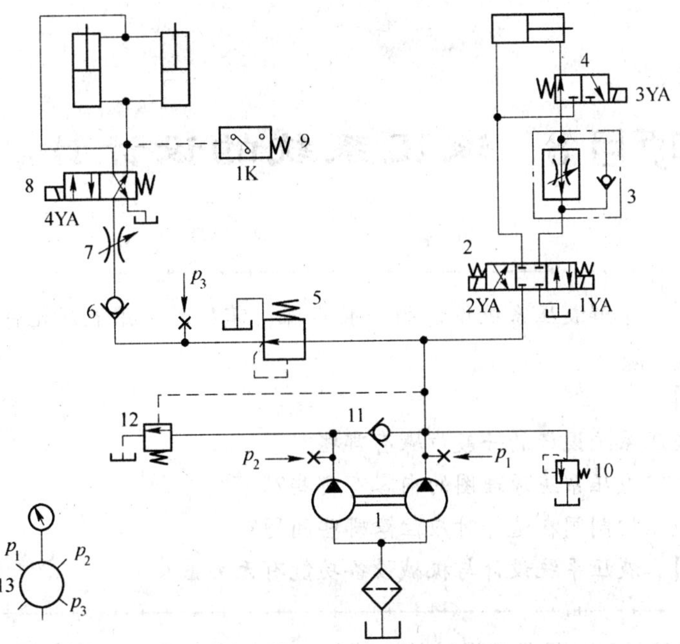

图 7 – 10　液压系统

项目8　液压系统的设计计算

【项目任务】 了解液压系统设计的一般步骤；掌握对常用液压元件的计算和选择方法。

【教师引领】

（1）液压系统设计的一般步骤有哪些？

（2）拟定液压系统原理图的内容有哪些？

（3）液压控制阀在选择时应注意哪些问题？

【兴趣提问】 液压系统设计与机械设备功能有无关系？

液压传动系统的设计是整机设计的一部分。目前液压系统的设计主要是经验法，即使使用计算机辅助设计，也是在专家的经验指导下进行的。因而就其设计步骤而言，往往随设计的实际情况，设计者的经验不同而各有差异。但是，从总体上看，其基本内容是一致的，具体为：

（1）明确设计要求，进行工况分析。

（2）拟定液压系统原理图。

（3）计算和选择液压元件。

（4）验算液压系统的性能。

（5）绘制工作图，编制技术文件。

知识点8.1　明确设计要求，进行工况分析

8.1.1　明确设计要求

液压系统是主机的配套部分，设计液压系统时，首先要明确主机对液压系统提出的技术要求，主要包括：

（1）明确液压系统的动作和性能要求，例如，执行元件的运动方式、行程和速度范围，负载条件，运动的平稳性和精度，工作循环和动作周期，同步和联锁要求，工作可靠性要求等。

（2）明确液压系统的工作环境，如环境温度、湿度、尘埃、通风情况、是否易燃、外界冲击振动的情况及安装空间的大小等。

（3）其他要求，这里主要指液压系统的自重、外形尺寸、经济性等方面的要求。

8.1.2　工况分析

工况分析主要指对液压执行元件的工作情况分析，分析的目的是了解工作的速度、负

载变化的规律，并将此规律用曲线表示出来，作为拟定液压系统方案、确定系统主要参数（压力和流量）的依据。若液压执行元件动作比较简单，也可不作图，只需找出最大负载和最大速度即可。

8.1.2.1　运动分析

按设备的工艺要求，把所研究的执行元件在完成一个工作循环时的运动规律用图表示出来，这个图称为速度图。现以图 8－1 所示的液压缸驱动的组合床滑台为例进行说明。图 8－1（a）是机床的动作循环，为快进→工进→快退。图 8－1（b）是完成一个工作循环的速度－位移曲线，即速度图。

8.1.2.2　负载分析

图 8－1（c）是该组合机床的负载图。这个图是按设备的工艺要求，把执行元件在各阶段的负载用曲线表示出来。由此图可直观地看出在运动过程中受力何时最大、何时最小等各种情况，以此作为以后的设计依据。

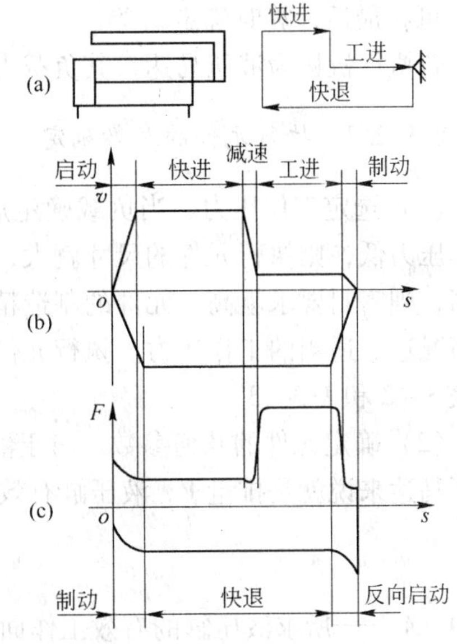

图 8－1　组合机床工况图

（a）动作循环图；（b）速度图；（c）负载图

现具体分析液压缸所承受的负载，液压缸驱动执行驱动机构进行往复直线运动时，所受到的外负载为：

$$F = F_L + F_f + F_a \tag{8-1}$$

（1）工作负载 F_L。工作负载与设备的工作情况有关，在机床上，与运动件的运动方向同轴的切削力的分量是工作负载，而对于提升机、千斤顶等来说所移动的重量就是工作负载。工作负载可以是定量，也可以是变量，可以是正值，也可以是负值，有时还可能是交变的。

（2）摩擦阻力负载 F_f。摩擦阻力是指运动部件与支承面间的摩擦力，它与支承面的形状、部件放置情况、润滑条件及运动状态有关。

$$F_f = fF_N \tag{8-2}$$

式中　F_N——运动部件及外负载对支承面的正压力；

f——摩擦系数，分为静摩擦系数（$f_s \leqslant 0.2 \sim 0.3$）和动摩擦系数（$f_d \leqslant 0.05 \sim 0.1$）。

（3）惯性负载 F_a。惯性负载是指运动部件的速度变化时，由其惯性而产生的负载，可用牛顿第二定律计算：

$$F_a = ma = \frac{G}{g}\frac{\Delta v}{\Delta t} \tag{8-3}$$

式中　m——运动部件的质量，kg；

a——运动部件的加速度，m/s^2；

G——运动部件的重力，N；

g——重力加速度，m/s^2；

Δv——速度的变化量，m/s；

Δt——速度变化 Δv 所需的时间，s。

除此之外，液压缸的受力还有密封阻力（一般用效率 $\eta = 0.85 \sim 0.9$ 来表示）、背压力（可在最后计算时确定）等。

若执行机构为液压马达，其负载力矩计算方法与液压缸相类似。

8.1.2.3 执行元件的参数确定

（1）选定工作压力。当负载确定后，工作压力就决定了系统的经济性和合理性。若工作压力低，则执行元件的尺寸就大，重量也大，完成给定速度所需的流量也大；若压力过高，则密封要求就高，元件的制造精度也就更高，容积效率也就会降低。所以应根据实际情况选取适当的工作压力。执行元件工作压力可以根据总负载值或主机设备类型选取，见表 3-2 和表 3-3。

（2）确定元件的几何参数。对于液压缸来说，它的几何参数就是有效工作面积 A，对液压马达来说就是排量 V。液压缸有效工作面积由式（8-4）求得。

$$A = \frac{F}{\eta_{cm} p} \tag{8-4}$$

式中 A——所求液压缸的有效工作面积，m^2；

F——液压缸上的外负载，N；

η_{cm}——液压缸的机械效率；

p——液压缸的工作压力，Pa。

若执行元件为液压马达，则其排量的计算式为：

$$V = \frac{2\pi T}{p\eta_{Mm}} \tag{8-5}$$

式中 V——所求液压马达的排量，m^3/r；

T——液压马达的总负载转矩，N · m；

p——液压马达的工作压力，Pa；

η_{Mm}——液压马达的机械效率。

排量确定后，可从产品样本中选择液压马达的型号。

（3）执行元件最大流量的确定。对于液压缸，它所需的最大流量 Q_{max} 等于液压缸有效工作面积 A 与液压缸最大移动速度 v_{max} 的乘积，即

$$Q_{max} = Av_{max} \tag{8-6}$$

对于液压马达，它所需的最大流量 Q_{max} 应为马达的排量 V 与其最大转数 n_{max} 的乘积，即

$$Q_{max} = Vn_{max} \tag{8-7}$$

8.1.2.4 绘制液压执行元件的工况图

液压执行元件的工况图指的是压力图、流量图和功率图。

（1）工况图的作用。从工况图上可以直观地、方便地找出最大工作压力、最大流量和最大功率，根据这些参数即可选择液压泵及其驱动电动机，同时对系统中所有液压元件的选择也具有指导意义。通过分析工况图，有助于设计者选择合理的基本回路。例如：在工况图上可观察到最大流量维持时间，如这个时间较短则不宜选用一个大流量的定量泵供油，而可选用变量泵或采用泵和蓄能器联合供油的方式。另外，利用工况图可以对各阶段的参数进行鉴定，分析其合理性，在必要时还可进行调整。例如，若在工况图中看出各阶段所需的功率相差较大，为了提高功率应用的合理性，使得功率分配比较均衡，可在工艺允许的条件下对功率进行适当调整，使系统所需的最大功率值有所降低。

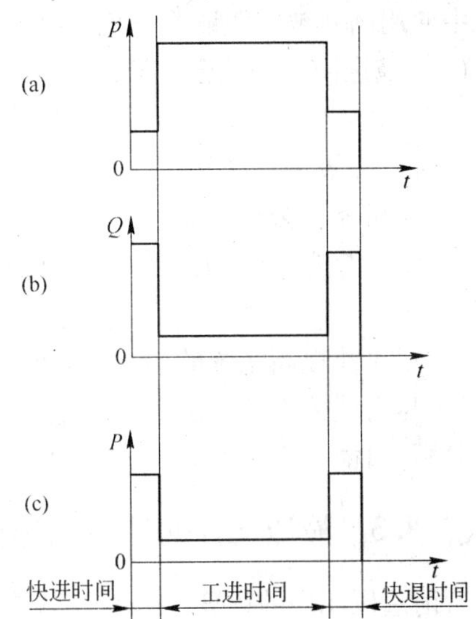

图 8 - 2　组合机床执行元件工况图

（a）压力图；（b）流量图；（c）功率图

（2）工况图的绘制。按照上面所确定的液压执行元件的工作面积（或排量）和工作循环中各阶段的负载（或负载转矩），即可绘制出压力图（见图 8 - 2a）；根据执行元件的图工作面积（或排量）以及工作循环中各阶段所要求的运动速度（或转速），即可绘制如图 8 - 2（b）所示的流量图；根据所绘制的压力图和流量图，即可计算出各阶段所需的功率，绘制如图 8 - 2（c）所示的功率图。

知识点 8.2　液压系统原理图的拟定

液压系统图是整个液压系统设计中最重要的一环，它的好坏从根本上影响整个液压系统。拟定液压系统原理图所需的知识面较广，要综合应用前面的各项目内容，一般的方法是：先根据具体的动作性能要求选择液压基本回路，然后在基本回路中加上必要的连接措施有机地组合成一个完整的液压系统，拟定液压系统图时，应考虑以下几个方面的问题。

（1）液压执行元件的类型。由项目 2、项目 3 所述内容可知，液压执行元件有提供往复直线运动的液压缸，提供往复摆动的摆动缸和提供连续回转运动的液压马达。在设计液压系统时，可按设备所要求的运动情况来选择。在选择时还应比较、分析，以求设计的整体效果最佳。例如，系统若需要输出往复摆动运动，要实现这个运动，既可采用摆动缸又可使用齿条式液压缸，也可以使用直线往复式液压缸和滑轮钢丝绳传动机构来实现。因此要根据实际情况进行比较、分析，综合考虑做出选择。又如，在设备的工作行程比较长时，为了提高其传动刚性，常采用液压马达通过丝杠螺母机构来实现往复直线运动。此类实例很多，设计时应灵活应用。在实际设计中，液压执行元件的选用往往还受到使用范围的大小和使用习惯的限制。

（2）液压回路的选择。在确定了液压执行元件后，要根据设备的工作特点和性能要求，首先确定对主机主要性能起决定性影响的主要回路。例如机床液压系统，调速和速度换接是主要回路；压力机液压系统，调压回路是主要回路等。然后再考虑其他辅助回路，例如有垂直运动部件的系统要考虑平衡回路，有多个执行元件的系统要考虑顺序动作、同步和防干扰回路等。同时也要考虑节省能源、减少发热、减少冲击、保证动作精度等问题。

选择回路时常有可能有多种方案，这时除反复对比外，还应多参考或吸收同类型液压系统中使用的并被实践证明是比较好的回路。

（3）液压回路的综合。液压回路的综合是把选出来的各种液压回路放在一起，进行归并、整理，再增加一些必要的元件或辅助油路，使之成为完整的液压传动系统。进行这项工作时还必须注意以下几点：

1）尽可能省去不必要的元件，以简化系统结构。

2）最终综合出来的液压系统应保证其工作循环中的每个动作都安全可靠，无相互干扰。

3）尽可能提高系统的效率，防止系统过热。

4）尽可能使系统经济合理，便于维修检测。

5）尽可能采用标准元件，减少自行设计的专用件。

知识点 8.3　液压元件的计算和选择

所谓液压元件的计算，是要计算该元件在工作中承受的压力和通过的流量，以便确定元件的规格和型号。

8.3.1　液压泵的计算和选择

先根据设计要求和系统工况确定液压泵的类型，然后根据液压泵的最高供油压力和最大供油量来选择液压泵的规格。

（1）确定液压泵的最高工作压力 p_b。液压泵的最高工作压力就是在系统正常工作时泵所能提供的最高压力。对于定量泵系统来说这个压力是由溢流阀调定的，对于变量泵系统来说这个压力是与泵的特性曲线上的流量相对应的。液压泵的最高工作压力是选择液压泵型号的重要依据。

泵的最高工作压力的确定要分两种情况。其一是，执行机构在运动行程终了，停止时才需最高工作压力的情况（如液压机和夹紧机构中的液压缸）；其二是，最高工作压力是在执行机构的运动行程中出现的（如机床及提升机等）。对于第一种情况，泵的最高工作压力 p_b 也就是执行机构所需的最大压力 p_1。而对于第二种情况，除了考虑执行机构的压力外还要考虑油液在管路系统中流动时产生的总压力损失，即

$$p_b \geqslant p_1 + \sum \Delta p_1 \tag{8-8}$$

式中　p_1——执行元件的工作压力，MPa；

$\sum \Delta p_1$——液压泵的出口至执行机构进口之间的总的压力损失。

总的压力损失包括沿程压力损失和局部压力损失两部分，要准确地估算必须等管路系统及其安装形式完全确定后才能做到，在此只能进行估算，估算时可参考下列经验数据：一般节流调速和管路简单的系统取 $\sum \Delta p_1 = 0.2 \sim 0.5\text{MPa}$；有调速阀和管路较复杂的系统取 $\sum \Delta p_1 = 0.5 \sim 1.5\text{MPa}$。

（2）确定液压泵的最大供油量 Q_b。液压泵的最大供油量 Q_b 按执行元件工况图上的最大工作流量及回路系统中的泄漏量来确定，即

$$Q_b \geqslant K\sum Q_{max} \tag{8-9}$$

式中　K——考虑系统中有泄漏等因素的修正系数，一般 $K=1.1\sim1.3$，小流量取大值，大流量取小值；

$\sum Q_{max}$——同时动作的各缸所需流量之和的最大值。

若系统中采用了蓄能器供油时，泵的流量按一个工作循环中的平均值来选取，取

$$Q_b \geqslant \frac{K}{T}\sum_{i=1}^{n} Q_i \Delta t_i \tag{8-10}$$

式中　K——工作循环的周期时间；

Q_i——工作循环中第 i 个阶段所需的流量；

Δt_i——第 i 个阶段持续的时间；

n——循环的阶段数。

（3）选择液压泵的规格。根据前面设计计算过程中计算的 p_b 和 Q_b 值，即可从产品样本中选择出合适的液压泵的型号和规格。为了使液压泵工作安全可靠，液压泵应有一定的压力储备量，通常泵的额定压力可比 p_b 高 25% ~60%。泵的额定流量则宜与 Q_b 相当，不要超过太多，以免造成过大的功率损失。

（4）确定液压泵的驱动功率。当系统中使用定量泵时，视具体工况不同，其驱动功率的计算是不同的。

1）在工作循环中，如果液压泵的压力和流量比较恒定，可按式（8-11）计算液压泵所需驱动功率，即

$$P_{bj} = \frac{p_b Q_b}{\eta_p} \tag{8-11}$$

式中　p_b——液压泵的最高工作压力，Pa；

Q_b——液压泵的输出流量，m^3/s；

η_p——液压泵的总效率。

2）在工作循环中，如果液压泵的压力和流量变化较大，则需计算出各个循环内所需功率，然后取平均功率：

$$P_{bj} = \sqrt{\frac{\sum_{i=1}^{n} P_i^2 t_i}{\sum_{i=1}^{n} t_i}} \tag{8-12}$$

式中　t_i——一个工作循环中第 i 阶段持续的时间；

P_i——各个循环内所需功率。

求出了平均功率后，还要验算每一个阶段电动机的超载量是否在允许的范围内，一般电动机允许短期超载量为 25%。如果在允许超载范围内，即可根据平均功率 P_{bj} 与泵的转速 n 从产品样本中选取电动机。

对于限压式变量系统来说，可按式（8-13）分别计算快速和慢速两种工况时所需驱动功率，计算后，取两者较大值作为选择电动机功率的依据。由于限压式变量泵快速和慢速的转换过程中，必须经过泵流量特性曲线最大功率（拐点），为了使所选择的电动机在经过 P_{max} 点时不致停转，需进行验算，即

$$P_{max} = \frac{p_B Q_B}{\eta_p} \leqslant 2P_n \tag{8-13}$$

式中 p_B——限压式变量泵调定的拐点压力；

Q_B——压力为 p_B 时，泵的输出流量；

P_n——所选电动机的额定功率；

η_p——限压式变量叶片泵的效率，在计算过程中要注意，对于限压式变量叶片泵，在输出流量较小时，其效率 η_p 将急剧下降，一般当其输出流量为 0.2 ~ 1L/min时，$\eta_p = 0.03 \sim 0.14$，流量大者取大值。

8.3.2 阀类元件的选择

在选择阀类元件时，应注意考虑以下内容：

（1）阀的规格。阀的规格应根据系统的最高工作压力和通过该阀的最大流量来确定。

选择压力阀时，要考虑调压范围的要求，溢流阀是额定流量应按泵的最大流量来确定。

选择节流阀、调速阀时，应考虑最小稳定流量的要求。

阀的额定流量一般要大于其实际通过流量，必要时允许有 20% 以内的短时间过流量，但不能过大，以免造成太大的压力损失，而使系统发热严重，甚至会使阀的性能变坏。

（2）阀的形式。阀的形式按安装和操作方式及工作机能等要求来确定。选择液压阀时，应尽量选择有定型产品的标准件，只在有特殊要求时，才自行设计专用阀件。

8.3.3 液压辅助元件的选择

油箱、过滤器、蓄能器、油管、管接头、冷却器等液压辅助元件可按项目 5 的有关原则选取。

知识点 8.4 液压系统的性能验算

8.4.1 液压系统压力损失的验算

在前面确定液压泵的最高工作压力时提及压力损失，当时由于系统还没有完全设计完毕，管道的设置也没有确定，因此只能做粗略的估算。现在液压系统的元件、安装形式、油管和管接头均可定下来了。所以需验算一下管路系统的总的压力损失，看其是否在前述假设的范围内，借此可以较准确地确定泵的工作压力，较准确地调节变量泵或溢流阀，保证系统的工作性能。若计算结果与前设压力损失的差值较大，则应对原设计进行修正。具体的方法是将计算出来的压力损失代替原设计值用式（8－14）或式（8－15）重算系统的压力。

（1）当执行元件为液压缸时：

$$p_p \geqslant \frac{F}{A_1 \eta_{cm}} + \frac{A_2}{A_1}\Delta p_2 + \Delta p_1 \tag{8-14}$$

式中 F——作用在液压缸上的外负载；

A_1，A_2——液压缸进、回油腔的有效面积；

Δp_1，Δp_2——进、回油管路的总的压力损失；

η_{cm}——液压缸的机械效率。

计算时要注意，快速运动时液压缸上的外负载小，管路中流量大，压力损失也大；慢速运动时，外负载大，流量小，压力损失也小。所以应分别进行计算。

计算出的系统压力 p_p 值应小于泵额定压力的 75%，因为应使泵有一定的压力储备。否则就应另选额定压力较高的液压泵，或者采用其他方法降低系统的压力，如增大液压缸直径等方法。

（2）当液压执行元件为液压马达时：

$$p_p \geqslant \frac{2\pi T}{V\eta_{Mm}} + \Delta p_2 + \Delta p_1 \tag{8-15}$$

式中　V——液压马达的排量；

T——液压马达的输出转矩；

Δp_1，Δp_2——进、回油管路的压力损失；

η_{Mm}——液压马达的机械效率。

8.4.2　液压系统发热温升的验算

液压系统在工作时存在各种各样的机械损失、压力损失和流量损失。这些损失大都能转变成为热能，使系统发热、油温升高。油温升高过多会造成系统的泄漏增加、运动件动作失灵、油液变质、缩短橡胶密封圈的寿命等不良后果，所以为了使液压系统保持正常工作，应使油温保持在允许的范围内。

系统中产生热量的元件主要有液压缸、油压泵、溢流阀和节流阀，散热的元件主要是油箱，经一段时间工作后，发热与散热会相等，即达到热平衡。不同的设备在不同的情况下，达到热平衡的温度也不一样，所以必须进行验算。

（1）系统发热量的计算。在单位时间内液压系统的发热量可按式（8－16）计算。

$$H = P(1-\eta) \tag{8-16}$$

式中　P——液压泵的输入功率，kW；

η——液压系统的总效率，它等于液压泵的效率 η_p、液压回路的效率 η_c 和液压执行元件的效率 η_M 的乘积，即 $\eta = \eta_p\eta_c\eta_M$。

如果在工作循环中各阶段泵输出的功率不一样，则可按各阶段的发热量求出系统单位时间的平均发热量：

$$H = \frac{1}{T}\sum_{i=1}^{n} P_i(1-\eta_i)t_i \tag{8-17}$$

式中　T——工作循环周期时间，s；

t_i——第 i 工作阶段所持续的时间，s；

P_i——第 i 工作阶段泵的输入功率，kW；

η_i——第 i 工作阶段液压系统的总效率。

（2）系统散热量的计算。在单位时间内油箱的散热量可用式（8－18）计算。

$$H_0 = hA\Delta t$$

$$\Delta t = t_1 - t_2 \tag{8-18}$$

式中　A——油箱的散热面积，m^2；

Δt——系统的温升，℃；

t_1——系统达到平衡时的温度；

t_2——环境温度；

h——散热系数，kW/(m^2·℃)，当周围通风较差时，$h=(8\sim9)\times10^3$ kW/(m^2·℃)；当自然通风好时，$h=15\times10^3$ kW/(m^2·℃)；当采用风扇冷却时，$h=23\times10^3$ kW/(m^2·℃)；当采用循环水冷却时，$h=(110\sim170)\times10^3$ kW/(m^2·℃)。

（3）系统散热平衡温度的验算。当液压系统达到热平衡温度时有 $H=H_0$，即

$$\Delta t=\frac{H}{hA} \tag{8-19}$$

经式（8-19）计算出来的 Δt 再加上环境温度应不超过液压的最高允许温度，否则必须采取进一步的散热措施。

当油箱的三个边长之比在 1∶1∶1～1∶2∶3 范围内，且油位是油箱高度的 0.8 倍时，其散热面积可近似计算为：

$$A=0.065\sqrt[3]{V^2} \tag{8-20}$$

式中　V——油箱有效容积，L；

A——散热面积，m^2。

知识点 8.5　绘制工作图和编制技术文件

（1）绘制工作图。

1）绘制液压系统原理图。图上除画出整个系统的回路之外，还应注明各元件的规格、型号、压力调整值，并给出各执行元件的工作循环图，列出电磁铁及压力继电器的动作顺序表。

2）绘制集成油路装配图。若选用油路板，应将各元件画在油路板上，便于装配；若采用集成块或叠加阀时，因有通用件，设计者只需选用，最后将选用的产品组合起来绘制成装配图。

3）绘制泵站装配图。将集成油路装置、泵、电动机与油箱组合在一起画成装配图，标明它们各自之间的相互位置、安装尺寸及总体外形。

4）绘制非标准专用件的装配图及零件图。

5）绘制管路装配图。标示出油管的走向，注明管道的直径和长度、各种管接头的规格、管夹的安装位置和装配技术要求等。

6）绘制电气线路图。标示出电动机的控制线、电磁阀的控制线路、压力继电器和行程开关等。

（2）编写技术文件。技术文件一般包括液压系统设计计算说明书、液压系统的使用及维护技术说明书、零部件目录表、标准件通用件及外购件总表等。

知识点 8.6　液压系统设计计算举例

本知识点以一台上料机的液压传动系统的设计为例，要求驱动它的液压传动系统完成

“快速上升→慢速上升→停留→快速下降”的工作循环，其结构示意图如图8－3所示。给定条件见表8－1。

表8－1　给定条件

项　　目		数　　据
滑台2自重		1000N
工件重量		5000N
快速上升	总行程（S_1）	350mm
	匀速段速度（v_1）	45mm/s
慢速上升	总行程（S_2）	100mm
	匀速段速度（v_2）	13mm/s
快速下降	总行程（S_3）	450mm
	匀速段速度（v_3）	55mm/s

滑台采用V形导轨支撑，其导轨面的夹角为90°，垂直于导轨的压紧力$F_N=60N$。启动加速、减速、制动时间均为0.5s。液压缸的机械效率η_m（考虑密封阻力）为0.91。

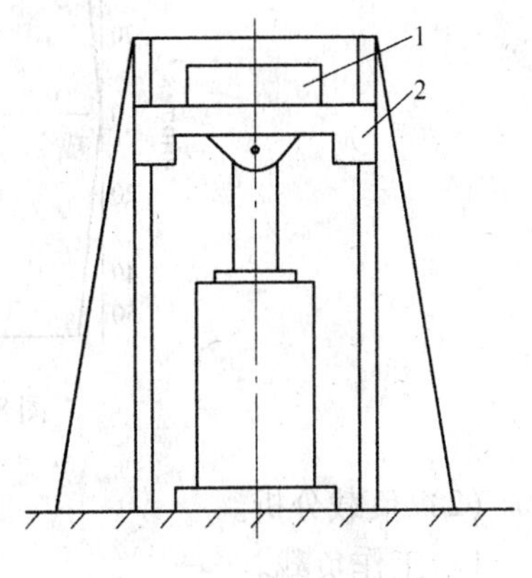

图8－3　上料机结构示意图
1—工件；2—滑台

（1）运动分析。

1）启动阶段，加速度：$a_1=\dfrac{\Delta v}{\Delta t}=\dfrac{0.045-0}{0.5}=0.09\ m/s^2$

产生的位移：$s_{1-1}=\dfrac{a_1\Delta t^2}{2}=\dfrac{0.09\times0.5^2}{2}=0.011m=11mm$

2）匀速快上产生的位移：$s_{1-2}=350-11=339mm$

3）减速阶段，加速度：$a_{2-1}=\dfrac{\Delta v}{\Delta t}=\dfrac{0.013-0.045}{0.5}=-0.064m/s^2$

产生的位移：$s_{2-1}=v_1\Delta t+\dfrac{a_{2-1}\Delta t^2}{2}$

$$=0.045\times0.5+\frac{-0.064\times0.5^2}{2}=0.0145m=14.5mm$$

4）制动阶段，加速度：$a_{2-3}=\dfrac{\Delta v}{\Delta t}=\dfrac{0-0.013}{0.5}=-0.026m/s^2$

产生的位移：$s_{2-3}=v_2\Delta t+\dfrac{a_{2-3}\Delta t^2}{2}$

$$=0.013\times0.5+\frac{-0.026\times0.5^2}{2}=0.00325m=3.25mm$$

5）匀速慢上产生的位移：$s_{2-2}=100-14.5-3.25=82.25mm$

6）反向启动阶段，加速度：$a_{3-1}=\dfrac{\Delta v}{\Delta t}=\dfrac{0.055-0}{0.5}=0.11m/s^2$

产生的位移：$s_{3-1} = \dfrac{a_{3-1}\Delta t^2}{2} = \dfrac{0.11 \times 0.5^2}{2} = 0.014\text{m} = 14\text{mm}$

7）反向制动阶段，加速度：$a_{3-3} = \dfrac{\Delta v}{\Delta t} = \dfrac{0 - 0.055}{0.5} = -0.11\text{m/s}^2$

产生的位移：$s_{3-3} = v_3\Delta t + \dfrac{a_{3-3}\Delta t^2}{2}$

$$= 0.055 \times 0.5 + \frac{-0.11 \times 0.5^2}{2} = 0.014\text{m} = 14\text{mm}$$

8）匀速快下产生的位移：$s_{3-2} = 450 - 11 - 14 = 425\text{mm}$

利用以上数据，并在变速段作线性处理后便得到上料机的速度循环图，如图 8－4 所示。

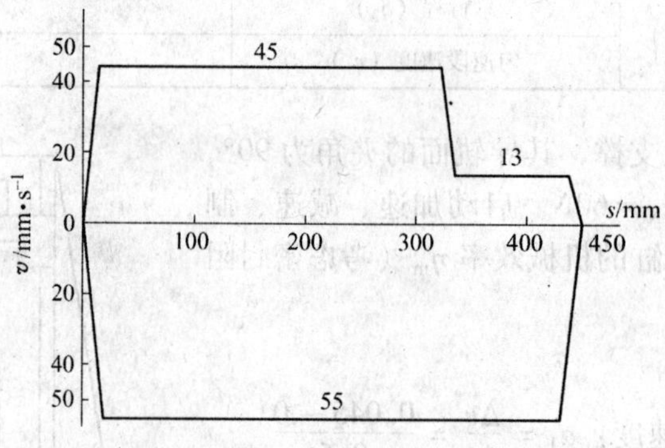

图 8－4　液压缸速度－位移曲线

（2）负载分析。

1）工作负载。

$$F_L = F_G = 5000 + 1000 = 6000\text{N}$$

2）摩擦负载。由于导轨为夹角 $\theta = 90°$ 的 V 形，垂直于导轨的压紧力分解到垂直于每个摩擦面（共 4 个摩擦面）的正压力为：

$$N = \frac{F_N}{2\sin\dfrac{\theta}{2}} = \frac{60}{2 \times \sin 45°} = 42.43\text{N}$$

取静摩擦系数 $f_s = 0.2$，动摩擦系数 $f_d = 0.2$，则有静摩擦负载：

$$F_{fs} = 4Nf_s = 4 \times 42.43 \times 0.2 = 33.94\text{N}$$

动摩擦负载：

$$F_{fd} = 4Nf_d = 4 \times 42.43 \times 0.1 = 16.97\text{N}$$

3）惯性负载。

启动加速：$F_{a1} = \dfrac{G\Delta v}{g\Delta t} = \dfrac{6000 \times 0.045}{9.81 \times 0.5} = 55.05\text{N}$

减速：$F_{a2} = \dfrac{G\Delta v}{g\Delta t} = \dfrac{6000}{9.81} \times \dfrac{0.013 - 0.045}{0.5} = -39.14\text{N}$

制动：$F_{a3} = \dfrac{G\Delta v}{g\Delta t} = \dfrac{6000}{9.81} \times \dfrac{0 - 0.013}{0.5} = -15.90\text{N}$

反向启动加速：$F_{a4}=\dfrac{G}{g}\dfrac{\Delta v}{\Delta t}=\dfrac{6000}{9.81}\times\dfrac{0.055}{0.5}=67.28\text{N}$

反向制动：　　$F_{a5}=-F_{a4}=-67.28\text{N}$

根据以上计算，考虑到液压缸垂直安放，其重量较大，为防止因自重而自行下滑，系统中应设置平衡回路。因此在对快速向下运动的负载分析时，就不考虑滑台 2 的重量。表 8－2 为液压缸各阶段中的负载。

表 8－2　液压缸各阶段中的负载

工　况	计算公式	负载 F_i/N
启动	$F_1=F_L+F_{fd}+F_{a1}$	6088.99
匀速快上	$F_2=F_L+F_{fd}$	6016.97
减速	$F_3=F_L+F_{fd}-F_{a2}$	5977.83
匀速慢上	$F_4=F_L+F_{fd}$	6016.97
制动	$F_5=F_L+F_{fd}-F_{a3}$	6001.07
反向启动	$F_6=F_{fd}+F_{a4}$	101.22
匀速快下	$F_7=F_{fd}$	16.97
反向制动	$F_8=F_{fd}+F_{a5}$	－50.31

利用以上数据，并利用速度分析中求出的位移计算结果，可画出负载循环图，如图 8－5所示。

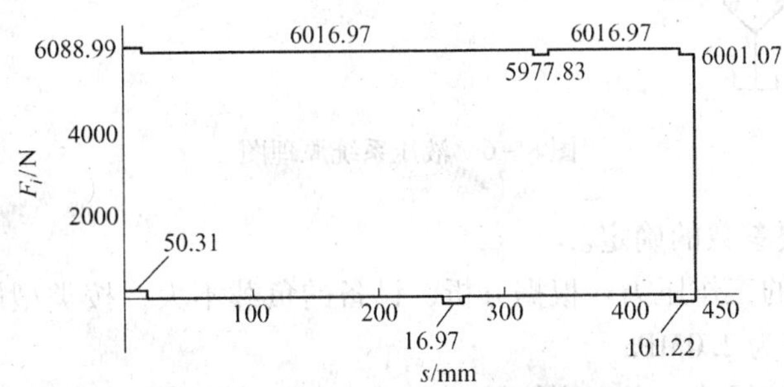

图 8－5　液压缸负载－位移曲线

（3）初步拟定液压系统图。液压系统图的拟定，主要是考虑以下几个方面的问题：

1）供油方式。从工况图分析可知，该系统在快上和快下时所需流量较大，且比较接近，在慢上时所需要的流量较小。因此从提高系统的效率、节省能源的角度考虑，采用单个定量泵的供油方式显然是不合适的，宜用双联式定量叶片泵作为油源。

2）调速回路。由工况图可知，该系统在慢速时速度需要调节，考虑到系统功率小、滑台运动速度低、工作负载小，所以采用调速阀的回油节流调速回路。

3）速度换接回路。由于快上和慢上之间速度之间需要换接，但对换接的位置要求不高，所以采用由行程开关发讯控制二位二通电磁阀来实现速度的换接。

4）平衡及锁紧。为防止在上端停留时重物下落和停留期间保持重物的位置，特在液压缸的下腔（无杆腔）进油路上设置液控单向阀；另外，为了克服滑台自重在快下中的影响，设置一单向背压阀。

本液压系统的换向采用三位四通 Y 型中位机能的电磁换向阀，图 8 - 6 为拟定的液压系统原理图。

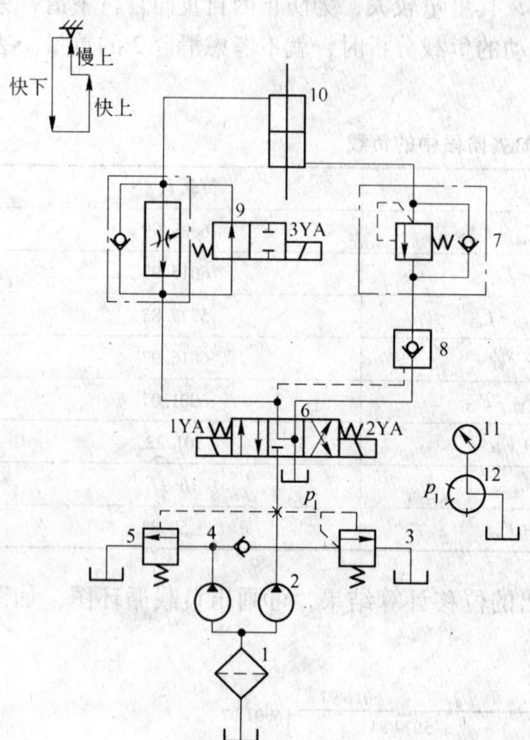

工况	1YA	2YA	3YA
快上	−	+	−
慢上	−	+	+
快下	+	−	−
停止	−	−	−

图 8 - 6　液压系统原理图

（4）液压缸主要参数的确定。

1）初选液压缸的工作压力。根据分析，设备的负载不大，按类型属机床类，所以初选液压缸的工作压力为 2.0MPa。

2）计算液压缸的尺寸。考虑到机械效率 η_m（取 $\eta_m = 0.91$）的影响，液压缸的最大缸推力：

$$F_{max} = F_{i\,max} / \eta_m = 6088.99/0.91 = 6691.2\text{N}$$

活塞的有效工作面积：

$$A = \frac{F_{max}}{p} = \frac{6691.2}{20 \times 10^5} = 33.46 \times 10^{-4}\text{m}^2$$

活塞的直径：$D = \sqrt{\dfrac{4A}{\pi}} = \sqrt{\dfrac{4 \times 33.46 \times 10^{-4}}{\pi}} = 6.52 \times 10^{-2}\text{m}$

按标准取：$D = 63\text{mm}$。

根据快上和快下的速度比值来确定活塞杆的直径，由式（3 - 17）可推出：

$$\frac{D^2}{D^2 - d^2} = \psi = \frac{55}{45}$$

则可得活塞杆的直径 d 为 26.86mm，按标准取：$d = 25\text{mm}$，则液压缸的有效作用面积为：

无杆腔有效工作面积

$$A_1 = \frac{1}{4}\pi D^2 = \frac{1}{4}\pi \times 63^2 = 3117\text{mm}^2$$

有杆腔有效工作面积

$$A_2 = \frac{1}{4}\pi(D^2 - d^2) = \frac{1}{4}\pi \times (63^2 - 25^2) = 2626\text{mm}^2$$

（5）液压缸的工况。

1）液压缸各工作阶段的流量。液压缸快上时，所需理论流量为：

$$\begin{aligned} Q_{快上} &= A_1 \times v_{快上} \\ &= 31.17 \times 10^{-4} \times 45 \times 10^{-3} = 140.27 \times 10^{-6}\text{m}^3/\text{s} = 8.42\text{L/min} \end{aligned}$$

液压缸慢上时，所需理论流量为：

$$Q_{慢上} = A_1 \times v_{慢上} = 31.17 \times 10^{-4} \times 13 \times 10^{-3} = 40.52 \times 10^{-6}\ \text{m}^3/\text{s} = 2.43\ \text{L/min}$$

液压缸快下时，所需理论流量为：

$$\begin{aligned} Q_{快下} &= A_2 \times v_{快下} \\ &= 26.26 \times 10^{-4} \times 55 \times 10^{-3} = 144.43 \times 10^{-6}\text{m}^3/\text{s} = 8.67\text{L/min} \end{aligned}$$

2）液压缸各工作阶段的压力计算。在考虑方向阀、节流阀、管路压力损失的情况下，近似取系统背压为0.5MPa。液压缸各阶段的所需工作压力计算如下。

液压缸启动时，所需压力为：$p_1 = \dfrac{F_1}{A_1\eta_m} + 0.5 = \dfrac{6088.99}{3117 \times 0.91} + 0.5 = 2.65\text{MPa}$

液压缸匀速快上时，所需压力为：$p_2 = \dfrac{F_2}{A_1\eta_m} + 0.5 = \dfrac{6016.97}{3117 \times 0.91} + 0.5 = 2.62\text{MPa}$

液压缸减速时，所需压力为：$p_3 = \dfrac{F_3}{A_1\eta_m} + 0.5 = \dfrac{5977.83}{3117 \times 0.91} + 0.5 = 2.61\text{MPa}$

液压缸匀速慢上时，所需压力为：$p_4 = \dfrac{F_4}{A_1\eta_m} + 0.5 = \dfrac{6016.97}{3117 \times 0.91} + 0.5 = 2.62\text{MPa}$

液压缸制动时，所需压力为：$p_5 = \dfrac{F_5}{A_1\eta_m} + 0.5 = \dfrac{6001.07}{3117 \times 0.91} + 0.5 = 2.61\text{MPa}$

液压缸反向启动时，所需压力为：$p_6 = \dfrac{F_6}{A_2\eta_m} + 0.5 = \dfrac{101.22}{2626 \times 0.91} + 0.5 = 0.54\text{MPa}$

液压缸匀速快下时，所需压力为：$p_7 = \dfrac{F_7}{A_2\eta_m} + 0.5 = \dfrac{16.97}{2626 \times 0.91} + 0.5 = 0.507\text{MPa}$

液压缸反向制动时，因所需压力负载为0，所以：$p_8 = 0.5\text{MPa}$

3）液压缸各工作阶段所需功率计算。

液压缸启动时，所需功率为：

$$P_1 = p_1 \times Q_1 = 2.65 \times 10^6 \times 8.42 \times 10^{-3}/60 = 371.8\text{W}$$

液压缸匀速快上时，所需功率为：

$$P_2 = p_2 \times Q_1 = 2.62 \times 10^6 \times 8.42 \times 10^{-3}/60 = 367.7\text{W}$$

液压缸减速时，所需功率为：

$$P_3 = p_3 \times Q_1 = 2.61 \times 10^6 \times 2.43 \times 10^{-3}/60 = 105.7\text{W}$$

液压缸匀速慢上时，所需功率为：

$$P_4 = p_4 \times Q_2 = 2.62 \times 10^6 \times 2.43 \times 10^{-3}/60 = 106.1\text{W}$$

液压缸制动时，所需功率为：

$$P_5 = p_5 \times Q_1 = 2.61 \times 10^6 \times 2.43 \times 10^{-3}/60 = 105.7\text{W}$$

液压缸反向启动时，所需功率为：

$$P_6 = p_6 \times Q_3 = 0.54 \times 10^6 \times 8.67 \times 10^{-3}/60 = 78.0\text{W}$$

液压缸匀速快下时，所需功率为：

$$P_7 = p_7 \times Q_3 = 0.507 \times 10^6 \times 8.67 \times 10^{-3}/60 = 73.3\text{W}$$

液压缸反向制动时，所需功率为：$P_8 = p_8 \times Q_3 = 0.5 \times 10^6 \times 8.67 \times 10^{-3}/60 = 72.3\text{W}$

4）绘制工况图。工作循环中各个工作阶段的液压缸压力、流量和功率如表 8－3 所示。

表 8－3　液压缸各工作阶段的压力、流量和功率

工　况	压力 p/MPa	流量 Q/L · min^{-1}	功率 P/W
启动	2.65	0→8.42	0→371.8
匀速快上	2.62	8.42	367.7
减速	2.61	2.43	105.7
匀速慢上	2.62	2.43	106.1
制动	2.61	2.43→0	105.7→0
反向启动	0.54	8.67	78.0
匀速快下	0.507	8.67	73.3
反向制动	0.5	8.67→0	72.3→0

由表 8－3 可绘制出液压缸的工况图，如图 8－7 所示。

（6）液压元件的计算和选择。

1）液压缸的计算。前面已求出液压缸的活塞直径 $D = 63\text{mm}$、活塞杆直径 $d = 25\text{mm}$。

①液压缸的有效行程设计为 $L = 450\text{mm}$。

②确定缸体壁厚 δ 和缸体外径 D_1。因最大工作压力 $p_{\max} = 1.5p_n = 1.5 \times 2.65 = 3.975\text{MPa}$，式中 p_n 为液压缸的额定压力，在此取最大计算压力为 2.65MPa。

缸体采用 45 钢，取屈服强度 $\sigma_s = 350\text{MPa}$，取安全系数 $n_s = 2.5$，则缸筒材料许用应力：

$$[\sigma] = \sigma_s/n_s = 350/2.5 = 140\text{MPa}$$

将以上数据带入式（3－21），有：

$$\delta \geqslant \frac{p_{\max}D}{2[\sigma]} = \frac{3.975 \times 63}{2 \times 140} = 0.89\text{mm}$$

按热轧无缝钢管系列，并考虑到一定的刚性，取缸筒壁厚 $\delta = 5\text{mm}$，则缸体外径 $D_1 = 73\text{mm}$。

③活塞杆稳定的校核。因为液压缸有效行程为 450mm，因此活塞杆总行程为 450mm，可见活塞杆的最小长度应大于 450mm。初取活塞杆的长度 $l = 500\text{mm}$，而活塞杆直径为 25mm，$l/d = 500/25 = 20 > 10$，需要进行稳定性校核。由材料力学中的公式，根据液压缸一端铰接取末端系数 $\varphi_2 = 2$，活塞杆材料用普通碳钢，则材料强度试验值 $f = 4.9 \times 10^8\text{Pa}$，

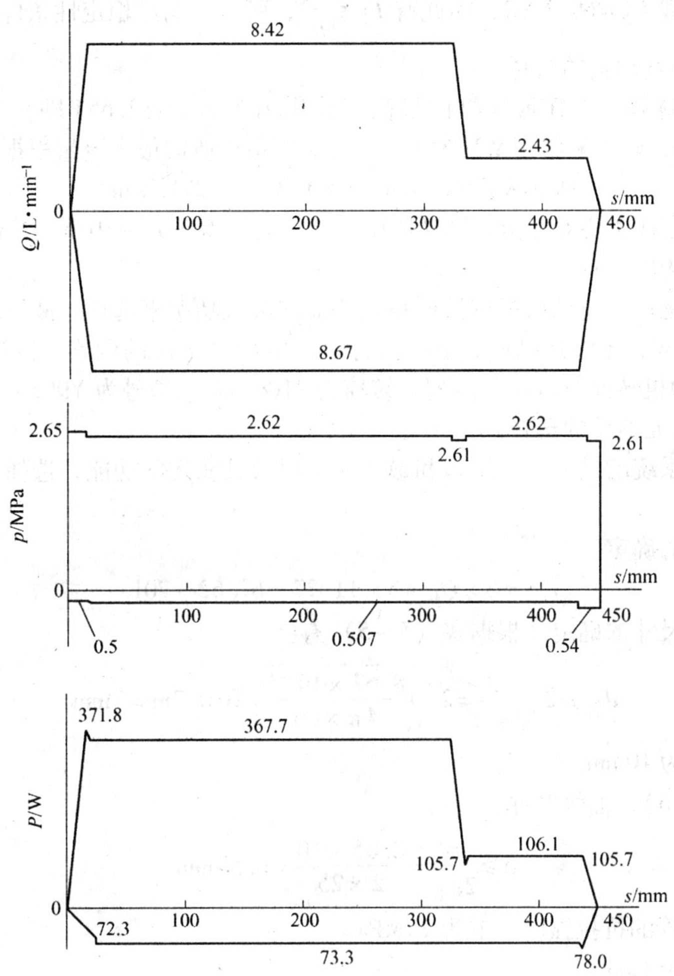

图 8-7　液压缸的工况图

系数 $\alpha = 1/5000$，柔性系数 $\varphi_1 = 85$，而活塞杆横截面的最小回转半径：

$$r_k = \sqrt{\frac{J}{A}} = \frac{d}{4} = 6.25$$

因为
$$\frac{l}{r_k} = 72 < \varphi_1 \sqrt{\varphi_2} = 85\sqrt{2} = 120$$

所以由式（3-27）有其临界载荷 F_k：

$$F_k = \frac{fA}{1 + \frac{a}{\varphi_2}\left(\frac{l}{r_k}\right)^2} = \frac{4.9 \times 10^8 \times \frac{\pi}{4} \times 25^2 \times 10^{-6}}{1 + \frac{1}{2 \times 5000}\left(\frac{500}{6.25}\right)^2} = 375634.8\text{N}$$

当安全系数 $n_k = 4$ 时，

$$\frac{F_k}{n_k} = \frac{375634.8}{4} = 93908.7\text{N}$$

由于最大负载 $F_2=6072.02$，因此有 $F_2\leqslant\frac{F_k}{n_k}$，所以，满足稳定性条件。

2）液压泵和电动机的选择。

①液压泵的选择。工作液压缸的最高工作压力为 $p_{max}=2.65$MPa。工作最大流量为 $Q_{max}=8.67$L/min，取泄漏修正系数为 1.3，则液压系统所需最大流量根据式（8-9）为：

$$Q_b\geqslant K\sum Q_{max}=8.67\times1.3=11.27\text{L/min}$$

因此可取额定压力为 6.3MPa 的双联叶片泵，型号为 YB1-10/6，其最高工作压力为 6.3MPa，转速为 910 r/min。

②电动机的选择。电动机根据液压系统所需的最大功率来选择。液压缸所需的功率最大为 $p_{max}=371.8$W，考虑到机械效率和留有一定的安全裕量的因素，因此选取电动机功率为 750W。电动机转速与液压泵匹配，转速为 910r/min，型号为 Y90S-6。

3）其余液压元器件的选择。

①根据液压系统的最大工作压力和最大流量以及其实现的功能，选择液压控制阀、压力表、滤油器等。

②油箱容积的确定。

$$V_{容}=6\times Q_b=6\times11.27=67.62\sim70\text{L}$$

③油管参数尺寸的确定。根据式（5-5）有：

$$d_{管}\geqslant2\sqrt{\frac{Q}{\pi v}}=2\sqrt{\frac{8.67\times10^{-3}}{4\pi\times60}}=0.007\text{m}=7\text{mm}$$

取油管公称通径为 10mm。

根据式（5-6），油管壁厚：

$$\delta\geqslant\frac{pd}{2\sigma_b}=\frac{2.65\times10}{2\times25}=0.53\text{mm}$$

式中 σ_b——铜管的抗拉强度，取为 25MPa。

取铜管壁厚为 1mm。

④滤油器的确定。根据油路总流量确定。

以下列出上料机液压系统的设备和元器件的选用一览表，见表 8-4。

表 8-4 上料机液压系统的设备和元器件的选用一览表

设备及元件名称	型 号	规 格	数 量
双联定量叶片泵	YB1-10/6	6.3MPa，10/6mL/r	1
溢流阀	YF3-10B	6.3MPa，63L/min，公称通径 10mm	1
三位四通换向阀	34D1H-B10C	14MPa，30L/min，公称通径 10mm	1
二位二通换向阀	22D1H-B10C	14MPa，40L/min，公称通径 10mm	2
节流阀	LF-B10	14MPa，25L/min，公称通径 10mm	1
单向阀	DIF-L10H1	31MPa，40L/min，公称通径 10mm	1
压力表	Y-60	0~10MPa，公称通径 8mm	1
滤油器	WU-25×180	25L/min，公称通径 15mm	1
电动机	Y90S-6	750W，910r/min	1
液压缸	自行设计		1
油管		公称通径 10mm，壁厚 1mm	—

（7）液压系统的性能验算。

1）压力损失及调定压力的确定。由于快上时压力和流量均较大，因而以快进为依据来计算卸荷阀和溢流阀的调定压力，此时油液在进油管中的流速为：

$$v=\frac{Q_{\mathrm{b}}}{A_{管}}=\frac{8.42\times10^{-3}}{\frac{\pi}{4}\times10^{2}\times10^{-6}\times60}=1.79\mathrm{m/s}$$

①沿程压力损失。首先要判别管中的流态。设系统采用 N32 液压油，室温为 20℃，则：

$$\gamma=1.0\times10^{-4}\mathrm{m^2/s}$$

所以有：

$$Re=vd/\nu=1.79\times10\times10^{-3}/1.0\times10^{-4}=179<2320$$

管中为层流，则阻力损失系数：

$$\lambda=75/179=0.42$$

若取进、回油管长度均为 2m，油液的密度为 $\rho=890\mathrm{kg/m^3}$，则其进油路上的沿程压力损失为：

$$\Delta p_l=\lambda\frac{l\rho}{d}\frac{v^2}{2}=0.42\times\frac{2\times890}{10\times10^{-3}}\times\frac{1.79^2}{2}=119769\mathrm{Pa}=0.120\mathrm{MPa}$$

②局部压力损失。局部压力损失包括液流方向与断面发生变化引起的局部压力损失 Δp_{r}、流经液压件的局部压力损失。前者的计算烦琐，计算准确性差，一般取沿程压力损失的 10%。后者主要为通过阀的压力损失，与阀的种类有关，在慢下工作阶段，阀的局部压力损失较大，各阀的压力损失之和 Δp_{v} 可近似计算为：

$$\begin{aligned}\Delta p_{\mathrm{v}}&=2\times\Delta p_{\mathrm{v四通}}+2\times\Delta p_{\mathrm{v单向}}+\Delta p_{\mathrm{v节流}}\\&=2\times1.0\times10^5+2\times1\times10^5+2\times10^5=6\times10^5\mathrm{Pa}=0.6\mathrm{MPa}\end{aligned}$$

式中　$\Delta p_{\mathrm{v四通}}$——流经四通电磁阀的压力损失；

$\Delta p_{\mathrm{v单向}}$——流经单向阀的压力损失；

$\Delta p_{\mathrm{v节流}}$——流经节流阀的压力损失。

所以油路上的局部压力损失为：

$$\Delta p_{\zeta}=\Delta p_{\mathrm{r}}+\Delta p_{\mathrm{v}}=0.12\times0.1+0.6=0.61\mathrm{MPa}$$

③总的压力损失。由上面的计算所得可求出：

$$\Delta p_{\Sigma}=\Delta p_l+\Delta p_{\zeta}=0.12+0.61=0.73\mathrm{MPa}$$

以下应用计算出的结果来确定系统中压力调定值。

④求压力阀的调定值。双联泵系统中溢流阀的调定值应该满足快进要求，保证双泵同时向系统供油，因而溢流阀的调定值应略大于快进时泵的供油压力。

$$p_{\mathrm{xh}}\geqslant p_1+\Delta p_{\Sigma}=2.65+0.73=3.38\mathrm{MPa}$$

所以卸荷阀的调压力应取 3.4MPa 为宜。

溢流阀的调定压力应大于卸荷阀调定压力 0.3～0.5MPa，所以取溢流阀调定压力为 3.8MPa。

背压阀的调定压力以平衡滑台自重为根据，即

$$p_{背}\geqslant\frac{1000}{31.17\times10^{-4}}=3.2\times10^5\mathrm{Pa}=0.32\mathrm{MPa}$$

取 $p_{背} = 0.4\text{MPa}$。

2）系统的发热与温升。根据以上的计算可知，在快上时电动机的输入功率为：

$$p_{p快} = \frac{p_1 Q_1}{\eta_p} = \frac{2.62 \times 10^6 \times 8.42 \times 10^{-3}}{0.75 \times 60} = 490.23\text{W}$$

式中　η_p——叶片泵的效率，取为 0.75。

慢上时电动机输入功率为：

$$P_{p慢} = \frac{p_4 Q_2}{\eta_p} = \frac{2.62 \times 10^6 \times 2.43 \times 10^{-3}}{0.75 \times 60} = 141.48\text{W}$$

快上时其有用功率为：

$$P_{p有} = F_{负载} v_1 = 6000 \times 45 \times 10^{-3} = 270\text{W}$$

慢上时的有用功率为：

$$P_{p有} = F_{负载} v_1 = 6000 \times 13 \times 10^{-3} = 78\text{W}$$

所以快上时的功率损失为 220.23W，慢上时的功率损失 63.48W，现以较大的值来校核其热平衡，求出发热温升。

设油箱的三个边长在 1∶1∶1 ~ 1∶2∶3 范围内，则散热面积为：

$$A = 0.065\sqrt[3]{70^2} = 1.104\text{m}^2$$

假设通风良好，取 $h = 15 \times 10^{-3}\text{kW/(m}^2 \cdot ℃)$，所以油液的温升为：

$$\Delta t = \frac{H}{hA} = \frac{220.23 \times 10^{-3}}{15 \times 10^{-3} \times 1.104} = 13.30℃$$

室温为 20℃，热平衡温度为 36.71 ~ 65℃，没有超出允许范围。

（8）绘制工作图及编写技术文件。

此项内容在此略去。

能力点 8.7　训练与思考

8.7.1　项目训练

一台专用铣床，工作台要求完成“快进→工作进给→快退→停止”的自动循环。铣床工作台重 4000N，工件及夹具重 1500N，最大切削阻力为 9000N；工作台快进、快退的速度为 0.075m/s，工作进给速度为 0.0013m/s，启动和制动时间均为 0.2s，工作台采用平导轨，静、动摩擦系数分别为 $f_s = 0.2$，$f_d = 0.1$；工作台快进行程为 0.3m，工作进给行程为 0.1m。试设计该铣床工作台进给液压系统。

8.7.2　思考与练习

（1）设计一个液压系统一般应有哪些步骤，要明确哪些要求？

（2）设计液压系统要进行哪些方面的计算？

（3）液压系统的结构设计一般包括哪些内容？

项目9　液压伺服系统

【项目任务】　掌握液压伺服系统的工作原理及组成；了解液压伺服元件的主要功用和结构特点；能对典型液压伺服系统进行工作过程分析。

【教师引领】

（1）液压伺服系统的作用是什么？

（2）液压伺服系统的组成有哪些？

（3）液压控制阀有哪些，各有何特点？

（4）电液伺服阀的工作原理是什么？

（5）如何选择电液伺服阀？

【兴趣提问】　液压系统能否实现如电气系统一样的自动控制？

知识点9.1　液压伺服系统概述

伺服系统（又称随动系统或跟踪系统）是一种自动控制系统。在伺服系统中，执行机构以一定精度自动地按输入信号的变化动作。凡采用液压控制元件和液压执行机构，根据液压传动原理建立起来的伺服系统，都称为液压伺服系统。

液压伺服系统除了具有液压传动的各种优点外，还有反应快、系统刚性大、伺服精度高等特点，如驱动机床工作台或仿形刀架、实现机床部件的精确调整、实现变量泵的流量调节等，广泛应用于国防、航空、船舶和机械制造业中。

9.1.1　液压伺服系统的工作原理

图9－1所示是一种原始的液压仿形铣床，它是一个简单的液压伺服系统。刀架3可沿导轨5左右移动，其上装有动力铣刀头、液压缸、滑阀（伺服阀）。液压源（未画出）接滑阀的中间输入口，当触销8还没碰到靠模9时，在弹簧6的作用下，滑阀的阀芯紧靠左边挡套7，打开进、出油的通路，中间口的压力油引至液压缸无杆腔，同时，有杆腔恰好通油箱，使缸体向左运动，带着刀架3上的铣刀轴和触销一起向左移动，铣刀2便对工件1的毛坯进行铣削。随着工件被逐渐铣深，触销也逐渐靠近靠模。当触销触及靠模时，触销和阀芯停止运动，而滑阀的阀体随着刀架仍继续向左运动，使阀出油口变小，铣刀左移的速度开始减小。当阀芯凸肩恰好堵住滑阀出油口时，铣刀就不再左移。此时，便完成了初始对刀。然后，工作台横向进给移动，触销在靠模面滑动进给时，靠模的高度有三种可能：第一是高度不变，这时因油口仍被堵死，刀架不会左右移动，所以被铣工件的高度不变；第二是进给后的高度凸起，这时靠模推动触销右移而压缩滑阀弹簧，阀芯右移，油口打开，中间口的压力油进入液压缸有杆腔，而无杆腔通油箱，缸体带着刀架上的铣刀右移，铣刀的右移运动与工件的横向进给运动合成后，铣刀就在工件表面铣出相应的凸起轮

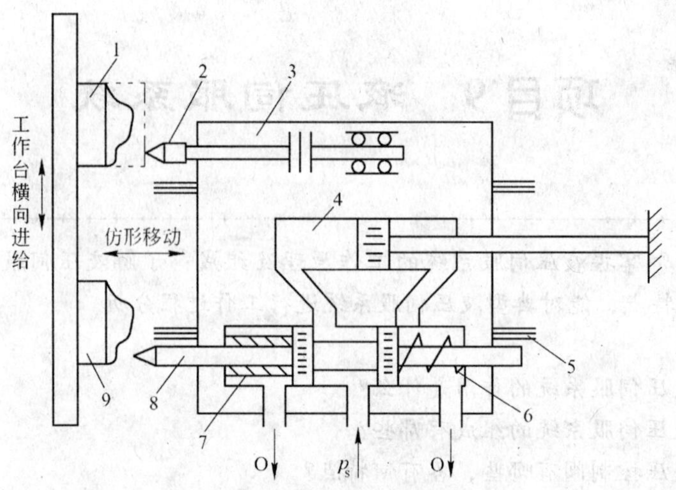

图9-1　原始液压仿形铣床示意图

1—工件；2—铣刀；3—刀架；4—工作活塞；5—导轨；6—弹簧；7—挡套；8—触销；9—靠模

廓；第三是进给后的高度凹下，这时在弹簧作用下，阀芯左移，中间口的压力油进入液压缸无杆腔，有杆腔通油箱，铣刀左移而在工件表面铣出相应的下凹轮廓。

综上所述，只要靠模在进给中与触销触点的位置高度有变化，触点与铣刀的相对位置关系上立刻出现差异，也就是有位置偏差信号的存在。此位置偏差信号经触销传递，使得滑阀的阀体与阀芯的相对位置关系发生变化，滑阀出油口的开启度就发生变化，液压缸就随之产生相应的运动。液压缸的运动反过来又要影响原来的位置偏差信号，使铣刀与触点的位置偏差减小，直到为零，阀口关闭，液压缸又停止运动。这样，触销一动，铣刀就随之运动，而铣刀的运动是靠液压力推动的，因此这种系统就称为液压伺服系统。

通过分析仿形刀架的工作情况，可以归纳出液压伺服系统有以下特点：

(1) 与常规液压系统相比，尽管同样有液压泵（能源）、液压马达或液压缸（执行元件）和控制元件，但控制调节的精度要求更高。如液压源提供的液压力和流量应更稳定，进入执行元件的流量特性的线性度要好。

(2) 它是一个跟踪系统：被控制对象（例中的铣刀）能自动跟踪输入信号（例中触销的位移）的变化而动作。

(3) 它是一个信号放大系统：系统的输出信号功率（执行元件输出的机械功率）是系统的输入信号功率（例中触销处输入的机械信号功率）的数倍甚至数千倍。

(4) 它是一个负反馈闭环系统：被控制对象（或执行元件）产生的运动量（输出量）必须经检测反馈元件回输到比较元件，力图抵消使被控制对象（或执行元件）产生运动的输入信号，即力图使偏差信号减小到零，从而形成一个负反馈闭环系统。这可从图9-2中的系统职能方块图中直观地看出。

(5) 它是一个误差控制系统：执行元件的运动状态只取决于输入信号与反馈信号的偏差大小，而与其他无关。偏差信号为零时，执行元件不动；偏差信号为正（负）时，执行元件正（反）向运动；偏差信号绝对值增大（减小）时，执行元件输出的力和速度增大（减小）。

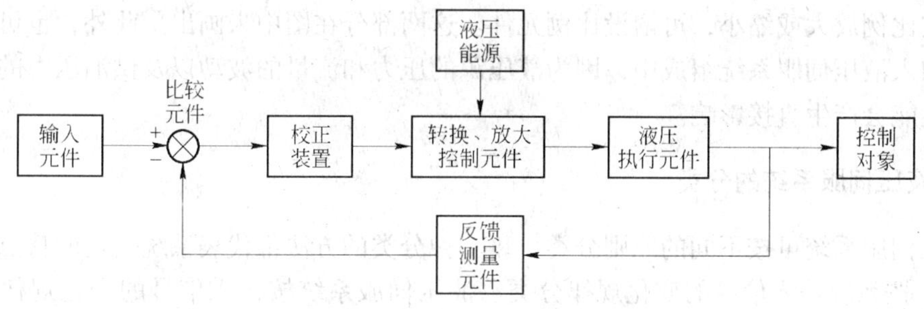

图 9 – 2　液压伺服系统的组成

9.1.2　液压伺服系统的组成

下面结合上例来看液压伺服系统的组成。一个实际的液压伺服系统无论多么复杂，都是由一些基本的元件组成的，如图 9 – 2 所示。图中，每一个方块表示一个元件，带有箭头的线段表示元件间的相互关系，即系统信号的传递方向，箭头指向方块表示输入，反之，表示输出。比较元件用“⊗”表示，它与三个带箭头的线段相连，用正、负号表示输入极性。输入和输出量可用符号表示在箭头线段的上方。各基本元件及其在系统中的功能如下：

（1）输入元件：给出与被控制对象所希望的运行规律相对应的指令信号（输入信号），加在系统的输入端，如上例中的靠模。给定元件可以是机械装置，如凸轮、连杆、模板等，给出位移信号；也可是电气元件，如电位计、程序装置等，给出电压信号。

（2）反馈测量元件：用来检测系统输出量，并将其转换成与输入信号具有相同形式的反馈信号，并回输给比较元件。上例中没有专门的反馈元件，而是将液压缸的缸体与滑阀的阀体直接相连来完成反馈元件的功能，这称作刚性机械反馈。反馈元件可以是机械装置（如齿轮副、连杆等），也可是电气元件（如电位计、测速电机等）。

（3）比较元件：用来比较输入信号和反馈信号，并将它们的差值作为偏差信号输送给后面的元件。上例中滑阀就兼作比较元件。靠模输入的位置信号经触销传给滑阀，铣刀的位置信号经液压缸缸体的刚性连接直接传给滑阀，滑阀将两个位置信号加以比较，最后得到一个位置偏差信号，即阀芯与阀体的相对位置，从而确定了油口的开启状态和大小，进而控制执行元件（液压缸）的运动状态及运动速度。应该指出，实际系统中，一般没有专门的比较元件，而是由某一结构元件兼职完成比较元件的功能。

（4）转换、放大控制元件：起信号转换、能量转换及功率放大作用，用来把比较元件的偏差信号加以放大并最终转换成液压物理量，进而控制液压执行元件的动作。如上例中的滑阀，它把靠模与铣刀的位置偏差信号转换成液压油的压力、流量信号输出，并实现信号功率的放大。

（5）液压执行元件：接受放大转换元件传来的液压动力，直接驱动被控对象。如上例中的液压缸，其输入液压能，驱动刀架沿导轨移动，从而驱动铣刀（被控对象）运动。在液压伺服系统中，执行元件是液压缸或液压马达。

（6）控制对象：接受液压伺服系统的控制，并输出被控制量。如上例中的铣刀，它输出的被控制量是铣刀的位移。

以上六部分是液压伺服系统的基本组成。为改善系统性能，可增设校正元件；为使输入信号按比例放大或缩小，可增设比例元件。这两部分在图中未画出。此外，也可把液压源部分归入液压伺服系统组成中，因为液压源的压力和流量的波动以及供油压力的大小对系统的性能会产生直接影响。

9.1.3　液压伺服系统的分类

液压伺服系统可按不同的原则分类，每一种分类的方法都代表系统一定的特点。

(1) 按系统输入信号的变化规律分类。液压伺服系统按输入信号的变化规律不同可分为定值控制系统、程序控制系统和伺服控制系统（又称随动系统）。

(2) 按控制信号分类。液压伺服系统按控制信号（指输入和偏差信号）的元件不同可分为电液伺服系统——控制信号的元件为电气元件；机液伺服系统——控制信号的元件是机械装置；气液伺服系统——控制信号的元件是气动元件。

(3) 按液压控制元件的形式分类。液压伺服系统按液压控制元件的形式不同可分为阀控系统与泵控系统。阀控系统是利用节流原理，靠液压伺服阀来控制进入执行元件流量的系统。泵控系统是利用伺服变量泵改变泵排量的方法来控制进入执行元件流量的系统。

知识点 9.2　液压控制阀

液压控制阀是液压伺服系统中最重要、最基本的组成部分，它将输入的机械信号（阀芯的位移或转角）转换为液压信号（流过阀口液流的流量和压力）输出，并进行功率放大。因此，它是一种能量转换元件，又是一种功率放大元件，还是一种液压控制元件。从结构形式上分，液压控制阀主要有滑阀、喷嘴挡板阀和射流管阀三种，其中以滑阀应用最为普遍。

9.2.1　滑阀

滑阀是靠节流原理工作的，利用阀芯与阀套间的相对流量、压力、流向进行控制。

下面介绍工程中使用最广泛的四通滑阀。如图 9－3 所示，四通滑阀有三个凸肩、四条节流工作边。在结构上，三个凸肩的直径相同，液压力在阀芯上产生的轴向作用力基本平衡，控制阀芯移动的作用力可以很小；左凸肩的右棱边、右凸肩的左棱边、中间凸肩的左右两个棱边均为节流工作边。该类液压伺服阀与各种液压执行元件均可配合使用。液压源提供的恒压压力油 p_s 接滑阀输入口 P，控制口 A、B 分别接液压缸的两腔，回油口 O 接油箱。当伺服阀处常态（无推动阀芯移动的输入控制信号）时，各节流工作边将 P、T 油口恰好堵死，液压缸缸体不运动；当输入信号使阀芯向左移动一微小距离时，P→B，A→O，液压缸缸体向左运动；反之，当输入信号使阀芯向右移动一微小距离时，P→A，B→O，液压缸缸体向右运动。缸体运动的速度与阀口开启度（或阀芯位移量）成正比。若把液压缸缸体与滑阀阀体固连，便形成负反馈连接，液压缸缸体将跟随阀芯做随动运动，实现伺服控

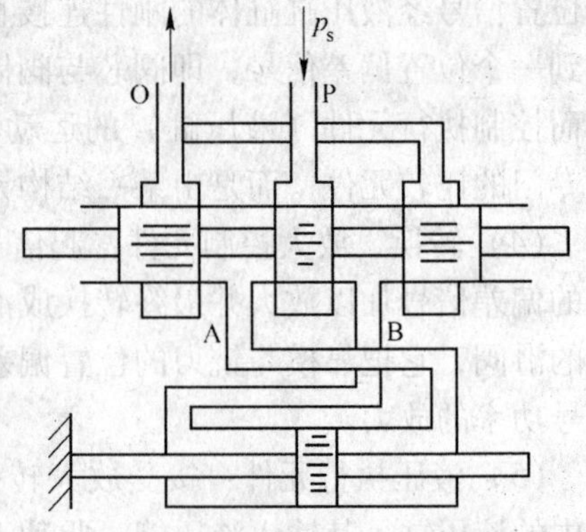

图 9－3　四边滑阀的工作原理

制。即：若阀芯在外力（输入信号）作用下向左（右）移动一微小距离，使阀口开启，液压油进入液压缸推动液压缸的缸体也向左（右）移动相同的距离，直至阀口关闭，液压缸停止运动。按照节流工作边相对于阀套槽边的位置不同，液压伺服阀分正开口、零开口和负开口三种类型（见图 9－4）。即：当滑阀处零位（无输入控制信号）时，阀芯凸肩节流工作边与阀套槽边的相对位置分别为正开口（$t<h$）或负重叠、零开口（$t=h$）或零重叠、负开口（$t>h$）或正重叠。开口形式对滑阀的流量特性影响很大，其中零开口滑阀的流量特性基本上是线性的，应用最广。此外，有四条节流工作边的液压伺服阀也可制成两凸肩、四凸肩等形式，工作原理与上相同。

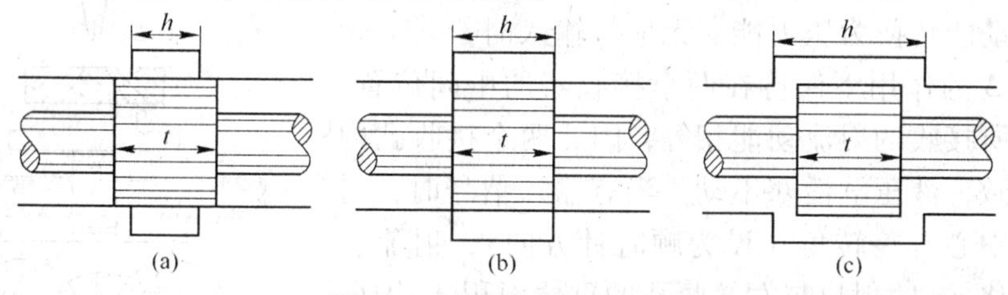

图 9－4　滑阀的预开口形式

（a）负开口（$t>h$）；（b）零开口（$t=h$）；（c）正开口（$t<h$）

9.2.2　喷嘴挡板阀

与滑阀相比，喷嘴挡板阀具有结构简单、加工容易、运动部件（挡板）惯量小、对油液的污染也不太敏感等优点，但它的零位泄漏量大，因此只能用于小功率系统，在二级电液伺服阀的前置级控制中也应用广泛。

喷嘴挡板阀有单喷嘴阀和双喷嘴阀两种。单喷嘴挡板阀相当于一个三通阀，只能控制差动液压缸；而双喷嘴挡板阀相当于一个四通阀，可控制双作用液压缸。下面就常用的双喷嘴挡板阀的结构和工作原理做一介绍。

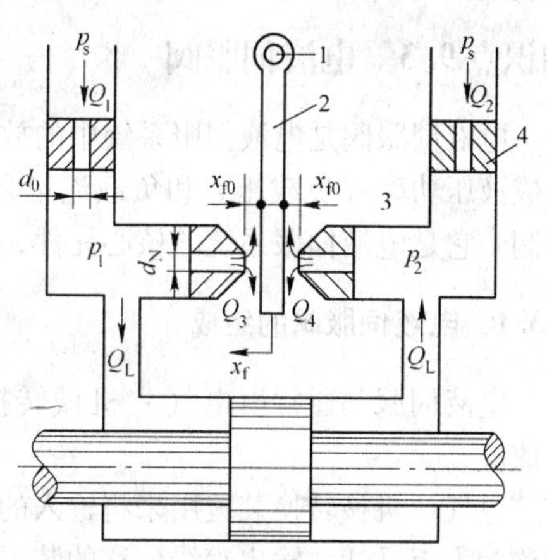

图 9－5　双喷嘴挡板阀的工作原理

1—转轴；2—挡板；3—喷嘴；4—固定节流孔

双喷嘴挡板阀的工作原理如图 9－5 所示。它由两个结构对称的单喷嘴挡板阀组成。在挡板 2 的两边对称放置两个喷嘴 3。每个单喷嘴前均配有相同的固定节流孔 4，挡板可绕转轴做微小的转动。压力油源 p_s 同时进入左右两个喷嘴挡板阀的入口，经固定节流口与液压缸的两控制腔相通，两个喷嘴同时将部分油液经喷嘴与挡板间的间隙输出，挡板与喷嘴口之间的环形面积构成了一个可变节流口。零位时挡板在中间位置，即左右两个喷嘴与挡板的间距均为 x_{f0}，两个可变节流口的液阻相等，液压缸两腔压力相等（$p_1=p_2$），活塞不动，此时通过固定阻尼孔和喷嘴的流量 $Q_1=Q_3$、$Q_2=Q_4$，通往液压缸的负载控制流量 $Q_L=0$。当挡板绕转轴转动一个微小的角度，在喷嘴口产生一个微小的位移 x_f，左喷嘴与挡板间可变节流口的液阻减小，造成被控制的液压缸两腔压力产生变化，即 p_1 增大，而 p_2 降低，在压差作用下，活塞向右移动，此时负载控制流量 $Q_L=Q_1-Q_3=Q_4-Q_2$。反之亦然。

9.2.3　射流管阀

射流管阀的工作原理如图 9－6 所示。它主要由射流管 1、接收器 3 等组成。射流管可以绕支承中心 O 点转动。接收器 3 上有两个圆形的接收孔，分别与液压缸的两腔相连。来自液压能源的恒定压力 p_s、恒定流量 Q_s 的液流通过支承中心引入射流管，经射流管喷嘴向接收器喷射。压力油的液压能通过射流管喷嘴高速喷射，转换为液流的动能，液流被接收孔接收后，又将动能转换为压力能。无信号输入时，射流管在复位弹簧 2 的作用下保持在两个接收器的中间位置，两个接收孔所接收的射流动能相等，因此两个接收孔内的压力也一致，液压缸活塞不动。当有输入信号时，射流管绕支承中心有一转角（设为顺时针方向），射流管向左产生位移 x，喷射口与左接收孔的重叠面积 A_1 因此增大，而与右接收孔的重叠面积 A_2 减小，造成进入左接收孔的动能增加，而进入右接收孔的动能降低，转换为的压力也相应增大和减小，液压缸的活塞向右运行。反之亦然。

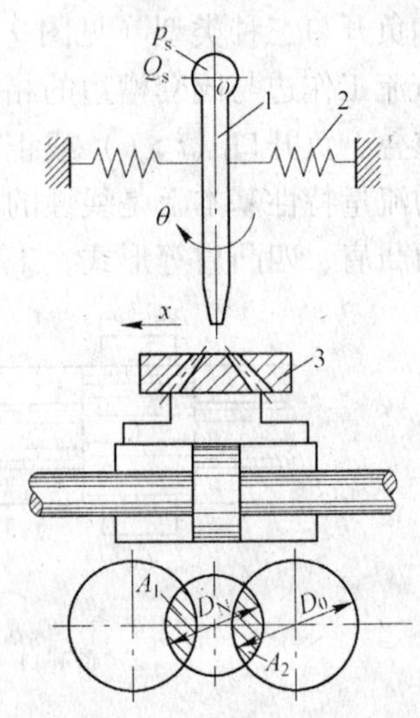

图 9－6　射流管阀的工作原理

1—射流管；2—复位弹簧；3—接收器

与喷嘴挡板阀相比，射流管阀最大的特点是对油液的清洁度要求不高，抗污染能力强，但射流管的转动惯量比喷嘴挡板的要大，因此它的响应速度比喷嘴挡板阀的差。射流管阀一般也用于电液伺服阀的前置级。

知识点 9.3　电液伺服阀

电液伺服阀是电液伺服系统中的放大转换元件，它把输入的小功率电流信号转换并放大成液压功率（负载压力和负载流量）输出，实现执行元件的位移、速度、加速度及力控制。它是电液伺服系统的核心元件，其性能对整个系统的特性有很大影响。

9.3.1　电液伺服阀的组成

电液伺服阀通常由电气－机械转换装置、液压放大器和反馈（平衡）机构三部分组成。

电气－机械转换装置用来将输入的电信号转换为转角或直线位移输出。输出转角的装置称为力矩马达，输出直线位移的装置为力马达。

液压放大器接受小功率的电气－机械转换装置输入的转角或直线位移信号，对大功率的压力油进行调节和分配，实现控制功率的转换和放大。

反馈和平衡机构使电液伺服阀输出的流量或压力获得与输入电信号成比例的特性。

9.3.2　电液伺服阀的典型结构及工作原理

图 9－7 所示为喷嘴挡板式电液伺服阀的工作原理。图中上半部分为电气－机械转换装置，即力矩马达，下半部分为前置级（喷嘴挡板）和主滑阀。当无电流信号输入时，

力矩马达无力矩输出，与衔铁 5 固定在一起的挡板 9 处于中位，主滑阀阀芯亦处于中（零）位。液压泵输出的油液以压力 p_s 进入主滑阀阀口，因阀芯两端台肩将阀口关闭，油液不能进入 A、B 口，但经固定节流孔 10 和 13 分别引到喷嘴 8 和 7，经喷射后，液流流回油箱。由于挡板处于中位，两喷嘴与挡板的间隙相等，因而油液流经喷嘴的液阻相等，则喷嘴前的压力 p_1 与 p_2 相等，主滑阀阀芯两端压力相等，阀芯处于中位。若线圈输入电流，控制线圈中将产生磁通，使衔铁上产生磁力矩。当磁力矩为顺时针方向时，衔铁连同挡板一起绕弹簧管中的支点顺时针偏转。图中左喷嘴 8 的间隙减小、右喷嘴 7 的间隙增大，即 p_1 压力增大，p_2 减小，主滑阀阀芯在两端压力差作用下向右运动，开启阀口，p_s 与 B 相通，A 与 T 相通。在主滑阀阀芯向右运动的同时，通过挡板下端的弹簧杆 11 反馈作用使挡板逆时针方向偏转，使左喷嘴 8 的间隙增大，右喷嘴 7 的间隙减小，于是压力 p_1 减小，p_2 增大。当主滑阀阀芯向右移到某一位置，由两端压力差（p_1-p_2）形成的液压力通过反馈弹簧杆作用在挡板上的力矩、喷嘴液流压力作用在挡板上的力矩以及弹簧管的反力矩之和与力矩马达产生的电磁力矩相等时，主滑阀阀芯受力平衡，稳定在一定的开口下工作。显然，改变输入电流大小，可成比例地调节电磁力矩，从而得到不同的主阀开口大小。若改变输入电流的方向，主滑阀阀芯反向位移，可实现液流的反射控制。图 9－7 所示电液伺服阀的主滑阀阀芯的最终工作位置是通过挡板弹性反力反馈作用达到平衡的，因此称之为力反馈式。除力反馈式以外，伺服阀还有位置反馈、负载流量反馈、负载压力流量反馈等。

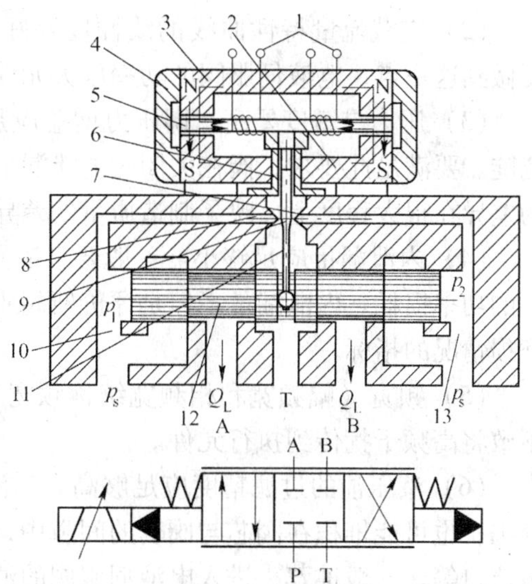

图 9－7　喷嘴挡板式电液伺服阀工作原理

1—线圈；2，3—导磁体；4—永久磁铁；5—衔铁；6—弹簧管；7，8—喷嘴；9—挡板；10，13—固定节流孔；11—反馈弹簧杆；12—主滑阀

喷嘴挡板式电液伺服阀的特点是衔铁挡板的转动惯量小，故伺服阀的响应速度快，挡板基本在零位附近工作，双喷嘴挡板阀的线性度和灵敏度较高。

9.3.3　电液伺服阀的选择和使用

电液伺服阀的选择和使用必须从静态特性、动态特性两方面来考虑。在静态方面，必须满足负载压力 p_L 和负载流量 Q_L 的要求。在动态方面，既要动态品质好，又要能稳定工作。也就是说，一方面，动态响应速度应足够快，而不至于影响伺服系统的响应；另一方面，又必须抑制不必要的高频干扰信号。

从静、动态特性两方面考虑，在选择和使用电液伺服阀时，应遵循以下几个原则：

（1）对于额定电流 I_{cmax} 下的负载流量特性曲线必须包络所有的工作点，并且使 $p_L < \frac{2}{3}p_s$，以保证有足够的流量和功率输送到液压执行元件中去。这是估计伺服阀规格的基本因素。

（2）空载流量特性曲线的线性度要好，也就是空载流量特性曲线尽可能接近直线。要做到这一点，电液伺服阀的功率放大元件应选择矩形阀口的零开口滑阀式液压伺服阀。

（3）压力灵敏度要高，即压力增益应足够大，在压力特性曲线上表现为曲线应尽可能陡。要满足此要求，阀在关闭时的泄漏量应尽可能小。同类规格的伺服阀，其压力增益的差异在很大程度上反映了制造质量的差异，即阀芯凸肩与阀套配合密封状态的好坏。

（4）内泄漏量应足够小。一般要求最大泄漏量不超过额定流量的10%，以防止不必要的功率损耗。内泄漏量不但是评价新阀质量好坏的指标，而且是评价旧阀在使用过程中磨损情况的指标。

（5）频宽（幅频宽和相频宽统称频宽）应适当，既满足伺服系统动态响应要求，又不致将高频干扰传到执行元件。

（6）液压油的过滤精度应足够高。油液的污染可能会使阀口的工作棱边产生腐蚀性磨损；也可能堆积在阀芯与阀套的间隙中，使阀芯被黏住，增大摩擦力；还可堵塞喷口、节流口等。一般推荐，进入电液伺服阀的油液至少需经过8μm的过滤器过滤。

（7）为防止使用中主阀芯的液压卡紧，减小阀芯运动时的摩擦力，可设法使阀芯在工作中不停地做高频小幅振动。最简单的办法是在输入主控制信号之外再加一个交变电流信号使阀的衔铁抖动，从而引导阀芯抖动。

知识点9.4　液压伺服系统实例

9.4.1　电液位置伺服系统

带钢跑偏控制系统是典型的电液位置伺服系统。在带状材料生产过程中，卷取带材时常会出现跑偏，即带材边缘位置不齐的问题，如轧钢厂卷取钢带、造纸厂卷取纸带等。为了使带材自动卷齐，常采用跑偏控制系统来控制跑偏。

图9－8（a）所示为跑偏控制系统组成示意图，图9－8（b）是液压控制系统图，图9－8（c）是职能方块图。卷筒4、传动装置3和电动机2构成了卷带机主机部分，它们的机架固定在同一底座上，该底座支承在水平导轨（未画出）上，在伺服液压缸1的驱动下，主机整体可横向（与卷带方向垂直）移动。带材的横向跑偏量及方向由光电位置检测器5检测。安放在卷筒机架上的光电位置检测器在辅助液压缸8的作用下，相对于卷筒有“工作”和“退出”两个位置。即：在开始卷带前，辅助液压缸将其推入“工作”位置，自动对准带边；当卷带结束后，又将其退出，以便切断带材。光电位置检测器由光源和灵敏电桥组成。当带材正常运行时，电桥一臂的光敏电阻接收来自光源的一半光照，其电阻值为R，使电桥恰好平衡，输出电压信号为零。当带材偏离检测器中间位置时，光敏电阻接收的光照量发生变化，电阻值也随之变化，使电桥的平衡被打破，电桥输出反映带边偏离值的电压信号。该信号经伺服放大器7放大后输入电液伺服阀9，伺服阀则输出相应的液流量，推动伺服液压缸1，使卷筒带着带材向纠正跑偏的方向移动。当纠偏位移与跑偏位移相等时，电桥又处于平衡状态，电压信号为零，卷筒停止移动，在新的平衡状态下卷取，完成自动纠偏过程。

该系统中，检测器和卷筒一起移动，形成了直接位置反馈，无专门的反馈元件。

图9－8（b）中三位四通Y型电磁换向阀的作用是使伺服液压缸1与辅助液压缸8互

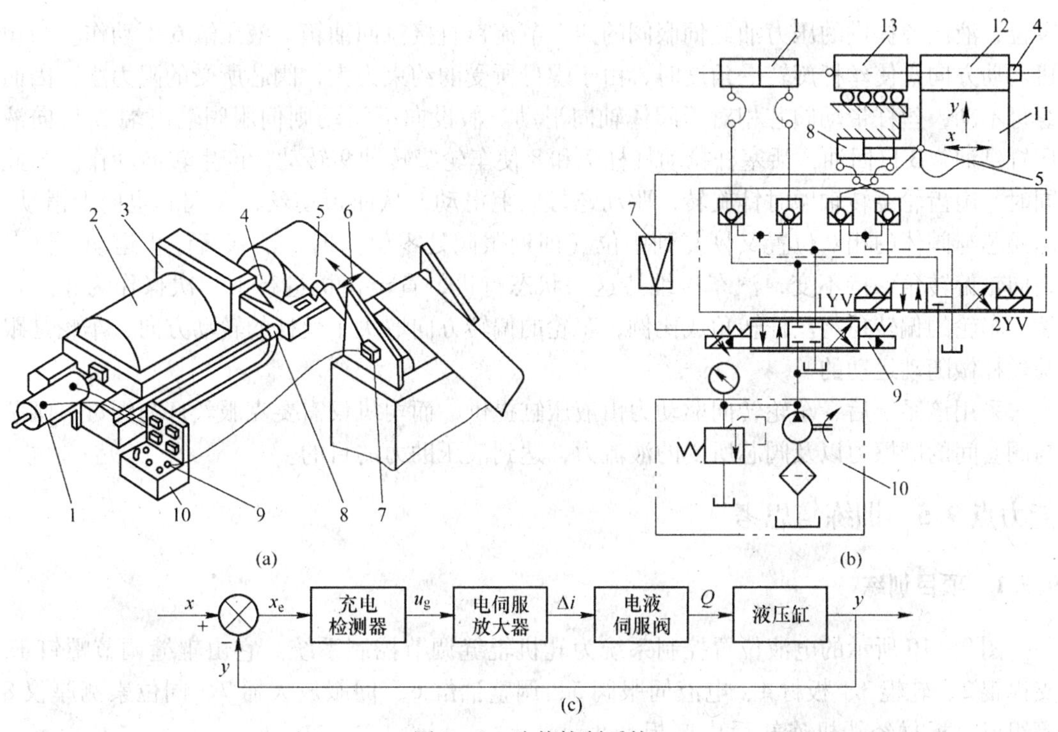

图 9 - 8　跑偏控制系统

(a) 跑偏控制系统的组成；(b) 液压控制系统；(c) 职能方块图

1—伺服液压缸；2—电动机；3—传动装置；4—卷筒；5—光电位置检测器；6—跑偏方向；7—伺服放大器；8—辅助液压缸；9—伺服阀；10—能源装置；11—钢带；12—钢卷；13—卷取机；

x—跑偏位移；y—跟踪位移；x_e—偏差位移；u_g—输出电压；Δi—差动电流；Q—流量

锁。正常卷带时，1YV 通电，辅助液压缸锁紧；卷带结束时，2YV 通电，伺服液压缸锁紧。

9.4.2　机液伺服阀位置控制系统

汽车转向液压助力器是典型的机液伺服位置控制系统。如图 9 - 9 所示，车轮在杠杆 8 的推拉作用下可绕铅垂转轴 9 转动。杠杆 7 和扇形齿轮 5 制成一体，在液压缸 6 的活塞杆的推拉下可绕转轴转动，液压缸由伺服阀控制。伺服阀为正开口，其阀体 1 固定在机架上，阀芯 2 则与滚珠丝杆 4 相连，可随丝杆相对于阀体轴向滑动。与滚珠丝杆相配的螺母 3 的一侧制有齿条，齿条与扇形齿轮相啮合。螺母在导向块（未画出）约束下只能轴向滑动而不能转动。方向盘（未画出）装在滚珠丝杆顶端。

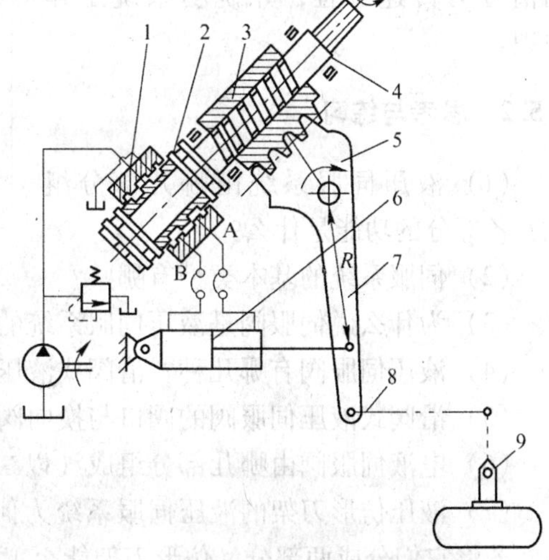

图 9 - 9　汽车转向助力器液压伺服系统

1—阀体；2—阀芯；3—螺母；4—丝杆；5—扇形齿轮；6—液压缸；7，8—杠杆；9—转轴

该系统的工作原理是：当汽车行进方向稳定时（直线行进或等半径转向），伺服阀处

零位，液压源提供的压力油经伺服阀的四个节流口直接流回油箱，液压缸 6 不动作。当司机转动方向盘使丝杆旋转一角度时，由于螺母所受的约束力大，阀芯所受的阻力小，因而螺母不动，丝杆带动阀芯相对于阀体轴向滑动。假设向下滑动则伺服阀输出端 A 口向液压缸供油，B 口回油，活塞杆拉动杠杆 7 和 8 使车轮绕转轴 9 转动，产生转向动作。与此同时，扇齿轮绕转轴顺时针旋转，驱动螺母向上滑动，从而带动丝杆及阀芯也向上滑动，当阀芯与阀体的相对位置又恢复到中位（即伺服阀处零位）时，活塞又停止运动，汽车转向轮偏转角保持不变，汽车将维持这一状态行进，直至司机进行下一次操作为止。显然，车轮的偏转角与丝杆转角成比例，车轮的偏转方向取决于丝杆的转动方向，车轮是跟踪丝杆做随动运动的。

采用该系统后，车轮转向驱动力由液压缸提供，而司机仅需要克服丝杆与螺母、阀芯与阀套间的摩擦力以及阀芯所受的液流力，达到液压助力的目的。

能力点 9.5　训练与思考

9.5.1　项目训练

图 9－10 所示的电液位置控制系统为轧机辊缝调节控制系统。它由辊缝调节螺钉 1、支撑辊 2、轧辊 3、板材 4、电液伺服阀 5、调整油缸 6、伺服放大器 7、同位素测厚仪 8 等组成。板材经轧机连轧后由厚板变为薄板，轧后板材的厚度由测厚仪检测出来。若加工后板材的厚度与要求不符，则由电液伺服阀控制调整油缸驱动支撑辊和轧辊，调节轧辊间的距离。请画出此控制系统的控制原理方块图，标明控制信号的传递过程，并说明系统工作原理。

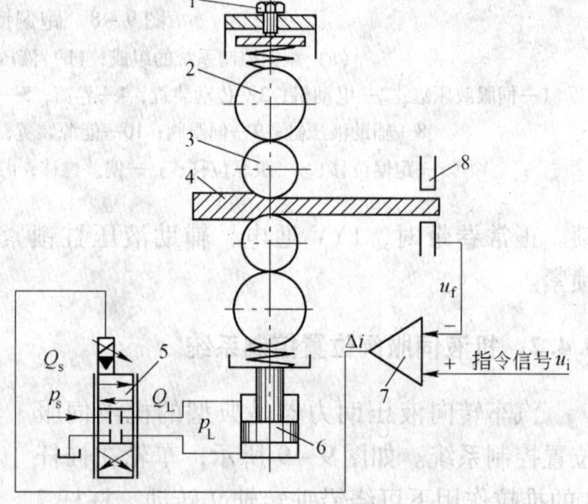

图 9－10　电液位置控制系统

9.5.2　思考与练习

（1）液压伺服系统由哪几部分组成？各部分的功能是什么？

（2）伺服系统的基本类型有哪些？

（3）为什么说伺服阀是液压伺服系统的最关键元件？

（4）液压伺服阀有哪几种？滑阀式液压伺服阀与换向滑阀有什么本质区别？

（5）滑阀式液压伺服阀的阀口与换向阀的阀口有什么不同？

（6）电液伺服阀由哪几部分组成（以二级放大式为例）？各部分的作用是什么？

（7）液压仿形刀架的液压伺服系统为何将伺服滑阀的阀体和液压缸的缸体固连成一体？若将它们分成两部分，仿形刀架能否工作，为什么？

（8）已知一电液伺服阀在线性区内工作，当输入电流为 20mA、伺服阀的压降为 5MPa 时，输出的负载流量为 60L/min，则当输入电流为 100mA、伺服阀的压降为 10MPa 时，计算其输出流量为多少？

项目10 液压系统故障诊断及排除

【项目任务】 掌握常见液压系统故障的诊断方法及排除方法；综合利用液压知识和技能解决贴合实际生产的项目任务。

【教师引领】

(1) 液压系统不同运行阶段的故障有哪些特征?

(2) 液压传动系统故障诊断步骤与方法有哪些?

(3) 有哪些常见的液压故障专用测试仪器及设备?

【兴趣提问】 你所知道的液压系统故障现象有哪些?

知识点10.1 液压系统故障特征与诊断步骤

分析液压故障之前必须弄清楚整个液压系统的传动原理、结构特点，然后根据故障现象进行判断，逐步深入，采取顺藤摸瓜、跟踪追击的分析方法，有目的、有方向地逐步缩小可疑范围，确定故障区域、部位，甚至某个液压元件。尽力避免分析辨别的盲目性。液压系统故障不像电气系统那样检测方便。因为液压管路内油液流动状态、液压件内部的零件动作以及密封件的损坏等情况，一般是看不见的、摸不着的。当然，液压系统中某个局部油腔装有压力表，但这远不能满足分析故障的需要。因此，要求人们具有分析故障原因、准确判断故障部位的能力。特别是机械故障、液压故障、电气故障几方面交织在一起时，必须预先有一个清醒的估计，实事求是地进行观察推断。液压系统的工作是由压力、流量、液流方向来实现的，根据这一特征，总是可以找出故障的原因并能及时给予排除的。

10.1.1 液压系统常见故障特征

10.1.1.1 液压设备不同运行阶段的故障特征

(1) 新试制液压设备调试阶段的故障。液压设备调试阶段的故障率较高，存在问题较为复杂，其特征是设计、制造、安装（包括装配）以及管理等质量问题交织在一起。除了机械、电气故障以外，一般液压系统常见故障有：

1) 外泄漏严重，主要发生在接头处或有关元件的端盖连接处。

2) 执行元件运动速度不稳定。

3) 由于脏物或油污使阀芯卡死或运动不灵活，造成执行元件动作失灵。

4) 液压控制元件的阻尼小孔被堵，造成系统压力不稳定或压力调不上去。

5) 某些阀类元件漏装弹簧、密封件，造成控制失灵，有时甚至出现管道接错而使系统动作错乱。

6) 液压系统设计不完善，液压件选择不当，造成系统发热、执行元件同步动作不协调，位置精度达不到要求等，对待此类故障应耐心、细致、慎重。

（2）定型设备调试阶段故障。此类设备调试时故障率较低，其特征是由于管理不良、安装时不小心或在搬运中损坏造成的一般容易排除的小故障。其表现如下：

1）外部有泄漏；

2）压力不稳定或动作不灵活；

3）液压件及管道内部进入脏物；

4）元件内部漏装或错装弹簧或其他零件；

5）液压件加工质量差或安装质量差，造成阀芯动作不灵活。

若在设备调试阶段中加强管理，在装配和安装过程中严格把好质量关，故障率将会下降，调试也将较为顺利。

（3）液压设备运行初期的故障。液压设备经过调试阶段后，便进入正常生产运行阶段。此阶段的故障特征表现如下：

1）管接头因振动而松脱。

2）由于少数密封件质量差或由于装配不当而被损伤，造成泄漏。

3）工作油液因多次冲刷管道、液压件油道，使原来附贴在管壁和孔壁上的毛刺、型砂、切屑等杂物脱落。随流而去的杂物将会堵塞阻尼孔和滤油器滤网，造成压力不稳定和工作速度变化。

4）由于负荷大或外界环境散热条件差，油液温度过高，引起泄漏，导致压力和速度不稳定，甚至造成工作严重失常，以致停产。

（4）液压设备运行中期的液压故障。设备经过调试阶段后，便进入正常生产的阶段。一般情况下设备使用到中期，处于正常磨损阶段，其故障率最低。此时，液压系统工作状态最佳，但应特别注意工作油液的污染程度须在要求范围内。

（5）液压设备运行到后期的故障。液压设备运行到后期时，因工作频率和负荷条件的差异，各易损件先后开始正常性的超差磨损。在此阶段，故障的特征是故障率逐渐上升，系统中内外泄漏量增加，系统效率有明显降低。此时，应该对液压系统和液压元件进行全面检查，对有严重缺陷的元件和已失效的元件进行修理或更换。此时，不得有凑合、对付思想，维修部门应下决心进行全面修复，否则故障会越来越多，以致影响生产。

10. 1. 1. 2 突发事故性故障

突发事故性故障特征是偶然突变，故障区域及产生原因较为明显，其中有非人为和人为因素，如事故碰撞零部件明显损坏、内部弹簧偶然断裂、管路突然爆裂、异物落入管路系统产生堵塞、电磁线圈烧坏、密封圈断裂等故障现象。

突发性故障往往与液压设备安装不当、维护不良有直接关系。有时由于操作错误也会发生破坏性故障。防止这类故障的主要措施是加强设备日常管理维护，严格执行岗位责任制，加强操作人员的业务培训。

10. 1. 2 液压系统的故障诊断步骤与方法

10. 1. 2. 1 故障诊断步骤

（1）熟悉设备性能和资料。在查找故障原因之前要了解设备的性能，熟悉液压系统工作原理和运行要求以及一些主要技术参数。

（2）调查情况。到现场向操作者询问设备出现故障前后的工作状况及异常现象、产生故障的部位和故障现象，同时要了解过去对这类故障排除的经过。

（3）现场观察。到现场了解情况时，如果设备还能启动运行，就应当亲自启动一下设备，操纵有关控制部分，观察故障现象，查找故障部位，并观察系统压力变化和工作情况，听听噪声，查看漏油等现象。

（4）查阅技术档案。翻阅设备技术档案，对照本次故障现象，判断是与历史记载的故障现象相似的旧故障，还是新出现的故障。

（5）归纳分析。对现场观察到的情况、操作者提供的情况及历史记载的资料进行综合分析，找出产生故障的可能原因。归纳分析是找出故障原因的基础。

（6）组织实施。在摸清情况的基础上，制订出切实可行的排除措施，并组织实施。

（7）总结经验。对故障进行分析并成功排除的经验应当进行很好的总结。积累维修工作中的实际经验是开展故障诊断技术的一个重要依据。

（8）纳入设备档案。将本次产生故障的现象、部位及排除方法作为历史资料纳入设备技术档案，以便今后查阅。

10.1.2.2　故障诊断方法

为了保证液压元件和液压系统在出现故障后能尽快恢复正常运转，正确而果断地判断故障原因、迅速而有效地排除故障，是正确使用液压设备的重要环节。以下简单介绍一下液压故障诊断的常用方法。

A　简易诊断技术

简易诊断技术，又称主观诊断法。它是靠维修人员利用简单的诊断仪器和凭个人的实际经验对液压系统出现的故障进行诊断，判别产生故障的原因和部位。这是普遍采用的方法。这种方法通过“看、听、摸、闻、阅、问”六字口诀进行。主观诊断法既可在液压设备工作状态下进行，又可在其非工作状态下进行。

（1）看。看液压系统工作的真实现象。一般有六看：一看速度，看执行机构运动速度有无变化和异常现象；二看压力，看液压系统中各测压点的压力值大小、压力值有无波动等现象；三看油液，观察油液是否清洁、有否变质，油量是否满足要求，油的黏度是否符合要求，油的表面是否有泡沫等；四看泄漏，看液压管道各接头处、阀板结合处、液压缸端盖处、液压泵轴伸出处是否有渗漏、滴漏和出现油垢现象；五看振动，看液压缸活塞杆或工作台等运动部件工作时有无跳动等现象；六看产品，根据液压设备加工出来的产品质量，判断执行机构的工作状态、液压系统工作压力和流量的稳定性等。

（2）听。用听觉来判别液压系统和泵的工作是否正常等。一般有四听：一听噪声，听听液压泵和液压系统工作时的噪声是否过大及噪声的特征，溢流阀、顺序阀等压力控制元件是否有尖叫声；二听冲击声，即听工作台液压缸换向时冲击声是否过大，液压缸活塞是否有撞击缸底的声音，换向阀换向时是否有撞击端盖的声音的现象；三听泄漏声，即听油路板内部是否有微细而连续不断的声音；四听敲打声，听液压泵运转时是否有因损坏而引起的敲打声。

（3）摸。用手摸允许摸的正在运动的部件表面，了解其工作状态。一般有四摸：一摸温升，用手摸液压泵泵体外壳、油箱外壁和阀体外壳表面，若接触两秒钟感到烫手，就应检查温升过高的原因；二摸振动，用手摸运动部件和管路的振动情况，若有高频振动，就应检查产生的原因；三摸“爬行”，当工作台在轻载低速运动时，用手摸工作台，检验有无“爬行”现象；四摸松紧程度，用手拧一下挡铁、微动开关、紧固螺钉等，检验螺钉松紧程度。

(4) 闻。用嗅觉器官辨别油液是否发臭变质、橡胶件是否因过热发出特殊气味等。

(5) 阅。查阅有关故障分析和修理记录、日检和定检卡及交班记录和维修保养情况记录。

(6) 问。询问设备操作者，了解设备平时运行状况。一般有六问：一问液压系统工作是否正常，液压泵有无异常现象；二问液压油更换时间，滤网是否清洁；三问发生事故前压力或速度调节阀是否调节过，有哪些不正常现象；四问发生事故前是否更换过密封件或液压件；五问发生事故前后液压系统出现过哪些不正常现象；六问过去经常出现哪些故障，是怎样排除的。

由于每个人的感觉、判断能力和实践经验的差异，判断结果肯定会有不同，但是故障原因是特定的，经过反复实践，终究会被确认并予以排除。应当指出的是：这种方法对于有实践经验的工程技术人员来讲，显得更加有效。

B　根据液压系统图诊断

液压系统图是设备液压部分的工作原理图，它表示了系统中各液压元件的动作原理和控制方法。

该方法通过“抓两头、连中间”对系统故障进行查找。“抓两头”即抓动力源（液压泵）和执行元件（液压缸），“连中间”即从动力源到执行元件之间经过的管件和控制元件，要对照实物，逐个检查（特别注意诸如发讯元件不发讯、发讯不动作，主油路与控制油路之间错接发生干涉等问题），找出故障原因，进行排除。

以图 10 - 1 某组合机床的液压系统图为例，说明如何根据液压系统原理图查找液压故障。

假设故障为工件不夹紧，即夹紧缸 9 不能向左运动。查找时，对照液压系统图，先查动力源和执行元件，即查液压泵和液压缸 9。检查液压泵是否因无油液输出和压力不够造成液压缸不动作；再检查夹紧缸本身是否因某些原因不动作。如果液压泵和液压缸都正常，接着查找液压系统中间环节，即减压阀 7、单向阀 6 及电磁换向阀 8。从电磁铁动作表 10 - 1 中得知，4YA 应该通电，电磁换向阀 8 处于左位，否则不能夹紧。此时要确认 4YA 是否通电，如不通电，则要检查电器故障。另外，油路虽然导通，但进入夹紧缸 9 右腔的压力油压力不足，也可能使夹紧缸 9 不动作，此时要检查减压阀是否卡死在小开度位置，引起压力不够。如果 6YA 不通电，液压泵来的油经电磁阀 11 流回油箱而卸荷，液压缸 9 也无夹紧动作。这样利用液压系统图并通过以上分析，即可找出无夹紧动作故障的原因。

C　利用因果图诊断

将影响故障的各主要因素和次要因素编制成因果图，利用这种图进行逐件逐因素地深入分析排除，即可查出故障原因。

图 10 - 2 为液压缸外泄漏的可能原因，编制出因果图后，根据图中所列原因逐项查找，即可找出液压缸外泄漏的原因。

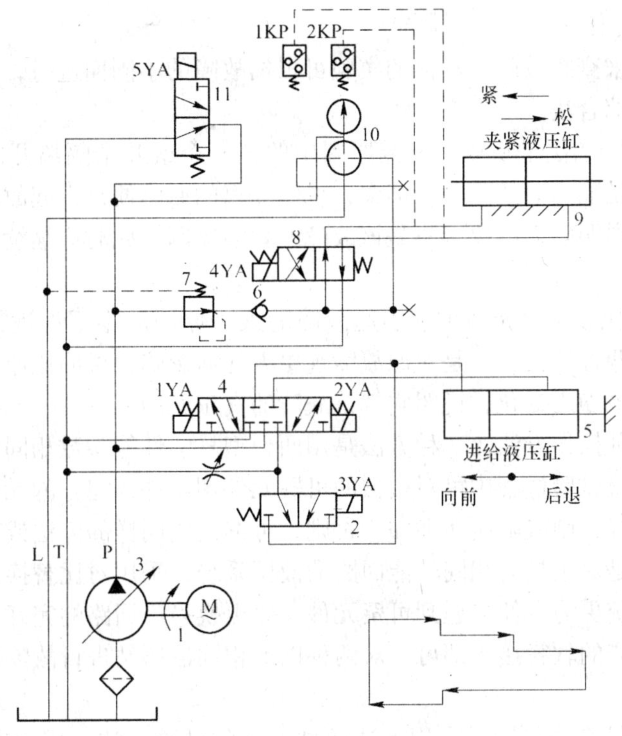

图 10－1　某组合机床液压系统图

表 10－1　组合机床电磁铁动作顺序表

动作顺序＼电磁铁	1YA	2YA	3YA	4YA	5YA
夹紧缸夹紧	－	－	－	+	+
进给缸快进	+	－	+	+	+
进给缸工进	+	－	－	+	+
进给缸后退	－	+	－	+	+
夹紧缸松开	－	－	－	－	+
停止卸荷	－	－	－	－	－

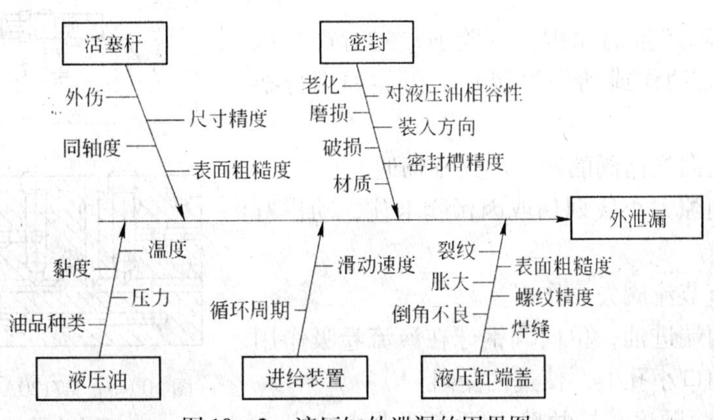

图 10－2　液压缸外泄漏的因果图

D　用试验法进行诊断

通过试验方法来查找故障。具体的实验可根据故障的不同而进行，一般的试验方法有隔离法、比较法和综合法。

（1）隔离法。隔离法是将故障可能原因中的某一个或几个隔离开的试验方法。可能出现两种情况：一是隔离后故障随之消失，说明隔离的原因便是引起故障的真实原因；二是故障依然存在，说明隔离的原因不是该故障的真实原因，此时应继续隔离其他原因进行查找。

（2）比较法。比较法是指对可能引起故障的某一原因的零部件进行调整或更换的实验方法。可能出现两种情况：一是对原故障现象无任何影响，说明该原因不是故障的真实原因；二是故障现象随之变化，说明它就是故障的真正原因。

比较法又有两种操作方法。一种方法是用两台型号、性能参数相同的机械进行对比试验，从中查找故障。试验过程中可对机械的可疑元件用新件或完好的元件进行替换，再开机试验，如性能变好，则故障所在即知。否则，可继续用同样的方法或其他方法检查其余部件。另一种方法是对于具有相同功能回路的液压系统，采用对比替换，这种方法对采用高压软管连接的系统更为方便。遇到可疑元件，要更换另一回路的完好元件时，不需拆卸元件，只要更换相应的软管接头即可。对两种以上相同液压站进行故障排查时，此方法非常有效。

（3）综合法。综合法是同时应用上述两种方法的试验方法，用于查找故障原因较复杂的系统。应用综合法时应遵循以下原则：

1）试验时，不能进行有损液压设备的试验。

2）试验前，应先对液压设备的工作原理、传动系统、结构特征等方面进行综合分析，找出产生故障的可能原因，再着手利用上述几种方法进行试验。

3）试验应有明确的目的，并且对试验中可能出现的各种情况、原因、相应的措施都要事先有充分估计和周密的考虑。

4）要科学合理地编排出试验顺序，原则上应先易后难，先重要后次要。

如M7120A型平面磨床出现工作台撞动撞块再拨动先导换向阀后，偶然出现不换向冲击撞缸的故障。其工作台换向油路如图10－3所示。具体试验步骤如下：

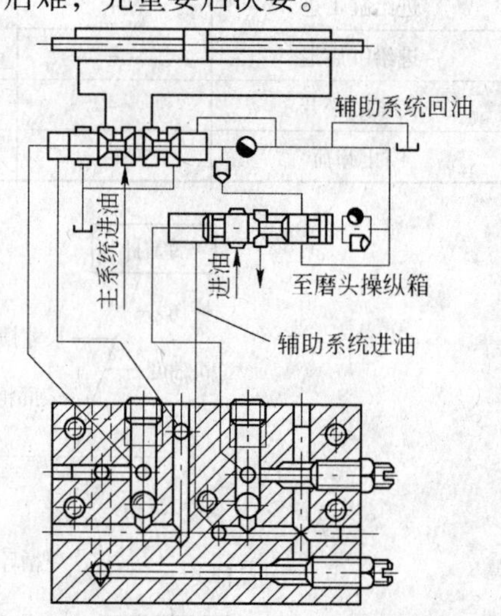

图10－3　M7120A型平面磨床工作台换向油路

1）分析故障产生的原因。试验前，先对产生故障（即换向阀无动作或动作迟缓）的可能原因分析如下：

①先导阀通向换向阀的辅助油路不畅通。

②换向阀间隙太小或划伤或因污物卡住，动作有时不灵活。

③换向调节节流阀失去作用。

④换向阀两端进油，单向阀钢球在液流卷吸作用下贴住堵在进油口小孔上，使进油受阻。

2）编排试验顺序。按故障的可能性大小确定试验顺序应为④、②、③、①，而按试验的难易程度确定试验顺序则为③、④、②、①。这样，选择③、④、②、①的排列为试验的顺序。

3）进行试验。将原换向调节节流阀阀芯取下，用一短螺钉拧入原螺孔，以封住该螺孔口，这样，相当于取消了节流阀。此时，机床工作故障仍无改变，即可排除原因。

另一个试验方法是在单向阀中加装一适当长度的细弹簧，以改变辅助油通过单向阀将钢球托起时的力平衡关系，使钢球升起高度至与换向阀端头进油小孔的距离足够大，摆脱液流的卷吸影响。此时，开动机床，长时间试车不再出现故障，而且调节节流阀有明显的控制作用，说明故障由换向阀两端进油，单向阀钢球贴堵在进油口小孔上引起。

E　应用铁谱技术查找

此方法是利用铁的磁性，将液体工作介质中各种磨损微粒和其他污染微粒分离和分析出来，再通过铁谱技术对微粒的相对数量、形态、尺寸大小和分布规律、颜色、成分以及组成元素等作出分析判断；再根据这些信息，准确地找到液压设备液压系统的磨损部位、磨损形式、磨损程度并得出液压元件完全失效的结论，从而为机械液压设备液压系统的状态监控和故障诊断提供科学的、可靠的依据。

如对斜盘式轴向柱塞泵的液压系统油样进行铁谱分析发现铜磨粒时，可能是来自液压泵铜滑套和铜缸体的磨损。当发现有大量非金属杂质纤维时，可能是过滤器有部分损伤。如发现其中有磨粒呈回火蓝色，可能是柱塞泵中存在局部的摩擦高温，它可能来自液压泵的配流盘处。如在油样中发现有红色氧化铁磨粒，则可断定油液中混入了水分等。

F　区域分析与综合分析查找

区域分析是根据故障的现象和特征，对系统部分区域进行局部的分析，检测局部区域内元件的情况，查明原因并进而采取措施。综合分析是通过对系统故障作出全面分析来查找原因并制定措施的。

如活塞杆处漏油或液压泵轴油封漏油的故障。因为漏油部位已经确定是在活塞杆或液压泵轴的局部区域，可采用区域分析的方法，找出是活塞杆拉伤或液压泵轴拉伤磨损，还是该部的密封失效，从而有针对性地采取措施予以排除。

G　间接检测查找

这种方法对故障不是直接检查，而是通过测量其他的项目，间接地推断出故障产生的原因。例如液压泵的磨损程度，可通过间接地检测振动来做出判断。

H　仪器专项检测法

它采用各种监测仪器对液压系统故障进行定量分析，从而找出故障原因。

（1）压力：检测液压系统各部位的压力值，分析其是否在允许范围内。

（2）流量：检测液压系统各位置的液流流量是否在正常值范围内。

（3）温升：检测液压泵、执行机构、油箱的温度值，分析是否在正常范围内。

（4）噪声：检测异常噪声值，并进行分析，找出噪声源。

应该注意的是：对于故障嫌疑的液压件要在试验台架上按出厂试验标准进行检测，元件检测要先易后难，不能轻易把重要元件从系统中拆卸下来，甚至盲目解体检查。

对自动线之类的液压设备，可以在有关部位和各执行机构中装设监测仪器（如压力、流量、位置、速度、油位、温度等传感器），在自动线运行过程中，某个部位产生异常现象时，监测仪器均可预测到技术状况，并可在屏幕上自动显示出来，以便于分析研究、调整参数、诊断故障并予以排除。

状态监测用的仪器种类很多，通常有压力传感器、流量传感器、速度传感器、位移传感器、油温监测仪、位置传感器、油位监测仪、振动监测仪、压力增减仪等。把监测仪器测量到的数据输入电子计算机系统，计算机根据输入的信号提供各种信息和各项技术参数，由此可判别出某个执行机构的工作状况，并可在屏幕上自动显示出来。在出现危险之前可自动报警或自动停机或不能启动另外一个执行机构等。状态监测技术可解决凭人的感觉器官无法解决的疑难故障的诊断，并为预知维修提供了信息。

I　其他诊断方法

(1) 模糊逻辑诊断方法。模糊诊断方法利用模糊逻辑来描述故障原因和故障现象之间的模糊关系。通过隶属函数和模糊关系方程解决故障原因与状态识别问题。

(2) 智能诊断方法。一旦液压系统发生故障，通过人机接口将故障现象输入计算机，由计算机根据输入的故障现象及知识库中的知识，按推理机中存放的推理方法推算出故障原因并报告给用户，同时还可以提出维修或预防措施。

(3) 基于灰色理论的故障诊断方法。研究灰色系统的有关建模、控模、预测、决策、优化等问题的理论称为灰色理论。通常可以将信息分为白色系统、灰色系统和黑色系统。白色系统指系统参数完全已知的情况，黑色系统指系统参数完全未知的系统。灰色系统理论是通过已知参数来预测未知参数，利用“少数据”建模从而解决整个系统的未知参数。

知识点 10.2　液压系统常见故障及排除

10.2.1　液压系统的故障特点

液压设备与机械设备、电气设备相比，其出现的故障具有如下一些特点：

(1) 故障的多样性。液压设备出现的故障可能是多种多样的，而且在大多数情况下是几个故障同时出现的，如系统压力不稳定就常和振动噪声故障同时出现。

(2) 故障的复杂性。液压系统压力达不到要求经常和动作故障联系在一起，甚至机械、电气部分的弊病也会与液压系统的故障交织在一起，不单是液压系统本身原因引起的。这使得故障变得复杂，新液压系统的调试更是如此。

(3) 故障的偶然性和必然性。液压系统中的故障有时是偶然发生的，有时是必然发生的。故障偶然发生的情况如：油液中的污染物在系统工作时随油液流动卡住了溢流阀或其他某一动作元件，使得系统偶然出现失压或不换向；电网电压偶然发生变化，从而引起阀的电磁铁不能正常工作而发生故障。这样的故障不是经常出现，也没有规律可循。故障的必然性是指那些持续不断经常发生，并且具有一定规律的原因引起的故障，如油液黏度变化引起的系统泄漏、液压泵内部泄漏增加导致泵的容积效率下降等。

(4) 故障的分析判断难度大。由于液压系统故障存在上述特点，所以当系统出现故障时，不一定立即就能准确地确定故障产生的部位和产生的原因。故从事液压系统的工作人员，一定要具有扎实的全面的理论知识，对每一液压原理及控制、执行等都要掌握清楚；同时要具有丰富的实践经验，才能在较短的时间内处理好液压故障。

总之，一般情况是：液压系统故障的产生与日常维护保养、使用条件、操作人员的素养、工程技术人员的技能水平以及日常管理等均有密切的关系。

在实际工作中，为了能更快捷、准确地处理液压故障，应在日常工作中做好充分的准备，应掌握以下情况：

（1）设备的结构、工作原理及其技术性能、特点等。

（2）液压系统中所使用各种元件的结构、工作原理、性能。

（3）液压系统在设备上的功能、结构、工作原理以及设备对液压系统的要求。

（4）设备生产厂及生产日期、液压件状况、运输途中有无损伤、调试及验收的原始记录，以及使用期间出现过的故障及处理措施记录等。

（5）熟练掌握液压原理图中各元件的作用和动作原理以及控制原理。

10.2.2　液压系统常见故障诊断和排除方法

10.2.2.1　液压系统温升

使液压系统的工作温度保持在一定范围内对液压系统的正常工作至关重要。液压系统的温升是一种综合故障的表现形式，主要通过测量油温和少数的液压元件温度来衡量。一般情况下，液压系统的正常工作温度为 40～60℃，超过这个温度就会给液压系统带来不利影响。

A　液压系统过热的危害

液压系统过热即液压油工作温度过高，可直接影响系统及组件的可靠性，降低作业效率等。它给液压系统带来的危害主要表现如下：

（1）液压系统油温过高会使油液黏度降低，油液变稀，泄漏增加。

（2）液压系统过热使机械产生热变形，导致不同材质的液压元件运动部件因热胀系数不同使运动副的配合间隙发生变化。间隙变小，会出现运动干涉和卡死现象；间隙变大，会使泄漏增加，导致工作性能下降及精度降低。同时系统过热也容易破坏运动副间的润滑油膜，加速磨损，导致零件质量变差。

（3）由于大多数液压系统的密封件和高压软管都是橡胶制品，系统油温过高会使橡胶件变形，提前老化和变质失效，降低使用寿命，丧失密封性能，造成泄漏。

（4）液压系统油温过高将造成油液的汽化，使气蚀现象更加严重。

（5）液压系统温度过高会加速油液氧化变质，并析出沥青物质，降低液压油使用寿命。析出物堵塞阻尼小孔、缝隙、进油与回油的滤网等，导致压力阀调压失灵、流量阀流量不稳定、方向阀卡死不换向、金属管路伸长变弯甚至破裂等故障。

（6）油温过高，泵的容积效率和整个液压系统的效率显著降低。

（7）整个系统的动力性、可靠性及工作性能等降低。

B　造成液压系统过热的原因

液压系统在使用过程中经常出现过热现象。通过分析，造成过热的原因主要有以下几个：

（1）液压系统设计不合理。

1）液压系统油箱容量设计太小，散热面积不够，而又未设计安装冷却装置，或者虽有冷却装置但其容量过小。

2）选用的阀类元件规格过小，造成通过阀的油液流速过高而压力损失增大导致发热，如溢流阀规格选择过小、差动回路中仅按泵流量选择换向阀的规格，便会出现这种情况。

3）按快进速度选择液压泵容量的定量泵供油系统，在工作时会有大部分多余的流量在高压（工作压力）下从溢流阀溢流而引起发热。

4）系统中未设计卸荷回路，停止工作时液压泵不卸荷，泵的全部流量在高压下溢流，产生溢流损失发热，导致升温。

5）液压系统背压过高。如在采用电液换向阀的回路中，为保证换向的可靠性，阀不工作时（中位）也要保证系统一定的背压。如果系统流量大，则这些流量会以控制压力从溢流阀溢流，造成升温。

6）系统管路太细太长、弯曲多、截面变化频繁等。局部压力损失和沿程压力损失大，系统效率低。

（2）加工制造质量差。液压元件加工精度及装配质量不良，相对运动件间的机械摩擦损失大；相配件的配合间隙太大，内、外泄漏量大，造成容积损失大，温升快。

（3）系统磨损严重。液压系统的很多主要元件都是靠间隙密封的，如齿轮泵的齿轮与泵体、齿轮与侧板，柱塞泵、马达的缸体与配流盘、缸体孔与柱塞，换向阀的阀杆与阀体，其他阀的滑阀与阀套、阀体等处都是靠间隙密封的。一旦这些液压件磨损增加，就会引起内泄漏增加，致使温度升高，从而使液压油的黏度下降。黏度下降又会导致内泄漏增加，造成油温的进一步升高。

（4）系统用油不当。液压油是维持系统正常工作的重要介质，保持液压油良好的品质是保证系统传动性能和效率的关键。如果误用黏度过高或过低的液压油，都会使液压油过早地氧化变质，造成运动副磨损而引起发热。

（5）系统调试不当。系统压力是用安全阀来限定的，安全阀压力调得过高或过低，都会引起系统发热增加。如安全阀限定压力过低，外载荷加大时，液压缸便不能克服外负荷而处于滞止状态。这时安全阀开启，大量油液经安全阀流回油箱；反之，当安全阀限定压力过高，将使液压油流经安全阀的流速加快，流量增加，系统产生的热量就会增加。另外，制造和使用过程中，如果系统调节不当，尤其是阀类元件调整不到位，使阀杆的开度达不到设定值，也会导致系统温度升高。

（6）操作使用不当。例如在操纵时动作过快过猛，使系统产生液压冲击；或者操作时经常使液压缸运动到极限位置而换向迟缓；或者使阀杆挡位经常处于半开状态而产生节流；或者系统过载，使过载阀长期处于开启状态，启闭特性与要求的不相符；或者压力损失超标等因素都会引起系统过热。

（7）液压系统散热不足。

1）液压系统散热器和油箱被灰尘、油泥或其他污物覆盖而未清除，则会形成保温层，使传热系数降低或散热面积减小而影响整个系统的散热。

2）排风扇转速太低，风量不足。

3）液压油路堵塞（如回油路及冷却器由于脏物、杂质堵塞，引起背压增高，旁路阀被打开，液压油不经冷却器而直接流向油箱），引起系统散热不足。

4）连续在温度过高的环境工作时间太长，液压系统温度会升高；或者工作环境温度与原来设计的使用环境温度相差太大，也会引起系统的散热不足。

C 液压系统过热故障的排除

为保证液压系统的正常工作，必须将系统温度控制在正常范围内。当液压系统出现过热现象时，必须先查明原因，再有针对性地采取正确的措施。

（1）按液压系统使用说明书的要求选用液压油。保证液压油的清洁度，避免滤网堵塞。同时应定期检查油位，保证液压油油量充足。

（2）定期检修易损元件，避免因零部件磨损严重而造成泄漏。液压泵、马达、各配合间隙处等都会因磨损而泄漏，容积效率降低会加速系统温升。应定期进行检修及时更换，减少容积损耗，防止泄漏。

（3）严格按照使用说明书要求调整系统压力，避免压力过高，确保安全阀、过载阀等在正常状态下工作。

（4）定期清洗散热器和油箱表面，保持其清洁以利于散热。

（5）合理操作使用设备，操作中避免动作过快过猛，尽量不使阀杆处于半开状态，避免大量高压液压油长时间溢流，减少节流发热。

（6）定期检查动力源的转速及风扇皮带的松紧程度，使风扇保持足够的转速、充足的散热能力。

（7）注意使液压系统的实际使用环境温度与其设计允许使用环境温度相符合。

（8）对因设计不合理引起的系统过热问题，应通过技术革新改造或修改设计等手段对系统进行完善。

10.2.2.2 液压系统泄漏

A 液压系统产生泄漏的原因及处理措施

内泄漏是指液压元件内部有少量液体从高压腔泄漏到低压腔，如油液从液压泵高压腔向低压腔的泄漏、从换向阀内压力通道向回油通道的泄漏等。由于液压系统中元件的磨损，随着时间的推移，在元件内部产生的泄漏会越来越明显。轻微的内部泄漏可能察觉不到，但是，随着内泄漏的增加，系统过热将成为问题。当这种情况发生时，系统的其他元件将开始失效。鉴别内泄漏的简单办法是测试系统满载和空载时的工作周期。假如花了比空载时长很多的时间才完成有载时的动作，那么可以怀疑泵可能失效了。

外泄漏是指少量液体从元件内部向外泄漏。外泄漏发生在泵的吸油口时则很难检测到。如果出现现象之一，可以怀疑发生了系统吸油管泄漏：

（1）液压油中有空气气泡；

（2）液压系统动作不稳定，有爬行现象；

（3）液压系统过热；

（4）油箱压力增高；

（5）泵噪声增大。

假如以上任何一现象存在，就应当首先检查所有的吸油管接头和连接处以寻找泄漏点。对于软管接头不要过度地旋紧，因为过度的旋紧会使管接头变形，反而会增加泄漏。应当使用设备制造商推荐的旋紧转矩值，这可以保证可靠的密封并且不会使管接头和密封圈产生扭曲变形，造成密封圈表面的损坏。

B　泄漏可能对液压系统造成的影响

在液压传动中，液体的泄漏是一个不可忽视的问题。如果泄漏得不到解决，将会影响液压设备的正常应用和液压技术的发展。具体地说，泄漏引起的问题有以下几个方面：

（1）系统压力调不高；

（2）执行机构速度不稳定；

（3）系统发热；

（4）元件容积效率低；

（5）能量、油液浪费；

（6）污染环境；

（7）可能引起控制失灵；

（8）可能引起火灾。

一般来说，产生泄漏的原因有设计、制造方面的问题，也有设备维护、保养等管理方面的问题。为了减少液压系统的故障、提高液压系统的效率、防止环境污染和减少液压介质的损耗，必须注意泄漏问题，分析造成泄漏的原因，并采取相应的措施，达到减少泄漏甚至避免泄漏的目的。

C　液压系统泄漏的主要形式

液压系统的泄漏主要有缝隙泄漏、多孔隙泄漏、黏附泄漏和动力泄漏几种形式。

（1）缝隙泄漏：是指缝隙中的液体在两端压力差的作用下从高压腔经缝隙流向低压腔泄漏现象。缝隙泄漏是液压元件泄漏的主要形式，其泄漏量大小与缝隙两端压力差、液体黏度、缝隙长度、宽度和高度有关。由于泄漏量与缝隙高度的三次方成正比，因此，在结构及工艺允许的条件下，应尽量减小缝隙高度。

（2）多孔隙泄漏：是指采取紧固措施的两接触表面，由于表面粗糙度影响，在两表面上不接触的微观凹陷处，形成许多截面形状多样、大小不等的孔隙，液体在压力差的作用下，通过这些孔隙泄漏的现象。孔隙的截面尺寸与表面粗糙度的实际参数有关，并远大于液体分子的尺寸。如果表面残留下的加工痕迹与泄漏方向一致，泄漏液流阻力减小，则泄漏趋于严重。例如，液压元件的各种盖板、法兰接头、板式连接等出现的泄漏属于多孔隙泄漏；铸件的组织疏松、焊缝缺陷夹杂、密封材料的毛细孔等产生的泄漏也属于多孔隙泄漏。

（3）黏附泄漏：是指液体与固体表面之间因黏附作用而在固体表面形成一层薄的黏附层，当黏附的液层过厚时，就会形成液滴，出现泄漏，即称为黏附泄漏。例如，在液压缸的活塞杆上就黏附一层液体，由于有此层液体，可以对密封圈起润滑作用。但是，当黏附的液层过厚时，就会形成液滴或当活塞杆缩进缸筒时被密封圈刮落，产生黏附泄漏。防止黏附泄漏的基本办法是控制液体黏附层的厚度。

（4）动力泄漏：在转动轴的密封表面上，若留有螺旋形加工痕迹时，此类痕迹具有“泵油”作用。当轴转动时，液体在转轴回转力作用下沿螺旋形痕迹的凹槽流动。若密封圈的唇边上存在此类痕迹时（模具上的螺旋痕迹复印给密封圈），其结果与上述现象相同，也有“泵油”作用而产生动力泄漏。动力泄漏的特点是：轴的转速越高，泄漏量越大。

为了防止动力泄漏，应避免在转轴密封表面和密封圈的唇边上存在“泵油”作用的加工痕迹，或者限制痕迹的方向。

实际液压设备泄漏情况是复杂的，往往是各种原因和种种情况的综合。

D　造成液压系统泄漏的相关因素

造成液压系统泄漏的相关因素有以下几方面。

（1）工作压力。在相同的条件下，液压系统的压力越高，发生泄漏的可能性就越大。因此，应该使系统压力的大小符合液压系统所需要的最佳值，这样既能满足工作要求，又能避免不必要的过高的系统压力。

（2）工作温度。液压系统所损失的能量大部分转变为热能，这些热能一部分通过液压元件本身、管道和油箱等的表面散发到大气中，其余部分就贮存在液压油中，使油温升高。油温升高不仅会使油液的黏度降低，油液泄漏量增加，还会造成密封元件加快老化、提前失效，引起严重泄漏。

（3）油液的清洁程度。液压系统的液压油常常会含有各种杂质，例如液压元件安装时没有清洗干净，附在上面的铁屑和涂料等杂质进入液压油中；侵入液压设备内的灰尘和脏物污染液压油；液压油氧化变质所产生的胶质、沥青质和碳渣等。液压油中的杂质能使液压元件滑动表面的磨损加剧、液压阀的阀芯卡阻、小孔堵塞、密封件损坏等，从而造成液压阀损坏，引起液压油泄漏。

（4）密封装置的选择。正确地选择密封装置，对防止液压系统的泄漏非常重要。密封装置的合理选择，能提高设备的性能和效率，延长密封装置的使用寿命，从而有效地防止泄漏。否则，密封装置不适应工作条件，过早地磨损或老化，就会引起介质泄漏。

此外，液压元件的加工精度、液压系统管道连接的牢固程度及其抗振能力、设备维护的状况等，也都会影响液压设备的泄漏。

E　排除泄漏的基本措施

（1）合理选择密封装置。要做到合理地选择密封装置，必须熟悉各种密封装置的形式和特点、密封材料的特性及密封装置的使用条件（如工作压力的大小、工作环境的温度、运动部分的速度）等。把实际的使用条件与密封件的允许使用条件进行比较，必须保证密封装置有良好的密封性能和较长的使用寿命。

密封材质要与液压油相容，其硬度要合适。胶料硬度要根据系统工作压力高低进行选择。系统的压力高时应选择胶料硬度高的密封件，压力过高时，还需设计支承环。

常见的密封方法及密封元件有间隙密封、O 形密封圈密封、Y 形密封圈密封、V 形密封圈密封、组合密封圈密封等。O 形密封圈由于结构简单、易于安装、密封性能好及工作可靠，不仅可单独使用，而且是许多组合式密封装置中的基本组成部分。它既可用于静密封，也可用于动密封中，作静密封时几乎无泄漏。它的使用范围很宽，如果材料选择得当，可以满足各种介质和各种运动条件的要求。所以是当前应用比较广泛的密封件。

O 形密封圈是典型的挤压型密封。O 形密封圈截面直径的压缩率和拉伸量是密封设计的主要内容，对密封性能和使用寿命有重要意义。O 形密封圈的密封效果很大程度上取决于 O 形密封圈尺寸与沟槽尺寸的正确匹配，形成合理的密封圈压缩量与拉伸量。

压缩率大可获得大的接触压力，但同时会增大滑动摩擦力和永久变形。而压缩率过小则可能密封性不好，产生泄漏。因此，在选择 O 形密封圈的压缩率时，要权衡各方面的因素。应考虑使用条件，是静密封还是动密封。一般静密封压缩率大于动密封，但其极值应小于25%，否则压缩应力明显松弛，将产生过大的永久变形，这种现象在高温工况中尤为严重。

O 形密封圈在装入密封沟槽后，一般都有一定的拉伸量。与压缩率一样，拉伸量的大小对 O 形密封圈的密封性能和使用寿命也有很大的影响。拉伸量大不但会导致 O 形密封圈安装困难，同时还会因截面直径发生变化而使压缩率降低，以致引起泄漏。拉伸量的取值范围为1% ~5%。

密封沟槽也应该按相应的标准进行设计。在不得已的情况下才自行设计，但尺寸公差要严格控制，粗糙度要符合要求，因为密封槽的宽度过大或深度过深都会造成压缩量不够而引起泄漏。

（2）零件及管路结构设计要合理。零件设计时要有导向角，以免装配时损伤密封件。在有锐边和沟槽的部位装配密封圈时，要使用保护套，以免损伤密封件。

设置液压管路时应该使油箱到执行机构之间的距离尽可能短，管路的弯头，特别是90°的弯头要尽可能少，以减少压力损失和摩擦。

液压系统中应尽量减少管接头，系统漏油有 30% ~40% 是由管接头漏出的。

（3）要控制液压系统的油温。油温过高，润滑油膜变薄，摩擦力加大，磨损加剧，密封材料老化增快，使之变硬变脆，并可能很快导致泄漏。

控制液压系统温度的升高，一般从油箱的设计和液压管道的设置方面着手。为了提高油箱的散热效果，可以增加油箱的散热表面，把油箱内部的出油和回油用隔板隔开。油箱液压油的温度一般允许在 55 ~65℃之间，最高不得超过 70℃。当自然冷却的油温超过允许值时，就需要在油箱内部增加冷却水管或在回油路上设置冷却器，以降低液压油的温度。

（4）选择合适结构的液压元件和管接头。选择合适的液压元件，如电磁换向阀。若系统不要求有快速切换，则应选择湿式电磁阀。因为湿式电磁阀寿命长，冲击小，推杆处无动密封，消除了推杆部位引起的泄漏。

液压系统中常用的管接头有扩口式、卡套式和焊接式三类。这三种接头各有特点，应根据工作可靠性和经济性进行选择。扩口接头一般较为便宜；卡套接头能承受较大的振动；焊接接头用于能承受高压、高温及机械负载大和强烈振动的场合。

（5）严格控制制造质量。严格控制密封槽的尺寸公差，表面粗糙度要达到图纸规定要求。槽边不能有毛刺和碰伤，装配前要清洗干净。密封盖尺寸和法兰盖螺孔要保证质量，间隙不能太大，以避免密封件被挤出。

另外，在生产中，要加强维护管理，有计划地定期检查、修理液压设备，保护液压设备，防止机械振动和冲击压力，及时发现设备的泄漏，从而减少故障和油液的漏损，延长机器寿命，提高设备的完好率。

10.2.2.3　液压系统振动和噪声

A　振动和噪声的危害

振动和噪声是液压设备常见故障之一，两者往往是一对孪生兄弟，一般同时出现。振动和噪声均有较大的危害，应设法消除或减小。

振动和噪声的危害有：

（1）影响加工表面质量，使机器工作性能变坏。

（2）影响液压设备工作效率，因为为了避免振动不得不降低切削速度和走刀量。

（3）振动加剧磨损，造成管路接头松脱，产生漏油，甚至振坏设备，造成设备及人身事故。

（4）噪声是环境污染的重要因素之一，噪声使大脑疲劳，影响听力，加快心脏跳动，对人身心健康造成危害。

（5）噪声淹没危险信号和指挥信号，造成不可估量的后果。

B 共振、振动和噪声产生的原因

振动包括受迫振动和自激振动两种形式。对液压系统而言，受迫振动来源于电动机、液压泵和液压马达等的高速运动件的转动不平衡力，液压缸、压力阀、换向阀及流量阀等的换向冲击力及流量压力的脉动。受迫振动中，维持振动的交变力与振动（包括共振）可无并存关系，即当设法使振动停止时，运动的交变力仍然存在。

自激振动也称颤振，产生于设备运动过程中。它并不是由强迫振动能源所引起的，而是由液压传动装置内部的油压、流量、作用力及质量等参数相互作用产生的。例如伺服滑阀常产生的自激振动，其振源为滑阀的轴向液动力与管路的相互作用。这种振动不论多么剧烈，只要运动（如加工切削运动）停止，便立即消失。

另外，液压系统中众多的弹性体的振动，可能产生单个元件的振动，也可能产生两件或两件以上元件的共振。产生共振的原因是它们的振动频率相同或相近，产生共振时，振幅增大。

液压系统中的振动与噪声常以液压泵、液压马达、液压缸、压力阀为甚，方向阀次之，流量阀更次之。有时表现在泵、阀及管路之间的共振上。

产生共振、振动和噪声的原因如下：

（1）设备故障、安装不当或外界振源引起。

1）电动机振动，轴承磨损引起振动；

2）泵与电动机联轴器安装不同心（要求刚性连接时同轴度不大于 0.05mm，挠性连接时同轴度不大于 0.15mm）；

3）液压设备外界振源的影响，包括负载（例如切削力的周期性变化）产生的振动；

4）油箱强度、刚度不好，例如，油箱顶盖板也常是安装“电动机液压泵”装置的底板，其厚度太薄，刚性不好，运转时产生振动。

（2）液压设备上安设的元件之间的共振。

1）两个或两个以上的阀（如溢流阀与溢流阀、溢流阀与顺序阀等）的弹簧产生共振；

2）阀弹簧与配管管路的共振，如溢流阀弹簧与先导遥控管（过长）路的共振、压力表内的波登管与其他油管的共振等；

3）阀的弹簧与空气的共振，如溢流阀弹簧与该阀遥控口（主阀弹簧腔）内滞留空气的共振、单向阀与阀内空气的共振等。

（3）液压缸内存在的空气产生活塞的振动。

（4）油的流动噪声，回油管的振动。

（5）油箱的共鸣音。

（6）双泵供油回路，在两泵出油口汇流区产生的振动和噪声。

（7）阀换向引起的压力急剧变化和液压冲击等产生管路的冲击噪声和振动。

（8）在使用蓄能器保压压力继电器发信的卸荷回路中，系统中的压力继电器、溢流阀、单向阀等会因压力频繁变化而产生振动和噪声。

（9）液控单向阀的出口有背压时，往往产生锤击声。

C 减少振动和降低噪声的措施

（1）对电动机的振动可采取平衡电动机转子、电动机底座下安防振橡皮垫、更换电动机轴承等方法解决。

（2）确保“电动机－液压泵”装置的安装同心度。

（3）与外界振源隔离（如开挖防振地沟）或消除外界振源，增强外负载连接件的刚性。

（4）油箱装置采用防振措施。

（5）采用各种防共振措施。

1）改变两个共振阀中的一个阀的弹簧刚度或者使其调节压力适当改变；

2）用手按压管路，音色变化时说明是管路振动，此时可采用管夹和适当改变管路长度与粗细等方法排除，或者在管路中加入一段阻尼；

3）彻底排除回路中的空气。

（6）改变回油管的尺寸。

（7）两泵出油汇流处，多半为紊流，可使汇流处稍微拉开一段距离，汇流时两泵出油流向不要成对向汇流，而要成一小于90°的夹角汇流。

（8）油箱共鸣声的排除，可采用加厚油箱顶板，补焊加强筋；“电动机－液压泵”装置底座下填补一层硬橡胶板，或者“电动机－液压泵”装置与油箱相分离等方法。

（9）选用带阻尼的电液换向阀，并调节换向阀的换向速度。

（10）在储能器压力继电器回路中，采用压力继电器与继电器互锁联动电路。

（11）对于液控单向阀出现的振动，可采取增高液控压力、减小出油口背压以及采用外泄式液控单向阀等措施。

（12）使用消振器。

10.2.2.4 液压卡紧

A 液压卡紧的危害

液压系统中的压力油液，流经普通液压阀圆柱形滑阀结构时，作用在阀芯上的径向不平衡力（又称液压侧向力）使阀芯卡住，称做液压卡紧。

轻微的液压卡紧使阀芯移动时摩擦力增加，严重的可导致所控制的系统元件动作滞后，不符合设计节拍，破坏给定的自动循环，使液压设备发生事故。

当液压卡紧阻力大于阀芯的移动力时，阀芯不能移动，称为卡死。在高压系统中，减压阀和顺序阀处理不当则尤其容易卡死。

液压系统中产生液压卡紧，会加速滑阀的磨损，降低元件的使用寿命。阀芯的移动在液压控制阀中很多是采用小的电磁铁驱动的，阀芯一旦卡死，电磁铁则易烧毁。

B 液压卡紧的原因

（1）阀芯外径、阀体（套）孔形位公差大，有锥度，且大端朝着高压区，或阀芯阀孔失圆，装配时二者又不同心，存在偏心距，这样压力油通过上缝隙与下缝隙产生的压力降曲线不重合，产生一向上的径向不平衡力（合力），使阀芯更加向上偏移。上移后，上缝隙更缩小，下缝隙更增大，向上的径向不平衡力随之增大，最后将阀芯顶死阀体孔上。

（2）阀芯与阀孔因加工和装配误差，阀芯在阀孔内倾斜成一定角度，压力油经上下缝隙后，上缝隙不断增大，下缝隙不断减小，其压力降曲线也不同，压力差值产生偏心力和一个使阀芯阀体孔的轴线互不平衡的力矩，使阀芯在孔内更倾斜，最后阀芯卡死在阀孔内。

（3）阀芯上因碰伤有局部凸起或有毛刺，产生一个使凸起部分压向阀套的力矩，将阀芯卡在阀孔内。

（4）为减小径向不平衡力，往往在阀芯上加工若干条环形均压槽。加工时环形槽与阀芯外圆若不同心，经热处理后再磨加工，可导致环形均压槽深浅不一，产生径向不平衡力而卡死阀芯。

（5）污物颗粒进入阀芯与阀孔的配合间隙，使阀芯在阀孔内偏心放置，将产生径向不平衡力导致液压卡紧。

（6）阀芯与阀孔配合间隙大，阀芯与阀孔台肩尖边与沉割槽的锐边毛刺清倒的程度不一样，引起阀芯与阀孔轴线不同心，产生液压卡紧。

（7）其他原因产生的卡阀现象，如阀芯与阀体孔配合间隙过小；污垢颗粒楔入间隙；装配扭斜别劲，阀体孔阀芯变形弯曲；温度变化引起阀孔变形；困油产生的卡阀现象；各种安装紧固螺钉压得太紧。

C 消除措施

（1）在阀芯表面开均压槽。均压槽的尺寸一般宽为 0.3 ~ 0.5mm，深为 0.5 ~ 0.8mm，槽距 1 ~ 5mm。

（2）提高阀芯和阀孔的制造精度。一般阀芯的圆度和锥度允差为 0.003 ~ 0.005mm，而且应带顺锥；阀芯的表面粗糙度 R_a 应小于 0.1μm，阀孔的 R_a 小于 0.2μm；阀芯与阀孔的配合间隙要恰当，过大泄漏，过小易受热胀死。表 10 - 2 为液压阀阀孔与阀芯形状精度和配合间隙参考值。

表 10 - 2 液压阀阀孔与阀芯形状精度和配合间隙参考值

液压阀种类	阀孔（阀芯）圆柱度/mm	表面粗糙度 R_a/μm	配合间隙/mm
中低压阀	0.008 ~ 0.010	0.8 ~ 1.0	0.005 ~ 0.008
高压阀	0.005 ~ 0.008	0.4 ~ 0.8	0.003 ~ 0.005
伺服阀	0.001 ~ 0.002	0.05 ~ 0.2	0.001 ~ 0.003

（3）提高油液清洁度，避免颗粒性污染物侵入滑阀移动副产生卡紧或卡死。油液过滤精度常在 5 ~ 25μm 之间。

（4）换向阀尽量不用干式电磁铁，近 10 年来广泛采用的湿式电磁铁，既可解决干式电磁阀的漏油，又使推动阀芯的精度提高，可减少卡紧现象。

10.2.2.5　液压冲击

在液压系统中，由于迅速换向或关闭油道，系统内流动的油液突然换向或停止流动，在系统内引起压力急剧上升，从而形成了一个很大的压力峰值。这种现象称做液压冲击。工作介质为水时，俗称“水锤”。

A　液压冲击的产生原因与危害

液压冲击产生的主要原因是由于液压元件的突然启动或停止、突然变速或换向，引起液压系统工作介质的流速和方向发生急剧的变化。由于流动油液及液压工作部件存在着运动惯性，从而使得某个局部区段的压力猛然上升，形成“液压冲击”。

液压冲击时，油液的压力峰值常高达正常压力的 3 ~ 4 倍，因此，使系统中的控制阀等液压元件、计量仪表甚至管道遭受损坏，并使压力继电器、过电流继电器发出非正常讯号，致使系统不能正常工作。

液压冲击还会引起强烈的振动和冲击噪声，并使油温较快地上升，这些情况，均会严重地影响液压系统的性能稳定和可靠性。

B　防止减少和消除液压冲击现象的措施

（1）改进结构设计。对换向阀阀芯上进油及回油控制边缘结构进行改进或开轴向三角形油槽。将阀芯控制边制成半锥角为 2° ~ 5°的节流锥面，使换向阀换向时，液流运动状态有一个较平缓的过渡，在滑阀完全关闭前，即已减慢了油液的流速。

（2）在保证工作节拍时间的前提下，尽量减慢换向速度。例如电液动换向阀和液动换向阀，可以利用主阀阀芯两端排油槽的节流螺钉进行调节，以减慢换向阀移动速度，延长切换时间而减免液压冲击。

（3）适当增大管径，避免不必要的弯曲，或采用橡胶软管等。

（4）合理缩短管道长度，减小冲击波传播的距离，并在必要时，于冲击处附近，加设溢流阀或蓄能器。

10.2.2.6　气穴现象

在流动液体中，压力油液在局部位置压力下降（流速高，压力低），达到饱和蒸气压或空气分离压时，产生蒸气和溶解空气的分离而形成大量气泡的现象，当再次从局部低压区流向高压区时，气泡破裂消失，在破裂消失过程中形成局部高压和高温，出现振动和发出不规则的噪声，金属表面被氧化剥蚀。这种现象，称做气穴，又称做气蚀。气穴多发生在油泵进口处及控制阀的节流口附近。

A　气穴的危害

当气泡随着油流进入高压区后，突然收缩，有些在周围高压油流的挤切、冲击下迅速破裂，重新凝结为液体。由气体变为液体，体积减小而形成了“真空”，周围的高压油液体质点便以极大的速度冲向真空区域，因而引起局部压力的猛烈冲击，并将质点的动能突然转换为压力能，压力和温度在此均急剧升高，此时即会产生剧烈振动，发出强烈噪声。

气穴和气蚀现象使液压系统工作性能恶化，可靠性降低，其危害同于液压冲击，且对液压元件的损害更为严重。

B　防止气穴和气蚀现象的措施

（1）防止局部压力过低。这多从液压系统工作元件的内部结构设计上改进。

（2）保持液压系统中的油压高于气油分离的临界压力。通常这是对液压泵的使用要求，要求有足够的管径；避免狭窄的通道或急剧的拐弯；吸油管各处油压不要低于空气分离临界压力。

（3）降低油液中空气的含量。注意回油管应插入油面以下，管路各处密封要好，防止吸入空气等。

（4）使用抗气泡性好的液压油。

（5）易受气蚀损害的地方，应考虑采用青铜、不锈钢等耐蚀材料，其中钛的耐腐蚀性最好。此外，提高金属的硬度、提高表面光洁度和采取镀敷保护等，都是有效的措施。

10.2.2.7　系统工作压力失常

液压系统的工作压力失常，将破坏系统的正常工作循环，使液压设备不能工作，并伴随系统产生噪声、执行部件的运动速度降低以及爬行等故障。系统工作压力失常的产生原因及排除方法如下：

（1）液压泵转向不对，造成系统压力失常。

排除方法：调换电动机接线。

（2）电动机转速过低、功率不足，或液压泵磨损、泄漏大，导致输出流量不够。

排除方法：更换功率匹配的电动机，修理或更换磨损严重的液压泵。

（3）液压泵进出油口装反，不但不上油，还将冲坏油封。

排除方法：纠正液压泵进出口方向，特别是对不能反转的泵更需要注意安装方向。

（4）其他原因，如泵的吸油管较细，吸油管密封漏气，油液黏度太高，过滤器被杂质污物堵塞造成液压泵吸油阻力大，产生吸空现象等，致使液压泵输出流量不够，系统压力上不去。

排除方法：适当加粗液压泵吸油管尺寸，加强吸油管接头处密封，使用黏度适当的油液，清洗过滤器等。

（5）溢流阀等压力调节阀出现故障，如溢流阀阀芯卡死在大开口位置，使压力油与回油路短接；压力阀阻尼孔堵塞；调压弹簧折断；溢流阀阀芯卡死在关闭位置，使系统压力下不来。

排除方法：拆出、检查、修整阀芯；疏通阻尼孔；检查更换弹簧或补装；更换油液等。

（6）在工作过程中出现压力上不去或压力下不来的故障，其原因有换向阀失灵、阀芯与阀体之间有严重内泄漏、卸荷阀卡死在卸荷位置。

排除方法：拆卸清洗、配研滑阀；更换；检查配合间隙使滑阀移动灵活。

（7）系统内外泄漏。

排除方法：查明泄漏位置，消除泄漏故障。

10.2.2.8　欠速

欠速故障影响生产效率：大负载时，常使设备不能正常工作；需要快速运动加工时，常因速度不够而影响磨削表面的粗糙度值。欠速的产生原因及排除如下：

（1）液压泵的输出流量不够，输出压力提不高，导致快速运动的速度不够。产生原因可能是：油箱内油量不足，油面低于滤油器，吸进空气，造成吸油量不足；进油滤油器堵塞，造成吸油阻力增大，产生吸空；液压油黏度过高等。

排除方法：保持油箱内合理油量；清洗或更换滤油器；使用合适的液压油等。

（2）溢流阀因弹簧永久变形或错装成弱弹簧、主阀芯阻尼孔局部堵塞、主阀芯卡死在小开口的位置，造成液压泵输出的压力油部分溢回油箱，通入系统供给执行元件的有效流量大为减少，导致快速运动的速度不够。

排除方法：检查更换弹簧或补装；疏通阻尼孔，更换油液；拆出、检查、修整主阀芯等。

（3）系统的内外泄漏导致速度上不去。

排除方法：找出泄漏位置，消除内外泄漏。

（4）导轨润滑断油，镶条压板调得过紧，液压缸的安装精度和装配精度不足等原因，造成快进时阻力大使速度上不去。

排除方法：查出具体原因，有针对性地进行排除。

（5）系统在负载下，工作压力增高，泄漏增大，调好的速度因泄漏增大而减小。

排除方法：消除泄漏。

（6）系统油温增高，油液黏度降低，泄漏增加，有效流量减少。

排除方法：控制油温。

（7）油中混有杂质，堵塞流量调节阀节流口，造成工进速度降低，且时堵时通，使速度不稳。

排除方法：清洗流量调节阀。当油液严重污染时，需要及时更换油液。

（8）液压系统内进入空气。

排除方法：查明系统进气原因，排除液压系统内的空气。

10.2.2.9 爬行

爬行会影响工件的表面加工质量和加工精度，降低机床和刀具的使用寿命。爬行的产生原因和排除方法如下：

（1）导轨精度差，压板、镶条调得过紧。

排除方法：保证零件的制造精度和配合间隙。

（2）导轨面上有锈斑，导轨刮研点子数不够且不均匀。

排除方法：去除导轨的锈斑、毛刺，使两接触导轨面接触面积不小于75%，调好镶条，油槽润滑油畅通。

（3）导轨上开设的油槽深度太浅，运行时已磨掉，油槽开的不均匀。

排除方法：合理布置油槽，保证油槽精度。

（4）液压缸轴心线与导轨平行度超差。

排除方法：调整、修刮液压缸安装面，保证平行度误差在0.1mm之内。

（5）液压缸缸体孔、活塞杆及活塞精度差。

排除方法：保证零件的制造精度，不合格零件不投入装配。

（6）液压缸装配及安装精度差，活塞、活塞杆、缸体孔及缸盖孔的同轴度超差。

排除方法：液压缸活塞及活塞杆同轴度允差应不大于 0.04mm/1000mm，密封在密封沟槽内不得出现四周压缩余量不等的现象。

（7）液压缸、活塞或缸盖密封过紧、阻滞或过松。

排除方法：密封装配时不得过紧和过松。

（8）停机时间过长，油中水分使部分导轨锈蚀；导轨润滑节流器堵塞，润滑断油。

排除方法：使用合适的导轨润滑油，如导轨油中含有极性添加剂，能使油分子紧附在导轨表面上，运动停止后油膜不会被挤破而保证流体润滑状态，使动、静摩擦因数之差极小；节流器堵塞时要及时予以清洗疏通。

（9）液压系统中进入空气造成爬行。

排除方法：空气进入系统的具体原因较多，要针对各种进气原因逐一采取措施，防止空气进入液压系统。

（10）液压元件故障和液压系统方面的原因。

1）压力阀压力不稳定，阻尼孔时堵时通，压力振摆大，或者调节的工作压力过低；

2）节流阀流量不稳定，且在低于阀的最小稳定流量下使用；

3）油泵的输出流量脉动大，供油不均匀；

4）液压缸活塞杆与工作台非球副连接，特别是长油缸因别劲产生爬行，油缸两端密封调得太紧，摩擦力过大；

5）油缸内外泄漏大，造成缸内压力脉动变化；

6）润滑油稳定器失灵，导致导轨润滑油不稳定，时而断流，摩擦面未能形成 0.005 ~ 0.008mm 厚的油膜；

7）液压系统采用进口节流方式且又无背压或背压调节机构，或者背压调得过低，这样在低速区内最易产生爬行。

排除方法：

1）更换或修理压力控制阀，疏通阻尼孔，调节工作压力在规定范围；

2）正确选择节流阀的规格；

3）检查油泵，找出输出流量脉动大的原因；

4）以平导轨面为基准，修刮油缸安装面，保证在全长上平行度小于 0.1mm；以 V 形导轨为基准调整油缸活塞杆侧母线，两者平行度在 0.1mm 以内；活塞杆与工作台采用球副连接；

油缸活塞与活塞杆同轴度要求不大于 0.04mm/1000mm，所有密封安装在密封槽内不得出现四周上的压缩余量不等的现象，必要时可以外圆为基准修磨密封沟槽底径，密封装配时，不得过紧和过松；

5）防止空气从泵吸入系统，从回油管反灌进入系统；

6）检查润滑油稳定器；

7）排除液压元件和液压系统的有关故障，系统可改用回油节流系统或能自动调节背压的进油节流系统等措施。

（11）液压油黏度及油温变化引起的爬行。

排除方法：保持油液的清洁度；使用合适黏度的油液；控制油温的变化；还可在油液

中加二甲基硅油抗泡剂挤破气泡。

（12）密封不好造成的爬行。

排除方法：防止因密封过紧，造成摩擦系数增大或者密封不严，导致空气进入引起爬行。根据情况进行处理。

（13）其他原因，如电动机平衡不好，电动机转速不均匀，电流不稳，液压缸活塞杆及液压缸支座刚性差等。

排除方法：查明原因，针对产生爬行的具体原因逐一处理，例如增强各机械传动件的刚度等。

10.2.2.10　炮鸣

炮鸣能产生强烈的振动和较大的声响，从而导致液压元件和管件的破裂、压力表的损坏、连接螺纹的松动以及设备的严重漏油。严重的炮鸣，有可能使系统无法继续工作。炮鸣的产生原因及排除方法如下：

液压缸在大功率的液压机、矫直机、折弯机工作时，除了推动活塞运动外，还将使液压机的钢架、液压缸本身、液压元件、管道、接头等产生不同程度的弹性变形，从而积蓄大量能量。在工作结束液压缸返程时，上腔积蓄的油液压缩能和机架等各机件积蓄的弹性变形能突然释放出来，使机架系统迅速回弹，导致了强烈的振动和巨大的声响。在降压过程中，油液内过饱和溶解的气体析出和破裂也加剧了这一作用。所以，若油路中没有合理有效的卸压措施，则会产生炮鸣。

排除方法：可在液压缸上腔有效地卸压，慢慢地释放积蓄的能量，卸压后再换向。具体可采用小型电磁阀卸压、卸荷阀控制卸压、专用节流阀卸压、手动卸压换向阀卸压等多种方法卸压。

知识点 10.3　液压系统故障分析及排除方法举例

液压系统的控制回路一般由压力控制回路、速度控制回路、方向控制回路等基本控制回路组成。因而在液压系统控制回路故障分析中，一般按压力控制回路、速度控制回路、方向控制回路分别进行分析。

10.3.1　液压基本回路常见故障分析

10.3.1.1　压力控制回路常见故障分析

压力控制回路是利用各种压力控制阀来控制液压系统压力的回路。它用于实现调压（稳压）、减压、增压、多级压力控制、卸荷、保压等控制，以满足系统中各种执行元件对力或转矩的要求。压力控制系统性能基本是由压力控制阀决定的，因此压力控制阀性能的好坏直接影响到压力控制系统。

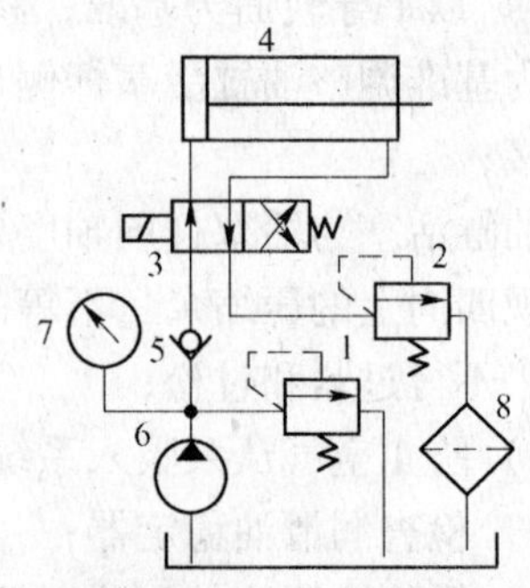

图 10－4　压力控制回路

1，2—溢流阀；3—二位四通电磁换向阀；4—液压缸；5—单向阀；6—油泵；7—压力表；8—过滤器

（1）压力控制回路常见故障。以图 10－4 的压力控制回路为例，该系统常见故障有：

1）压力调不上去。

2）压力过高，调不下来。

3）压力振动、摆动大。

（2）压力调不上去的故障原因。

1）先导式溢流阀的主阀阻尼孔堵塞，滑阀在下端油压作用下，克服上腔的液压力和主阀弹簧力，使主阀上移，调压弹簧失去对主阀的控制作用，因此主阀在较低的压力下打开溢流口溢流。系统中，正常工作的压力阀，有时突然出现故障往往就是这种原因造成的。

2）溢流阀的调压弹簧太软、装错或漏装。

3）阀芯被毛刺或其他污物卡死于开口位置，不能关闭。

4）阀芯和阀座关闭不严，泄漏严重。

（3）压力过高，调不下来的故障原因。

1）安装时，阀的进出油口接错，没有压力油去推动阀芯移动，因此阀芯打不开。

2）阀芯被毛刺或污物卡死于关闭位置，主阀不能开启。

3）先导阀前的阻尼孔堵塞，导致主阀不能开启。

（4）压力振动、摆动大的故障原因。

1）阀芯与阀座接触不良。

2）阀芯在阀体内移动不灵活。

3）油液中混有空气。

4）阻尼孔直径过大，阻尼作用弱。

5）与相近的阀产生了共振。

10.3.1.2　速度控制回路常见故障分析

液压系统在工作过程中，除了必须满足主机对力或扭矩的需要之外，还要通过速度控制回路满足其对运动速度的要求。如图 10－5 所示的速度控制回路常见故障有：

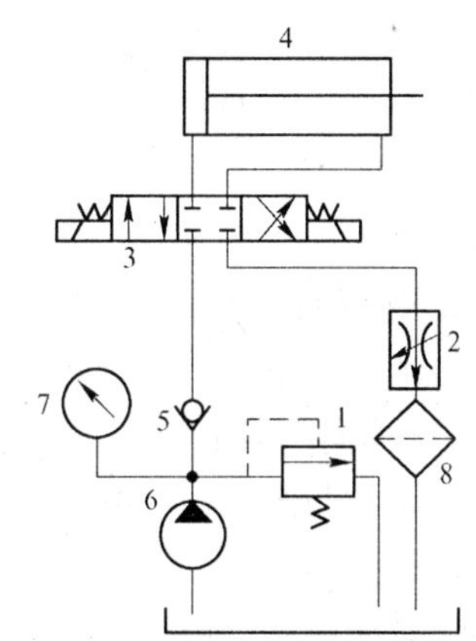

图 10－5　节流调速回路

1—溢流阀；2—节流阀；3—电磁换向阀；4—液压缸；5—单向阀；6—油泵；7—压力表；8—过滤器

（1）载荷增加导致进给速度显著下降。其原因有：

1）液压缸活塞或系统中某一或几个元件的泄漏随载荷压力增高而显著加大。

2）调速阀中的减压阀卡死于打开位置，则在负载增加时通过节流阀的流量下降。

3）液压系统中油温升高，油液黏度下降，导致泄漏增加。

（2）执行机构（液压缸、液压马达）无低速进给。其原因有：

1）调速阀中定差减压阀的弹簧过软，使节流阀前后压差低于 0.2～0.35MPa，导致通过调速阀的小流量不稳定。

2）调速阀中减压阀卡死，造成节流阀前后压差随外负载而变。常见的是由于小进给时负载较小，导致最小进给量增大。

3）节流阀的节流口堵塞，导致无小流量或进入小流量的油液不稳定。

（3）执行机构（液压缸、液压马达）出现爬行。其原因有：

1）系统中进入空气。

2）节流阀的阀口堵塞，系统泄漏不稳定，调速阀中减压阀不灵活，造成流量不稳定而引起爬行。

3）由于油缸与执行机构连接不同心，活塞杆密封压得过紧，活塞弯曲变形等原因，导致液压缸工作行程时摩擦阻力变化较大而引起爬行。

4）在回油节流调速系统中，液压缸背压不足，外负载变化时，导致液压缸速度变化。

5）液压泵流量脉动大，溢流阀振动造成系统压力脉动大，使液压缸输入压力油波动而引起爬行。

10.3.1.3 方向控制回路常见故障分析

在液压系统中，方向控制回路是利用各种方向控制阀来控制油流的接通、切断或改变方向，或者利用双向液压泵改变进、出油的方向，达到控制执行元件的运动状态（运动或停止）和运动方向的改变（前进或后退，上升或下降）的目的。图10－6为使用方向控制阀使液压缸换向的例子，其常见的故障有：

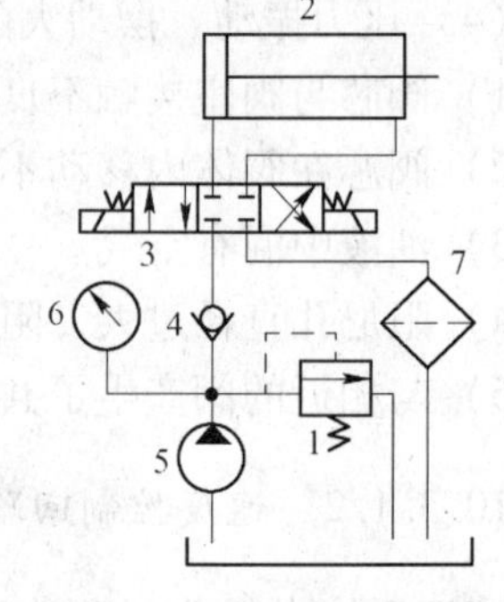

图10－6 方向控制回路
1—溢流阀；2—液压缸；3—电磁换向阀；4—单向阀；5—油泵；6—压力表；7—过滤器

（1）换向阀不换向。其原因有：

1）电磁铁吸力不足，不能推动阀芯移动。

2）直流电磁铁剩磁大，使阀芯不能复位。

3）阀芯被拉毛，在阀体内卡死不能动作。

4）对中弹簧轴线歪斜，使阀芯在阀体内卡死不能动作。

5）由于阀芯、阀体加工精度差，产生径向卡紧力，使阀芯卡死不能动作。

6）油液污染严重，堵塞滑阀间隙，导致阀芯卡死不能动作。

（2）单向阀泄漏严重或不起单向作用。其原因有：

1）锥阀与阀座密封不严。

2）弹簧漏装或歪斜，使阀芯不能复位。

3）锥阀或阀座被拉毛或在环形密封面上有污物。

4）阀芯卡死，油液反向流动时锥阀不能关闭。

10.3.2 液压故障分析与排除典型案例

随着液压技术的普及和应用，各类机械设备配置的液压系统越来越多，而且日趋复杂，因此对故障诊断水平的要求也越来越高。曾有人说："机械的故障好找不好修，液压的故障好修不好找"。这从侧面说明了一个问题：液压系统的故障不好诊断，不好寻找，一旦找准故障后，修复比较容易，一般采取清洗、研磨、更换等方法即可排除。

下面为液压系统故障诊断和排除的典型案例。

10.3.2.1　液压系统故障实例 1

系统故障现象：如图 10－7 所示的液压系统，换向阀 3 停到中位的瞬间，油缸 2 不能准确停留，反而后退一点。

故障分析：通过对油路进行分析，怀疑换向阀 3 出现了问题，更换换向阀 3 现象不变。调节变量叶片泵 6 调压杆，使压力在 0～2.5MPa 间变化，反复多次，发现泵电动机之间法兰中有油漏出，估计泵固架油封损坏，换新油封，故障排除。故障原因是油泵运转时泵低压油腔成负压致使空气从油封进入系统，当换向阀 3 换到中位油缸两腔油堵死，而油缸由于惯性继续运动，这样，油缸中的油一个腔压缩，另一个腔则形成负压，所以油缸活塞又可能被反推运动，当空气进入达到一定量时这种可能就成为事实。

故障原因：系统进入空气。

10.3.2.2　液压系统故障实例 2

系统故障现象：如图 10－8 所示的液压系统，系统有 10MPa 压力，换向阀动作，但油缸不动。

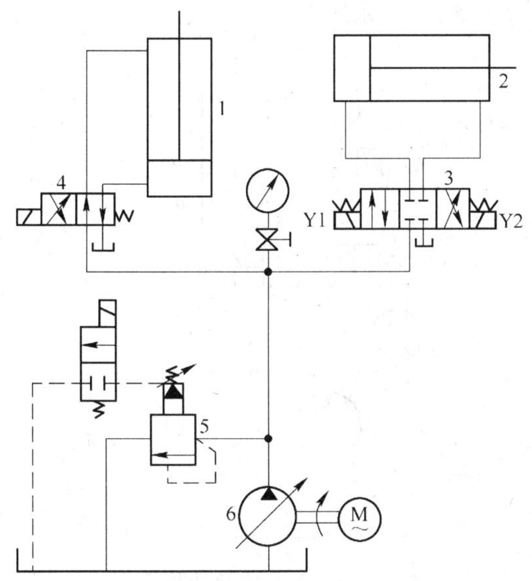

图 10－7　液压系统故障实例 1

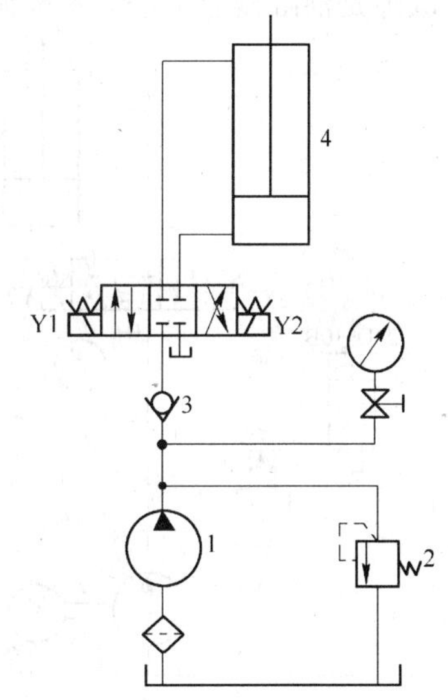

图 10－8　液压系统故障实例 2

故障分析：系统有 10MPa 压力，换向阀动作，油缸不动，取下油缸管接头，无油到，问题出在单向阀 3。分解单向阀 3（见图 10－9），发现阀座易位。原因是单向阀开度小时，a 到 b 油路相当一节流口，有 $p_1 > p_2$，当 $(p_1 - p_2)A > f$（A 为阀座轴向受压面积，f 为摩擦力）时，阀座会向左移动，把油堵死，这是极危险的。假设溢流阀 2 在单向阀后，泵打出的油无法溢

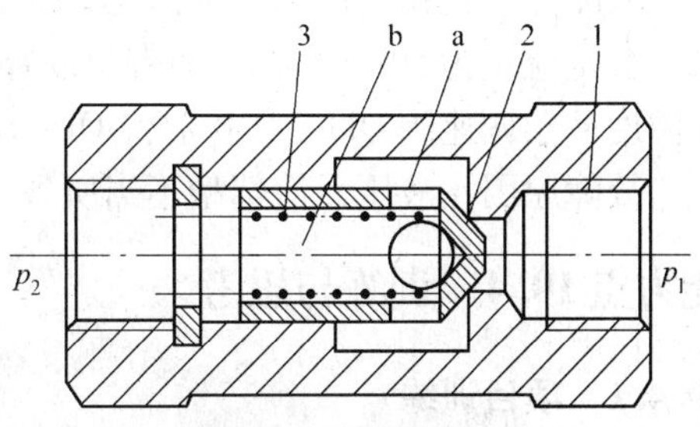

图 10－9　单向阀结构

1—阀体；2—阀芯；3—弹簧

流，会损坏油泵或烧电机。解决办法：保证阀座与阀体间的过盈配合量。

故障原因：元件配合尺寸不合要求。

10.3.2.3　液压系统故障实例 3

系统故障现象：如图 10－10 所示的液压系统，系统压力为 5MPa，温度升高时系统压力下降，严重时降低到 2MPa。

故障分析：怀疑溢流阀出现故障，调节压力失灵，更换溢流阀，现象不消除。用一小锥堵堵住溢流阀遥控口，现象消除，取下锥堵，换新 22D－10B 阀，现象又出现，说明 22D－10B 内漏大，使溢流阀失控。因中高压阀没有二位二通阀，用 24DF3－E6B 替换 22D－10B，故障排除。

故障原因：元件内泄漏太大造成。

10.3.2.4　液压系统故障实例 4

系统故障现象：如图 10－11 所示液压系统图，系统压力为 3MPa，泵为低压叶片泵 YB1－4，电动机 1440r/min，调速阀为中低压阀 QI－10B，油缸行程 $L=1000$mm，此系统工作压力低，但要求速度稳定性好，速度很慢，油缸走完全程（油缸全部伸出）要求 25min。故障是油缸慢速工进时不能调速，确定无空气进入系统。

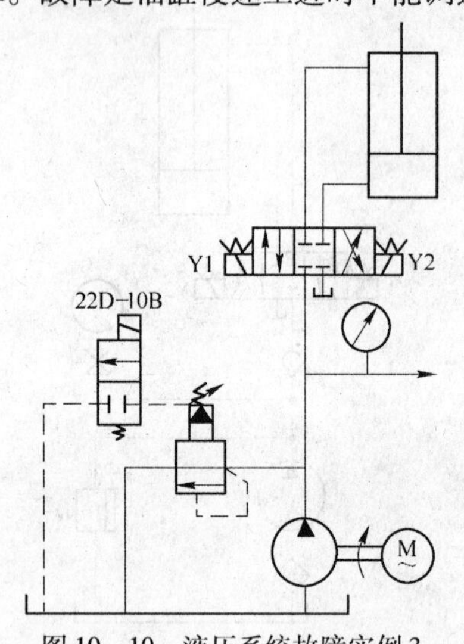

图 10－10　液压系统故障实例 3

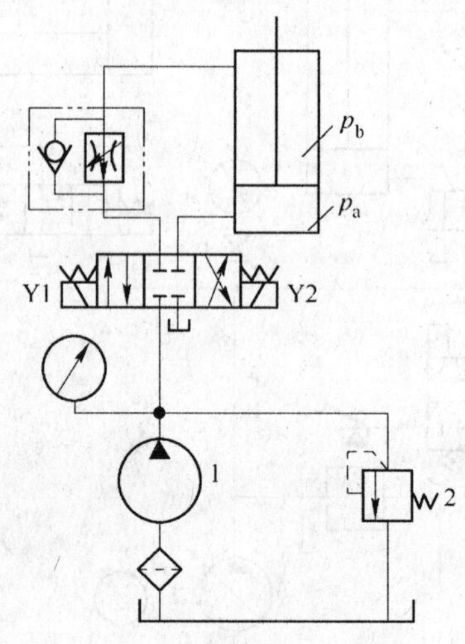

图 10－11　液压系统故障实例 4

故障分析：速度调大，油缸运动正常，说明问题就在调速阀。查样本知 QI－10B 的最小稳定流量为 50mL/min，而带温度补偿 QI－10B 的最小稳定流量为 20mL/min，用中低压温度补偿调速阀 QIT－10B 取代 QI－10B 调速阀，达到调速要求。

故障原因：液压元件选型不当所致。

能力点 10.4　训练与思考

10.4.1　项目训练

【任务 1】　图 10－12 所示为采用液压锁的回路，请分析图中（a）、（b）、（c）三个回路，哪一个更好，并写出分析过程。

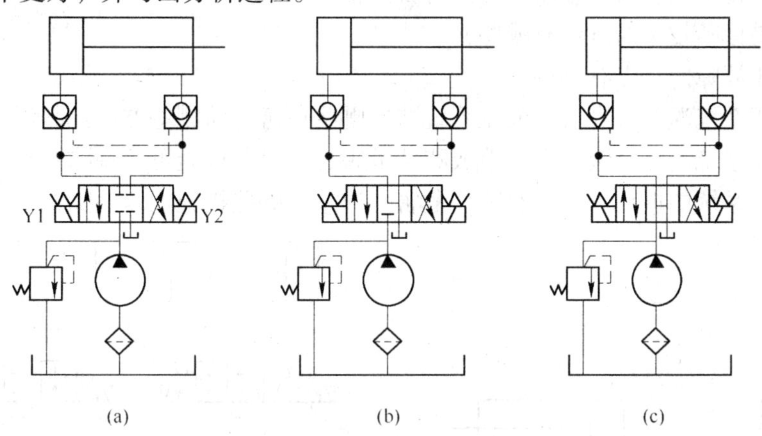

图 10 – 12　液控单向阀的锁紧回路

【任务 2】　图 10 – 13 中泵的容量小，吸油性能差，请从泵的吸油性分析以下两个回路中，哪一个易于实现吸油，并写出分析过程。

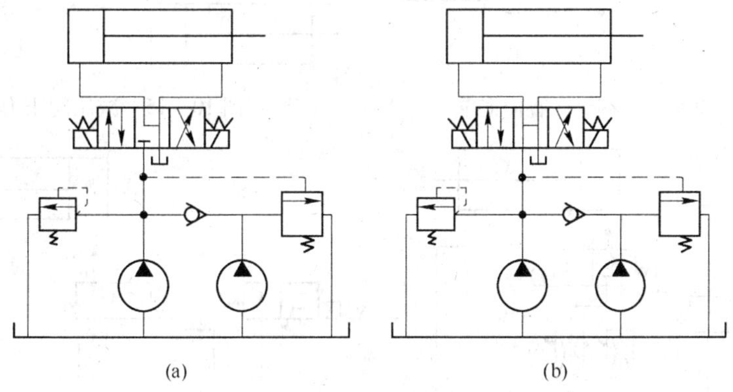

图 10 – 13　启动回路

【任务 3】　请为图 10 – 14 中的两个回路中选择一个正确的锁紧回路，以保证锁紧回路的可靠性。

【任务 4】　如图 10 – 15 所示，减压阀阀后压力不稳定，已知系统中主油路工作正常，但在减压回路中，减压阀的出口压力波动较大，使液压缸 9 的工作压力不能稳定在减压阀调定的 1MPa 压力值上。试分析产生故障的原因，并设法加以排除。

【任务 5】　如图 10 – 16 所示的液压回路是某一专用机床液压系统二次进给回路，它实现“一工进—二工进—快退—停止”的动作循环。在由一工进向二工进快速换接时，液压缸产生较大冲击，这是调速阀压力补偿机构在开始工作时发生流量的跳跃现象引起的。在采用图 10 – 16（b）所示的方式并联后，问题得到解决，请分析故障排除的原因。

10.4.2　思考与练习

（1）液压系统不同运行阶段的故障有哪些特征？

（2）简述液压传动系统故障诊断步骤。

（3）液压传动系统故障诊断的方法有哪些？

（4）简易诊断技术的方法有哪些？

（5）液压故障的特点有哪些？

（6）液压系统温升过高会对液压系统造成哪些危害，从哪些方面控制温升过高？

（7）液压系统泄漏对液压系统造成哪些危害，有哪些措施可以排除？

（8）液压系统的振动和噪声有哪些危害，应采取哪些措施加以消除？

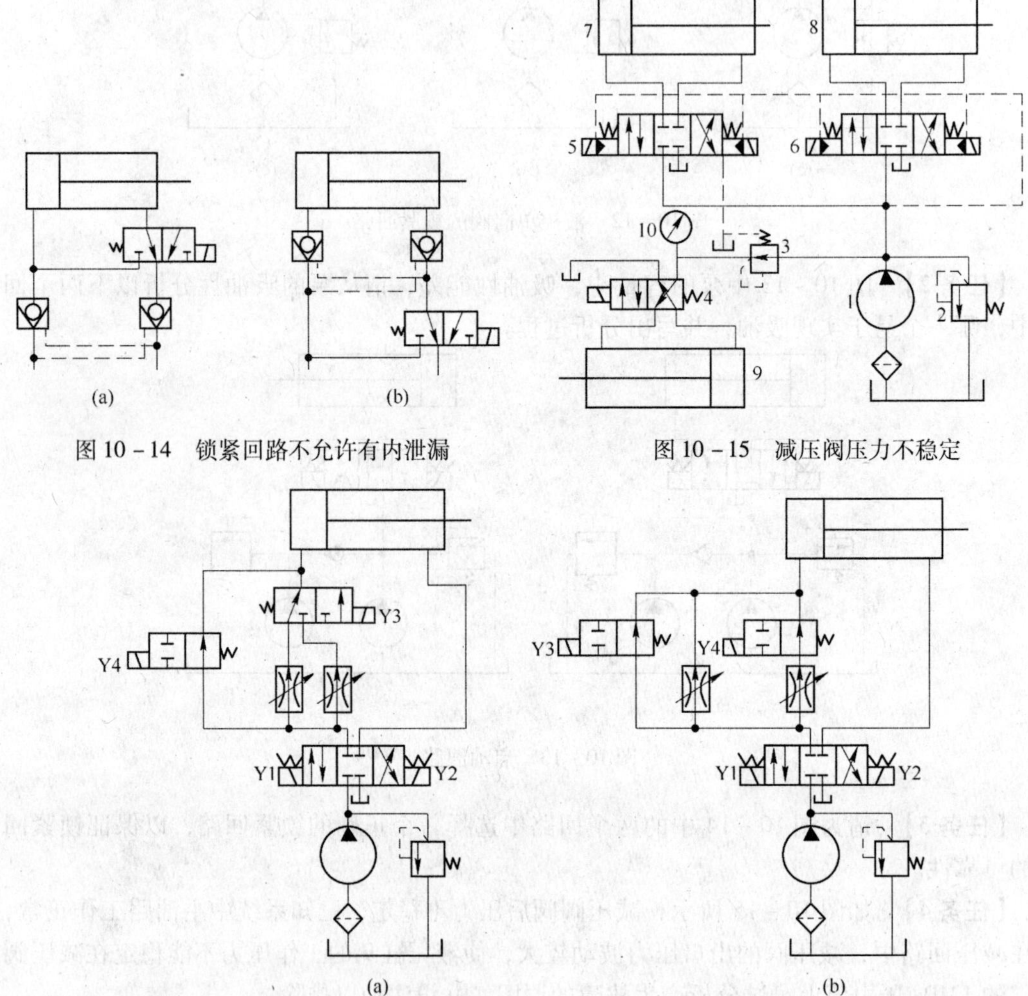

图10－14 锁紧回路不允许有内泄漏

图10－15 减压阀压力不稳定

图10－16 调速阀并联的二次工进速度换接回路

项目11　液压系统的安装、调试与维护

【项目任务】　了解液压系统的安装步骤；了解液压系统的调试步骤及维护知识。

【教师引领】

（1）液压系统的安装步骤如何？

（2）液压系统的调试步骤如何？各步骤有何要求？

（3）液压系统在日常运行中如何维护？

【兴趣提问】　如何才能保障液压系统的正常运行？

知识点11.1　液压传动系统的安装

11.1.1　安装前的准备和要求

11.1.1.1　安装人员

液压传动系统虽然与机械传动系统有大量相似之处，但是液压传动系统确实有它的特性。因此，只有经过专业培训，并有一定安装经验的人员才能从事液压系统的安装。

11.1.1.2　审查液压系统

安装人员应审查待安装的液压系统能否达到预期的工作目标，能否实现机器的动作和达到各项性能指标，安装工艺有无实现的可能，全面了解设计总体各部分的组成，深入地了解各部分的作用。审查的主要内容包含以下几点：

（1）审查液压系统的设计。

（2）鉴定液压系统原理图的合理性。

（3）评价系统的制造工艺水平。

（4）检查并确认液压系统的净化程度。

（5）液压系统零部件的确认。

11.1.1.3　安装前的技术准备工作

液压系统在安装前，应按照有关技术资料做好各项准备工作。

（1）技术资料的准备与熟悉。液压系统原理图，电气原理图，管道布置图，液压元件、辅件、管件清单和有关元件样本等，这些资料都应准备齐全，以便工程技术人员对具体内容和技术要求逐项熟悉和研究。

（2）物资准备。按照液压系统图和液压件清单，核对液压件的数量，确认所有液压元件的质量状况。尤其要严格检查压力表的质量，查明压力表检验日期，对检验时间过长

的压力表要重新进行校验，确保准确可靠。

（3）质量检查。液压元件在运输或库存过程中极易被污染和锈蚀，库存时间过长会使液压元件中的密封件老化而丧失密封性，有些液压元件由于加工及装配质量不良性能不可靠，所以必须对元件进行严格的质量检查。

1）液压元件质量检查。

①各类液压元件型号必须与元件清单一致。

②要查明液压元件保管时间是否过长或保管环境是否符合要求，应注意液压元件内部密封件老化程度，必要时要进行拆洗、更换、并进行性能测试。

③每个液压元件上的调整螺钉、调节手轮、锁紧螺母等都要完整无损。

④液压元件所附带的密封件表面质量应符合要求，否则应予更换。

⑤板式连接元件连接平面不准有缺陷。安装密封件的沟槽尺寸加工精度要符合有关标准。

⑥管式连接元件的连接螺纹口不准有破损和活扣现象。

⑦板式阀安装底板的连接平面不准有凹凸不平缺陷，连接螺纹不准有破损和活扣现象。

⑧将通油口堵塞取下，检查元件内部是否清洁。

⑨检查电磁阀中的电磁铁芯及外表质量，若有异常不准使用。

⑩各液压元件上的附件必须齐全。

2）液压辅件质量检查。

①油箱要达到规定的质量要求。油箱上附件必须齐全。箱内部不准有锈蚀，装油前油箱内部一定要清洗干净。

②所领用的滤油器型号规格与设计要求必须一致，确认滤芯精度等级，滤芯不得有缺陷，连接螺口不准有破损，所带附件必须齐全。

③各种密封件外观质量要符合要求，并查明所领密封件保管期限。有异常或保管期限过长的密封件不准使用。

④蓄能器质量要符合要求，所带附件要齐全。查明保管期限，对存放过长的蓄能器要严格检查质量，不符合技术指标和使用要求的蓄能器不准使用。

⑤空气滤清器用于过滤空气中的粉尘，通气阻力不能太大，保证箱内压力为大气压。所以空气滤清器要有足够大的通过空气的能力。

3）管子和接头质量检查。

①管子的材料、通径、壁厚和接头的型号规格及加工质量都要符合设计要求。

②所用管子不准有缺陷。若有下列异常，不准使用：

管子内、外壁表面已腐蚀或有显著变色。

管子表面伤口裂痕深度为管子壁厚的10%以上。

管子壁内有小孔。

管子表面凹入程度达到管子直径的10%以上。

③使用弯曲的管子时，若有下列异常，不准使用：

管子弯曲部位内、外壁表面曲线不规则或有锯齿形。

管子弯曲部位其椭圆度大于10%以上。

扁平弯曲部位的最小外径为原管子外径的 70% 以下。

④所用接头不准有缺陷。若有下列异常，不准使用：

接头体或螺母的螺纹有伤痕、毛刺或断扣等现象。

接头体各结合面加工精度未达到技术要求。

接头体与螺母配合不良，有松动或卡涩现象。

安装密封圈的沟槽尺寸和加工精度未达到规定的技术要求。

⑤软管和接头有下列缺陷的，不准使用：

软管表面有伤皮或老化现象。

接头体有锈蚀现象。

螺纹有伤痕、毛刺、断扣和配合有松动、卡涩现象。

⑥法兰件有下列缺陷不准使用：

法兰密封面有气孔、裂缝、毛刺、径向沟槽。

法兰密封沟槽尺寸、加工精度不符合设计要求。

法兰上的密封金属垫片不准有各种缺陷。材料硬度应低于法兰硬度。

11.1.2　液压管道的安装

液压管道安装是液压设备安装的一项主要工程。管道安装质量的好坏是关系到液压系统工作性能是否正常的关键之一。液压管道的安装主要注意以下几点。

（1）布管设计和配管时都应先根据液压原理图，对所需连接的组件、液压元件、管接头、法兰作一个通盘的考虑。

（2）管道的敷设排列和走向应整齐一致、层次分明。尽量采用水平或垂直布管，水平管道的不平行度应不大于 2/1000，垂直管道的不垂直度应不大于 2/400。用水平仪检测。

（3）平行或交叉的管系之间，应有 10mm 以上的空隙。

（4）管道的配置必须使管道、液压阀和其他元件装卸、维修方便。系统中任何一段管道或元件应尽量能自由拆装而不影响其他元件。

（5）配管时必须使管道有一定的刚性和抗振动能力。应适当配置管道支架和管夹。弯曲的管子应在起弯点附近设支架或管夹。管道不得与支架或管夹直接焊接。

（6）管道的重量不应由阀、泵及其他液压元件和辅件承受，也不应由管道支承较重的元件重量。

（7）较长的管道必须考虑有效措施以防止温度变化使管子伸缩而引起的应力。

（8）使用的管道材质必须有明确的原始依据，对于材质不明的管子不允许使用。

（9）液压系统管子直径在 50mm 以下的可用砂轮切割机切割。直径 50mm 以上的管子一般应采用机械加工方法切割。如用气割，则必须用机械加工方法车去因气割形成的组织变化部分，同时可车出焊接坡口。除回油管外，压力油管道不允许用滚轮式挤压切割器切割。管子切割表面必须平整，去除毛刺、氧化皮、熔渣等。切口表面与管子轴线应垂直。

（10）一条管路由多段管段与配套件组成时应依次逐段接管，完成一段，组装后，再配置其后一段，以避免一次焊完产生累积误差。

（11）为了减少局部压力损失，管道各段应避免断面的局部急剧扩大或缩小以及急剧弯曲。

（12）与管接头或法兰连接的管子必须是一段直管，即这段管子的轴心线应与管接头、法兰的轴心平行、重合。此直线段长度要不小于 2 倍管径。

（13）外径小于 30mm 的管子可采用冷弯法。管子外径在 30 ~ 50mm 时可采用冷弯或热弯法。管子外径大于 50mm 时，一般采用热弯法。

（14）焊接液压管道的焊工应持有有效的高压管道焊接合格证。

（15）焊接工艺的选择：乙炔气焊主要用于一般碳钢管壁厚度不大于 2mm 的管子。电弧焊主要用于碳钢管壁厚大于 2mm 的管子。管子的焊接最好用氩弧焊。对壁厚大于 5mm 的管子应采用氩弧焊打底，电弧焊填充。必要的场合应采用管孔内充保护气体的方法焊接。

（16）焊条、焊剂应与所焊管材相匹配，其牌号必须有明确的依据资料，有产品合格证，且在有效使用期内。焊条、焊剂在使用前应按其产品说明书规定烘干，并在使用过程中保持干燥，在当天使用。焊条药皮应无脱落和显著裂纹。

（17）液压管道焊接都应采用对接焊。焊接前应将坡口及其附近宽 10 ~ 20mm 处表面脏物、油迹、水分和锈斑等清除干净。

（18）管道与法兰的焊接应采用对接焊法兰，不可采用插入式法兰。

（19）管道与管接头的焊接应采用对接焊，不可采用插入式的焊接形式。

（20）管道与管道的焊接应采用对接焊，不允许用插入式的焊接形式。

（21）液压管道采用对接焊时，焊缝内壁必须比管道高出 0.3 ~ 0.5mm。不允许出现凹入内壁的现象。在焊完后，再用锉或手提砂轮把内壁中高出的焊缝修平，去除焊渣、毛刺，达到光洁程度。

（22）对接焊焊缝的截面应与管子中心线垂直。

（23）焊缝截面不允许在转角处，也应避免在管道的两个弯管之间。

（24）在焊接配管时，必须先按安装位置点焊定位，再拆下来焊接，焊后再组装上整形。

（25）在焊接全过程中，应防止风、雨、雪的侵袭。管道焊接后，对壁厚不大于 5mm 的焊缝，应在室温下自然冷却，不得用强风或淋水强迫冷却。

（26）焊缝应焊透，外表应均匀平整。压力管道的焊缝应抽样探伤检查。

（27）管道配管焊接以后，所有管道都应按所处位置预安装一次。将各液压元件、阀块、阀架、泵站连接起来，各接口应自然贴合、对中，不能强扭连接。当松开管接头或法兰螺钉时，相对结合面中心线不许有较大的错位、离缝或翘角。如发生此种情况可用火烤整形消除。

（28）可以在全部配管完毕后将管夹与机架焊牢，也可以按需求交替进行。

（29）管道在配管、焊接、预安装后，再次拆开进行酸洗磷化处理。经酸洗磷化后的管道，向管道内通入热空气进行快速干燥。干燥后，如在几日就复装成系统、管内通入液压油，一般可不作防锈处理，但应妥善保管。如需长期搁置，需要涂防锈涂料，则必须在磷化处理 48h 后才能涂装。应注意，防锈涂料必须能与以后管道清洗时使用的清洗液或液压油相容。

（30）管道在酸洗、磷化、干燥后再次安装起来以前，需对每一根管道内壁先进行一次预清洗。预清洗完毕后应尽早复装成系统，进行系统的整体循环净化处理，直至达到系统设计要求的清洁度等级。

（31）软管的应用只限于以下场合：

1）设备可动元件之间。

2）便于替换件的更换处。

3）抑制机械振动或噪声的传递处。

（32）软管的安装一定要注意不要使软管和接头形成附加的受力、扭曲、急剧弯曲、摩擦等不良工况。

（33）软管在装入系统前，也应将内腔及接头清洗干净。

11.1.3　液压元件的安装

11.1.3.1　泵的安装

（1）在安装时，油泵、电动机、支架、底座各元件相互结合面上必须无锈、无凸出斑点和油漆层。在这些结合面上应涂一薄层防锈油。

（2）安装液压泵、支架和电动机时，泵与电动机两轴之间的同轴度允差、平行度允差应符合规定，或者不大于泵与电动机之间联轴器制造商推荐的同轴度、平行度要求。

（3）直角支架安装时，泵支架的支口中心高，允许比电动机的中心高略高 0 ~ 0.8mm，这样在安装时，调整泵与电动机的同轴度时，可只垫高电动机的底面。允许在电动机与底座的接触面之间垫入图样未规定的金属垫片（垫片数量不得超过 3 个，总厚度不大于 0.8mm）。一旦调整好后，电动机一般不再拆动。必要时只拆动泵支架，而泵支架应有定位销定位。

（4）调整完毕后，在泵支架与底板之间钻、铰定位销孔。再装入联轴器的弹性耦合件。然后用手转动联轴器，此时，电动机、泵和联轴器都应能轻松、平滑地转动，无异常声响。

11.1.3.2　集成块的安装

（1）阀块所有油流通道内，尤其是孔与孔贯穿交叉处，都必须仔细去净毛刺（用探灯伸入到孔中仔细清除、检查）。阀块外周及各周棱边必须倒角去毛刺。加工完毕的阀块与液压阀、管接头、法兰相贴合的平面上不得留有伤痕，也不得留有划线的痕迹。

（2）阀块加工完毕后必须用防锈清洗液反复加压清洗。各孔流道，尤其是对盲孔应特别注意洗净。清洗槽应分粗洗和精洗。清洗后的阀块，如暂不装配，应立即将各孔口盖住，可用大幅的胶纸封在孔口上。

（3）往阀块上安装液压阀时，要核对它们的型号、规格。各阀都必须有产品合格证，并确认其清洁度合格。

（4）核对所有密封件的规格、型号、材质及出厂日期（应在使用期内）。

（5）装配前再一次检查阀块上所有的孔道是否与设计图一致、正确。

（6）检查所用的连接螺栓的材质及强度是否达到设计要求以及液压件生产厂规定的要求。阀块上各液压阀的连接螺栓都必须用测力扳手拧紧。拧紧力矩应符合液压阀制造厂的规定。

（7）凡有定位销的液压阀，必须装上定位销。

（8）阀块上应钉上金属制的小标牌，标明各液压阀在设计图上的序号，各回路名称，各外接口的作用。

（9）阀块装配完毕后，在装到阀架或液压系统上之前，应先将阀块单独进行耐压试验和功能试验。

知识点11.2　液压系统的清洗

11.2.1　第一次清洗

液压系统的第一次清洗是在预安装（试装配管）后，将管路全部拆下解体进行的。第一次清洗应保证把大量的、明显的、可能清洗掉的金属毛刺与粉末、沙粒灰尘、油漆涂料等污物全部仔细地清洗干净。

第一次清洗时间根据液压系统的大小、所需的过滤精度和液压系统的污染程度的不同而定，一般情况下为1～2昼夜。当达到预定的清洗时间后，可根据过滤网中所过滤的杂质种类和数量，确定清洗工作是否结束。

第一次清洗主要是酸洗管路和清洗油箱及各类元件。

（1）管路酸洗的方法。

1）脱脂初洗：去掉油管上的毛刺，用氢氧化钠、硫酸钠等脱脂（去油）后，再用温水清洗。

2）酸洗：在20%～30%的稀盐酸或10%～20%的稀硫酸溶液中浸渍和清洗30～40min（其溶液温度为50～80℃）后，再用温水清洗。清洗管子需经振动或敲打，以便促使氧化皮脱落。

3）中和：在10%的苏打溶液中浸渍和清洗15min（其溶液温度为30～40℃），再用蒸汽或温水清洗。

4）防锈处理：在清洁干净的空气中干燥后，涂上防锈油。

（2）清洗油箱的方法。第一次清洗油箱主要采用物理清洗，用干净煤油反复冲洗，用刷子和棉布条去除金属毛刺与粉末、沙粒灰尘、油漆涂料等，直至棉布条没有脏东西出来为止。最后油箱内需要用面团粘掉粉末、灰尘等杂质，直至和好的面不脏为止。

当确认清洗合格后，即可进行第一次安装。

11.2.2　第二次清洗

液压系统的第二次清洗是在第一次安装连成清洗回路后进行的系统内部循环清洗。对于刚从制造厂购进的液压设备，若确认已按要求清洗干净，可只对在现场加工、安装部分进行清洗。

11.2.2.1　清洗的准备

（1）清洗油的准备。清洗油最好是选择被清洗的机械设备液压系统的工作用油或试车油。不允许使用煤油、汽油或蒸汽等作清洗介质，以免腐蚀液压元件、管道和油箱。清洗油的用量通常为油箱内油量的 60% ~70%。

（2）滤油器的准备。清洗管道上应接上临时的回油滤油器，通常清洗初期和后期选用滤网精度为 250μm、104μm 的滤油器。

（3）清洗油箱。液压系统清洗前，首先应对油箱进行清洗。清洗后，用绸布或面团将油箱擦干净，才能注入清洗用油，不允许用棉布或棉纱擦洗油箱。

（4）加热装置的准备。清洗油一般对非耐油橡胶有溶蚀能力，若加热到 50 ~80℃，则管道的橡胶泥渣等物容易清除。

11.2.2.2　第二次清洗过程

清洗前应将溢流阀在其入口处临时切断，将液压缸进、出油口隔开，在主油路上连接临时通路。对于较复杂的液压系统，可以考虑分区对各部分进行清洗。清洗时，一边使泵运转，一边将油液加热，使油液在清洗回路中自行循环清洗。为了促进脏物的脱落，在清洗过程中可用锤子对焊接处和管道反复地、轻轻地敲打，锤击时间约为清洗时间的 10% ~15%。在清洗初期，使用 178μm 的过滤网，到预定清洗时间的 60% 时，可换用 104μm 的过滤网。

第二次清洗结束后，液压泵应在油液温度降低后停止运转，以免外界湿气引起锈蚀。油箱内的清洗油应全部清洗干净，同时按清洗油箱的要求将油箱再次清洗一次，待符合要求后，再将液压缸、阀等连接起来，为液压系统第二次安装组成正式系统的试车做好准备。

知识点 11.3　液压系统的调试

11.3.1　空载试车

在正式试车前加入实际运转所需的工作油液，间隙启动液压泵，使整个系统得到充分润滑，使液压泵在卸荷状况下运转。

（1）在空载试车前，应注意以下事项：

1）检查各个液压元件及管道连接是否正确、可靠。

2）油箱、电动机及各个液压部件的防护装置是否完好。

3）油箱中液面高度及所用液压油是否符合要求。

4）系统中各液压部件、油管及管接头的位置是否便于安装、调节、检修。压力表等仪表是否安装在便于观察的位置，确认安装合理。

5）液压泵运转是否正常，系统运转一段时间后，油液的温升是否符合要求。

6）与电气系统的配合是否正常，调整自动工作循环动作，检查启动、换向的运行。

（2）空载试车过程。

1）液压缸或液压马达的活塞或输出轴采用机械方法固定住。

2）慢慢调定溢流阀到规定压力值。

3）让液压缸以最大行程往复运动，或使液压马达转动。

4）检查。检查内容包括：通过压力表检查液压系统压力是否正常；检查系统是否有泄漏；检查油箱液面高度是否在规定范围等。

5）与电器配合调试工作循环，检查各动作的协调和顺序是否正确，检查系统运行的平稳性。

6）系统连续连续工作（一般为 30min）后检查液压温升应在允许范围。

11.3.2　负载试车

在空载运转正常的前提下，进行加载调试，使液压系统在设计规定的负载下工作。先在低于最大负载的一两种情况下进行试车。观察各液压元件的工作情况，是否有泄漏，工作部件的运行是否正常等。在一切正常的情况下进行最大负载试车。最高试验压力按设计要求的系统额定压力或按实际工作对象所需的压力进行调节，不能超过规定的工作压力。

知识点 11.4　液压系统的使用、维护和保养

11.4.1　液压系统的检查

对液压系统的检查主要有日常检查和定期检查。

（1）日常检查。操作者在使用中经常通过目视、耳听及手触等比较简单的方法，在泵启动前、后和停止运转前检查油量、油温、压力、泄漏、振动等。出现不正常现象应停机检查原因，及时排除。

（2）定期检查。检查液压油，并根据情况定期更换，对主要液压元件定期进行性能测定。检查润滑管路是否正常，定期更换密封件，清洗、更换滤芯。定期检查的时间一般与滤油器检修间隔时间相同，大约三个月。

11.4.2　液压油的使用和维护

液压油的清洁度对液压系统的可靠性至关重要，因此在正确选用液压油以后还必须使液压油保持清洁，防止混入杂质和污物。液压油应定期检查和更换。对于新使用的液压设备，使用三个月左右就应清洗油箱、更换新油。以后每隔半年至一年进行一次清洗和换油。换油时应将油箱底部的污物去掉，将油箱清洗干净。向油箱注油时，应通过 124μm 以上的滤油器。

11.4.3　液压系统的维护

（1）选择适合的液压油。液压油在液压系统中起着传递压力、润滑、冷却、密封的作用。液压油选择不恰当是液压系统早期故障和耐久性下降的主要原因。应按随机《使用说明书》中规定的牌号选择液压油，特殊情况需要使用代用油时，应力求其性能与原牌号液压油性能相同。不同牌号的液压油不能混合使用，以防液压油之间发生化学反应，性能发生变化。深褐色、乳白色、有异味的液压油是变质油，不能使用。

（2）防止固体杂质混入液压系统。清洁的液压油是液压系统的生命。液压系统中有许多精密零件，有的有阻尼小孔、有的有缝隙等。若固体杂质入侵将造成精密零件拉伤、发卡、油道堵塞等，危及液压系统的安全运行。一般固体杂质入侵液压系统的途径有液压油不洁，加油工具不洁，加油和维修、保养不慎，液压元件脱屑等。可以从以下几个方面防止固体杂质入侵系统：

1）加油时。液压油必须过滤加注，加油工具应可靠清洁。不能为了提高加油速度而去掉油箱加油口处的过滤器。加油人员应使用干净的手套和工作服，以防固体杂质和纤维杂质掉入油中。

2）保养时。拆卸液压油箱加油盖、滤清器盖、检测孔、液压油管等部位，造成系统油道暴露时要避开扬尘，拆卸部位要先彻底清洁后才能打开。如拆卸液压油箱加油盖时，先除去油箱盖四周的泥土，拧松油箱盖后，清除残留在接合部位的杂物（不能用水冲洗以免水渗入油箱），确认清洁后才能打开油箱盖。如需使用擦拭材料和铁锤时，应选择不掉纤维杂质的擦拭材料和击打面附着橡胶的专用铁锤。

3）液压系统的清洗。清洗油必须使用与系统所用牌号相同的液压油，油温在 45 ~ 80℃之间，用大流量尽可能将系统中杂质带走。液压系统要反复清洗三次以上，每次清洗完后，趁油热时将其全部放出系统。清洗完毕再清洗滤清器、更换新滤芯后加注新油。

（3）作业中的注意事项。

1）机械作业要柔和平顺。机械作业应避免粗暴，否则必然产生冲击负荷，使机械故障频发，大大缩短使用寿命。作业时产生的冲击负荷，一方面使机械结构件早期磨损、断裂、破碎，另一方面使液压系统中产生冲击压力，冲击压力又会使液压元件损坏、油封和高压油管接头与胶管的压合处过早失效漏油或爆管、溢流阀频繁动作油温上升。还有一个值得注意的问题：操作手要保持稳定。因为每台设备操纵系统的自由间隙有一定差异，连接部位的磨损程度不同因而其间隙也不同，发动机及液压系统出力的大小也不尽相同，这些因素赋予了设备的个性。只有使用该设备的操作手认真摸索，修正自己的操纵动作以适应设备的个性，经过长期作业后，才能养成符合设备个性的良好操作习惯。一般机械行业坚持定人定机制度，这也是因素之一。

2）要注意气蚀和溢流噪声。作业中要时刻注意液压泵和溢流阀的声音。如果液压泵出现“气蚀”噪声，经排气后不能消除，应查明原因排除故障后才能使用。如果某执行元件在没有负荷时动作缓慢，并伴有溢流阀溢流声响，应立即停机检修。

3）严格执行交接班制度。交班司机停放机械时，要保证接班司机检查时的安全和检查到准确的油位。系统是否渗漏、连接是否松动、活塞杆和液压胶管是否撞伤、液压泵的低压进油管连接是否可靠、油箱油位是否正确等，是接班司机对液压系统检查的重点。

4）保持适宜的油温。液压系统的工作温度一般控制在 30 ~ 80℃之间为宜（≥100℃为危险温度）。液压系统的油温过高会导致：油的黏度降低，容易引起泄漏，效率下降；润滑油膜强度降低，加速机械的磨损；生成碳化物和淤碴；油液氧化加速油质恶化；油封、高压胶管过早老化等。

为了避免温度过高，不要长期过载；注意散热器散热片不要被油污染，以防尘土附着影响散热效果；保持足够的油量以利于油的循环散热；炎热的夏季不要全天作业，要避开中午高温时间。油温过低时，油的黏度大，流动性差，阻力大，工作效率低。当油温低于 20℃时，急转弯易损坏液压马达、阀、管道等。此时需要进行暖机运转，启动发动机，空载怠速运转 3 ~ 5min 后，以中速油门提高发动机转速，操纵手柄使工作装置的任何一个动作（如挖掘机张斗）至极限位置，保持 3 ~ 5min 使液压油通过溢流升温。如果油温更低则需要适当增加暖机运转时间。

5）液压油箱气压和油量的控制。压力式油箱在工作中要随时注意油箱气压，其压力必须保持在随机《使用说明书》规定的范围内。压力过低，油泵吸油不足易损坏；压力过高，会使液压系统漏油，容易造成低压油路爆管。对维修和换油后的设备，排尽系统中的空气后，要按随机《使用说明书》规定的检查油位状态，将机器停在平整的地方，发动机熄火15min后重新检查油位，必要时予以补充。

6）其他注意事项。作业中要防止飞落石块打击液压油缸、活塞杆、液压油管等部件。活塞杆上如果有小点击伤，要及时用油石将小点周围棱边磨去，以防破坏活塞杆的密封装置，在不漏油的情况下可继续使用。连续停机在24h以上的设备，在启动前，要向液压泵中注油，以防液压泵干磨而损坏。

（4）定期保养注意事项。目前有的工程机械液压系统设置了智能装置。该装置对液压系统某些隐患有警示功能，但其监测范围和程度有一定的局限性，所以液压系统的检查保养应将智能装置监测结果与定期检查保养相结合。

1）250h检查保养。检查滤清器滤网上的附着物，如金属粉末过多，往往标志着油泵磨损或油缸拉缸，对此，必须确诊并采取相应措施后才能开机。如发现滤网损坏、污垢积聚，要及时更换，必要时同时换油。

2）500h检查保养。不管滤芯状况如何均应更换，因为凭肉眼难以察觉滤芯的细小损坏情况。如果长时间高温作业还应适当提前更换滤芯。

3）7000h和10000h检查维护。液压系统需由专业人员检测，进行必要的调整和维修。根据实践，进口液压泵、液压马达工作10000h后必须大修，否则液压泵、马达因失修可能损坏，这对液压系统是致命性的破坏。

能力点11.5　训练与思考

11.5.1　项目训练

（1）工作任务。在液压实训系统中搭建节流阀的进油节流调速回路，并完成系统的调试。调试后达到以下功能：慢速向右工进→停止→快速向左后退。液压回路和电器回路如图11－1所示。

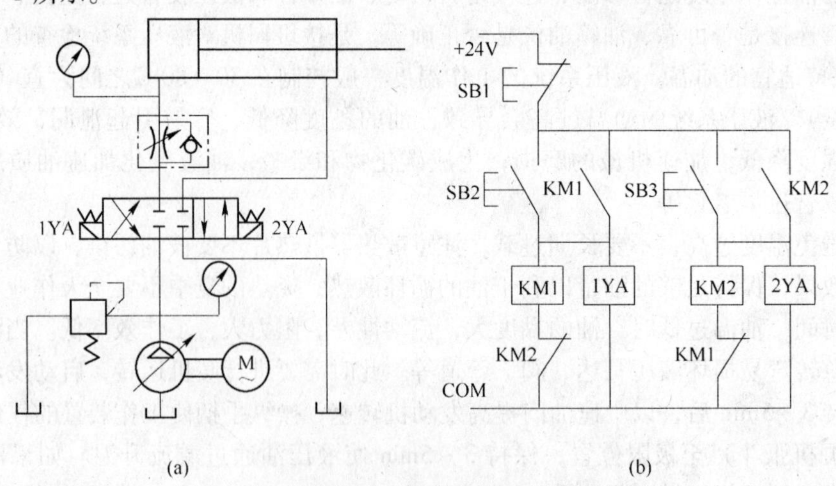

图11－1　液压系统及控制电路图

（a）节流调速回路；（b）控制电路图

（2）考核内容及要求。

1）搭建液压回路，连接图 11－1 所示电气控制线路。

2）油泵能正常启动与停止。

3）能实现节流阀的进油节流调速动作和快速返回动作。

4）电器控制准确可靠。

11.5.2　思考与练习

（1）液压系统在安装前的技术准备工作有哪些？

（2）液压系统的日常维护有哪些？

（3）液压系统的安装步骤如何？

（4）液压系统的调试步骤如何？各步骤有何要求？

项目 12　气压传动系统基础及应用

【项目任务】

（1）了解气压传动系统的组成、基本工作原理和特点及其发展趋势。

（2）掌握气源装置及辅助元件的工作原理。

（3）了解气缸、气马达的工作原理。

（4）了解气动控制元件的结构原理并熟悉各类气动元件的职能符号。

（5）掌握常用气动基本回路的作用及特点。

（6）学会阅读、分析气动系统图。

【教师引领】气压传动是以压缩空气为工作介质传递动力与控制的一门技术。它和液压传动一样，均能实现能量传递与转换的传动方式。气压传动与液压传动在基本工作原理、系统组成、元件结构原理以及职能符号有很多相似之处，在学习中，前面的液压传动知识有很大参考与借鉴作用，帮助我们提高阅读、分析气动系统图。

【兴趣提问】

（1）为什么要学习气压传动技术?

（2）请说说哪些设备或产品采用了气动技术?

知识点 12.1　气压传动基本知识

气压传动或气动技术全称是气压传动与控制，简称为气动，是以空气压缩机为动力源，以压缩空气为工作介质，进行能量传递或信号传递的工程技术，是实现传递与控制的重要手段之一。

12.1.1　气压传动系统的工作原理及组成

12.1.1.1　气压传动系统的工作原理

下面以气压剪切机为例，说明气压传动系统的工作原理。如图 12－1 所示，图示位置是预备状态。空气压缩机 1 产生的压缩空气，经过冷却器 2、油水分离器 3 进行降温及初步净化后，送入储气罐 4 备用；压缩空气从储气罐引出先经过分水滤气器 5 再次净化，然后经减压阀 6、油雾器 7 和气控换向阀 9 到达气缸 10。此时换向阀下腔的压缩空气将阀芯推到上位，使气缸上腔充压，活塞处于下位，剪切机的剪口张开，处于预备工作状态。当送料机构将工料 11 送入剪切机并送到规定位置时，工料将行程阀 8 的阀芯向右推动，行程阀将气控换向阀 9 下腔与大气相通。换向阀的阀芯在弹簧的作用下移到下位，将气缸上腔与大气相通，下腔与压缩空气连通。压缩空气推动活塞带动剪刃快速向上运动将工料切下。工料被切下后与行程阀脱开，行程阀芯在弹簧作用下复位，将排气通道封闭。换向阀下腔压力上升，阀芯移至上位，使气路换向。气缸下腔排气，上腔进入压缩空气，推动活塞带动剪刃向下运动，系统又恢复到图示的预备状态，等待第二次进料剪切。气路中行程阀的安装位置可根据工料的长度进行左右调整。换向阀是根据行程阀的指令来改变压缩空气的通道使气缸活塞实现往复运动的。气缸下腔进入压缩空气时，活塞向上运动将压缩空气的压力能转换为机械能切断工料。此外，还可以根据实际需要，在气路中加入流量控制阀，控制剪切机构的运动速度。图 12－2 是用图形符号表示的气压剪切机工作原理图，符号编号同图 12－1 所示。

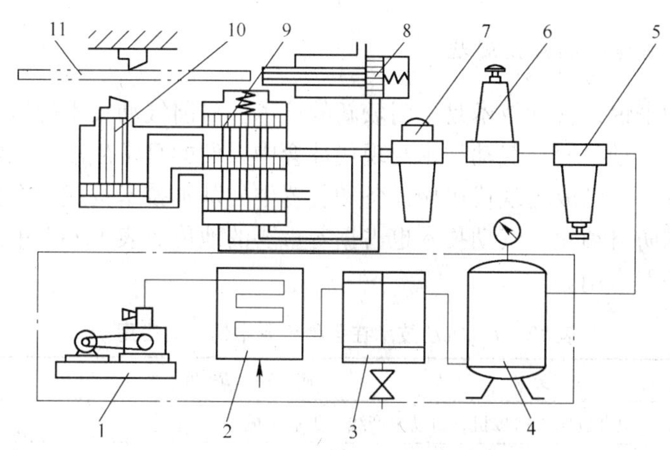

图 12－1　气压剪切机的工作原理

1—空气压缩机；2—冷却器；3—油水分离器；4—储气罐；5—分水滤气器；6—减压器；7—油雾器；8—行程阀；9—气控换向阀；10—气缸；11—工料

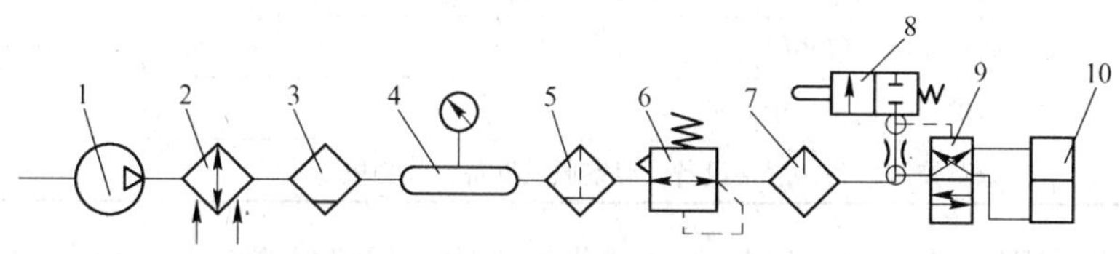

图 12－2　图形符号表示的工作原理图

气压剪切机是一个气压传动系统。从其工作过程看出，气压传动与液压工作原理相似，它们都是利用流体（压缩空气或液压油）作为传动介质，将原动机供给的机械能转变为压力能，传动介质经辅助元件及控制元件进入执行元件，再将传动介质的压力能转换成机械能，从而驱动工作机构，实现各种机械量的输出（力、速度、位移等）。

12.1.1.2　气压传动系统的组成

由图 12－1 可知，气压传动系统主要由以下四部分组成：

（1）气源装置。向气动系统提供干燥、纯洁压缩空气的装置称为气源装置。其主体是空气压缩机。它是将原动机的机械能转化为空气压力能的装置，即产生压缩空气的设备。

（2）执行元件。执行元件是将压缩空气的压力能转变成机械能的元件，一般指气缸和气马达。

(3) 控制元件。在气压传动系统中，控制元件是用来控制和调节压缩空气的压力、流量和流动方向的，从而保证执行元件完成所要求的运动，如各种压力控制阀、流量控制阀、方向控制阀和逻辑元件等。

(4) 辅助元件。辅助元件是用来保持压缩空气清洁、干燥、消除噪声以及提供润滑等作用，以保证气动系统正常工作，如过滤器、干燥器、消声器、油雾器、管件等。

12.1.2 气动技术应用现状及特点

12.1.2.1 气压传动的应用现状

相对机械传动来说，气动技术是一门较新的技术。目前气动技术的应用相当广泛，许多机器设备中装有气动系统。气动技术与现代社会中人们的日常生活、工农业生产、科学研究活动的关系密切，已成为现代机械设备和装置中的基本技术构成，在尖端技术领域如现代控制工程及国防自动化，气动技术也占据着重要的地位。表12－1中列出了气动技术在各种行业中的一般应用。

表12－1 气动技术在各种行业中的一般应用

行业名称	应用举例
机械制造	组合机床、剪板机、自动生产线、工业机械手
工程机械	压路机、挖掘机、装载机、推土机
轻工机械	打包机、自动计量、灌装机、注塑机
纺织机械	印染机、织布机、抛纱机
气动工具	凿岩机、气扳机、气动搅拌机、空气铆钉枪
造船工业	防爆控制、气垫船
冶金工业	转炉、轧钢机、压力机
农林牧机械	杂草控制设备、屠宰设备、温室通风设备、收割机

总之，现代实用气动技术是以气动自动化为主体，将机械自动化、电气自动化，有些场合还将液压自动化，紧密结合成一体的一种先进的传动与控制技术。其应用领域已不局限于普通机械、机床、汽车等一般工业领域，还迅速向有超干燥、超洁净、高真空、节能环保、高速、高频、高精度、小型、轻量等要求的电子半导体、生命科学、食品饮料、精密机械等众多领域扩展。

12.1.2.2 气动技术的特点

综合各方面因素，气动技术之所以能得到如此迅速的发展和广泛的应用，是由于它具有如下优点：

(1) 工作介质是空气，来源方便，取之不尽，使用后直接排入大气而不污染环境，不需要设置专门的回气装置。

(2) 空气的黏度很小，所以流动时压力损失较小，节能高效，适用于集中供应和远距离输送。

（3）气动动作迅速，反应快，维护简单，调节方便，特别适合于一般设备的控制。

（4）工作环境适应性好，特别适合在易燃、易爆、潮湿、多尘、振动、辐射等恶劣条件下工作，外泄漏不污染环境，在食品、轻工、纺织、印刷、精密检测等环境中最为适宜。

（5）成本低，过载能自动保护。

气动系统的主要缺点是：

（1）空气具有可压缩性，不易实现准确的速度控制和很高的定位精度，负载变化时对系统的稳定性影响较大。

（2）空气的压力较低，只适用于压力较小的场合。

（3）气动装置的噪声大，高速排气时要加消声器。

（4）空气无润滑性能，故在气路中应设置给油润滑装置。

知识点 12.2　气源装置及辅助元件

向气动系统提供清洁、干燥的压缩空气的装置称为气源装置。其主体是空气压缩机（简称空压机）。一般的气源装置由三部分组成：空压机，存储、净化压缩空气的设备，连接传输压缩气体的管路及其他辅件。

12.2.1　气源装置

12.2.1.1　空气压缩机

空气压缩机是气动系统的动力源，它是把电动机输出的机械能转换成气体压力能的能量转换装置。

A　空气压缩机的分类

空压机种类很多，可按工作原理、输出压力高低、输出流量大小、结构形式以及性能参数等进行分类。

（1）按工作原理，空压机可分为容积式空压机和速度式空压机两类。在容积式空压机中，气体压力的提高是由于空压机内部的工作容积缩小，单位体积内的气体分子密度增加而形成的；在速度式空压机中，气体压力的提高是由于气体分子在高速流动时突然受阻而停滞下来，动能转化为压力能而达到的。容积式空压机因其结构不同可分为活塞式、膜片式和螺杆式等；速度式空压机按其结构不同可分为离心式和轴流式等。一般常用活塞式空压机（容积式空压机）。

（2）按输出压力，空压机可分为低压空压机（$0.2\text{MPa} < p < 1.0\text{MPa}$）、中压空压机（$1.0\text{MPa} < p < 10\text{MPa}$）、高压空压机（$10\text{MPa} < p < 100\text{MPa}$）和超高压空压机（$p > 100\text{MPa}$）。

（3）按输出流量，空压机可分为微型（$0.2\text{m}^3/\text{min} < Q < 1.0\text{m}^3/\text{min}$）、小型（$1\text{m}^3/\text{min} < Q < 10\text{m}^3/\text{min}$）、中型（$10\text{m}^3/\text{min} < Q < 100\text{m}^3/\text{min}$）和大型（$Q > 100\text{m}^3/\text{min}$）四种空压机。

B　空气压缩机的工作原理

在容积式空气压缩机中，最常用的是活塞式空压机。活塞式空压机是通过曲柄连杆机构使活塞做往复运动而完成吸气、压气，并达到提高气体压力的目的。

图 12 -3 所示为活塞式空压机。当活塞 3 向右移动时，气缸 2 左腔容积增大，其压力低于大气压力，吸气阀 9 被打开，空气在大气压力的作用下进入气缸 2 左腔，这一过程称为吸气过程；当活塞向左移动时，气缸 2 左腔气体被压缩，压力升高，吸气阀 9 在缸内压缩气体的作用下关闭，排气阀 1 被打开，压缩空气排出，缸内气体被压缩，这一过程称为排气过程。活塞 3 的往复动作是由电动机带动曲柄 8 转动，通过连杆 7、滑块 5、活塞杆 4 转化成直线往复运动而产生的。

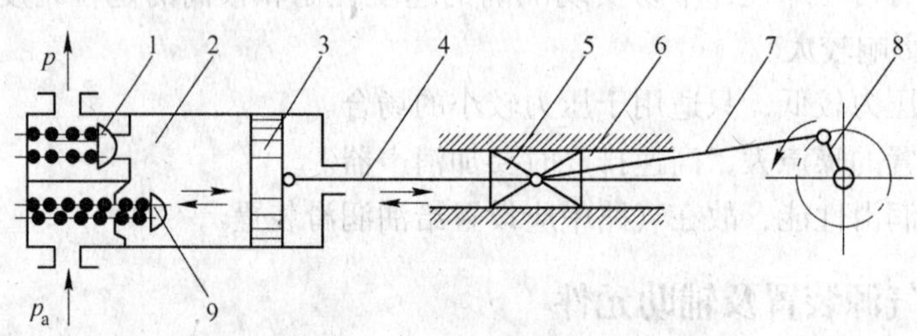

图 12 -3　活塞式空压机工作原理

1—排气阀；2—气缸；3—活塞；4—活塞杆；5—滑块；6—滑道；7—连杆；8—曲柄；9—吸气阀

C　空气压缩机选择

多数气动装置是断续工作的，且负载波动较大，因此，首先应按空压机的特性要求，选择空压机类型，再依据气压传动系统所需的工作压力和流量两个主要参数确定空压机的输出压力 p 和吸入流量 Q，最终选取空压机的型号。

(1) 空压机的输出压力 p。

$$p = p_{\max} + \sum \Delta p \tag{12-1}$$

式中　p——空压机的输出压力，MPa；

$p_{\max}$——气动执行元件的最高使用压力，MPa；

$\sum \Delta p$——气动系统总的压力损失，MPa，一般取 $\sum \Delta p = 0.15 \sim 0.2$MPa。

(2) 空压机的吸入流量 Q。

$$Q = kQ_{\max} \tag{12-2}$$

式中　Q——空压机的吸入流量，m^3/s；

$Q_{\max}$——气动系统的最大耗气量，m^3/s；

k——漏气修正系数，一般取 $k = 1.5 \sim 2.0$。

气压传动系统常用工作压力为 0.5 ~ 0.8MPa，选用额定输出压力 0.7 ~ 1.0MPa 的低压空气压缩机。特殊需要时也可依公式计算空压机的输出压力 p 而选用中压、高压或超高压的空气压缩机。具体可查询相关的设计手册。

空压机的额定排气量的确定，应满足各种气动设备所需的最大耗气量（应转变为平均自由空气耗气量）之和。

12.2.1.2　气源净化装置

由空压机产生的压缩空气，含有大量的水分、油分和粉尘杂质等，必须经过降温、净化等一系列处理，提高压缩空气的质量，再经过减压阀调节至系统所需压力，才能供给气动控制元件和执行元件使用。一般的气源净化装置有后冷却器、油水分离器、空气干燥器、储气罐等。

A　后冷却器

后冷却器（简称冷却器）安装在空压机输出管路上，其作用是将空压机出口排出的压缩空气温度由 140～170℃降至 40～50℃，并使其中大部分的水蒸气和油雾气凝结成液态，以便经油水分离器析出，防止损坏相关装置而影响气动系统正常工作。后冷却器主要有风冷式和水冷式两种，一般采用水冷散热方式。

风冷式后冷却器是靠风扇产生的冷空气吹向带散热片的热气管道来降低压缩空气的温度的。它不需要循环冷却水，使用维护方便，但处理的压缩空气量小，且经冷却后的压缩空气出口温度比冷空气温度高 15℃左右。

水冷式后冷却器是通过强迫冷却水沿与压缩空气流动方向相反的方向流动来进行冷却的，压缩空气的出口温度比冷却水温度高 10℃左右。通常使用间接式水冷冷却器。图 12－4所示为几种常见的水冷式后冷却器的结构示意图及职能符号。安装时需特别注意压缩空气和冷却水的流动方向。

蛇管式后冷却器（见图 12－4a）主要由一只蛇管状空心盘管和一只盛装此盘的圆筒组成。蛇状盘管可用铜管或钢管弯曲制成，蛇管的表面积也是该冷却器的散热面积。由空气压缩机排出的热空气由蛇管上部进入，通过管外壁与管外的冷却水进行热交换，冷却后，由蛇管下部输出。这种冷却器结构简单，使用和维修方便，因而被广泛用于流量较小的场合。列管式后冷却器和套管式后冷却器的工作情况如图 12－4（b）、（c）所示，这两种结构的后冷却器适用于冷却范围较小的场合。

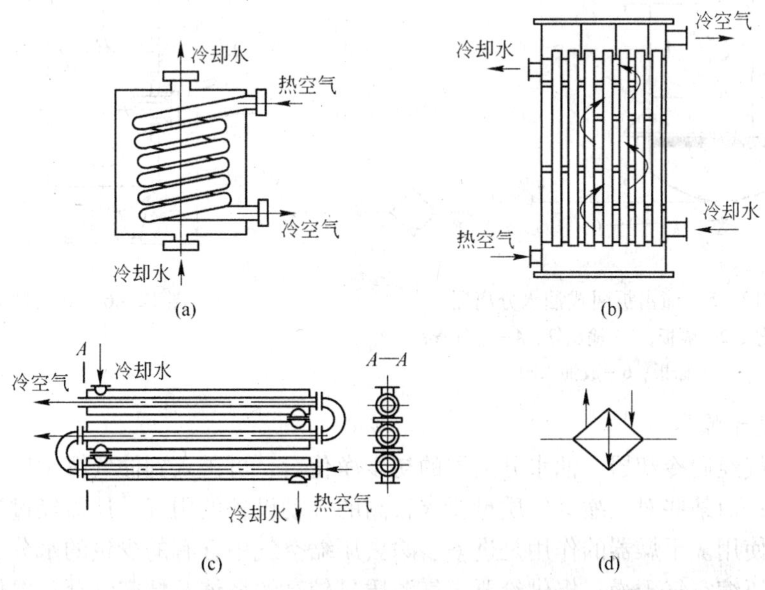

图 12－4　几种常见的水冷式后冷却器

（a）蛇管式后冷却器；（b）列管式后冷却器；（c）套管式后冷却器；（d）图形符号

B　油水分离器

油水分离器又称除油器，其作用是分离压缩空气中冷凝的水滴和油滴及粉尘等杂质，使压缩空气得到初步的净化。其结构形式有撞击折回式、环形回转式、水浴式、离心旋转式等。

图12－5所示为撞击折回式油水分离器及职能符号。当压缩空气由进气管输入口进入分离器壳体后，气流先受到隔板的阻挡，被撞击而折回向下（如图中箭头所示方向）；之后又上升并产生环形回转，最后从输出管口排出。与此同时，在压缩空气中凝聚的水滴、油滴等杂质，受惯性力作用而分离析出，沉降于壳体底部，由排污阀定期排出。

C　储气罐

储气罐的作用是储存一定数量的压缩空气，调节用气量以备空压机发生故障和临时应急用；消除压力脉动，保证连续、稳定的气流输出；减弱空压机排气压力脉动引起的管道振动；进一步分离压缩空气中的水分和油分。

储气罐一般采用圆筒状焊接结构，有立式和卧式两种，多以立式放置。图12－6所示为立式储气罐结构示意图及职能符号。进气口在下，出气口在上，并应尽可能加大两管口的间距，以利于充分分离空气中的油、水等杂质。罐高 H 为罐内径 D 的2～3倍。储气罐上设置有安全阀，应调整其极限压力比正常工作压力高10%；装设有压力表以显示罐内空气压力；装设有清洗入孔或手孔，以便清理检查内部；底部设置排放油、水的接管和阀门，并定时排放。储气罐应布置在室外、人流较少处和阴凉处。

目前，在气压传动中后冷却器、除油器和储气罐三者一体的结构形式已被采用，这使空气压缩站的辅助设备大为简化。

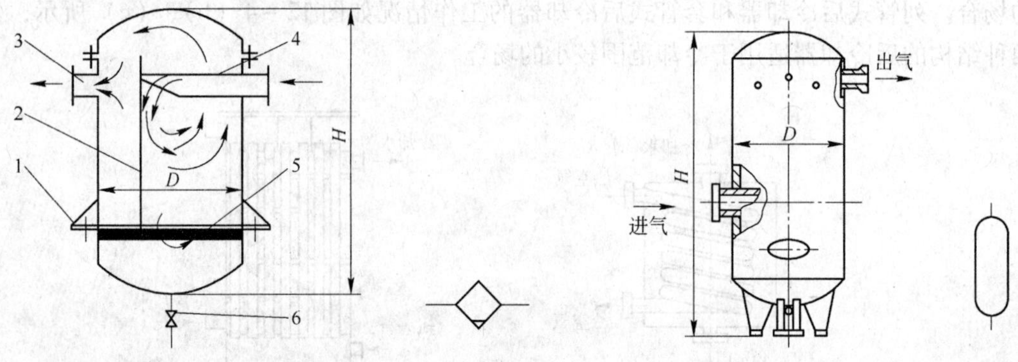

图12－5　撞击折回式油水分离器

1—支架；2—隔板；3—输出管；4—进气管；5—栅板；6—放油水阀

图12－6　立式储气罐

D　空气干燥器

压缩空气经后冷却器、油水分离器的初步净化后，可进入到储气罐中以满足一般气动系统的使用；而某些对压缩空气质量要求较高的气动设备的用气，还需经过进一步净化处理后才能够使用。干燥器的作用是进一步除去压缩空气中含有的少量的水分、油分、粉尘等杂质，使压缩空气干燥，提供给要求气源质量较高的系统及精密气动装置使用。

目前使用的干燥方法主要有冷冻法、吸附法、机械法和离心法等。在工业上常用的干燥器是冷冻式和吸附式。

（1）冷冻式干燥器。它是使压缩空气冷却到一定的露点温度，然后析出空气中超过饱和气压部分的水分，降低其含湿量，增加空气的干燥程度。此方法适用于处理低压大流量，并对干燥度要求不高的压缩空气。压缩空气的冷却除用冷冻设备外也可采用制冷剂直接蒸发，或用冷却液间接冷却的方法。

（2）吸附式干燥器。它主要是利用具有吸附性能的吸附剂（如硅胶、活性氧化铝、焦炭、分子筛等物质）表面能够吸附水分的特性来清除水分，从而达到干燥、过滤的目的。吸附法应用较为普遍。当干燥器使用后，吸附剂吸水达到饱和状态而失去吸水能力，因此需设法除去吸附剂中的水分，使其恢复干燥状态，以便继续使用，这就是吸附剂的再生。

图 12－7 所示为吸附式干燥器。压缩空气从管道 1 进入干燥器内，通过上吸附层 21、铜丝过滤网 20、上栅板 19、下吸附层 16 之后，湿空气中的水分被吸附剂吸附而干燥，再经过铜丝过滤网 15、下栅板 14、毛毡层 13、铜丝过滤网 12 滤去空气中的粉尘杂质，最后从输出管输出干燥、洁净的压缩空气。

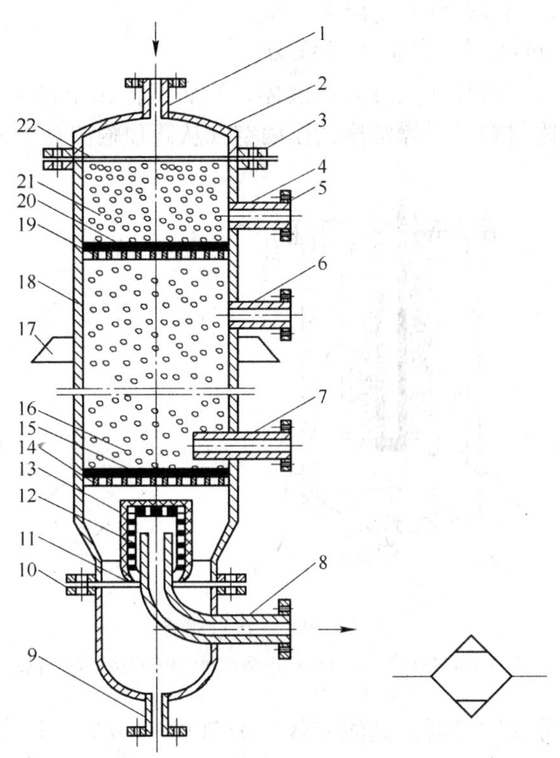

图 12－7　吸附式干燥器

1—湿空气进气管；2—顶盖；3，5，10—法兰；4，6—再生空气排气管；7—再生空气进气管；8—干燥空气输出管；9—排水管；11，22—密封垫；12，15，20—铜丝过滤网；13—毛毡层；14—下栅板；16，21—吸附层；17—支撑板；18—外壳；19—上栅板

图 12－8 所示为不加热再生式干燥器及职能符号。它有两个填满吸附剂的容器 1、2。当空气从容器 1 的下部流到上部，空气中的水分被吸附剂吸收而得到干燥。一部分干燥后的空气又从容器 2 的上部流到下部，把吸附在吸附剂中的水分带走并放入大气，即实现了不需外加热源而使吸附剂再生。两容器定期（5～10min）的交换工作使吸附剂产生吸附和再生，这样可得到连续输出的干燥压缩空气。

12.2.2 气动辅助元件

气动辅助元件有空气过滤器、油雾器、消声器、气液转换器等。

12.2.2.1 空气过滤器

过滤器的作用是滤去压缩空气中的油分、水分和粉尘等杂质。不同的使用场合对过滤器的要求不尽相同。过滤器的形式较多，常用的过滤器可分为一次过滤器和二次过滤器。

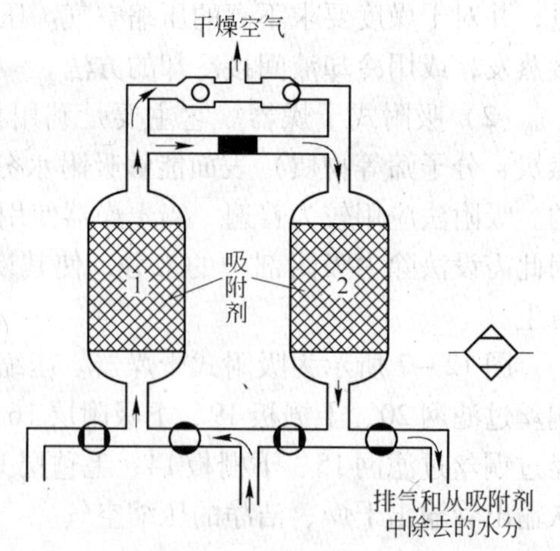

图 12－8 不加热再生式干燥器

一次过滤器又称简易过滤器，一般置于干燥器之后，其滤灰效率为 50% ~70%。如图 12－9 所示为一次过滤器，气流由切线方向进入筒体内，在惯性力的作用下分离出液体，然后气体由下而上通过多孔钢板、毛毡、硅胶、滤网等过滤吸附材料，干燥洁净的压缩空气从筒顶输出。

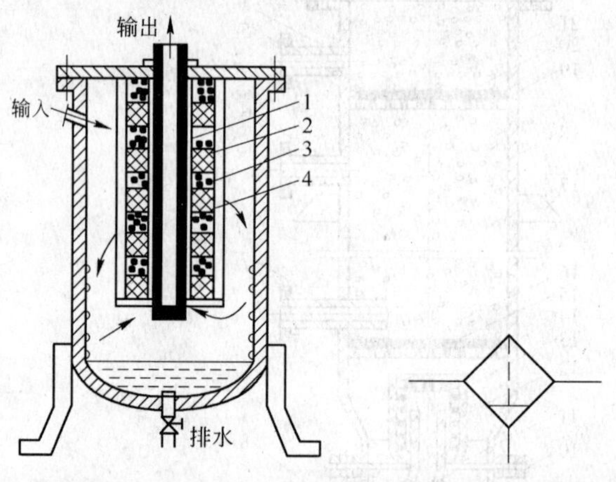

图 12－9 一次过滤器

1—10mm 密孔管；2—53μm 细钢丝网；3—焦炭；4—硅胶

二次过滤器又称分水滤气器，其滤灰效率为 70% ~90%。分水滤气器在气动系统中应用非常普遍，它和减压阀、油雾器一起称为气动三联件，一般置于气动系统的入口处。

图 12－10 所示为分水滤气器。压缩空气从输入口进入后，被引入旋风叶子 1，旋风叶子上有很多成一定角度的缺口，迫使空气沿切线方向运动产生强烈的旋转。夹杂在气体中较大的水滴、油滴粉尘等杂质，在惯性作用下与存水杯 3 内壁碰撞，并分离出来沉淀到杯底部；而微颗粒粉尘和雾状水汽则在气体通过滤芯 2 时被除去，洁净的压缩空气便从输出口输出。沉淀于杯底部的杂质通过排污法及时放掉。

12.2.2.2 油雾器

油雾器是一种特殊的注油装置。其作用是将润滑油喷射雾化后混合于压缩空气中，随压缩空气一起进入到气压传动系统中的各种阀和气缸等需要润滑的部位，以达到润滑气动元件的目的。这种注油方法具有润滑均匀、稳定，耗油量少和不需要大的储油设备等优点。目前，气动控制阀、气缸和气马达主要是靠这种带有油雾的压缩空气来实现润滑的。

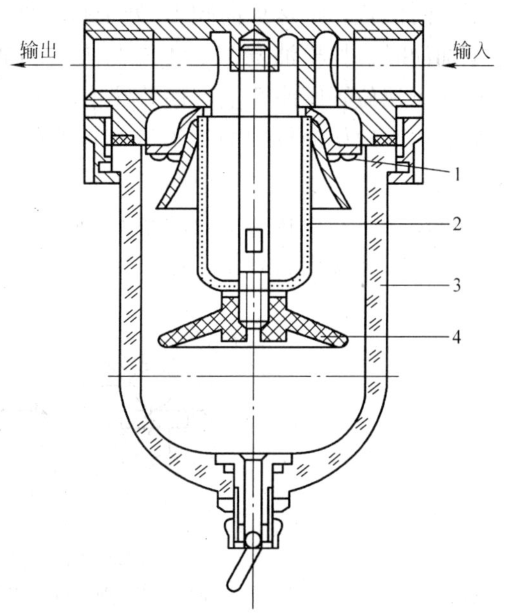

图 12－10　分水滤气器

1—旋风叶子；2—滤芯；3—存水杯；4—挡水板

图 12－11 所示为普通型油雾器及职能符号。压缩空气从输入口 1 进入后，其大部分直接由输出口 4 排出，小部分经小孔 3、特殊单向阀 12 进入贮油杯 6 的上方 A 中，油液受到气压作用沿吸油管 10、单向阀 9 和节流阀 7 滴入透明视油器 8 内，然后再滴入喷嘴小孔 2，油滴在主管内高压气流作用下被撕裂成微粒溶入气流中，形成高压雾化气流，高压雾化气流由输出口 4 去润滑气动系统。从视油器 8 可看到滴油情况，节流阀 7 用以调节滴油量，可在 1～240 滴/min 范围内调节。

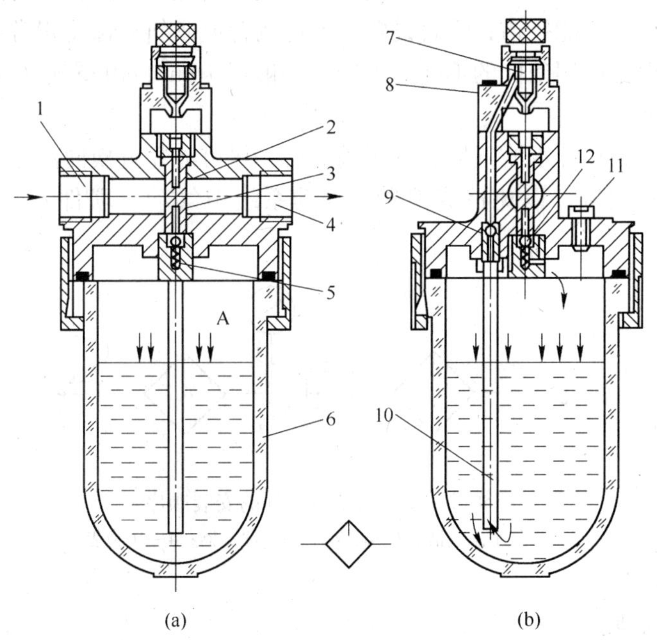

图 12－11　普通型油雾器

1—输入口；2，3—小孔；4—输出口；5—阀座；6—贮油杯；7—节流阀；8—视油器；9—单向阀；10—吸油管；11—油塞；12—钢球

普通型油雾器能在进气状态下加油，其关键在于特殊单向阀 12。当无气流输入时，阀中的弹簧把钢球顶起，关闭加压通道，阀处于截止状态，如图 12－12（a）所示。正常工作时，高压气体克服油杯内气体压力和下端弹簧的弹力，推开钢球向下运动，使钢球悬

浮于中间位置，特殊单向阀12处于打开状态，如图12－12（b）所示。当需要在进气状态下加油时，拧松油塞11，A腔与大气相通而压力下降，同时输入进来的压缩空气将钢球压在下端位置阀座5上，使特殊单向阀12处于反向关闭状态，切断压缩空气进入A腔的通道，不致使油杯中的油液因高压气体流入而从加油孔中喷出，如图12－12（c）所示。此外，由于吸油管中单向阀9的作用，压缩空气也不会从吸油管倒灌到贮油杯中，所以就可以在不停气状态下向油塞11加油。加油完毕，拧上油塞，特殊单向阀又恢复工作状态，油雾器又重新开始工作。

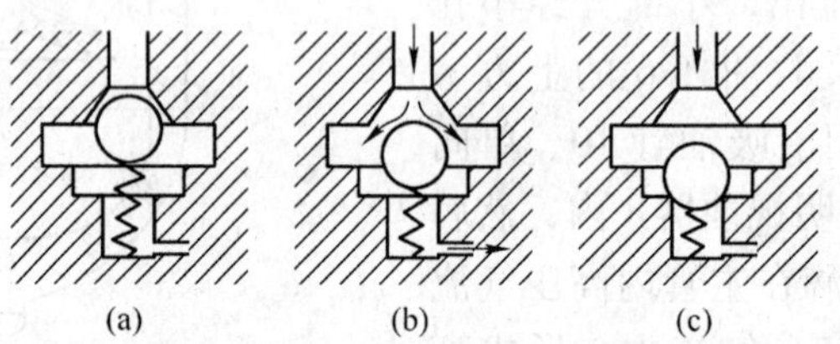

图12－12　特殊单向阀的工作情况

（a）不工作时；（b）工作（进气）时；（c）加油时

贮油杯一般用透明的聚碳酸酯制成，能清楚地看到杯中的贮油量和清洁程度，以便及时补充与更换。视油器用透明的有机玻璃制成，能清楚地看到油雾器的滴油情况。安装油雾器时注意进、出口不能接错；垂直设置，不可倒置或倾斜；保持正常油面，不应过高或过低。其供油量根据使用条件的不同而不同，一般以10m^{3}自由空气（标准状态下）供给1mL的油量为基准。

油雾器一般安装在分水滤气器、减压阀之后，尽可能靠近换向阀，应避免把油雾器安装在换向阀和气缸之间，以免造成浪费。气动系统中气动三联件安装顺序如图12－13所示。

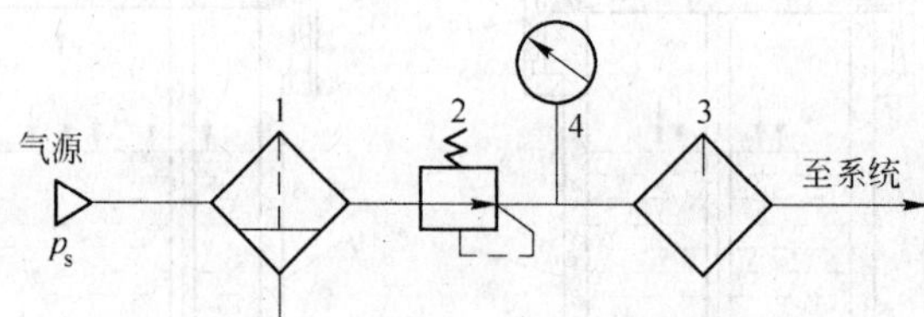

图12－13　气动三联件的安装顺序

1—分水滤气器；2—减压阀；3—油雾器；4—压力表

12.2.2.3　消声器

气动系统与液压系统不同，它一般不设置排气管道，压缩空气使用后直接排入大气，因气体体积急剧膨胀和所形成的涡流，引起气体振动，产生强烈的排气噪声，其排气噪声可达到100～120dB以上，危害人的健康，使作业环境恶化。为降低排气噪声，一般应在气动装置的排气口处安装消声器。常用的消声器有吸收型、膨胀干涉吸收型和膨胀干涉型三种。

（1）吸收型消声器。如图12－14所示为吸收型消声器及职能符号。这种消声器主要靠吸声材料消声。消声罩为多孔的吸声材料，是用聚苯乙烯颗粒或铜珠烧结而成的。当有压气体通过消声罩时，气流受阻，声波被吸收一部分并转化为热能，从而降低了噪声强度。吸收型消声器结构简单，具有良好的消除中、高频噪声的功能，可降低噪声约 20dB，在气动系统中应用广泛。

（2）膨胀干涉吸收型消声器。图 12－15 所示为膨胀干涉吸收型消声器，该消声器是一种组合型的消声器。气流从对称斜孔分成多束进入扩散室 A，在 A 室内膨胀、减速后与反射套碰撞，然后反射至 B 室，在消声器中心处，气束互相撞击、干涉，进一步减速，噪声得以减弱，然后经吸声材料从侧壁的小孔排入大气，此时，噪声再次削弱。这种消声器的消声效果好，低频可消 20dB，高频可消 45dB。

（3）膨胀干涉型消声器。膨胀干涉型消声器的工作原理是气体在管状结构（其直径远大于排气孔径）内部扩散、膨胀、碰壁撞击、反射、相互干涉而减弱噪声强度。这种消声器的特点是排气阻力小，消声效果好，可消除中、低频噪声，但结构不紧凑。

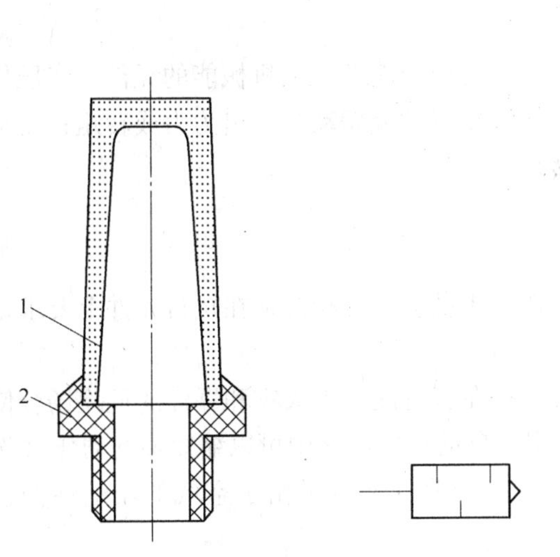

图 12－14　吸收型消声器
1—连接件；2—消声罩

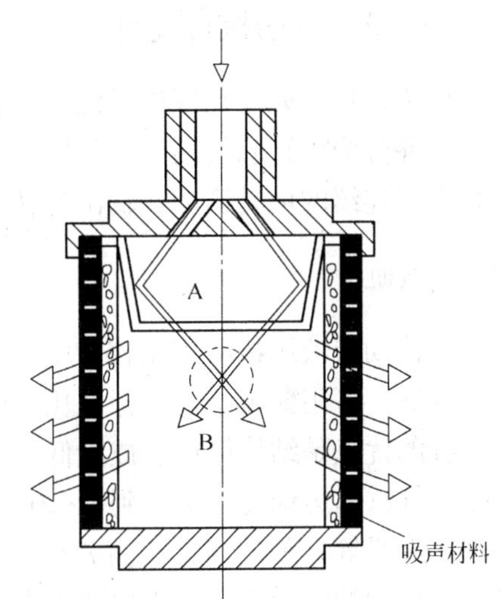

图 12－15　膨胀干涉吸收型消声器

12.2.2.4　气－液转换器

气动系统中常采用气－液阻尼缸或使用液压缸作执行元件，以获得较平稳的速度，这就需要把气压信号转换成液压信号的装置，即气－液转换器。

气－液转换器主要有直接作用式和换向阀式两种。图 12－16 所示的气－液直接接触式转换器为直接作用式。当压缩空气由上部输入管输入后，经过管道末端的缓冲装置使压缩空气作用在液压油面上，因此液压油就以压缩空气相同的压力，由转换器主体下部的排油孔输出到液压缸，使其动作。气－液转换器的储油量应不小于液压缸最大有效容积的 1.5 倍。换向阀式气－液转换器，是一个气控液压换向阀，采用气控液压换向阀时，需另备液压源。

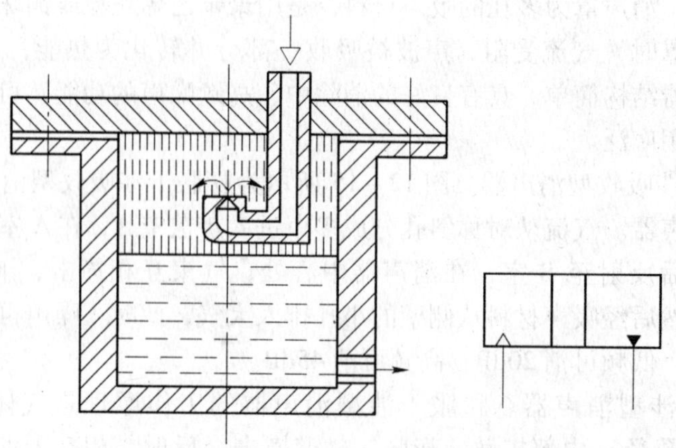

图12－16　气－液直接接触式转换器

知识点12.3　气动执行元件

气压传动执行元件在气压系统中是将压缩空气的压力能转化为机械能的元件。气压传动执行元件分为气缸和气马达。气缸可实现直线往复运动或摆动，输出为力或转矩；气动马达可实现连续的回转运动，输出为转速、转矩。

12.3.1　气缸

气压传动与液压传动相比较，压力低，工作介质黏度小，相应地在执行元件上要求密封性能更好，可用薄膜结构，标准化程度相对较高等。

气缸的优点是结构简单、成本低、工作可靠；在有可能发生火灾和爆炸的危险场合使用安全；气缸的运动速度可达到1～3m/s，应用在自动化生产线中可以缩短辅助动作（例如传输、夹紧等）的时间，提高劳动生产率。气缸主要的缺点是由于空气的压缩性使速度和位置控制的精度不高，输出功率小。

12.3.1.1　气缸的分类

气缸是气动系统中常用的一种执行元件。根据不同的用途和使用条件，气缸的结构、形状、连接方式也有多种形式。其常用的分类方法主要有以下几种：

（1）按压缩空气对活塞端面作用力的方向，气缸可分为单作用气缸和双作用气缸。

（2）按结构特征，气缸可分为活塞式、柱塞式、膜片式、叶片摆动式及气－液阻尼缸等。

（3）按功能，气缸可分为普通气缸和特殊气缸。普通气缸用于一般无特殊要求的场合。特殊气缸常用于有某种特殊要求的场合，如缓冲气缸、步进气缸、增压气缸等。

（4）按安装方式，气缸可分为固定式气缸、轴销式气缸、回转式气缸、嵌入式气缸等。固定式气缸的缸体安装在机架上不动，其连接方式又有耳座式、凸缘式和法兰式。轴销式气缸的缸体绕一固定轴，可作一定角度的摆动。回转式气缸的缸体可随机床主轴作高速旋转运动，常用在机床的气动夹具上。

12.3.1.2　常用气缸的工作原理

大多数气缸的工作原理与液压缸相同，以下介绍几种具有特殊用途的气缸工作原理。

（1）膜片式气缸。膜片式气缸是利用薄膜片在压缩空气作用下产生变形来推动活塞杆做往复运动的。它具有结构简单、紧凑，制造容易，成本低，维修方便，寿命长，泄漏少，效率高等优点，适用于气动夹具、自动调节阀及短行程场合。按其结构，膜片式气缸可分单作用式和双作用式两种。

图 12 - 17（a）所示为单作用膜片式气缸，此气缸只有一个气口。当气口输入压缩空气时，推动膜片 2、膜盘 3、活塞杆 4 向下运动。活塞杆的上行需依靠弹簧力的作用。图 12 - 17（b）所示为双作用膜片式气缸，它有两个气口，活塞杆的上下运动依靠压缩空气来推动。膜片式气缸与活塞式气缸相比，因膜片的变形量有限，故气缸的行程较短，一般不超过 40 ~ 50mm。其最大行程 L_{max} 与缸径 D 的关系为：

$$L_{max} = (0.12 \sim 0.25) D \tag{12-3}$$

因变形要吸收能量，所以活塞杆上的输出力随着行程的增大而减小。膜片式气缸的膜片材料一般为夹织物橡胶、钢片或磷青铜片。膜片的结构有平膜片、碟形膜片和滚动膜片。根据活塞杆的行程来选择不同的膜片结构：平膜片气缸的行程仅为膜片直径的 0.1，碟形膜片行程可达膜片直径的 0.25，滚动膜片气缸的行程可以更长些。

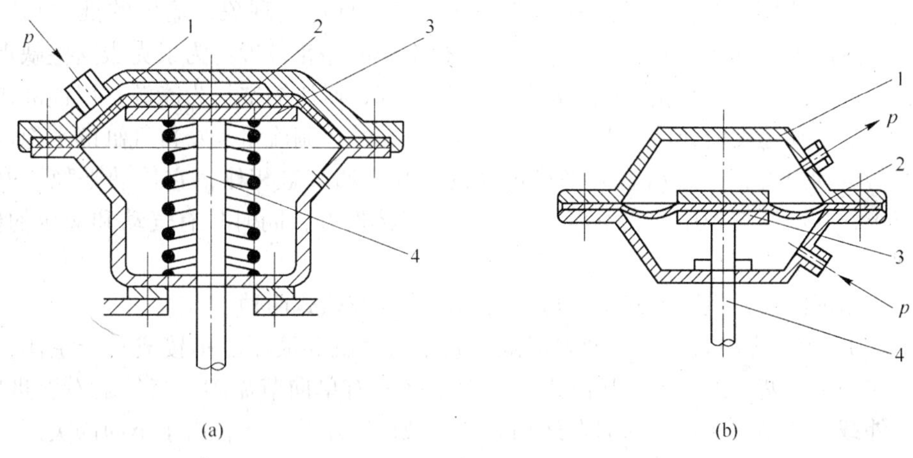

图 12 - 17　膜片式气缸
（a）单作用膜片式气缸；（b）双作用膜片式气缸
1—缸体；2—膜片；3—膜盘；4—活塞杆

（2）冲击气缸。冲击气缸是把气压能转换成活塞高速运动的冲击动能的一种特殊气缸。

图 12 - 18 所示，冲击气缸主要由缸体、中盖、活塞和活塞杆等组成。冲击气缸与普通气缸相比增加了蓄能腔 B 以及带有喷嘴和具有排气小孔的中盖 4。冲击气缸的工作原理是：压缩空气由进气孔 2 进入 A 腔，其压力只能通过喷嘴口 3 的面积作用在活塞 6 上，还不能克服 C 腔的排气压力所产生的向上的推力以及活塞与缸体间的摩擦力，喷嘴处于关闭状态，从而使 A 腔的充气压力逐渐升高。当充气压力升高到能使活塞向下移动时，活

塞的下移使喷嘴口开启，聚集在A腔中的压缩空气通过喷嘴口突然作用于活塞的全面积上，喷嘴口处的气流速度可达声速。高速气流进入B腔进一步膨胀并产生冲击波，其压力可高达气源压力的几倍到几十倍，给予活塞很大的向下的推力。此时C腔内的压力很低，活塞在很大的压差作用下迅速加速，在很短的时间（0.25～1.25s）以极高的速度（最大速度可达10m/s）向下冲击，从而获得很大的动能，利用此能量做功，可完成锻造、冲压等多种作业。当气孔10进气，气孔2与大气相通时，作用在活塞下端的压力，使活塞上升，封住喷嘴口，B腔残余气体，经低压排气阀5排向大气。冲击气缸与同等做功能力的冲压设备相比，具有结构简单、体积小、成本低、使用可靠、易维修、冲裁质量好等优点，在生产上得到日益广泛的应用。其缺点是噪声较大，能量消耗大，冲击效率较低，故在加工数量大时，不能代替冲床。

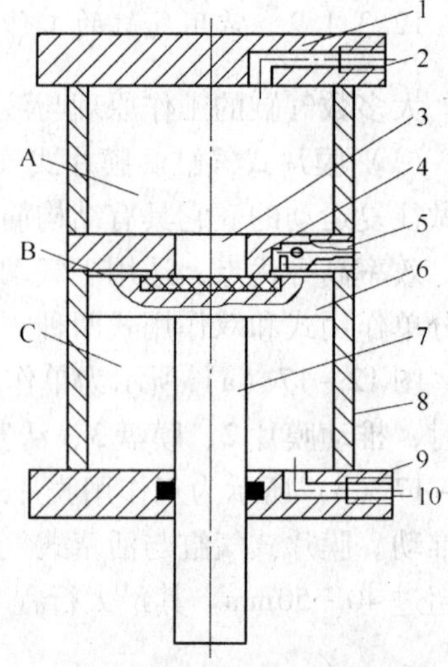

图12－18　普通型冲击气缸
1，9—端盖；2—进气孔；3—喷嘴口；4—中盖；5—低压排气阀；6—活塞；7—活塞杆；8—缸体；10—出气孔

（3）气－液阻尼气缸。一般普通气缸在工作时，由于气体具有很大的压缩性，气缸会产生“爬行”或“自走”现象，输出的推力和速度就有波动，气缸的平稳性较差，且不易使活塞获得准确的停止位置。为了克服这些缺点，通常采用气－液阻尼缸，它是由气缸和液压缸组合而成，以压缩空气为能源，以油液作为控制和调节气缸运动速度的介质，利用油液的不可压缩性控制流量来获得气缸的平稳运动和调节活塞的运动速度，达到活塞的平稳运动的。与普通气缸相比，它传动平稳，停位准确，噪声小；与液压缸相比，它不需要液压源，经济性好，同时具有气动和液压的优点，因此得到了广泛的应用。

气－液阻尼缸按其组合方式不同可分为串联式和并联式两种。

图12－19所示为串联式气－液阻尼缸，它是将气缸和液压缸串接成一个主体，两个活塞固定在一个活塞杆上，在液压缸进、出口之间装有单向节流阀。当气缸右腔进气时，活塞克服外载并带动液压缸活塞向左运动。此时液压缸左腔排油，由于单向阀关闭，油液只能经节流阀1缓慢流回右腔，因此对整个活塞的运动起到阻尼作用。调节节流阀即可达到调节活塞运动速度的目的。当压缩空气进入气缸左腔时，液压缸右腔排油，此时单向阀3开启，活塞能快速返回。

串联式气－液阻尼缸的缸体较长，加工与装配的工艺要求高，且气缸和液压缸之间容易产生窜油、窜气现象。为此，可将气缸与液压缸并联组合。

图12－20所示为并联式气－液阻尼缸，其工作原理与串联式气－液阻尼缸相同。这种气－液阻尼缸的缸体较短，结构紧凑，消除了油气互窜现象。但这种组合方式，两个缸不在同一轴线上，安装时对其平行度要求较高。

（4）摆动式气缸。摆动式气缸是将压缩空气的压力能转变成气缸输出轴的有限回转的机械能，多用于安装在位置受到限制，或转动角度小于360°的回转工作部件上，例如夹具的回转、阀门的开启及转位装置等机构。

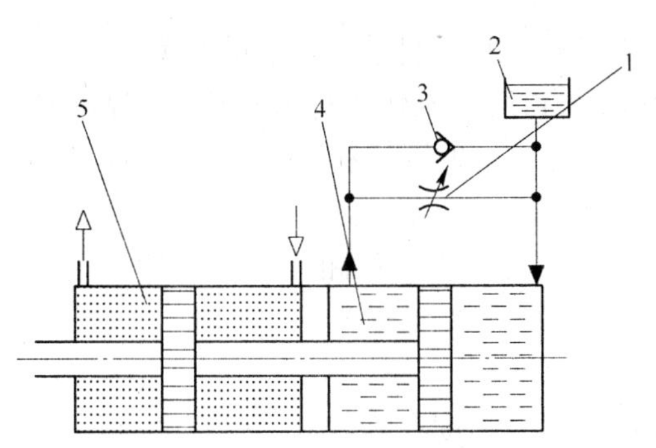

图 12－19　串联式气－液阻尼缸
1—节流阀；2—油箱；3—单向阀；4—液压缸；5—气缸

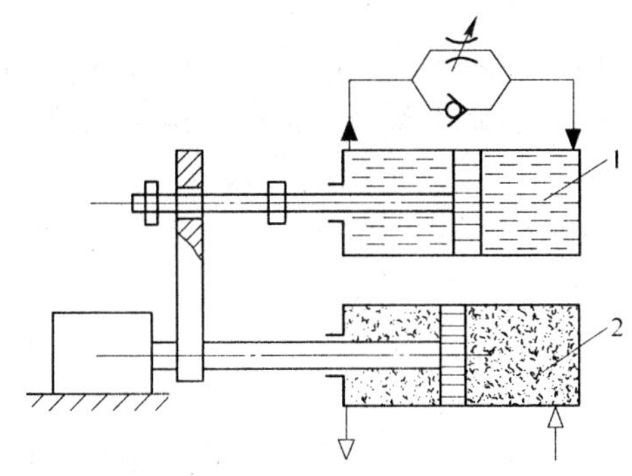

图 12－20　并联式气－液阻尼缸
1—液压缸；2—气缸

图 12－21 所示为单叶片式摆动气缸，定子 3 与缸体 4 固定在一起，叶片 1 和转子 2（输出轴）连接在一起。当左腔进气时，转子顺时针转动；反之，转子则逆时针转动。转子可做成单叶片式，也可做成双叶片式。

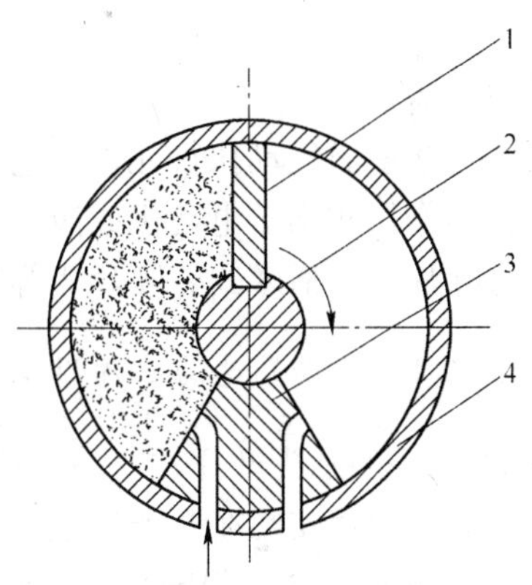

图 12－21　单叶片式摆动气缸
1—叶片；2—转子；3—定子；4—缸体

（5）回转式气缸。如图 12－22 所示为回转式气缸。回转式气缸由导气头体、缸体、活塞、活塞杆等组成。这种气缸的缸体连同缸盖及导气头芯 6 可被携带回转，活塞 4 及活塞杆 1 只能做往复直线运动，导气头体外接管路，固定不动。

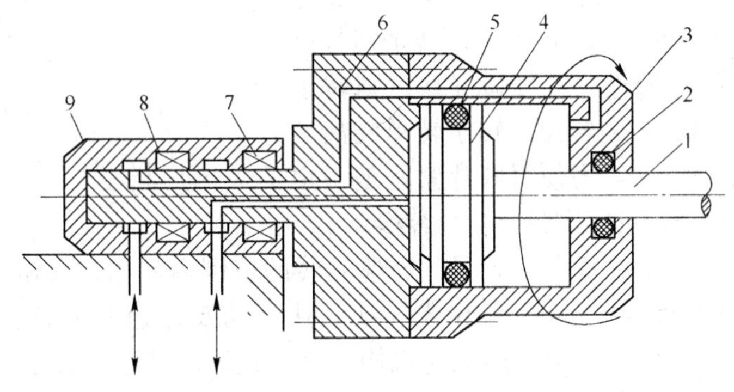

图 12－22　回转式气缸
1—活塞杆；2，5—密封装置；3—缸体；4—活塞；6—缸盖及导气头芯；7，8—轴承；9—导气头体

12.3.1.3　气缸的选择及使用

A　气缸的选择

气缸的品种繁多，各种型号、类别的气缸，其性能、用途及适应的工况不尽相同，在

选择气缸时一般应注意以下几点：

（1）气缸的类型。根据工作要求、工况特点及工作环境条件选择气缸的类型。

（2）气缸的规格。根据工作负载情况、运动状态和系统工作压力分别确定气缸的轴向负载、负载率和工作压力，对照产品样本选择标准化气缸的缸径和行程。一般应在保证工作要求的前提下适当留出一定的行程余量（为 10 ~ 20mm），防止活塞和缸盖相碰。

（3）气缸的安装方式。气缸的安装方式由安装的位置、使用目的、气缸结构等因素决定。一般用途多采用固定式气缸。气缸的常见安装方式可参见相关设计手册。

B　气缸的使用

（1）正常工作压力的范围一般为 0.4 ~ 0.6MPa，环境温度在 -35 ~ +80℃之间。

（2）安装注意事项：安装前要用 1.5 倍工作压力进行测压实验，以防止泄漏；安装时注意动作方向，防止活塞杆偏心；检查所有密封件的密封性能；调整好活塞行程，以避免活塞和缸体的撞击。

12.3.2　气动马达

气动马达属于气动执行元件，它是把压缩空气的压力能转换为回转机械能的能量转换装置。它的作用相当于电动机或液压马达，即输出力矩，并驱动机构做旋转运动。气动马达可分为叶片式、活塞式、膜片式等多种类型，应用最广的是叶片式和活塞式气动马达。

12.3.2.1　气动马达的工作原理

图 12 - 23 所示为叶片式气动马达。叶片式气动马达有 3 ~ 10 个叶片安装在一个偏心转子的径向沟槽中，其工作原理与液压马达相同。当压缩空气从进气口 A 进入气室后立即喷向叶片 1、4，作用在叶片的外伸部分，通过叶片带动转子 2 做逆时针转动，输出转矩和转速，做完功的气体从排气口 C 排出，残余气体则经 B 排出（二次排气）；若进、排气口互换，则转子反转，输出相反方向的转矩和转速。转子转动的离心力和叶片底部的气压力、弹簧力使得叶片紧密地与定子 3 的内壁相接触，以保证可靠密封，提高容积效率。

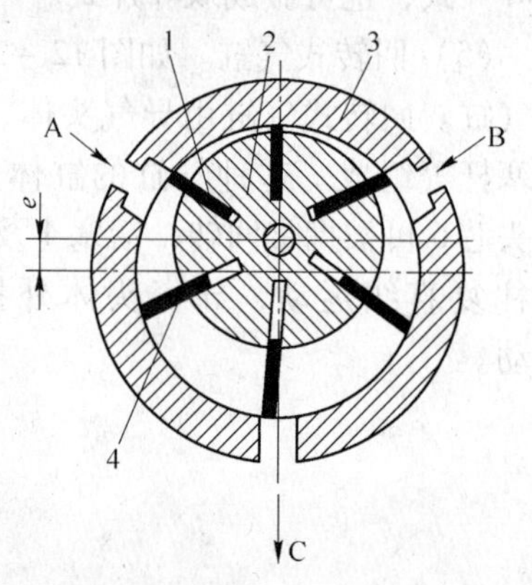

图 12 - 23　叶片式气动马达

1，4—叶片；2—转子；3—定子

叶片式气动马达一般在中、小容量，高速旋转的范围内使用，其输出功率为 0.1 ~ 20kW，转速为 500 ~ 25000r/min。叶片式气动马达启动及低速时的特性不好，在转速 500r/min 以下场合使用时，必须使用减速机构。叶片式气动马达主要用于风动工具如风钻、风扳手、风砂轮，高速旋转机械及矿山机械等。

12.3.2.2　气动马达的特点、选择及使用

A　气动马达的特点

气动马达的优点是：

（1）工作安全，具有防爆性能，可在易燃、易爆、高温、振动、潮湿、粉尘等恶劣环境下工作，不受高温及振动的影响。

（2）具有过载保护作用。可长时间满载工作，且温升较小，过载时马达只是降低转速或停车，过载解除后，可立即重新正常运转。

（3）可实现无级调速。通过控制调节节流阀的开度来控制进入气动马达的压缩空气的流量，从而控制调节气动马达的转速。

（4）具有较高的启动转矩，可直接带负载启动，启动、停止迅速。

（5）功率范围及转速的调速范围较宽。功率小至几百瓦，大至几万瓦；转速可从零到 25000r/min 或更高。

（6）与电动机相比，单位功率尺寸小，结构简单，重量轻，适合安装在位置狭小的场合及手工工具上，操作方便，可正反转，维修容易，成本低。

气动马达的缺点是：速度稳定性较差，输出功率小，耗气量大，效率低，噪声大和易产生振动。

B　气动马达的选择及使用

（1）气动马达的选择。不同类型的气动马达具有不同的特点和适用范围，故主要从负载的状态要求来选择适当的马达。需注意的是产品样本中给出的额定转速一般是最大转速的一半，而额定功率则是在额定转速时的功率（一般为该种马达的最大功率）。

（2）气动马达的使用要求。气动马达工作的适应性很强，因此，应用广泛。在使用中应特别注意气动马达的润滑状况，润滑是气动马达正常工作不可缺少的一个环节。气动马达在得到正确、良好润滑情况下，可在两次检修之间至少运转 2500～3000h。一般应在气动马达的换向阀前装油雾器，以进行不间断的润滑。

知识点 12.4　气动控制元件

在气压传动系统中，用来控制与调节压缩空气的压力、流量、方向和发送信号的装置称为气压传动控制阀（简称控制阀）。利用控制阀可以组成各种气动回路，保证执行元件按设计要求进行正常工作。控制阀按功能和作用分为方向控制阀、压力控制阀、流量控制阀、实现逻辑功能的气动逻辑元件等。

12.4.1　方向控制阀

方向控制阀是气压传动系统中通过控制压缩空气的流动方向和气流的通断，来控制执行元件的启动、停止及运动方向的气动元件。气动换向阀和液压换向阀相似，分类方法也大致相同：按其作用特点可分为单向型控制阀和换向型控制阀；按阀芯结构形式不同可分为滑柱式（又称滑阀式）、截止式（又称提动式）、平面式（又称滑块式）、旋塞式和膜片式，其中以截止式和滑柱式换向阀应用较多；按阀的密封形式可分为硬质密封和软质密封；按操纵方式可分为电磁换向阀、气动换向阀、机动换向阀和手动换向阀，其中后三类换向阀的工作原理和结构与液压换向阀中相应的阀类基本相同；按阀的工作位数及通路数可分为二位二通、二位三通、二位五通、三位四通、三位五通等。

12.4.1.1　单向型换向阀

单向控制阀的功能是控制气流只能向一个方向流动而不能反向流动的阀。

单向型控制阀包括单向阀、或门型梭阀、与门型梭阀（双压阀）、快速排气阀等。

A　单向阀

单向阀的工作原理、结构和图形符号与液压阀中的单向阀基本相同，只不过在气动单向阀中，阀芯和阀座之间有一层胶垫（密封垫），如图 12 – 24 所示。

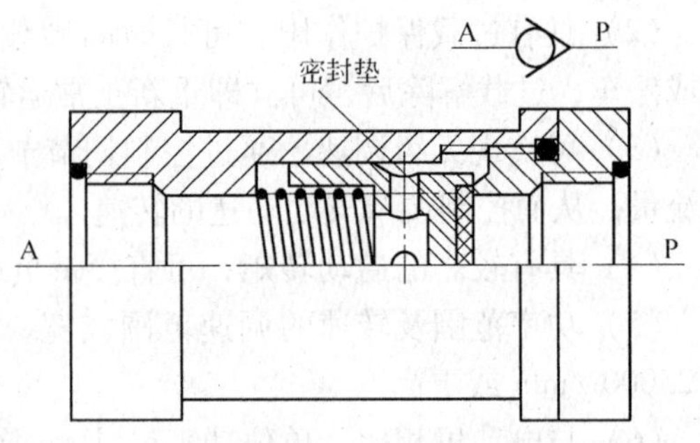

图 12 – 24　单向阀

B　或门型梭阀

在气压传动系统中，当两个通路 P_1 和 P_2 都与通路 A 相通，而不允许 P_1 与 P_2 相通时，就要采用或门型梭阀。由于梭阀像织布梭子一样来回运动，因而称之为梭阀。或门型梭阀相当于两个单向阀的组合，其作用相当于逻辑组件中的“或门”，是构成逻辑回路的重要组件。图 12 – 25 所示为或门型梭阀的工作原理。在图 12 – 25（a）中，当通路 P_1 进气时，阀芯被推向右边，通路 P_2 被关闭，于是气流从 P_1 进入通路 A；反之，如图 12 – 25（b）所示，气流则从 P_2 进入 A；当 P_1、P_2 同时进气时，哪端压力高，A 就与哪端相通，另一端就自动关闭。图 12 – 25（c）为或门型梭阀的职能符号。图 12 – 26 所示为该阀的结构。

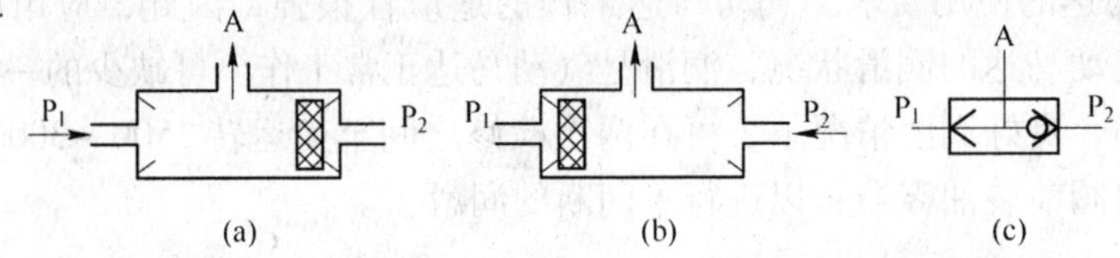

图 12 – 25　或门型梭阀的工作原理及职能符号

或门型梭阀在逻辑回路和程序控制回路中被广泛采用。图 12 – 27 所示是在手动 – 自动回路的转换上应用或门型梭阀。

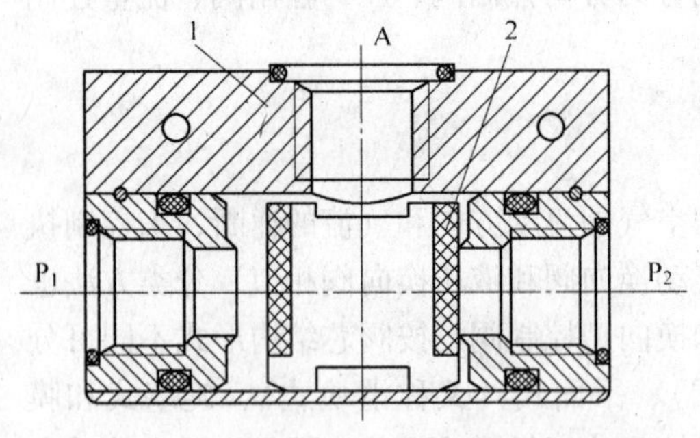

图 12 – 26　梭阀的结构
1—阀体；2—阀芯

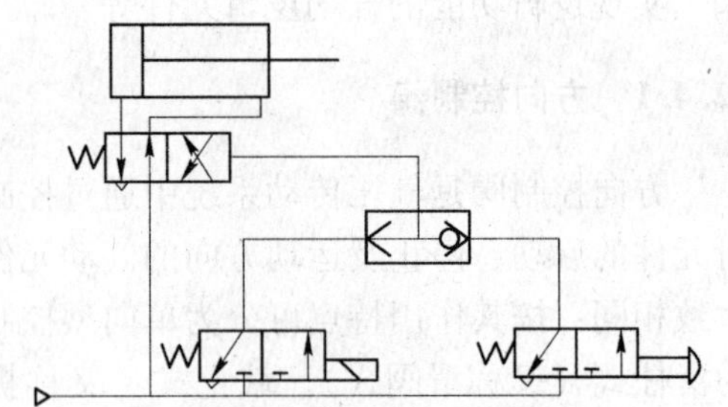

图 12 – 27　或门型梭阀在手动 – 自动换向回路中的应用

C　与门型梭阀（双压阀）

与门型梭阀又称双压阀，其结构如图 12 – 28 所示，与或门型梭阀相似。与门型梭阀的逻辑关系为 P_1、P_2 口均有压力气体输入时，A 口才有输出，否则均无输出。图 12 – 29 所示为与门型梭阀的工作原理。如图 12 – 29（a）、（b）所示，当 P_1 或 P_2 单独有输入时，阀芯被推向右端或左端，此时 A 口无输出；如图 12 – 29（c）所示，只有当 P_1 和 P_2 同时有输入时，A 口才有输出；当 P_1 和 P_2 气体压力不等时，气压高的一端将自身输出通道封闭，则气压低的通过 A 口输出。图 12－29 所示为与门型梭阀的职能符号。

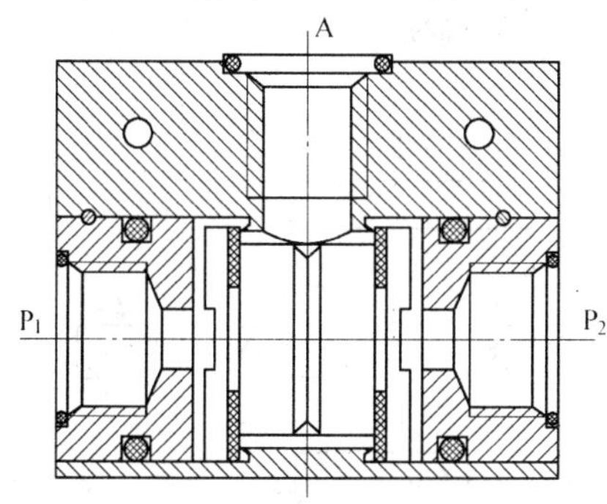

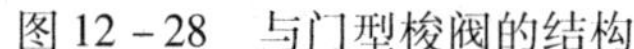

图 12－28　与门型梭阀的结构

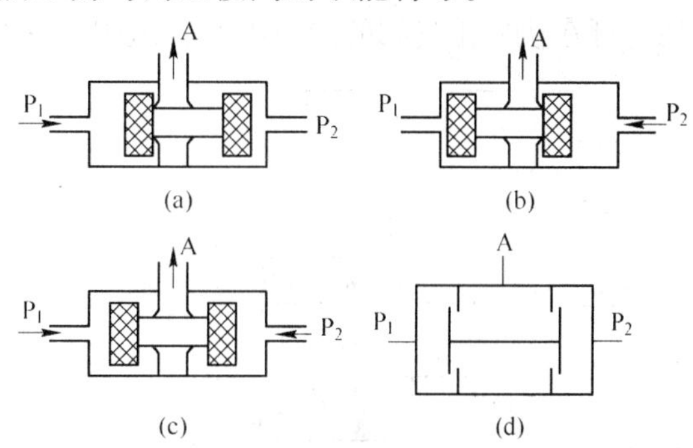

图 12－29　与门型梭阀的工作原理与职能符号

与门型梭阀的应用很广泛，图 12－30 所示为与门型梭阀在钻床控制回路中的应用。

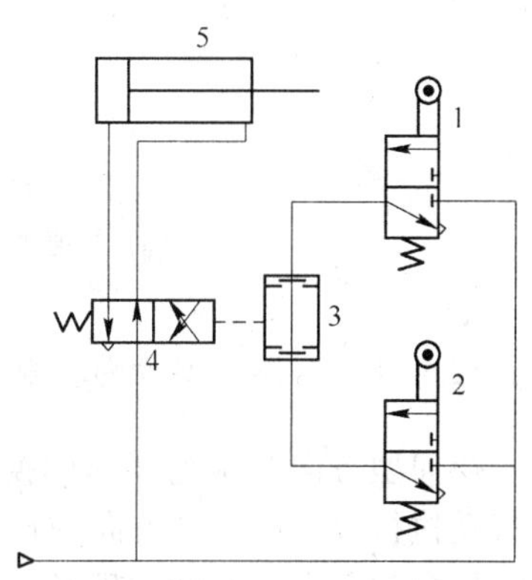

图 12－30　与门型梭阀应用回路
1，2—行程阀；3—与门型梭阀；
4—换向阀；5—钻孔缸

D　快速排气阀

快速排气阀简称快排阀。它是为加快气缸运动速度作快速排气而设置的，一般安装在换向阀和气缸之间。通常气缸排气时，气体是从气缸经过管路由换向阀的排气口排出的。如果从气缸到换向阀的距离较长，而换向阀的排气口又小时，排气时间就较长，气缸动作速度较慢。此时，若采用快速排气阀，则气缸内的气体就能直接由快排阀排往大气中，加速气缸的运动速度。实验证明，安装快排阀后，气缸的运动速度可提高 4～5 倍。

快速排气阀的工作原理如图 12－31 所示。当压缩空气从进气口 P 进入时，推动膜片向上变形，使 P 与 A 通路打开，同时关闭排气口 O（见图 12－31a）；当 P 口没有压缩空气进入时，在 A 口与 P 口压差作用下，膜片向下复位，关闭 P 口，A 口气体经过 O 口快速排出（见图 12－31b）。图 12－31（c）为该阀的图形符号。

快速排气阀主要由膜片、阀体组成，如图 12－32 所示。

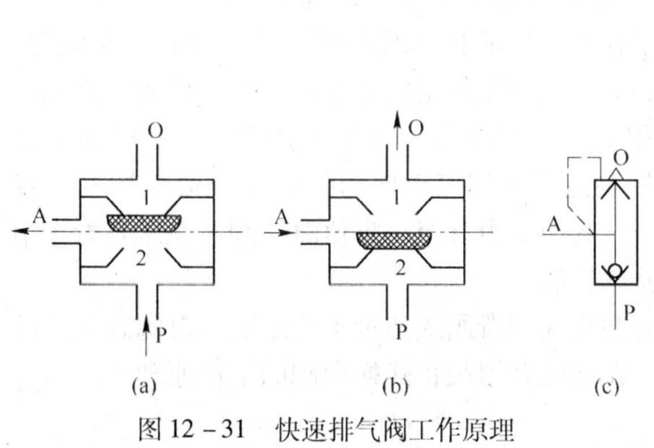

图 12－31　快速排气阀工作原理

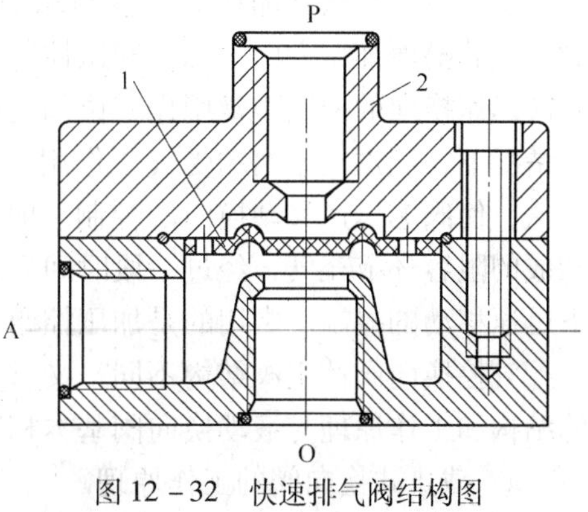

图 12－32　快速排气阀结构图
1—膜片；2—阀体

图 12－33（a）所示为快速排气阀的应用回路，属于直接排气。在实际使用中，快速排气阀应配置在需要快速排气的气动执行元件附近，否则会影响快排效果。为了增加运动平稳性可在快速排气阀的出口处装背压阀，如图 12－33（b）所示。

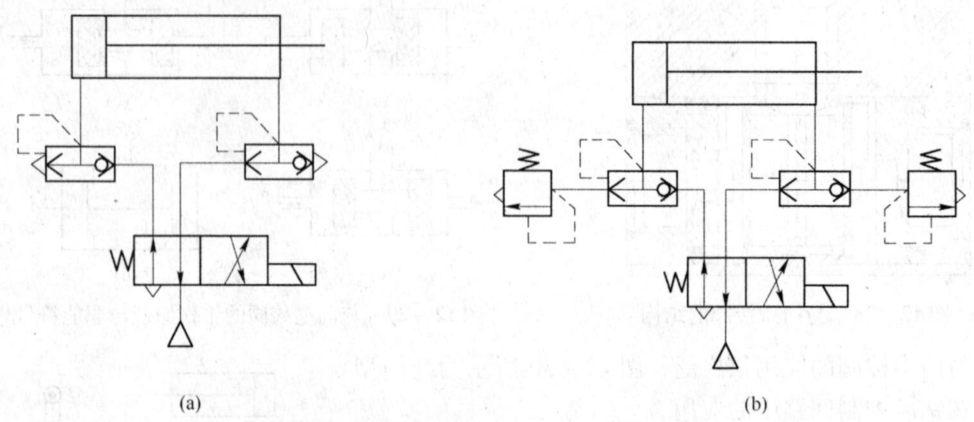

图 12－33 快速排气阀的应用回路
（a）快速排气阀应用回路；（b）带背压阀的快速往复回路

12.4.1.2 换向型方向控制阀

换向型方向控制阀（简称换向阀）的功能是改变气体的运动方向或通、断，从而改变气动执行元件的运动方向或启动、停止的方向控制元件。

换向型方向控制阀的种类较多，可按控制方式、密封方式、阀芯结构和阀的通路数等进行分类。其中比较普遍的是按控制方式分类，可分为气压控制阀、电磁控制阀、机械控制阀、人力控制阀、时间控制阀。

A 气压控制换向阀

气压控制换向阀是以压缩空气为动力切换，使气路换向或通、断的阀类。气压控制换向阀的用途很广，多用于组成全气阀控制的气压传动系统或易燃、易爆以及高净化等场合。

气压控制换向阀按施加压力的方式可分为加压控制、卸压控制、差压控制和时间控制。加压控制是指施加在阀芯控制端的压力逐渐升到一定值时，阀芯迅速移动换向的控制，阀芯沿着加压方向移动。卸压控制是指施加在阀芯控制端的压力逐渐降到一定值时，阀芯迅速换向的控制，常用作三位阀的控制。差压控制是指阀芯采用气压复位或弹簧复位的情况下，利用阀芯两端受气压作用的面积不等（或两端气压不等）而产生的轴向力之差值，使阀芯迅速移动换向的控制。时间控制是指利用气流向由气阻（节流孔）和气容构成的阻容环节充气，经过一段时间后，当气容内压力升至一定值时，阀芯在压差力作用下迅速移动的控制。常用的是加压控制和差压控制。

气控换向阀按主阀结构不同，又可分为截止式和滑阀式两种主要形式。滑阀式气控阀的结构和工作原理与液动换向阀基本相同，在此仅介绍截止式换向阀的工作原理。

a 截止式换向阀的工作原理。

以单气控加压截止式气控阀为例介绍截止换向阀的工作原理。如图 12－34 所示，单气控加压截止式换向阀是利用空气的压力与弹簧力相平衡的原理来进行控制的。

图 12－34（a）所示为无气控制信号 K 时阀的状态，即常态。此时，阀芯在弹簧的作用下处于上端位置，阀口 A 与 O 相通，阀处于排气状态。图 12－34（b）所示为有气控信号 K 时阀的状态，即动力阀状态。由于气压力的作用，阀芯压缩弹簧下移，阀口 A 与 O 断开，P 与 A 接通，气体从 A 口输出。故该阀属常闭型二位三通阀。图 12－34（c）为二位三通单气控截止式换向阀的图形符号。

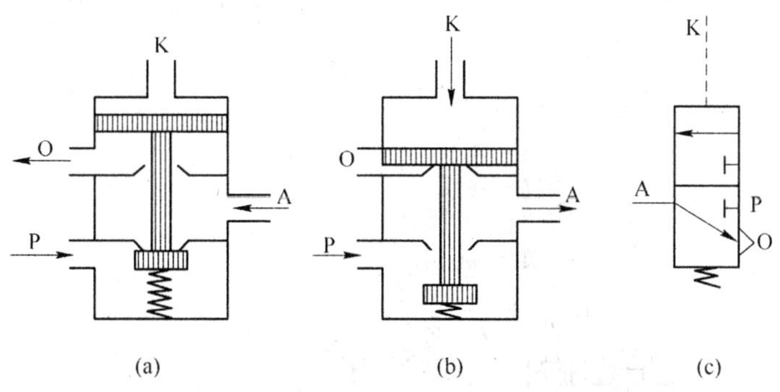

图 12－34　单气控截止式换向阀

b　截止式换向阀的特点

截止式换向阀和滑阀式换向阀一样，可组成二位三通、二位四通、二位五通、三位四通或三位五通等多种形式。与滑阀相比，它的特点是：

（1）结构简单、紧凑，密封可靠。

（2）阀芯的行程短，只要移动很小的距离就能使阀完全开启（见图 12－35），故阀开启时间短，通流能力强，流量特性好，结构紧凑，适用于大流量的场合。

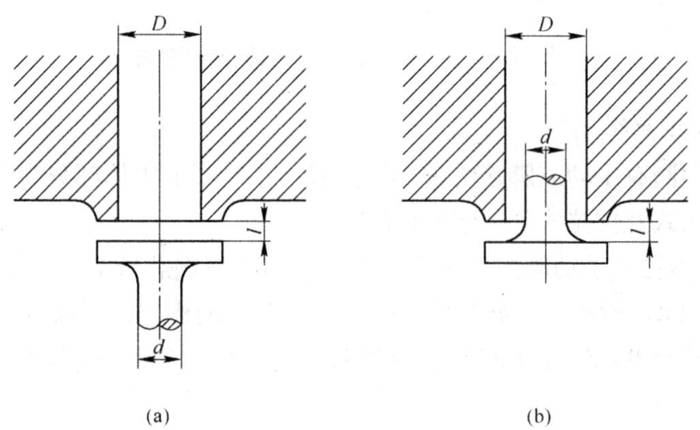

图 12－35　截止式换向阀阀芯的结构形式

（3）截止式换向阀一般采用软质材料（如橡胶）密封，且阀芯始终存在背压，所以关闭时密封性好，泄漏量小，但换向力较大，换向时冲击力也较大，所以不宜用在灵敏度要求较高的场合。

（4）抗粉尘及污染能力强，对过滤精度要求不高。

B　机械控制换向阀

机械控制换向阀（又称行程阀）是多用于行程过程控制系统的信号阀。常依靠凸轮撞块或其他机械外力推动阀芯，使阀换向。机械控制换向阀按切换位置和接口数目可分为二位三通和二位五通；按阀芯头部结构形式可分为直动式、杠杆滚轮式和可通式。

图 12－36 为一常用的直动式二位三通机械控制阀。它是利用机械凸轮或挡块直接压下阀顶杆圆头来换向的。如在该阀阀顶杆上部增加一个杠杆滚轮机构即成为杠杆滚轮式机控阀，这种装置的优点是减小了顶杆所受的侧向力；同时，通过杠杆传力也减小了外部的机械压力。

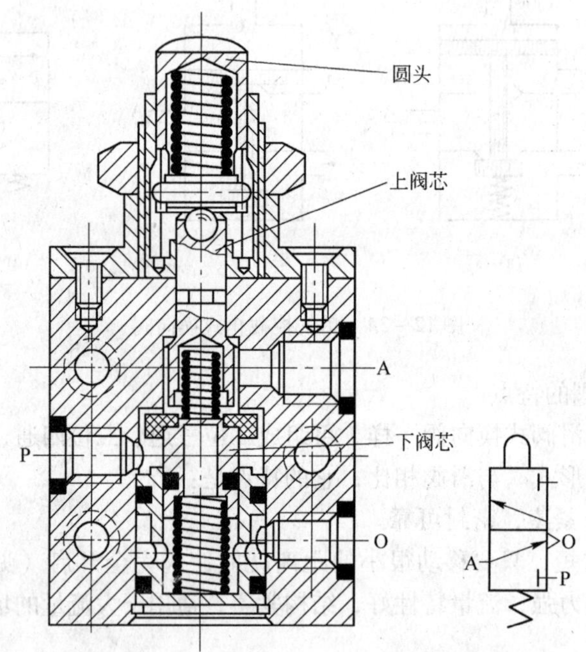

图 12－36　直动式二位三通机械控制阀

C　人力控制换向阀

人力控制换向阀有手动或脚踏两种操纵方式。手动阀的主体部分与气控阀相似，有按钮式、旋钮式、锁式及推拉式等不同的操纵方式。

图 12－37 为推拉式手动阀的工作原理图。若用手把阀芯压下，则 P 与 A、B 与 O_2 相通，如图 12－37（a）所示。手放开后，由于定位装置的作用，阀保持原来状态。若用手把阀芯拉出，则 P 与 B、A 与 O_1 相通，如图 12－37（b）所示，气路改变。此时阀也能保持其状态不变。

D　电磁控制换向阀

电磁换向阀是利用电磁力的作用来实现阀的切换以控制气流的流动方向的。气压传动中的电磁控制换向阀和液压传动中的电磁控制换向阀一样，也由电磁铁控制部分和主阀两部分组成。按控制方式不同，电磁控制换向阀可分为电磁铁直接控制（直动）式电磁阀和先导式电磁阀两种。它们的工作原理分别与液压阀中的电磁阀和电液动阀相类似，只是二者的工作介质不同而已。

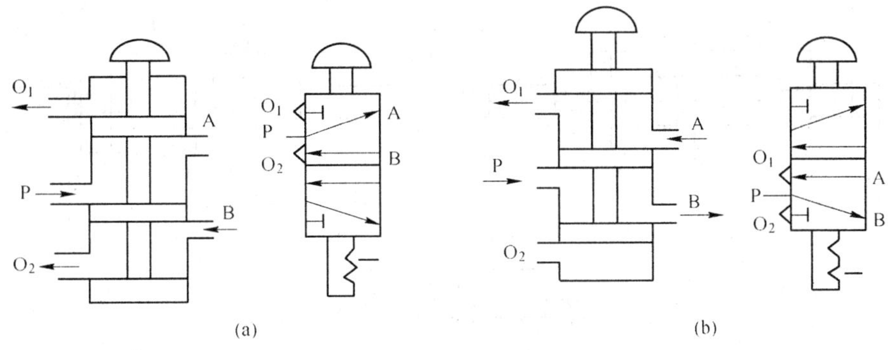

图 12－37　推拉式手动阀的工作原理图

（a）压下阀芯时状态；（b）拉起阀芯时状态

（1）直动式电磁阀。由电磁铁的衔铁直接推动换向阀阀芯换向的阀称为直动式电磁阀。直动式电磁阀分为单电磁铁和双电磁铁两种。单电磁铁换向阀的工作原理如图12－38所示。图 12－38（a）为原始（没有通电）状态，A 口与 O 口相通，P 口被单独断开。图 12－38（b）为通电时的状态，P 口与 A 口相通，O 口单独断开。图 12－38（c）为该阀的图形符号。从图中可知，这种阀阀芯的移动靠电磁铁，而复位靠弹簧，因而换向冲击较大，故一般只制成小型的阀。

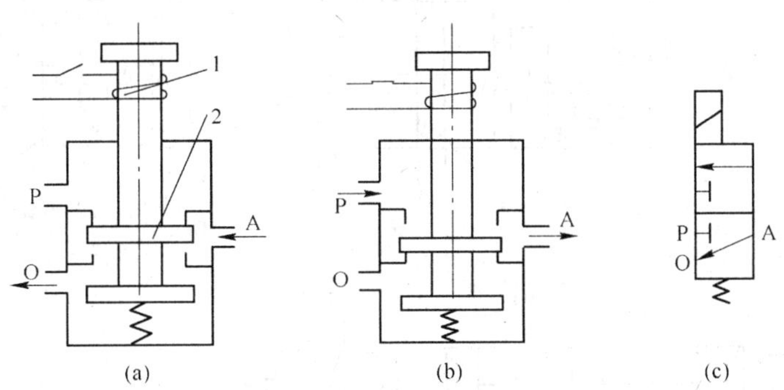

图 12－38　单电磁铁换向阀工作原理

（a）断电状态；（b）通电状态；（c）图形符号

1—电磁铁；2—阀芯

若将阀中的复位弹簧改成电磁铁，就成为双电磁铁直动式电磁阀，如图 12－39 所示。图 12－39（a）为 1 通电、2 断电时的状态，P 与 A 相通，B 与 O_2 相通，O_1 单独断开。图 12－39（b）为 2 通电、1 断电时的状态，P 与 B 相通，A 与 O_1 相通，O_2 单独断开。图 12－39（c）为其图形符号。

由此可见，这种阀的两个电磁铁只能交替得电工作，不能同时得电，否则会产生误动作。因而这种阀具有记忆的功能。

（2）先导式电磁阀。由电磁铁首先控制从主阀气源节流出来的一部分气体，产生先导压力，再由先导压力推动主阀阀芯换向的阀类，称为先导式电磁阀。一般电磁先导阀都单独制成通用件，既可用于先导控制，也可用于气流量较小的直接控制。先导式电磁阀也分为单电磁铁控制和双电磁铁控制。图 12－40 为双电磁铁控制的先导式换向阀的工作原

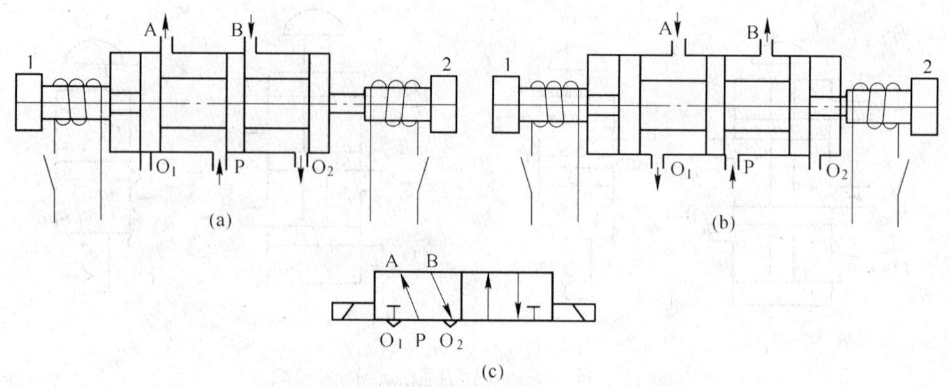

图12-39 双电磁铁直动式换向阀工作原理

(a) 1通电、2断电状态；(b) 2通电、1断电状态；(c) 图形符号

理图。图12-40（a）为先导阀1通电、3断电状态，P与A相通，B与O_2相通，O_1单独断开。图12-40（b）为先导阀3通电、1断电状态，P与B相通，A与O_1相通，O_2单独断开。图12-40（c）是其图形符号。

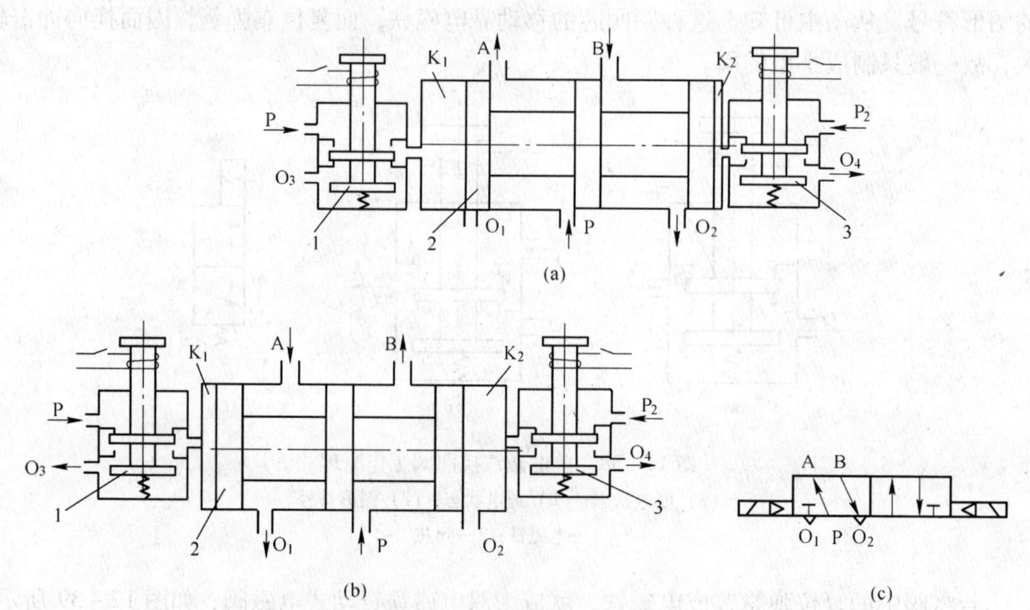

图12-40 先导滑阀式双电控二位五通换向阀工作原理

(a) 1通电、3断电状态；(b) 3通电、1断电状态；(c) 图形符号

先导式双电控阀具有记忆功能，即通电时换向，断电时并不复位，直至另一侧来电时为止，相当于一个“双稳”逻辑元件。

E 时间控制换向阀

时间控制换向阀是使气流通过气阻（如小孔、缝隙等）节流后到气容（储气空间）中，经一定时间，气容内建立起一定压力后，再使阀芯换向的阀。在不允许使用时间继电器（电控）的场合（如易燃、易爆、粉尘大等），用气动时间控制就显示出其优越性。

（1）延时阀。图 12－41 所示为二位三通延时换向阀，它是由延时部分和换向部分组成的。当无气控信号 K 时，P 与 A 断开，A 腔排气；当有气控信号 K 时，气体从 K 腔输入经可调节流阀节流后到气容 a 内，使气容不断充气，直到气容内的气压上升到某一值时，阀芯由左向右移动，使 P 与 A 接通，A 有输出。当气控信号消失后，气容内气压经单向阀到 K 腔排空。这种延时阀的工作压力为 0～0.8MPa，信号压力为 0.2～0.8MPa，延时时间为 0～20s。

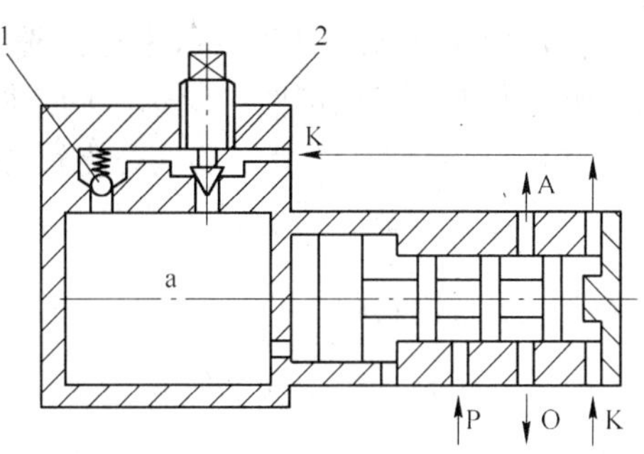

图 12－41　二位三通延时换向阀
1—单向阀；2—节流阀

（2）脉冲阀。图 12－42 为脉冲阀的工作原理图，它与延时阀一样也是气流通过气阻，利用气容的延时作用，使压力输入长信号变为短暂的脉冲信号输出的阀类。如无信号输入时，A 口无输出（见图 12－42a）；当有气压从 K 口输入时，阀芯在气压作用下向上移动，A 端有输出（见图 12－42b）。同时，气流从阻尼小孔向气容充气，在充气压力达到动作压力时，阀芯下移，输出消失（见图 12－42c）。这种脉冲阀的工作气压范围为 0.2～0.8MPa，脉冲时间小于 2s。图 12－42（d）为其结构图。

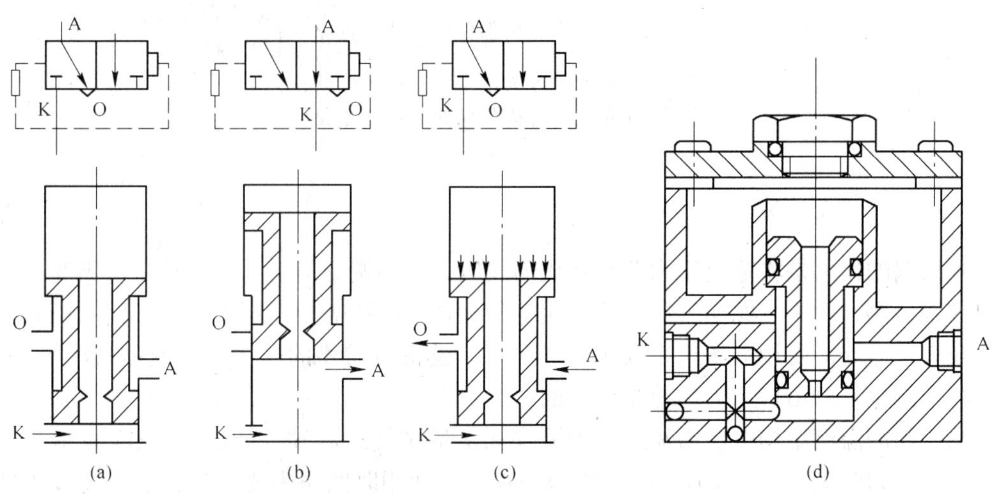

图 12－42　脉冲阀的工作原理及结构图

12.4.1.3　方向控制阀的选用

（1）根据所需流量选择阀的通流能力（公称通径，额定流量，有效截面积）。一般来说，主控阀应根据略大于工作压力状态下的最大流量来选，并注意样本上给出的额定流量是有压还是无压状态下的流量数值。信号阀则根据它所控制阀的远近、被控制阀的数量和动作时间来选，一般选公称通径 3～6mm 的阀即可。

（2）根据工作需要确定阀的功能。若选不到合适的二通、三通或四通阀时可用同通径五通阀改造后代用。

（3）根据适用场合的条件选择阀的技术条件，如压力、电源条件、介质、环境温度及湿度和粉尘等情况。

（4）根据使用条件和要求来选择阀的结构形式。如对密封性要求高，应选软质密封；要求换向力小、有记忆性，应选滑阀式阀芯；气源过滤条件差，则选截止式阀芯较好。

（5）安装方式的选择，要从安装和维修两方面考虑，对集中控制系统推荐采用板式连接。

（6）尽量采用标准化系列产品，避免采用专用阀，阀的生产厂家最好是同一厂家。

12.4.2　压力控制阀

压力控制阀是用来调节和控制气压系统中压缩空气的压力以控制执行元件的负载、动作顺序的阀。这类阀的共同特点是利用作用于阀芯上的压缩空气的压力所产生的力和弹簧力相平衡的原理来进行工作的。从阀的作用来看，压力控制阀可分为三类。一类阀是当输入压力变化时，能保证输出压力不变，如减压阀、定值器等；一类阀是用于保持一定的输入压力，如溢流阀等；还有一类阀是根据不同的压力进行某种控制的，如顺序阀、平衡阀等。表 12－2 为压力控制阀分类。

表 12－2　压力控制阀分类

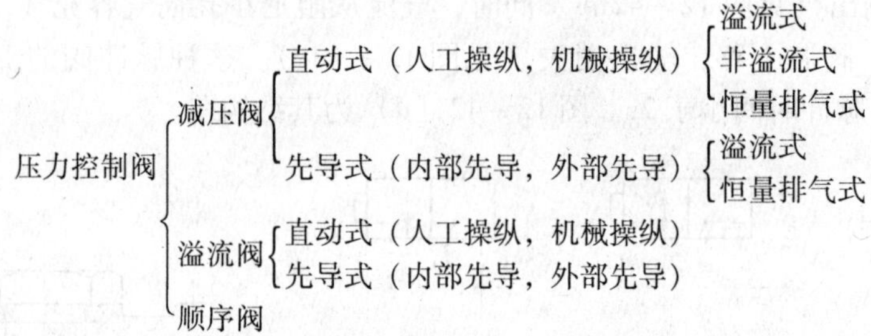

12.4.2.1　减压阀

减压阀的作用是将输出压力调节在比输入压力低的调定值上，并保持稳定不变。减压阀也称调压阀，由于气源空气压力往往比每台设备实际所需要的压力高些，同时压力波动值比较大，因此需要用减压阀将其压力减到每台设备所需要的压力。与液体减压阀一样，气动减压阀也是以出口压力为控制信号的。

减压阀的溢流结构有非溢流式、溢流式和恒量排气式三种，如图 12－43 所示。非溢流式减压阀如图 12－43（a）所示，没有溢流孔，使用时回路中要安装一个放气阀（见图 12－44），以排出输出侧的部分气体，它适用于调节有害气体的压力；溢流式减压阀如图 12－43（b）所示，当减压阀的输出压力超过调定压力时，气流能从溢流孔中排出，维持输出压力不变；恒量排气式如图 12－43（c）所示，始终有微量气体从溢流阀座上的小孔排出。

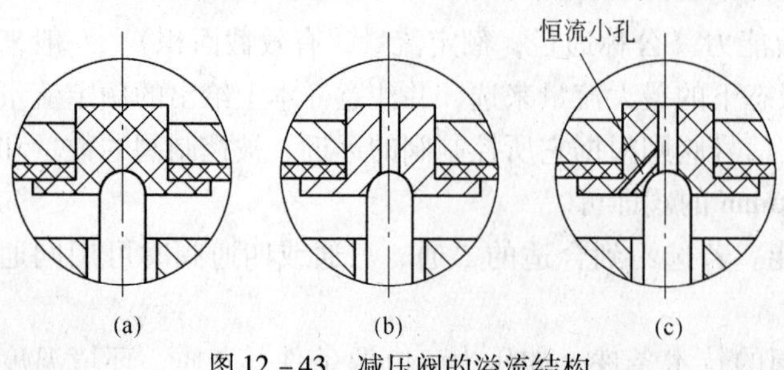

图 12－43　减压阀的溢流结构

（a）非溢流式；（b）溢流式；（c）恒量排气式

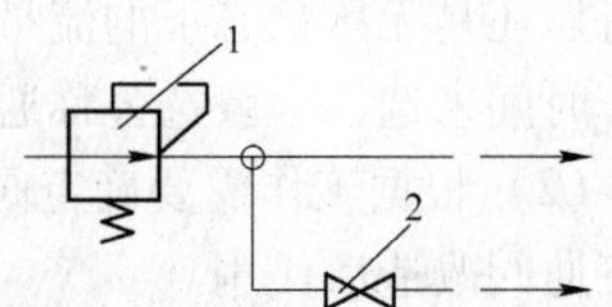

图 12－44　非溢流式减压阀的应用

1—减压阀；2—放气阀

A　减压阀的结构和工作原理

图 12－45 为 QTY 型直动式减压阀的结构原理图。其工作原理是：当阀处于工作状态时，调节手柄 1，由调压弹簧 2、3，推动膜片 5 和阀杆 6 下移，阀芯 9 也随之下移，进气阀口被打开，有压力气流从左至右输出。同时，输出气压经阻尼孔 7 在膜片 5 下面产生向上的推力。这个推力把阀口开度关小，使其输出压力下降。当作用于膜片上的向上推力与向下弹簧力相平衡后，减压阀的输出压力便保持稳定。当减压阀出口压力大于调定值时，作用在膜片上的向上推力大于弹簧力，阀芯 9 向上移动，减压阀阀口减小，压力损失增大，减压阀输出压力下降，直到阀芯达到新的平衡，压力倾于调定值；当减压阀出口压力小于调定值时，作用在膜片上的向上推力小于弹簧力，阀芯 9 向下移动，减压阀阀口增大，压力损失减小，减压阀输出压力升高，直到阀芯达到新的平衡，压力倾于调定值。所以减压阀自动控制出口压力近于不变，不随负载变化而变化。这种减压阀在使用过程中，常有溢流孔排出少量气体，称为溢流式减压阀，多用于低压系统。

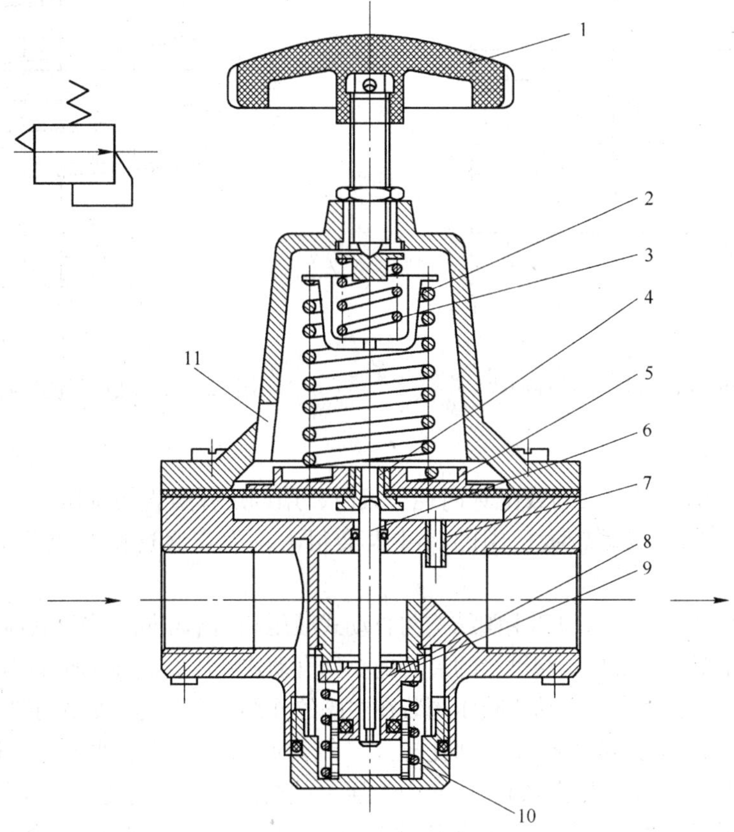

图 12－45　QTY 型直动式减压阀结构及其图形符号

1—手柄；2，3—调压弹簧；4—溢流口；5—膜片；6—阀杆；7—阻尼孔；8—阀座；9—阀芯；10—复位弹簧；11—排气孔

当不使用时，可旋松手柄，使调压弹簧 2、3 处于自由状态，阀芯 9 在复位弹簧 10 作用下，关闭进气阀，减压阀处于截止状态，无气流输出。

安装减压阀时，要按气流的方向和减压阀上所示的箭头方向，依照水分滤气器→减压阀→油雾器的安装次序进行安装。调压时应由低向高调，直至规定的调压值为止。阀不用时应把手柄松开，以免膜片经常受压变形。

B　压力特性和流量特性

（1）压力特性。减压阀的压力特性是指在一定的流量下，输出压力和输入压力之间的函数关系。图 12－46 所示为减压阀的压力特性曲线。由图可知，当输出压力较低、流量适当时，减压阀的稳压性能最好。当输出压力较高、流量太大或太小时，减压阀的稳定性能较差。

（2）流量特性。流量特性表示输入压力为定值时，输出流量和输出压力之间的函数关系。图 12－47 所示是减压阀的流量特性曲线。它表明，输入压力一定时，输出压力越低，流量变化引起输出压力的波动越小。

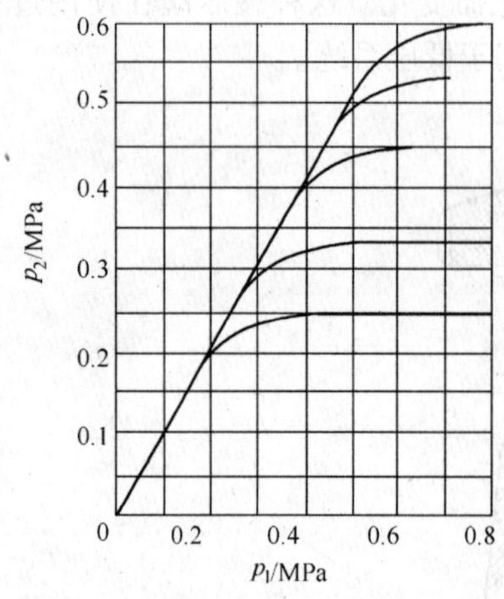

图 12－46　减压阀压力特性曲线

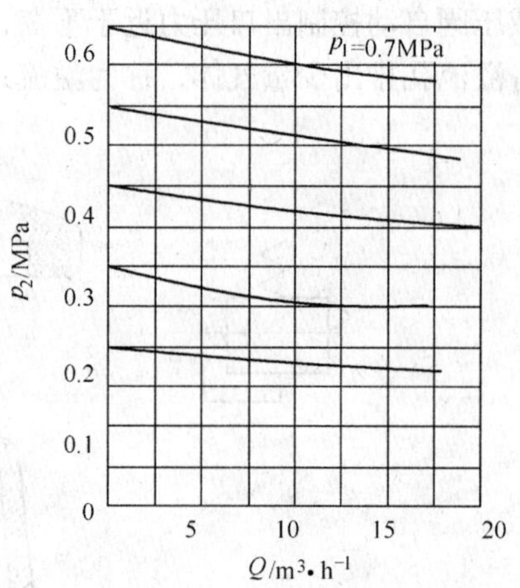

图 12－47　减压阀流量特性曲线

C　先导式减压阀

当减压阀的输出压力较高或配管内径很大时，用调压弹簧直接调压，同直动式液压减压阀一样，输出压力波动较大，阀的尺寸也会很大，为克服这些缺点可采用先导式减压阀。

先导式减压阀的工作原理和主阀结构与直动式减压阀基本相同。先导式减压阀所采用的调压空气是由小型直动式减压阀供给的。若把小型直动式减压阀装在主阀的内部，则称为内部先导式液压阀。若将小型直动式减压阀装在主阀的外部，则称为外部先导式减压阀。

图 12－48 为先导式减压阀（内部先导式）结构原理图。当喷嘴 4 与挡板 3 之间的距离发生微小变化时（零点几毫米），B 室中的压力就会发生明显变化，从而使膜片 10 产生较大的位移，并控制阀芯 6，使之上下移动并使进气阀口 8 开大或关小。对阀芯控制的灵敏度提高，使输出压力的波动减小，因而稳压精度比直动式减压阀高。

D　定值器

定值器（见图 12－49）是一种高精度减压阀，其输出压力的波动不大于最大输出压力的 1%。它适用于射流装置系统、气动自动检测等需要精确信号压力和气源压力的场合。

图 12－50 为定值器工作原理图。当无输出时，由气源输入的压缩空气进入 A 室和 E 室。主阀芯 10 在弹簧和气源压力作用下压在阀座上，使 A 室和 B 室隔断。同时气流经稳

压阀口 6 进入 F 室，通过恒节流孔 7 压力降低后分别进入 G 室和 D 室。由于还未对膜片 2 施加向下的力，挡板距喷嘴较远，由喷嘴流出的气流阻力低，故 G 室气压较低，膜片 5 和 8 为原始位置，进入 H 室的微量气体经输出口及 B 室和排气阀口 9 由排气口排出。

当转动手轮时，压下弹簧并推动膜片 2 连同挡板一同下移，使 D 室和 G 室压力上升，膜片 8 下移将排气阀口 9 关闭，使主阀口开启，压缩空气经 B 室和 H 室由输出口流出。同时，H 室压力上升并反馈到膜片 2 下部。当反馈作用力和弹簧力平衡时，定值器有稳定的输出压力。

当输出压力波动时，如压力上升，则 B 室和 H 室压力增高，膜片 2 上移，挡板与喷嘴的距离拉大，D 室压力下降。由于 B 室压力已上升，故膜片 8 向上移动，使主阀口开度减小，输出压力下降，直到稳定在调定值上。

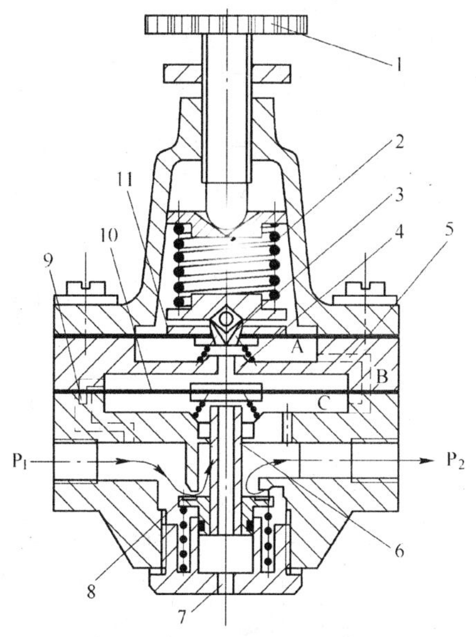

图 12－48　先导式减压阀（内部先导式）

1—旋钮；2—调压弹簧；3—挡板；4—喷嘴；5—孔道；6—阀芯；7—排气口；8—进气阀口；9—固定节流口；10，11—膜片

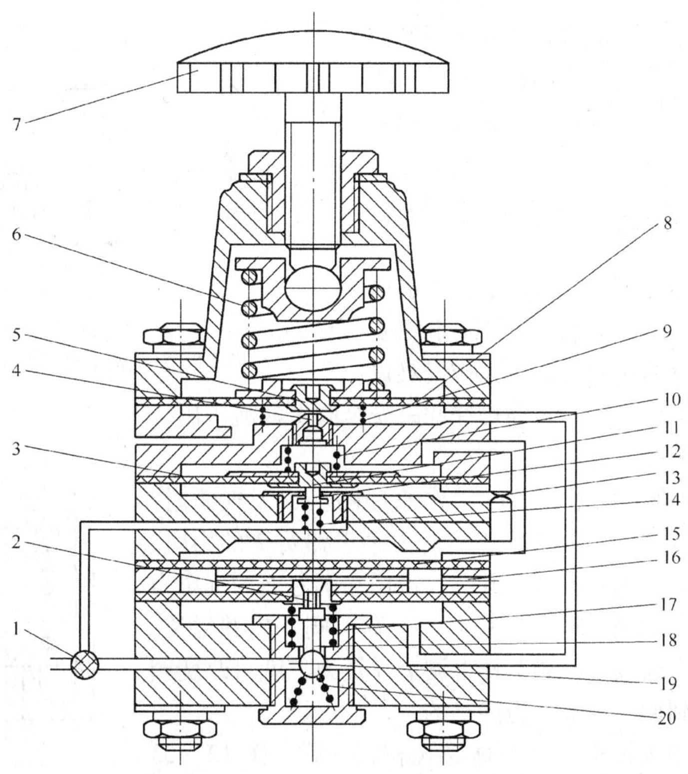

图 12－49　定值器结构图

1—过滤器；2—排气口；3，8，15—膜片；4—喷嘴；5—挡板；6，9，10，14，17，20—弹簧；7—调压手柄；11—稳压阀芯；12—稳压阀口；13—恒节流孔；16—排气口；18—排气阀芯；19—主阀芯

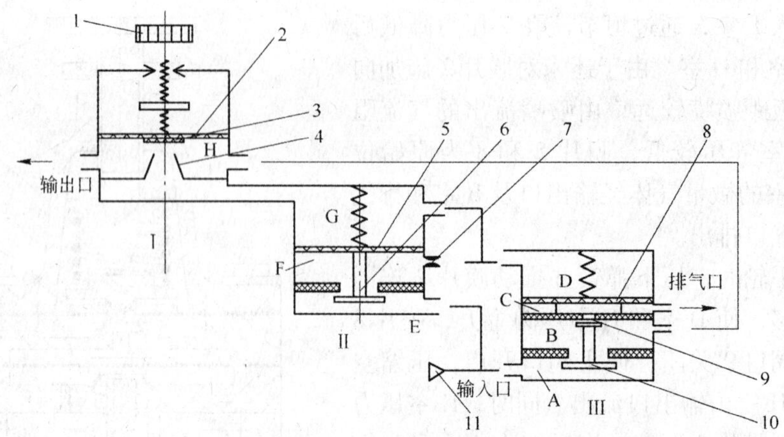

图 12－50　定值器工作原理图

1—调压手柄；2，5，8—膜片；3—挡板；4—喷嘴；6—稳压阀口；
7—恒节流孔；9—排气阀口；10—主阀芯；11—气源

如气源压力上升，则 E 室和 F 室的气压增高，膜片 5 上移，稳压阀口 6 开度减小，节流作用增强，F 室压力下降。由于恒节流孔 7 的作用，D 室压力下降，主阀口开度减小，减压作用增强。

反之，气源压力下降时，主阀口开度加大，减压作用减小。定值器就是利用喷嘴挡板的放大作用及稳压阀口作用进一步提高稳压灵敏度。图 12－51 为将减压阀应用在高、低压转换回路中。

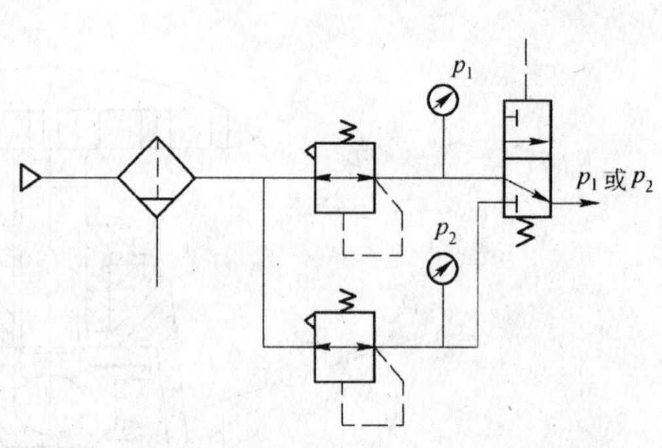

图 12－51　高、低压转换回路

12.4.2.2　溢流阀（安全阀）

当储气罐或回路中压力超过某调定值时，气流需经安全阀排出，以保证系统安全；当回路中仅靠减压阀的溢流孔排气难以保持执行机构的工作压力时，亦可并联一安全阀做溢流阀用。

A　直动式溢流阀

图 12－52 为直动式溢流阀的工作原理图。当无气源时，溢流阀关闭；当气体作用在阀芯 3 上的力小于弹簧 2 的力时，阀也处于关闭状态。当系统压力升高，作用在阀芯上的气压力略大于弹簧力时，则阀芯被气压托起而上移，阀开启并溢流，使气压不再升高。通过手轮调节杆 1 调节弹簧力，就可改变阀的进口压力，达到调节系统压力的目的。

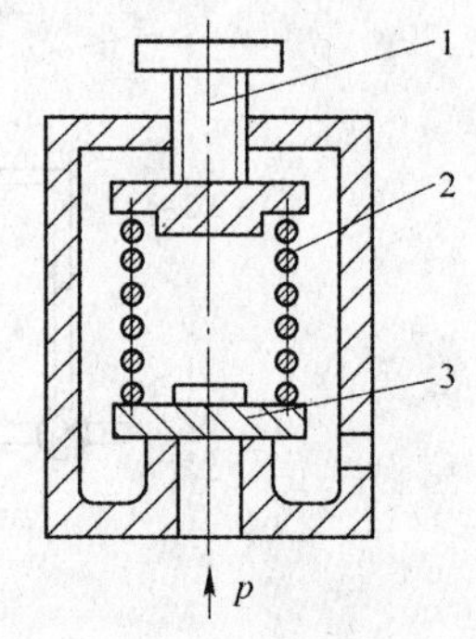

图 12－52　直动式溢流阀工作原理

1—调节杆；2—弹簧；3—阀芯

直动式溢流阀按结构可分为球阀式和膜片式。图 12－53（a）所示为球阀式溢流阀，该阀结构较简单、坚固，但灵敏度与稳定性较差。图 12－53（b）所示为膜片式溢流阀，该阀结构较复杂，膜片较易损坏，但膜片惯性小，动作灵敏度高。

B　先导式溢流阀

先导式溢流阀一般都采用膜片式结构，如图 12－54 所示。采用一个小型直动式减压阀或气动定值器作为它的先导阀，接在 C 口。工作时，由减压阀减压后的空气从 C 口进入阀内，控制 P 口的压力，相当于直动式阀中的弹簧。调节 C 口的进气压力，就调节了主阀的开启压力。这种直动式作先导式的溢流阀流量特性好，灵敏度高，压力超调量小，适用于大流量和远距离控制的场合。

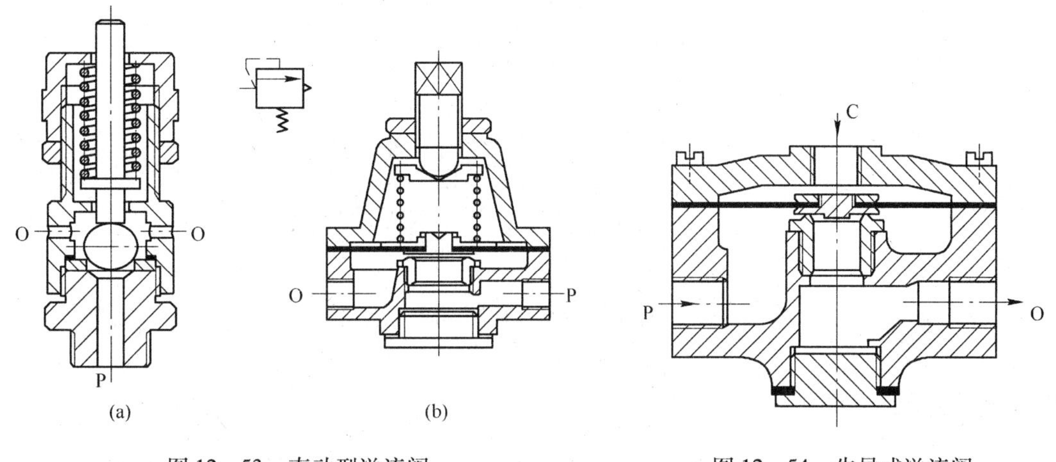

图 12－53　直动型溢流阀
（a）球阀式；（b）膜片式

图 12－54　先导式溢流阀

C　溢流阀的使用

（1）作溢流阀用，用于调节和稳定系统压力。正常工作时，溢流阀有一定的开启量，一部分多余气体逸出，以保持进口处的气体压力基本不变，即保持系统压力基本不变。所以溢流阀的调节压力等于系统的工作压力。

（2）作安全阀用，用于保护系统。当系统以调整的压力正常工作时，此阀关闭，不溢流。只有在系统因某些原因（如过载等）使系统压力升高到超过工作压力一定数值时，此阀才开启，溢流泄压，对系统起到安全保证作用。所以作安全阀用时，其调整压力要高于系统工作压力。

12.4.2.3　顺序阀

顺序阀是依靠气路中压力的变化来控制执行元件按顺序动作的压力阀。顺序阀的动作原理与溢流阀基本一样，所不同的是溢流阀的出口为溢流口，输出压力为零；而顺序阀相当于一个控制开关，当进口的气体压力达到顺序阀的调整压力而将阀打开时，阀的出口输出二次压力。

为了气流的反向流动，将顺序阀与单向阀并联组合成单向顺序阀，如图 12－55 所示。其工作原理是：气流正向流通时，单向阀关闭，气流压力必须达到顺序阀的调整压力时，才能克服弹簧力将阀打开，P 口与 A 口相通。当气流反向流动时，单向阀被打开，A 口直接通 P 口，此时顺序阀不起作用。

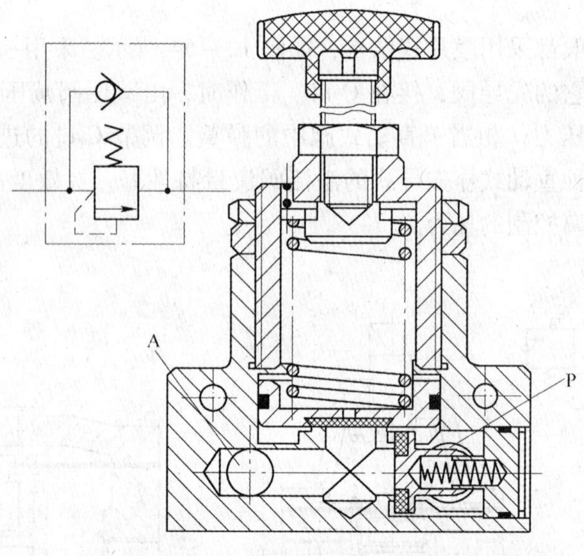

图 12－55　单向顺序阀

12.4.3　流量控制阀

在气压传动系统中，凡用来控制气体流量的阀，称为流量控制阀。流量控制阀就是通过改变阀的通流截面积来调节压缩空气流量控制，从而控制执行元件的运动速度。它包括节流阀、单向节流阀、排气节流阀和柔性节流阀等。

由于节流阀和单向节流阀的工作原理与液压阀中同类型阀相似，在此不再重复。以下仅对排气节流阀和柔性节流阀作一简要介绍。

（1）排气节流阀。排气节流阀的节流原理和节流阀一样，也是靠调节通流面积来调节阀的流量的。它们的区别是，节流阀通常是安装在系统中调节气流的流量，而排气节流阀只能安装在排气口处，调节排入大气的流量，以此来调节执行机构的运动速度。图 12－56 所示为排气节流阀的工作原理，气流从 A 口进入阀内，由节流口 1 节流后经消声套 2 排出。因而排气节流阀不仅能调节执行元件 1 的运动速度，还能起到降低排气噪声的作用。

（2）柔性节流阀。柔性节流阀（见图 12－57），依靠阀杆夹紧柔韧的橡胶管而产生节

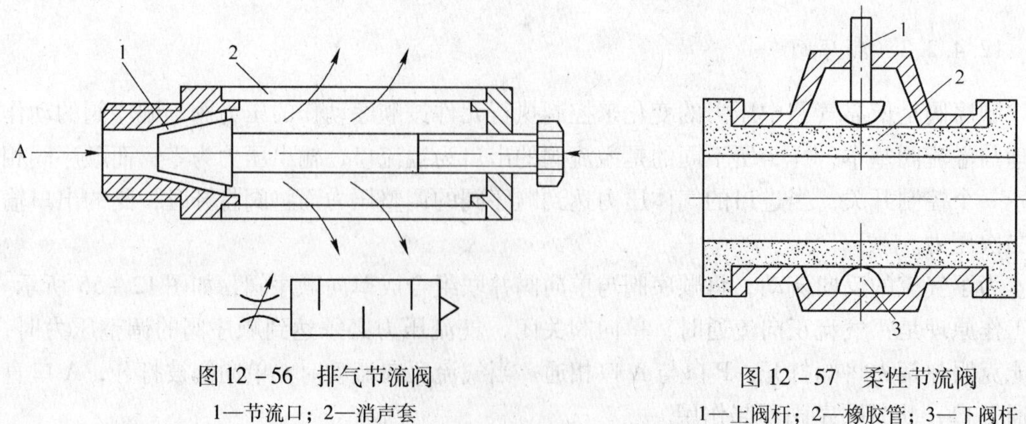

图 12－56　排气节流阀

1—节流口；2—消声套

图 12－57　柔性节流阀

1—上阀杆；2—橡胶管；3—下阀杆

流作用；也可以利用气体压力来代替阀杆压缩橡胶管。柔性节流阀结构简单，动作可靠性高，对污染不敏感，通常工作压力范围为0.3~0.63MPa。流量控制阀在使用时，由于气体具有较大压缩性，尤其负载变化较大时对速度调控困难，故使用时应尽量使其接近气缸，尽量减少外界因素（如润滑、泄漏及气缸加工精度）的影响。

还应当指出的是，用流量控制阀控制气动执行元件的运动速度，其精度远不如液压控制高。特别是在超低速控制中，要按照预定行程变化来控制速度，只用气动是很难实现的。在外部负载变化较大时，仅用气动流量阀也不会得到满意的调速效果。为提高其运动平稳性，建议采用气液联动的方式。

12.4.4　气动逻辑元件

气动逻辑元件是用压缩空气为工作介质，通过元件的可动部件在气控信号作用下动作，改变气流方向以实现一定逻辑功能的气体控制元件。实际上气动方向控制阀也具有逻辑元件的各种功能，所不同的是它的输出功率较大，尺寸大；而气动逻辑元件的尺寸较小，因此在气动控制系统中广泛采用各种形式的气动逻辑元件（逻辑阀）。

12.4.4.1　气动逻辑元件的分类

气动逻辑元件的种类很多，一般可按下列方式来分类：

（1）按工作压力来分：可分为高压元件（工作压力为0.2~0.8MPa）、低压元件（工作压力0.02~0.2MPa）及微压元件（工作压力0.02MPa以下）三种。

（2）按逻辑功能分：可分为“是门”（$s=a$）元件、“或门”（$s=a+b$）元件、“与门”（$s=ab$）元件、“非门”（$s=\bar{a}$）元件和双稳元件等。

（3）按结构形式分：可分为截止式逻辑元件、膜片式逻辑元件和滑阀式逻辑元件等。

12.4.4.2　高压截止式逻辑元件

高压截止式逻辑元件是依靠控制气压信号或通过膜片的变形推动阀芯动作，改变气流的流动方向以实现一定逻辑功能的逻辑元件。这类元件的特点是行程小，流量大，工作压力高，对气源净化要求低，便于实现集成安装和实现集中控制，其拆卸也很方便。

（1）或门元件。截止式逻辑元件中的或门，大多由硬芯膜片及阀体构成，膜片可水平安装，也可垂直安装。图12-58所示为或门元件的工作原理图，图中A、B为信号输入孔，S为输出孔。当只有A有信号输入时，阀芯a在信号气压作用下向下移动，封住信号孔B，气流经S输出。当只有B有输入信号时，阀芯口在此信号作用下上移，封住A信号孔通道，S也有输出。当A、B均有输入信号时，阀芯口在两个信号作用下或上移、或下移、或保持在中位，S均会有输出。也就是说，或有A、或有B、或者A、B二者都有，均有输出S，亦即$s=a+b$。

（2）是门和与门元件。图12-59为是门和与门元件的工作原理图，图中A为信号输入孔，S为信号输出孔，中间孔接气源P时为是门元件。也就是说，在A输入孔无信号时，阀芯2在弹簧及气源压力作用下处于图示位置，封住P、S间的通道，输出孔S与排气孔相通，S无输出。反之，当A有输入信号时，膜片1在输入信号作用下将阀芯2推动下移，封住输出口与排气孔间通道，P与S相通，S有输出。也就是说，无输入信号时无

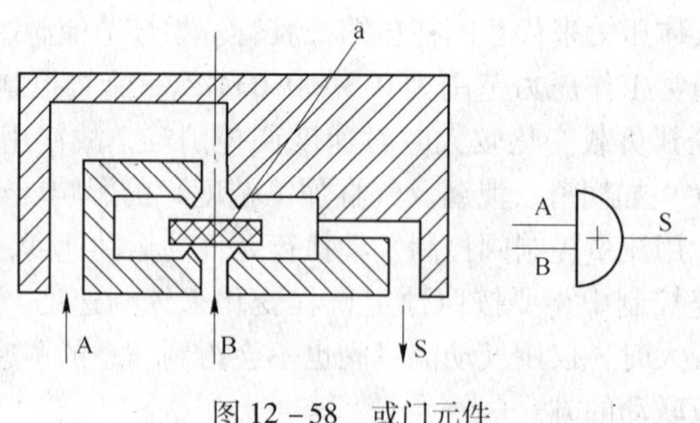

图 12－58 或门元件

输出；有输入信号时就有输出。元件的输入和输出信号之间始终保持相同的状态，即 $s=a$。

若将中间孔不接气源而换接另一输入信号 B，则成与门元件，也就是只有当 A、B 同时有输入信号时，S 才有输出，即 $s=ab$。

（3）非门和禁门元件。图 12－60 所示为非门和禁门元件的工作原理。当元件的输入端 A 没有信号输入时，阀芯 3 在气源压力作用下紧压在上阀座上，输出端 S 有输出信号；反之，当元件的输入端 A 有输入信号时，作用在膜片 2 上的气压力经阀杆使阀芯 3 向下移动，关断气源通路，没有输出。也就是说，当有信号 A 输入时，就没有输出 S；当没有信号 A 输入时，就有输出 S，即 $s=\overline{a}$。活塞 1 用以显示有无输出。

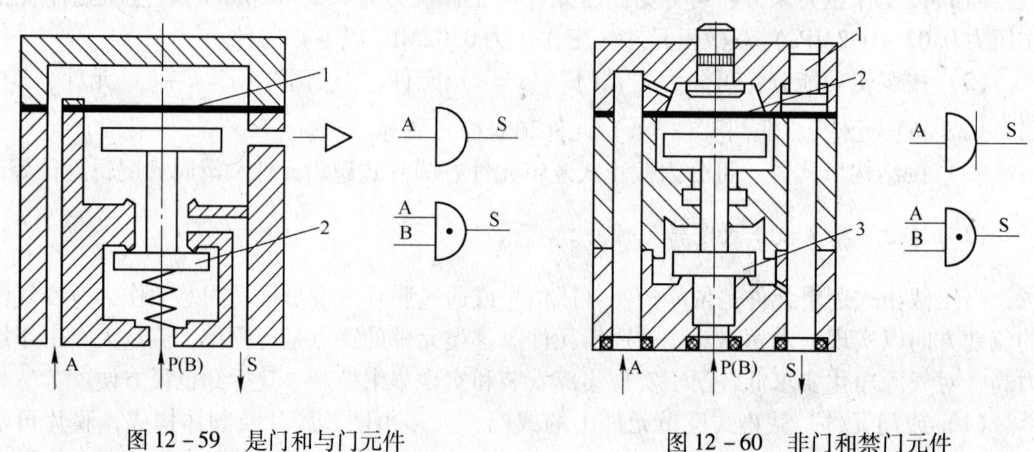

图 12－59 是门和与门元件
1—膜片；2—阀芯

图 12－60 非门和禁门元件
1—活塞；2—膜片；3—阀芯

若中间孔不作气源孔 P，而改作另一输入信号孔 B，该元件即为禁门元件。也就是说，当 A、B 均有输入信号时，阀杆及阀芯 3 在 A 输入信号作用下封住 B 孔，S 无输出；在 A 无输入信号而 B 有输入信号时，S 就有输出。A 的输入信号对 B 的输入信号起“禁止”作用，即 $s=\overline{a}b$。

（4）或非元件。图 12－61 所示为或非元件的工作原理，它是在非门元件的基础上增加两个信号输入端，即具有 A、B、C 三个输入信号。很明显，当所有的输入端都没有输入信号时，元件有输出 S，只要三个输入端中有一个有输入信号，元件就没有输出 S，即 $s=\overline{a+b+c}$。或非元件是一种多功能逻辑元件，用这种元件可以实现是门、或门、与门、非门及记忆等。

（5）双稳元件。双稳元件属记忆元件，在逻辑回路中起着重要的作用。图 12－62为双稳元件的工作原理图。当 A 有输入信号时，阀芯 a 被推向图中所示的右端位置，气源的压缩空气便由 P 通至 S_1 输出，而 S_2 与排气口相通，此时“双稳”处于“1”状态。在控制端 B 的输入信号到来之前，A 的信号虽然消失，但阀芯 a 仍保持在右端位置，S_1 总是有输出。当 B 有输入信号时，阀芯 a 被推向左端，此时压缩空气由 P 至 S_2 输出，而 S_1 与排气孔相通，于是“双稳”处于“0”状态，在 B 信号消失后，A 信号输入之前，阀芯 a 仍处于左端位置，S_2 总有输出。所以该元件具有记忆功能，即 $S_1 = K_a^b$、$s_2 = K_a^b$。但是，在使用中不能在双稳元件的两个输入端同时加输入信号，那样元件将处于不定工作状态。

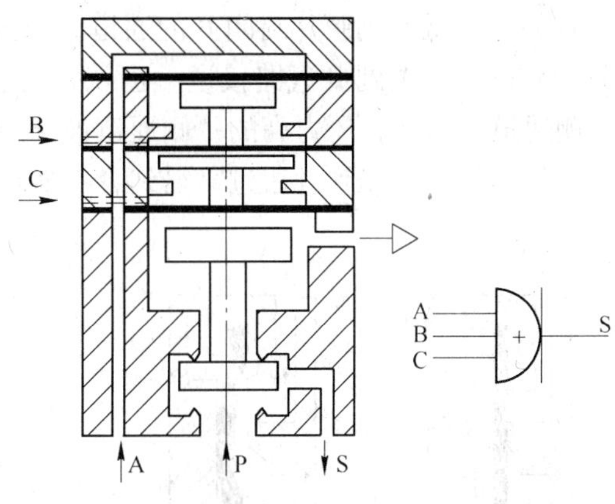

图 12－61　或非元件

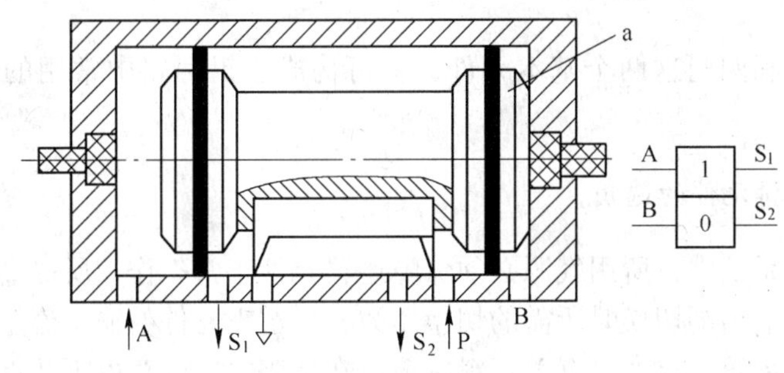

图 12－62　双稳元件

12.4.4.3　高压膜片式逻辑元件

高压膜片元件是利用膜片式阀芯的变形来实现各种逻辑功能的。它的最基本单元是三门元件和四门元件。

（1）三门元件。三门元件的工作原理如图 12－63 所示，一膜片将左右两个气室隔开，膜片左边有输入口 A 和输出口 B，膜片右边有一个控制口 C。因为元件共有三个口，所以称为三门元件。在图 12－63 中，A 口接气源的输入，B 口为输出口，C 口接控制信号。若 A 口和 C 口输入相等的压力，由于膜片两边作用面积不同，受力不等，A 口通往 B 口的通道被封闭。当 C 口的信号消失后，膜片在 A 口气源压力作用下变形，使 A 到 B 的气路接通。但在 B 口接负载时，气路的关断必须是在 B 口降压或 C 口升压的情况下才能保证可靠的关断。利用这个压力差作用的原理，关闭或开启元件的通道，可组成各种逻辑元件。

（2）四门元件。四门元件的工作原理如图 12－64 所示，膜片将元件分成左右两个对称的气室，膜片左边有输入口 A 和输出口 B，膜片右边有输入口 C 和输出口 D。因为共有四个口，所以称之为四门元件。四门元件是一个压力竞争元件。若输入口 A 的气压比输入口 C 的气压低，则膜片封闭 B 的通道，使 A 和 B 气路断开，C 和 D 气路接通。反之，C 到 D 通路断开，A 到 B 气路接通。也就是说膜片两侧都有压力且压力不相等时，压力小的一侧通道被断开，压力高的一侧通道被导通；若膜片两侧气压相等，则要看哪一通道的气流先到达气室，先到者通过，迟到者不能通过。

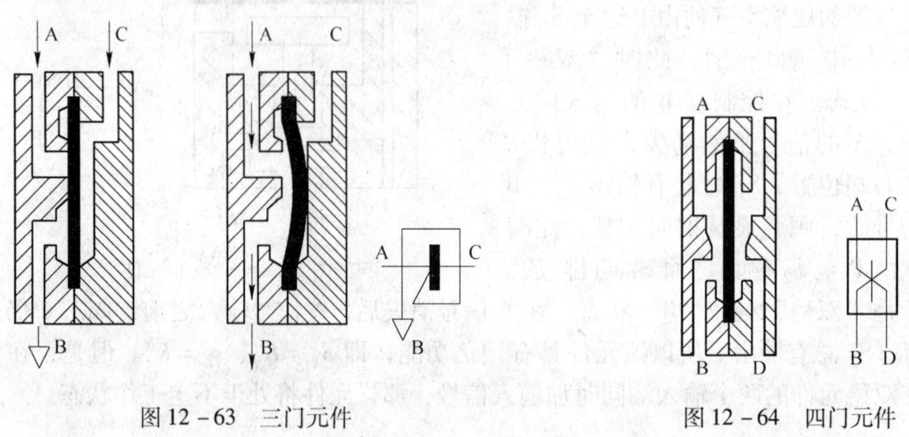

图 12 - 63　三门元件　　图 12 - 64　四门元件

根据上述三门和四门这两个基本元件，就可构成逻辑回路中常用的或门、与门、非门、记忆元件等。

12. 4. 4. 4　逻辑元件的选用

气动逻辑控制系统中，所用气源必须保障逻辑元件正常工作，所提高的气压必须满足压力的变化范围和输出端切换时所需的切换压力，且逻辑元件的输出流量和响应时间等在设计系统时可根据系统要求参照有关资料选取。在选用时应注意以下几点：

（1）无论是采用截止式还是膜片式高压逻辑元件，都要尽量将元件集中布置，以便于集中管理。

（2）由于信号的传输有一定的延时，信号的发出点（例如行程开关）与接收点（例如元件）之间，不能相距太远。一般说来，最好不要超过几十米。

（3）当逻辑元件要相互串联时，一定要有足够的流量，否则可能无力推动下一级元件。

（4）尽管高压逻辑元件对气源过滤要求不高，但最好使用过滤后的气源，不要使用经油雾器雾化的气源进入逻辑元件。

12. 4. 5　气动比例阀及气动伺服阀

随着工业自动化的发展，气动比例阀及气动伺服阀得到了广泛的应用。

12. 4. 5. 1　气动比例阀

气动比例阀是一种输出量与输入信号成比例的气动控制阀，它可以按给定的输入信号连续地、按比例地控制气流的压力、流量和方向等。由于比例阀具有压力补偿的性能，所以其输出压力、流量等可不受负载变化的影响。

按控制信号的类型，气动比例阀可分为气控比例阀和电控比例阀。气控比例阀以气流作为控制信号，控制阀的输出参量，可以实现流量放大，在实际系统中应用时，一般应与电－气转换器相结合，才能对各种气动执行机构进行压力控制。电控比例阀则以电信号作为控制信号。

（1）气控比例压力阀。图 12－65 为气控比例压力阀的结构原理图。气控比例压力阀是一种比例元件，阀的输出压力 p_2 与输入信号压力 p_1 成比例。当有输入信号压力 p_1 时，膜片 1 变形，推动膜片 2 使主阀芯 3 向下运动，打开主阀口，气源压力经过主阀芯节流后形成输出压力 p_2。膜片 2 起反馈作用，并使输出压力信号与信号压力之间保持比例。当输出压力 p_2 小于信号压力 p_1 时，膜片组向下运动，使主阀口开大，输出压力 p_2 增大。当 p_2 大于 p_1 时，膜片 2 向上运动，溢流阀芯开启，多余的气体排至大气。调节针阀的作用是使输出压力的一部分加到信号压力腔，形成正反馈，增加阀的工作稳定性。

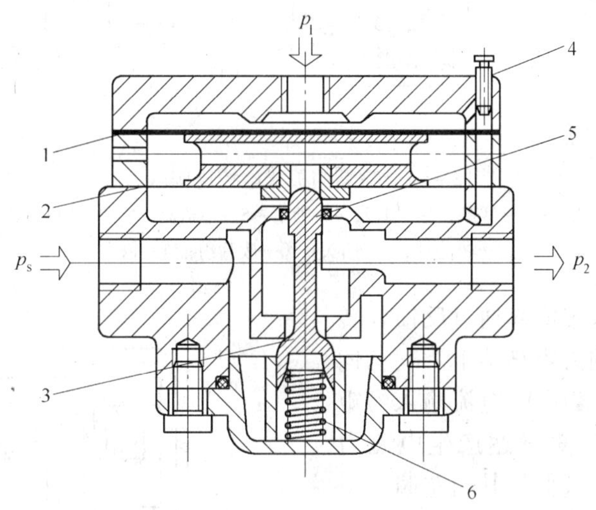

图 12－65　气控比例压力阀

1—信号压力膜片；2—输出压力膜片；3—主阀芯；4—调节针阀；5—溢流阀芯；6—弹簧

（2）电控比例压力阀。图 12－66 所示为喷嘴挡板式电控比例压力阀。它由动圈式比例电磁铁、喷嘴挡板放大器、气控比例压力阀三部分组成。比例电磁铁由永久磁铁 1、线圈 2 和片簧 7 构成。当电流输入时，线圈 2 带动挡板 3 产生微量位移，改变其与喷嘴 4 之间的距离，使喷嘴 4 的背压 p_1 改变。膜片组 10 为比例压力阀的信号膜片及输出压力反馈膜片。背压 p_1 的变化通过膜片 10 控制阀芯 11 的位置，从而控制输出压力 p_2。喷嘴 4 的压缩空气由气源 p_s 经节流阀 5 供给。

12.4.5.2　气动伺服阀

气动伺服阀的工作原理类似于气动比例阀，它也是通过改变输入信号来对输出的参数进行连续的、成比例的控制。

气动伺服阀的控制信号均为电信号，故又称电－气伺服阀。这是一种将电信号转换成气压信号的电气转换装置，是电－气伺服系统中的核心部件。图 12－67 为力反馈式电－气伺服阀结构原理图。其中第一级气压放大器为喷嘴挡板阀，由力矩马达控制；第二级气

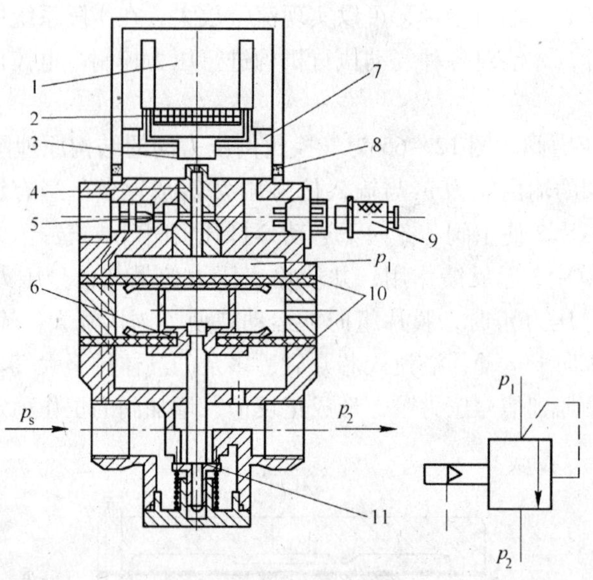

图 12-66　喷嘴挡板式电控比例压力阀

1—永久磁铁；2—线圈；3—挡板；4—喷嘴；5—节流阀；6—溢流口；7—片簧；8—过滤片；9—插头；10—膜片组；11—阀芯

压放大器为滑阀，阀芯位移通过反馈杆转换成机械力矩反馈到力矩马达上。气动伺服阀的工作原理为：当有一电流输入力矩马达控制线圈时，力矩马达产生电磁力矩，使挡板偏离中位（假设其向左偏转），反馈杆变形。这时两个喷嘴挡板阀的喷嘴前腔产生压力差（左腔高于右腔）。在此压力差的作用下，滑阀向右移动，反馈杆端点随着一起移动，反馈杆进一步变形，反馈杆变形产生的力矩与力矩马达的电磁力矩相平衡，使挡板停留在某个与控制电流相对应的偏转角上。反馈杆的进一步变形使挡板被部分拉回中位，反馈杆端点对阀芯的反作用力与阀芯两端的气动力相平衡，使阀芯停留在与控制电流相对应的位移上。这样，伺服阀就输出一个对应的流量，达到了用电流控制流量的目的。

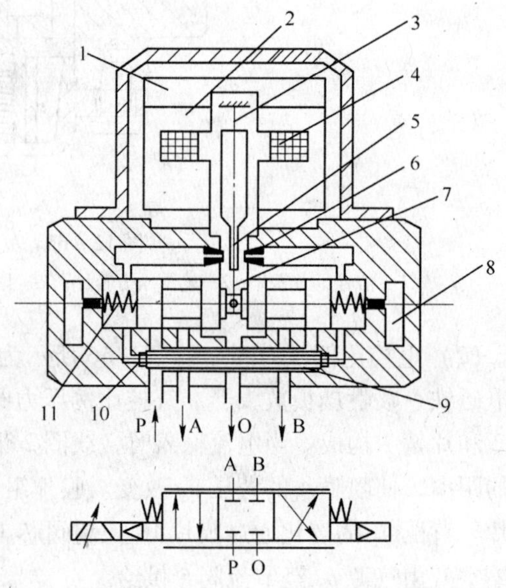

图 12-67　电-气伺服阀结构原理

1—永久磁铁；2—导磁体；3—支撑弹簧；4—线圈；5—挡板；6—喷嘴；7—反馈杆；8—阻尼气室；9—滤气器；10—固定节流孔；11—补偿弹簧

知识点 12.5　气动基本回路

气压传动系统的形式很多，由不同功能的基本回路组成。气压传动基本回路是由有关气动元件组成，完成某种特定功能的气动回路。熟悉常用的基本回路是分析气压传动系统的必要基础。

12.5.1　方向控制回路

方向控制回路是通过换向阀得电、失电使气缸改变运动方向的换向回路。常用的方向控制回路有单作用气缸换向回路、双作用气缸换向回路。

（1）单作用气缸换向回路。图 12－68 所示回路采用二位三通手动换向阀控制单作用气缸换向。当按下按钮 1V1，手动换向阀换至左位后，气缸左腔进气，活塞克服弹簧力和负载力右行。当放开按钮 1V1 时，活塞在复位弹簧力作用下退回，缸内压缩空气由 2 口流向 3 口排放。

（2）双作用气缸换向回路。控制双作用气缸的前进、后退可以采用二位四通阀（见图 12－69a）或采用二位五通阀（见图 12－69b）。按下按钮，压缩空气从 1 口流向 4 口，同时 2 口流向 3 口排气，活塞杆伸出。放开按钮，阀内弹簧复位，压缩空气由 1 口流向 2 口，同时 4 口流向 3 口或 5 口排放，气缸活塞杆缩回。

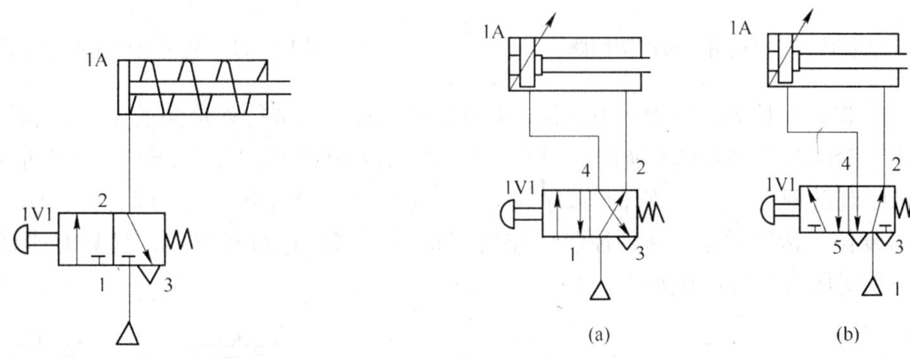

图 12－68　单作用气缸控制回路

图 12－69　双作用气缸控制回路

（3）利用梭阀的方向控制回路。图 12－70 所示为利用梭阀的控制回路，当按下按钮 1S1 时，左边二位三通阀处于左位，压缩空气经梭阀 1V1 出口进入气缸左腔；松开按钮 1S1，气缸在弹簧力作用下复位，空气经梭阀、二位三通阀排出；同理，当按下或松开按钮 1S2 时，可按上述方法进气、回气。该回路中的梭阀相当于实现“或”门逻辑功能的阀。在气动控制系统中，有时需要在不同地点操作单作用缸或实施手动/自动并用操作回路。

（4）利用双压阀的方向控制回路。图 12－71 所示为利用双压阀的控制回路。在该回路中，同时按下按钮 1S1、1S2，两个二位三通阀处于左位，压缩空气经双压阀 1V1 出口进入气缸左腔；松开按钮 1S1、1S2，气缸在弹簧力作用下复位，空气经双压阀、二位二通阀排出。在该回路中，需要两个二位三通阀同时动作才能使单作用气缸前进，实现“与”门逻辑控制。

12.5.2　压力控制回路

（1）压力控制的单往复回路。图 12－72 所示为利用顺序阀的压力控制的单往复回路。按下按钮阀 1S1，主控阀 1V1 换向，活塞前进，当活塞腔气压达到顺序阀的调定压力时，打开顺序阀 1V2，使主阀 1V1 换向，气缸后退，完成一次循环。但应注意：活塞的后退取决于顺序阀的调定压力，如活塞在前进途中碰到负荷也会产生后退动作，即无法保证活塞一定能够到达端点。因此此类控制只能用在无重大安全要求的场合。

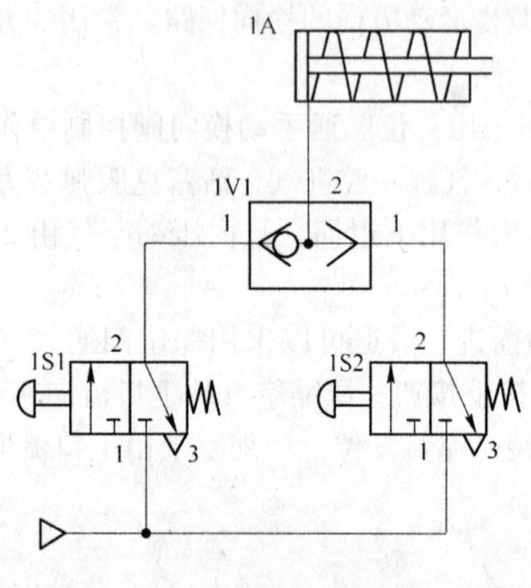

图 12 – 70 利用梭阀控制回路

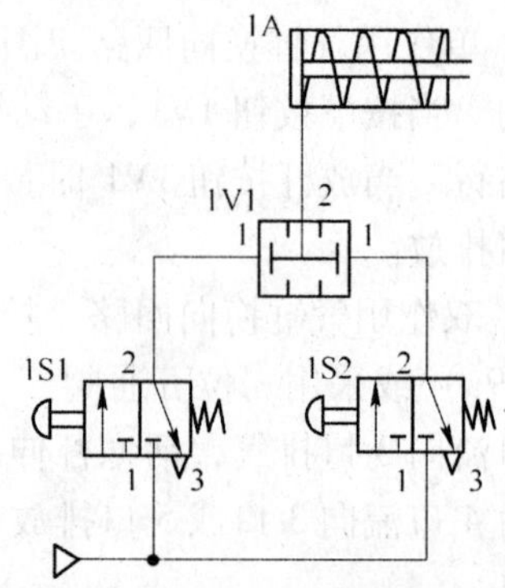

图 12 – 71 利用双压阀控制回路

（2）带行程检测的压力控制回路。图 12 – 73 所示为带行程检测的压力控制回路。按下按钮阀 1S1，主控阀 1V1 换向，活塞前进。当活塞杆碰到行程阀 1S2 时，若活塞腔气压达到顺序阀的调定压力，则打开顺序阀 1V2，压缩空气经过顺序阀 1V2、行程阀 1S2 使主阀 1V1 复位，活塞后退。这种控制回路可以保证活塞到达行程终点，且只有当活塞腔压力达到预定压力值时，活塞才后退。

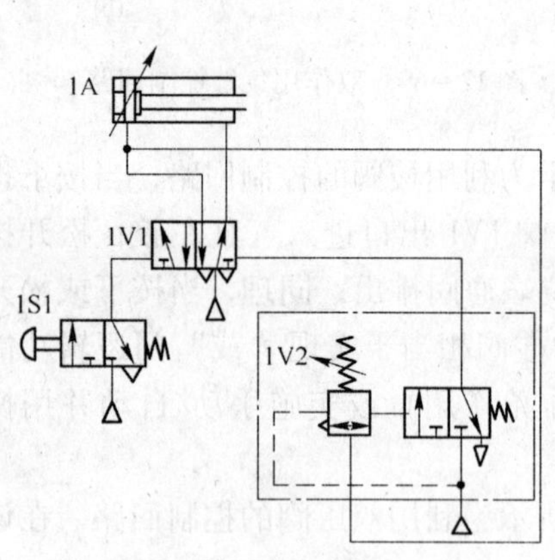

图 12 – 72 利用顺序阀的压力控制往复回路

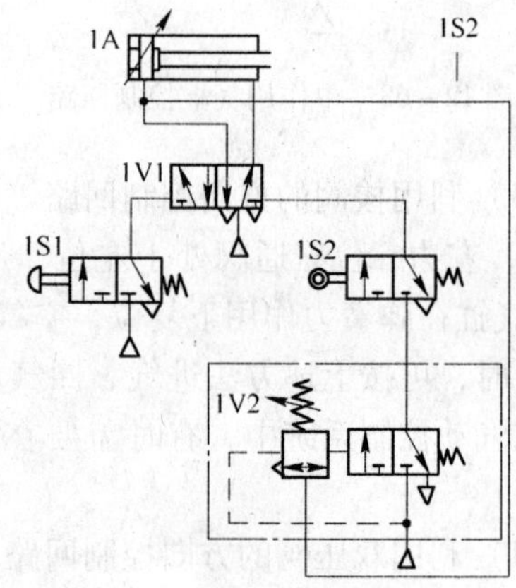

图 12 – 73 利用顺序阀和限位开关的往复控制回路

12.5.3 速度控制回路

（1）单作用气缸的速度控制回路。图 12 – 74 所示为利用单向节流阀控制单作用气缸活塞速度的回路。单作用气缸的前进速度只能用入口节流方式控制，如图 12 – 74（a）所示。单作用气缸的后退速度只能用出口节流方式控制，如图 12 – 74（b）所示。如果单作用气缸前进及后退速度都需要控制，则可以同时采用两个节流阀控制，如图 12－74（c）所示。活塞前进时由节流阀 1V1 控制速度，活塞后退时由节流阀 1V2 控制速度。

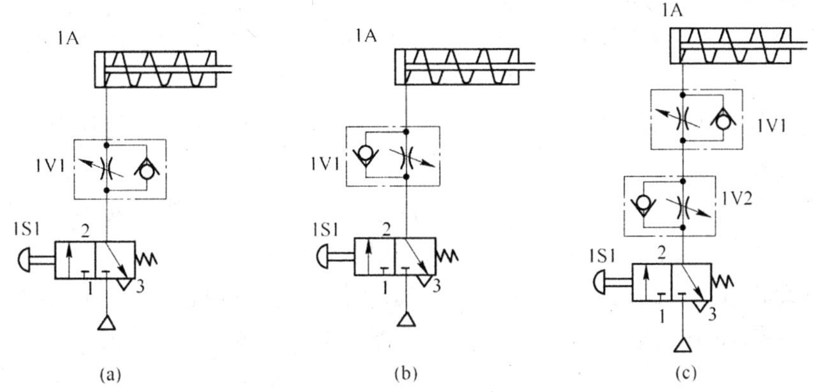

图 12－74　单作用缸的速度控制
（a）活塞伸出速度控制；（b）活塞缩回速度控制；（c）双向速度控制

（2）双作用气缸的速度控制回路。图 12－75 所示为双作用气缸的速度控制回路。图 12－75（a）所示的使用二位四通阀的回路，必须采用单向节流阀实现速度控制。一般将带有旋转接头的单向节流阀直接拧在气缸的气口上来实现排气节流，安装使用方便。图 12－75（b）所示的控制回路，在二位五通阀的排气口上安装了排气消声节流阀，以调节节流阀开口度，实现气缸背压的排气控制，完成气缸往复速度的调节。使用如图 12－75（b）所示的速度控制方法时应注意：换向阀的排气口必须有安装排气消声节流阀的螺纹口，否则不能选用。图 12－75（c）所示的回路是用单向节流阀来实现进气节流的速度控制。

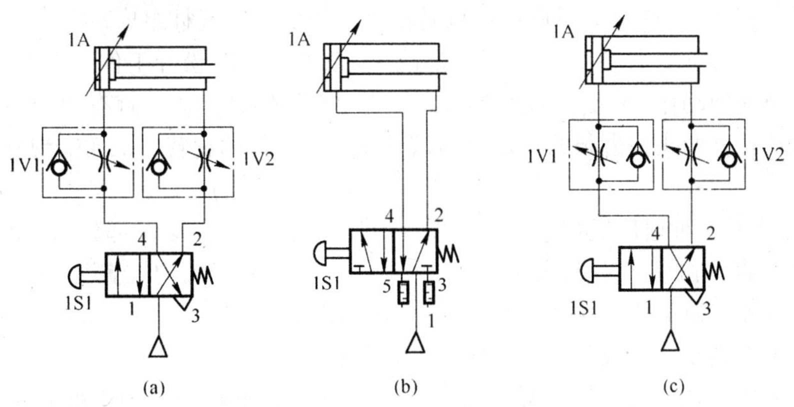

图 12－75　双作用缸的速度控制回路

知识点 12.6　气压传动系统

气压传动技术是实现工业生产自动化、半自动化的方式之一，其应用十分广泛。本知识点主要介绍气动控制机械手和数控加工中心气压换刀系统。一般说来，构成机械设备中的气压传动部分统称为气压传动系统。若机械设备的工作主体是用气压来传动时，则它被称为气压设备。

阅读和分析气压传动系统图的大致步骤和方法如下：

（1）了解设备的用途及对气压传动系统的要求。

（2）初步浏览各执行元件的工作循环过程，所含元件的类型、规格、性能、功用和各元件之间的关系。

（3）读懂气压传动系统图，对系统图中的子系统进行分析，清楚其中包含的基本回路，然后针对各元件的动作要求，参照动作顺序表读懂子系统。

（4）根据气压传动系统中各执行元件的互锁、同步和防干扰等要求，分析各子系统之间的联系，并进一步读懂在系统中是如何实现这些要求的。

（5）在全面读懂回路的基础上，归纳、总结整个系统的特点，以便加深对系统的理解。阅读分析系统图的能力必须在实践中多学习、多读、多看和多练的基础上才能提高。

12.6.1 气动控制机械手

12.6.1.1 概述

机械手是自动化生产设备和生产线上的重要装置之一，它可以根据自动化设备的工作需要，模拟人手的部分动作，按照预先设计的控制程序动作。因此，在机械加工、冲压、锻造、铸造、装配和热处理等生产过程中，机械手被广泛用来搬运工件，以减轻工人的劳动强度；也可实现自动取料、上料、卸料和自动换刀的功能。气动机械手是机械手的一种，它具有结构简单、重量轻、动作迅速、平稳可靠和节能等优点。

12.6.1.2 气动机械手结构原理

图12－76所示是一种电子元件生产线多功能气动机械手的结构（手指部分分为真空吸头，可以不安装A部分）。从图中可以看出该系统由四个气缸组成，可在三个坐标内运动。图中A为夹紧缸，其活塞退回时夹紧工件，活塞伸出时松开工件。B为长臂伸缩缸，可实现伸出和缩回动作。C为立柱升降缸。D为立柱回转缸，该气缸有两个活塞，分别装在带齿条的活塞杆两头，齿条的往复运动带动立柱上的齿轮旋转，从而实现立柱及长臂的回转。

图12－77是一种通用机械手气动系统工作原理图（不安装A部分），要求工作循环为：立柱（垂直）缸上升→长臂缸（水平缸）伸出→回转机构缸置位→回转机构缸复位→长臂缸（水平缸）退回→立柱（垂直）缸下降。

由上述工作循环，机械手气动系统工作原理如下：

立柱（垂直）缸上升。按下启动按钮，4YA通电，电磁换向阀2处右位，其进气路为气源装置→油雾器→电磁换向阀2→立柱（垂直）缸下腔，立柱（垂直）缸上升至碰到行程开关a_1时，4YA断电而停止；回气路为立柱（垂直）缸上腔→单向节流阀2节流口→大气。

长臂缸（水平缸）伸出。立柱（垂直）缸碰到行程开关a_1时，发出信号4YA断电、5YA通电，此时进气路是：气源装置→油雾器→电磁换向阀3左位→长臂缸（水平缸）左腔，长臂缸（水平缸）向右伸出碰到行程开关b_1时，5YA断电而停止，真空吸头吸取

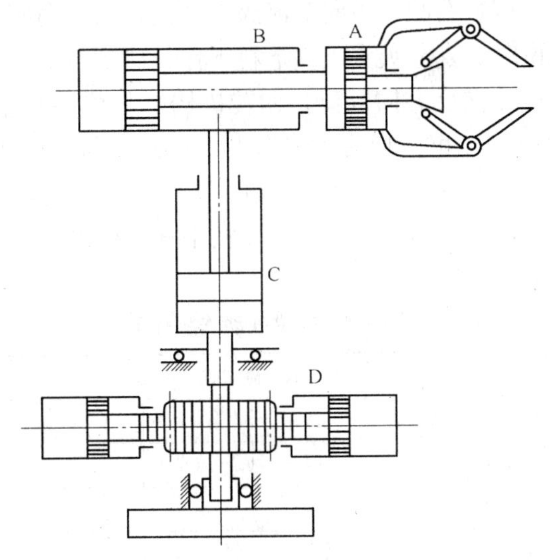

图 12－76　气动机械手结构示意图

A—夹紧缸；B—长臂伸缩缸；C—立柱升降缸；D—立柱回转缸

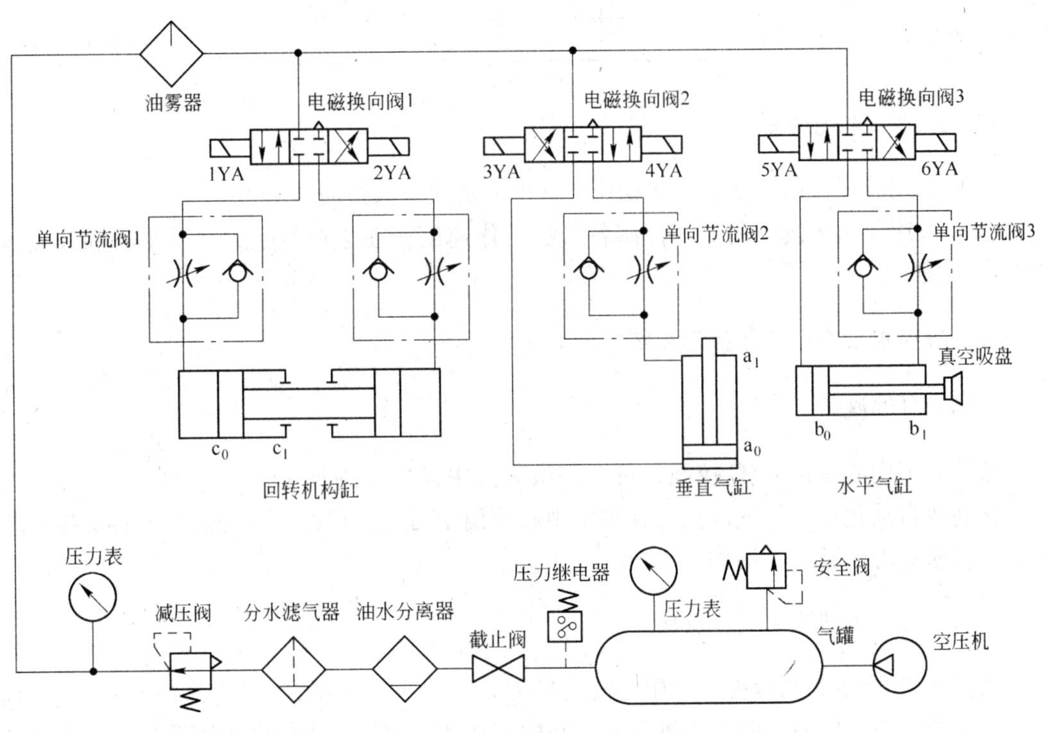

图 12－77　气动机械手系统原理图

a，b，c—磁接近开关或行程开关

工件；回气路为长臂缸（水平缸）左腔→单向节流阀 3 节流口→电磁换向阀 2→大气。

回转机构缸置位。当长臂缸（水平缸）右伸出到预定位置碰到行程开关 b_1 时，5YA 断电 1YA 通电，其进气路为气源装置→油雾器→电磁换向阀 1 左位→单向阀→回转机构缸左腔；回气路为回转机构缸右腔→单向节流阀1节流口→换向阀1左位→大气。

当齿条的活塞杆到位时，真空吸头工件下料工作，碰到行程开关c_1时，使1YA断电、2YA通电，回转机构缸停止向反方向复位。回转机构缸复位→长臂缸（水平缸）退回→立柱（垂直）缸下降→原位停止，其动作顺序由挡块碰到行程开关控制电磁换向阀来完成，其气路和上述相反。立柱（垂直）缸下降原位时，缸碰到行程开关a_0，使3YA断电而结束整个工作循环。如再按下启动按钮，又将按上述工作循环。

表12－3为该机械手电磁铁动作顺序表。

表12－3　电磁铁动作顺序表

动作顺序	电　磁　铁						讯　号
	1YA	2YA	3YA	4YA	5YA	6YA	
立柱（垂直）缸上升	－	－	－	+	－	－	按钮
长臂缸（水平缸）伸出	－	－	－	－	+	－	行程开关a_1
回转机构缸置位	+	－	－	－	－	－	行程开关b_1
回转机构缸复位	－	+	－	－	－	－	行程开关c_1
长臂缸（水平缸）退回	－	－	－	－	－	+	行程开关c_0
立柱（垂直）缸下降	－	－	+	－	－	－	行程开关b_0
原位停止	－	－	－	－	－	－	行程开关a_0

12.6.1.3　系统特点

（1）采用行程控制式多缸顺序动作，并由电磁换向阀换向。

（2）采用单向节流阀调节与控制各气缸工作速度，在生产线上，广泛采用动作速度控制。

12.6.2　数控加工中心气压换刀系统

12.6.2.1　概述

数控加工中心是由CNC控制，可在一次装夹中完成多种加工工序的机、电、液、气一体化高效自动化机床。气动技术在加工中心中用于刀库、机械手自动进行刀具交换及选择，主轴松夹刀具装置等动作。

12.6.2.2　气动系统工作原理

图12－78所示为某数控加工中心气动换刀系统原理，该系统在换刀过程中实现主轴定位、主轴松刀、拔刀、向主轴锥孔吹气和插刀动作。表12－4给出了该系统的电磁铁动作顺序表。

其工作原理为：当数控系统发出换刀指令时，主轴停止旋转，同时4YA通电，压缩空气经气动三联件1→换向阀4→单向节流阀5→主轴定位缸A的右腔→缸A活塞左移，使主轴自动定位。定位后压下无触点开关，使6YA通电，压缩空气经换向阀6→快速排气阀8→气压增压缸B的上腔→增压缸的高压油使活塞伸出，实现主轴松刀，同时使8YA

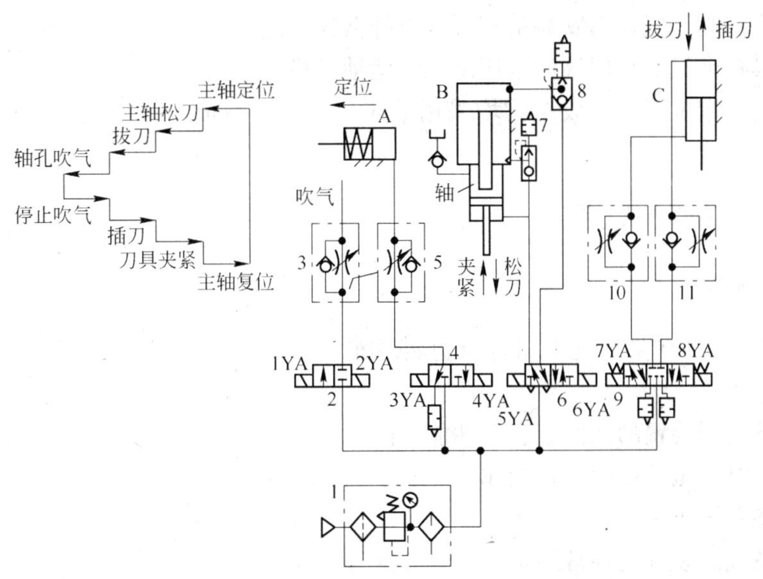

图 12－78　数控加工中心气动换刀系统原理图

1—气动三联件；2—二位二通电磁换向阀；3，5，10，11—单向节流阀；4—二位三通电磁换向阀；6—二位五通电磁换向阀；7，8—快速排气阀；9—三位五通电磁换向阀；A—定位气缸；B—刀具松夹气缸；C—刀具插拔气缸

通电，压缩空气经换向阀 9→单向节流阀 11→缸 C 的上腔，缸 C 下腔排气，活塞下移实现拔刀。由回转刀库交换刀具，同时 1YA 通电，压缩空气经换向阀 2→单向节流阀 3 向主轴锥孔吹气。稍后 1YA 断电，2YA 通电，停止吹气。8YA 断电、7YA 通电，压缩空气经换向阀 9→单向节流阀 10→缸 C 下腔→活塞上移，实现插刀动作。6YA 断电、5YA 通电，压缩空气经换向阀 6→气液增压缸 B 的下腔→活塞返回，主轴的机械机构使刀具夹紧。4YA 断电，3YA 通电，缸 A 的活塞在弹簧力作用下复位，恢复到开始状态，换刀结束。

表 12－4　电磁铁动作顺序表

动作顺序	电磁铁							
	1YA	2YA	3YA	4YA	5YA	6YA	7YA	8YA
主轴定位	－	－	－	+	－	－	－	－
主轴松刀	－	－	－	+	－	+	－	－
拔刀	－	－	－	+	－	+	－	+
主轴锥孔吹气	+	－	－	+	－	+	－	+
吹气停止	－	+	－	+	－	+	－	+
插刀	－	－	－	+	－	+	+	－
刀具夹紧	－	－	－	+	+	－	－	－
主轴复位	－	－	+	－	－	－	－	－

12.6.2.3　系统特点

（1）本系统全部采用电磁换向阀的换向回路，有利于数控系统的控制。

（2）各换向阀排气口均安装消声器，以降低噪声。

（3）刀具松夹气缸采用气液增压结构，运动平稳。

（4）吹气、定位刀具插拔机构均采用单向节流阀调节流量或速度，结构简单，操纵方便。

能力点 12.7 训练与思考

12.7.1 项目训练

【任务 1】 气源装置的元件组合及功能训练

训练目的

（1）熟悉气源装置的元件组合及功能。

（2）熟悉空气压缩机的运转操作。

（3）熟悉系统压力的调整操作。

（4）熟悉气源装置的日常维护。

实训要求

（1）安全纪律要求：学生严格按操作规程操作，实训时不准打闹，注意自身及他人安全。学生按时离开实训室，完成实训任务。

（2）操作要求：各组学生分工协作，作好记录。

（3）实训态度：学生主动参与，大胆操作。

（4）实训报告：实训期间，各个环节操作顺序、参数等原始记录，以备编写实训报告。实训结束后，应按要求编写实训报告，报告在规定时间内完成。

原理说明

（1）气源装置的元件组合及功能。一般气源装置的元件组合见表 12－5，各元件功能参见本项目相关内容。

表 12－5 气源装置的元件组合

编号	名 称	组 合
1	空气压缩机	过滤器、压缩机、电动机、冷却器、止回阀、排水器、储气罐、溢流阀、压力计
2	气源调节装置	过滤器、减压阀、油雾器
3	方向控制阀	二位三通换向阀

（2）空气压缩机的使用。

1）蓄气。蓄气前应确定空气压缩机的排水口已拧紧；储气罐未蓄满；电动机的转向正确。

2）供气。储气罐中储存的压缩空气经供气口输送到气压系统，供气口装有止回阀，打开止回阀，气体就可送出，关闭止回阀，供气口则被封闭。

3）排水。储气罐中累积的水分，可从排水器中排放，但需待储气罐中无压缩空气时再进行排放。

（3）气源调节装置。气源调节装置的作用为：

1）过滤和排水。过滤器中滤筒积聚过多的杂质会影响空气的流通，必须取下过滤器进行清洗或更换。过滤器中沉积的水分在超过最高水面前必须排放出，否则会被压缩空气带入系统中。

2）调压。减压阀调压。直动减压阀调定压力为0.05～0.6MPa；先导式减压阀调定压力为0.05～1.6MPa，操作时调定压力不超过0.5MPa。

（4）加油雾。若油雾器中的润滑油不够时，可由加油柱加入润滑油。

操作参考步骤

（1）蓄气操作。

1）关闭储气罐排气口。

2）启动电动机，观察压缩机转向是否正确。若转向错误，关掉电源，更换电动机任意两条电线，再启动电动机。

3）观察空气压缩机压力表指针指示值的变化并记录在表格中。

4）当压力表指示为0.4MPa时，关掉电源。

（2）系统压力调整。

1）关闭方向控制阀，打开储气罐的排气口使压缩空气进入气源调节装置。

2）逆时针旋转减压阀，观察减压阀所附压力表的压力变化并作好记录。

3）顺时针旋转减压阀，观察减压阀所附压力表的压力变化并作好记录。

4）调整减压阀，使系统压力为0.2MPa，并观察压缩机的压力变化是否与它相同。

5）打开方向控制阀，观察压缩空气是否逸出，观察和记录各压力表的压力值。

6）关闭方向控制阀。

（3）关闭。

1）关闭储气罐排气口。

2）打开方向控制阀，观察从排气口到气源调节装置的管路中压缩空气是否逸出，并观察减压阀上压力表的压力变化。

（4）操作结果记录。在操作过程中，将观察结果记录在表12－6中。压力变化在相应选项处标记。

表12－6　操作结果记录表

操　作	空气压缩机压力	系统压力
蓄气操作	上升　不变	
逆时针旋转减压阀	上升　不变　下降	上升　不变　下降
顺时针旋转减压阀	上升　不变　下降	上升　不变　下降
调整减压阀	（　）MPa	（　）MPa
打开方向控制阀	（　）MPa	（　）MPa
关闭供气口	不变　下降至零	不变　下降至零

分析与思考

（1）绘出气源装置系统图，说明各元件功能。

（2）为何空气压缩机蓄气时，在储气罐中会累积水分？

【任务 2】 回路连接训练

双作用气缸的速度控制训练

（1）训练目的。

1）通过气管的连接、安装，掌握元件原理技能。

2）通过实验掌握与连接控制气路回路。

（2）实验器材。

YL－102－1 型 PLC 控制的气动实训台	1 台
三联件	1 个
双作用气缸	1 个
双气控二位五通阀	1 个
按钮阀常闭式	2 个
减压阀	1 个
单向节流阀	2 个
气管	若干

（3）训练回路图，如图 12－79 所示。

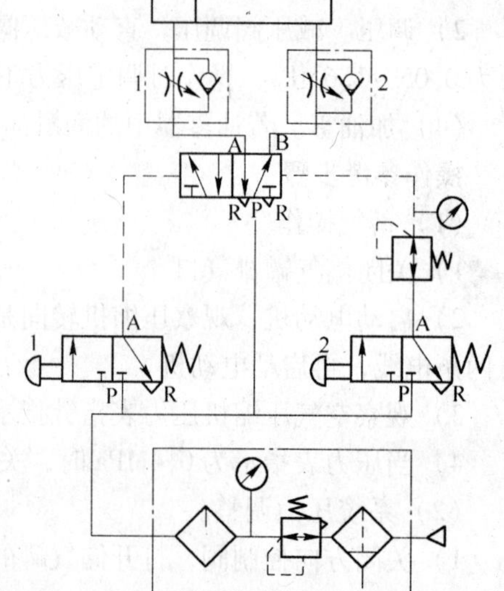

图 12－79　双作用气缸的速度控制原理图

（4）操作参考步骤。图中装了两只单向节流阀，目的是对活塞向两个方向运动时的排气进行节流，而气流是通过单向节流阀里的单向阀供给活塞，所以供气时没有节流作用。按下按钮阀 1 调节单向节流阀 1 的大小，越大，活塞杆伸出的速度越快；越小，活塞杆伸出的速度越慢。按下按钮阀 2 调节单向节流阀 2 的大小，越大，活塞杆缩回的速度越快；反之，调节越小，活塞杆缩回的速度越慢。松开按钮阀，压缩空气从按钮阀 R 口排放。

双作用气缸与逻辑功能的直接控制训练

（1）训练目的。

1）通过气管的连接、安装，掌握元件原理技能。

2）通过实验掌握与连接控制气路回路。

（2）实验器材。

YL－102－1 型 PLC 控制的气动实训台	1 台
三联件	1 个
双作用气缸	1 个
单气控二位五通阀	1 个
按钮阀常闭式	2 个
减压阀	1 个
与门阀	1 个
气管	若干

（3）训练回路图，如图 12－80 所示。

（4）操作参考步骤。将双压阀与两个常开按钮阀相连接，一旦按下其中一个按钮阀，双压阀的 X 或 Y 侧就产生一个信号，双压阀阻止这个信号通过。如果另一个按钮阀这时也被按下，则双压阀在出口处产生一个信号，这个信号即为控制阀 Z 的气控信号，使单

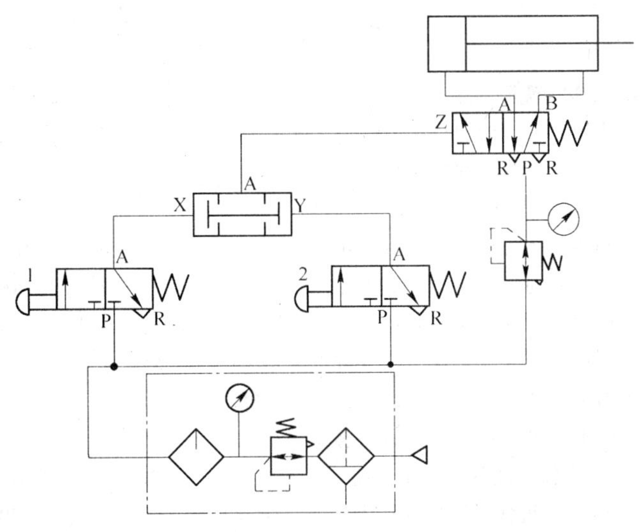

图 12-80 双作用气缸与逻辑功能的直接控制原理图

气控二位五通阀实现位的切换，从而活塞伸出。任意释放一只按钮或同时释放两只按钮，松开按钮阀，压缩空气从按钮阀和单气控二位五通的 R 口排放。气缸活塞恢复原位。

12.7.2 思考与练习

(1) 什么是气压传动？气压传动系统由哪几部分组成？

(2) 气压传动系统有哪些优点和缺点？

(3) 气源装置包括哪些设备？各部分的作用是什么？

(4) 什么是“气动三大件”？每个元件起什么作用？

(5) 气缸有哪些类型，各有何特点？

(6) 单杆双作用气缸内径 $D=125\text{mm}$，活塞杆直径 $d=36\text{mm}$，工作压力 $p=0.5\text{MPa}$，气缸机械效率为 0.9，求该气缸的前进和后退时的输出力各为多少？

(7) 方向控制阀的主要作用是什么？按操纵方式方向控制阀分为哪几种？

(8) 减压阀、顺序阀、安全阀这三种压力阀的图形符号有什么区别？它们各有什么用途？

(9) 用一个二位三通阀能否控制双作用气缸的换向？若用两个二位三通阀控制双作用气缸，能否实现气缸的启动和停止？

(10) 简述气压调压阀与液压调压阀的相同和不同之处。

(11) 分别用气动换向阀和气动逻辑元件实现“与非”逻辑功能。

(12) 速度控制回路的作用是什么？常用的速度控制回路有哪些？

参 考 文 献

[1] 杨砚佣．液压传动［M］．沈阳：东北大学出版社，1993.

[2] 朱新才，周雄，周小鹏．液压传动与气压传动［M］．北京：冶金工业出版社，2009.

[3] 中国机械工程学会设备与维修工程分会．液压与气动设备维修问答［M］．2 版．北京：机械工业出版社，2011.

[4] 章宏甲，黄谊，王积伟．液压与气压传动［M］．北京：机械工业出版社，2001.

[5] 梁利华．液压传动与电液伺服控制［M］．哈尔滨：哈尔滨工程大学出版社，2009.

[6] 左健民．液压与气压传动［M］．北京：机械工业出版社，2000.

[7] 陈奎生．液压与气压传动［M］．武汉：武汉理工大学出版社，2001.

[8] 周士昌．工程流体力学［M］．沈阳：东北工学院出版社，1987.

[9] 路甬祥．液压气动技术手册［M］．北京：机械工业出版社，2002.

[10] 宋锦春，苏东海，张志伟．液压与气压传动［M］．北京：科学出版社，2006.

[11] SMC（中国）有限公司．现代实用气动技术［M］．北京：机械工业出版社，2007.

[12] 张利平．液压气动技术速查手册［M］．北京：机械工业出版社，2006.

[13] 胡世超．液压与气动技术［M］．郑州：郑州大学出版社，2008.

[14] 袁晓东．液压与气压传动［M］．成都：西南交通大学出版社，2008.

[15] 赵世友．液压与气压传动［M］．北京：北京大学出版社，2007.

[16] 韩学军，宋锦春，陈立新．液压与气压传动实验教程［M］．北京：冶金工业出版社，2008.

冶金工业出版社部分图书推荐